本书获评“十二五”普通高等教育本科国家级规划教材
住房和城乡建设部“十四五”规划教材
教育部高等学校风景园林专业教学指导分委员会规划推荐教材

景观设计初步

Fundamentals of Landscape Design

（第二版）

邱建　等著

中国建筑工业出版社

图书在版编目（CIP）数据

景观设计初步 = Fundamentals of Landscape Design / 邱建等著 . — 2 版 . — 北京：中国建筑工业出版社，2023.11

住房和城乡建设部“十四五”规划教材 教育部高等学校风景园林专业教学指导分委员会规划推荐教材

ISBN 978-7-112-29169-4

Ⅰ . ①景… Ⅱ . ①邱… Ⅲ . ①景观设计—高等学校—教材 Ⅳ . ① TU983

中国国家版本馆 CIP 数据核字（2023）第 180305 号

本教材内容主要包括景观概念以及景观设计发展历史；景观设计范围、基本原则和自然要素；场地景观、建筑物和构筑物景观、道路与广场景观、景观小品、植物景观和水体景观等的基本设计方法；景观设计工程技术及表现方法与技巧。

本书为风景园林（景观）专业学生学习景观设计基础知识而编写，可作为风景园林、环境艺术、建筑学、城乡规划、土木工程、旅游等专业低年级教学用书，也可以为上述相关专业设计人员和管理工作者提供参考。

为了更好地支持相应课程的教学，我们向采用本书作为教材的教师提供课件，有需要者可与出版社联系。建工书院 http://edu.cabplink.com 邮箱：jckj@cabp.com.cn，电话：(010) 58337285

责任编辑：杨 琪 陈 桦 杨 虹
责任校对：李欣慰

本书获评“十二五”普通高等教育本科国家级规划教材

住房和城乡建设部“十四五”规划教材
教育部高等学校风景园林专业教学指导分委员会规划推荐教材
景观设计初步（第二版）
Fundamentals of Landscape Design
邱建 等著
*
中国建筑工业出版社出版、发行（北京海淀三里河路 9 号）
各地新华书店、建筑书店经销
北京雅盈中佳图文设计公司制版
北京云浩印刷有限责任公司印刷
*
开本：787 毫米 × 1092 毫米 1/16 印张：$25^3/_4$ 字数：518 千字
2024 年 7 月第二版 2024 年 7 月第一次印刷
定价：69.00 元（赠教师课件）
ISBN 978-7-112-29169-4
（41891）

本著作（教材）在撰写过程中得到以下基金（计划）资助：

1. 国家自然科学基金面上项目：成渝地区城市重大疫情传播与脆弱性空间耦合机理及规划应对研究，项目批准号：52078423；

2. 四川省科技计划重点研发项目：公园城市的韧性协同规划设计研究及示范，项目批准号：2020YFS0054；

3. 四川省科技创新基地（平台）和人才计划：新型智慧城市几个重大基础设施体系构建与发展对策研究，项目批准：2022JDR0356。

序

邱建教授和我都在天津大学建筑系接受了本科和研究生阶段教育，他是79级的，低我一级，一起在天大度过了近6年时光。之后，他于20世纪90年代初由国家选派赴英国攻读博士学位，后又赴加拿大从事博士后研究，世纪之交作为人才引进回到家乡四川，担任西南交通大学教授、建筑系系主任。他回国之时，正值中央启动西部大开发战略之际，他敏锐地意识到自然环境保护及人居环境建设在西部大开发中的战略意义，借助对欧美景观建筑学（Landscape Architecture）专业教育多年考察学习的成果，在西南交大创立了景观建筑设计（后改名为风景园林）专业，紧接着建立了景观工程硕士点和博士点，将建筑系转制为由“建筑—规划—景观”三位一体构成的，与国际接轨的建筑学院，并任首任院长。

针对景观基础教育的急迫需求，邱建教授开始思考景观专业教材建设事宜，在全国普通高等教育“十一五”教材规划支持下，组建团队编写《景观设计初步》教材。第一版《景观设计初步》于2010年正式出版，及时填补了我国景观设计系统性认知类教材的空白，为从高中进入大学的学生建立了初步的景观及景观设计概念，并为其传授景观设计范围、设计原则、设计要素、设计方法、工程技术及其设计表现等方面的基本知识，为他们进一步的专业学习打下良好基础。教材一经面世就获得了诸多好评，2014年教育部将其列入“十二五”普通高等教育本科国家级规划教材加以推荐。它为国家一批又一批的景观专业人才培养奠定了基础。

改革开放以来，特别是进入新世纪后，我国综合国力持续提升，对高品质人居环境的需求，逐渐成为人们对美好生活向往的有机组成部分；与此同时，奥运会、世博会、APEC峰会等重大体育赛事、重要博览会、国际峰会陆续在我国举办，为景观设计提供了广阔的实践平台，景观行业迅速壮大，设计市场空前活跃；经济的全球化，以及景观设计市场具有的开放性特征，使我国景观研究和设计人员有更多国际交流机会，他们在传承古典园林造园理论基础上守正创新，通过兼容并蓄，积极探索具有中国特色的景观设计之路，不断丰富景观设计内涵，景观设计理论研究取得长足进步，景观设计实践更是成就突显。从第一版《景观设计初步》构思到现在，这20来年我国景观领域经历了发展最快、变化最大以及设计思想最为活跃的时期，信息获取方式、技术设计方法、设计教学手段都不可同日而语，加之我国已进入新时代，城镇化也开启"下半场"，景观教材建设理应与时代同步，教育理念和教学方法也应及时更新，并与时俱进。

邱建教授借助负责全省城乡规划设计技术编制与实施管理的工作平台，不断进行着学术思考，在巴蜀大地上开展了较为系统的规划设计探索，将理论应用于实践，又在实践中不断总结提炼，创新理论。景观设计理念也在此背景下得到进一步提升，在四川人居环境建设实践中发挥了重要作用，特别是在他负责的汶川、芦山地震灾后重建以及天府新区建设等重大工程规划设计技术工作时，成效尤其显著，为美丽家园重建和宜居新区建设做出了重要贡献。

邱建教授结合自身多年的理论思考和实践积累，多方征求同行专家、授课教师和景观专业学生意见，对《景观设计初步》教材进行了全方位的审视，再次组建团队进行修编，这一工作还被纳入住房和城乡建设部"十四五"教材规划，《景观设计初步》（第二版）于近期正式出版。新版在保持第一版可读性、系统性、实用性等入门教材特点的基础上，根据景观行业发展的新形势和景观教育的新需求，密切关注当前景观专业学科发展方向，补充完善了许多更具时代特征、更符合时代要求的教学资料，在编写思路上融入了景观生态文明理念，强化了景观安全教育内容，增加了中国传统园林文化赏析篇幅；在景观技术教学上更新了景观资源分析、设计方法、工程应用等知识；在教学案例方面进一步精选了大量国内外经典景观设计作品，尤其是新增了二十多年来在国内有代表性的优秀景观设计作品，使教材更为全面系统，更加严谨翔实，更为丰富多彩。这些努力定会直接惠及即将入门景观专业的莘莘学子。

邱建教授的人生横跨学界、业界和政界，但教书育人、科教兴国的初心不变，长期在复杂的巴蜀人居环境中为学子传道、授业、解惑，即使在担任四川省住房和城乡建设厅总规划师、副厅长时，在行政工作异常繁忙的情况下，也同样躬行不辍、笃行不怠，在祖国西部大地上留下深深的学术“印迹”。至此《景观设计初步》（第二版）付梓之际，特表示衷心的祝贺！

段进，东南大学建筑学院教授、中国科学院院士

2024 年 7 月

第二版前言

《景观设计初步》（第二版）是住房和城乡建设部“十四五”规划教材，是风景园林（景观学）专业学生的入门教材，主要目标是为学生建立初步的景观及景观设计概念，并为其传授景观设计范围、发展历史、设计原则、设计要素、设计方法、工程技术及其设计表现等方面的基本知识。本书可作为风景园林、景观学环境设计、城乡规划、建筑学、土木工程、旅游管理等专业的基础教育教材，也可以为这些专业从业人员开展规划设计与管理工作时提供参考。

本教材由西南交通大学建筑学院邱建教授负责并组织团队开展撰写工作。第一版于2010年出版，在全国相关高校得到广泛应用，2014年被教育部列入“十二五”普通高等教育本科国家级规划教材。经过十余年的教学实践总结及教学成效反馈，邱建教授组建团队对第一版教材进行了系统修订，形成了《景观设计初步》（第二版）教材。在此过程中，邱建教授首先根据人民群众对高品质人居环境日益增长的需求，结合新世纪以来我国景观领域的理论探索成果与设计实践成就，构思了修订思路、更新了教材定位，强化了景观生态和景观安全设计理念，增加了传统园林文化遗产教学内容，补充了中外景观特别是我国近二十多年来设计作品的优秀景观教学案例，由此制订出教材框架、拟定出写作大纲。在此基础上，邱建教授组织西南交通大学建筑学院副院长杨青娟教授、西华大学建筑与土木工程学院院长舒波教授等写作团队教师召开了多次会议，深入讨论写作大纲。写作大纲经修改完善后由团队各位老师按照分工执笔写出初稿，后经多次会议审议，数易其稿，经天津大学建筑学院曹磊教授审稿后，最后由邱建教授进行统稿并定稿。

本书各章的主要完成人员分别为：第1章：邱建、杨青娟；第2章：邱建、舒波、江湘蓉、程昕、鲍方；第3章：邱建、杨娇、蒋蓉；第4章：傅娅、黄瑞、邱建；第5章：钱丽源、邱建、李翔；第6章：胡月萍、邱建；第7章：胡月萍、邱建；第8章：吴然、邱建；第9章：黄瑞、邱建；第10章：傅娅、邱建；第11章：李翔、邱建；第12章：李翔、吴然、邱建。

本书写作过程中参考了众多国内外景观设计研究成果和文献资料，尤其是在涉及有关气候、土地、水资源、植物等基础知识以及景观设计表现的章节时，直接引用了相关学者的部分研究成果，对此谨呈谢意！参考和引用的内容均在文中及书后尽力注明，但由于作者学识所限、编写人员较多、内容调整频繁，如有疏漏，敬请指出以便补遗！纰漏之处，恳望读者和业内外人士多加指正！

第一版前言

《景观设计初步》是“普通高等教育土建学科专业‘十一五’规划教材”风景园林及景观学专业系列教材之一，是风景园林、景观学、环境艺术、建筑学、城市规划等专业的低年级教材，编写的主要目的是为学生建立初步的景观及景观设计概念，并为其传授景观设计范围、设计原则、设计要素、设计方法、工程技术及其设计表现等方面的基本知识。本书也可为风景园林师、景观设计师、环境艺术设计师、建筑师、城市规划师、土木工程师等从事修建环境工作的专业人员提供参考。

本教材由西南交通大学建筑学院负责编写。在编写过程中，邱建教授首先构思出写作思路，并与姜辉东副教授、杨青娟副教授一道拟定出全书编写大纲。编写大纲经清华大学建筑学院杨锐教授、北京大学景观设计学院李迪华教授、同济大学建筑与城市规划学院刘滨谊教授、北京林业大学园林学院王向荣教授等集体审议，并按照其提出的意见修改后，由天津大学建筑学院曹磊教授等审定。西南交通大学建筑学院多位老师按照编写大纲分工执笔写出初稿，后经多次会议审议，各编写人员几易其稿，最后由邱建教授进行统稿并定稿。

本书各章的主要编写人员分别为：第1章：邱建、杨青娟、贾玲利、贾刘强；第2章：邱建、贾玲利、贾刘强；第3章：邱建、杨娇、舒波、贾刘强；第4章：傅娅、黄瑞、邱建、贾刘强；第5章：姜辉东、邱建；第6章：胡月萍、邱建；第7章：胡月萍、邱建；第8章：胡月萍、邱建；第9章：黄瑞、邱建；第10章：傅娅、邱建；第11章：李翔；第12章：邓敬、李翔、贾刘强。

本书在编写过程中，参考了国内外众多学者的研究成果和文献资料，对此谨致谢意！参考文献在文中及书后均尽力注明，但由于作者学识所限、编写人员较多、内容调整频繁，难免有所疏漏，敬请指出以便补遗！

限于作者水平，也苦于缺乏系统编写景观专业教材的经验，纰漏之处，恳望读者和业内外人士多加指正！

目　录

第 1 章

绪 论

1.1 景观的基本概念

图 1–1 四川九寨沟斑斓的水体
（邱建 摄）

景观的概念是在漫长而多维度的发展演化过程中形成的，时至今日，用简单的文字描述仍然非常困难。提起景观，映入人们脑海的直觉意象往往是九寨沟斑斓的水体（图 1–1）、河西走廊荒凉的大漠（图 1–2）这样的自然风光，以及颐和园浩瀚的昆明湖与恢宏的万寿山浑然一体的皇家园林（图 1–3）、具有“小桥流水人家”特质的江南水乡（图 1–4）等这样的人文景致，当提及国外的景观时，诸如气势磅礴的加拿大尼亚加拉大瀑布（Niagara Falls）（图 1–5）、纽约哈德逊河口拔地而起的美国象征“自由女神”雕像（Statue of Liberty）这样的景象极易进入人们的眼帘（图 1–6），这是因为在日常生活中，人们常常将景观当成风景的同义语。因此，对大多数人来讲最容易理解的景观概念也是最早出现在并形成于视觉美学上的与“风景”“景致”意思相近的概念。实际上，“景观”一词最早在欧洲出现在希伯来文本的《圣经》旧约全书中，它被用来描写梭罗门皇城（耶路撒冷）的瑰丽景色（Naveh and Lieberman. 1984）[①]，这里的景观也仅仅是视觉上的描述[②]。而后大约在 19 世纪的时候，景观又被引入到地理学科中。中国辞书对“景观”的定义也反映了这一点，如中国《辞海》中“景观”以“景观图”“景观学”的词语出现，景观在此被定义成“自然地理学的分支，主要研究景观形态、结构、景观中地理过程的相互联系、阐明景观发展规律、人类对它的影响及其经济利用的可能性”[③]。所以“景观”这个词广泛应用于地理学、生态学等许多领域。而要学习景观设计，首先必须了解在设计专业语境下景观概念的本体含义。

图 1–2 甘肃河西走廊荒凉的大漠
（邱建 摄）

① Naveh Z，Liberman. Landscape Ecology：Theory and Application（second edition）[M]. New York：Springer-Verlag. 1993. 1.

② 俞孔坚 . 景观：文化、生态与感知 [M]. 北京：科学出版社，2008. 1.

③ 辞海编辑委员会 . 辞海 [M]. 上海：上海辞书出版社，1995. 12：1403.

图 1-3 北京浩瀚恢宏的皇家园林颐和园
（陈榕 摄）

图 1-4 江苏周庄具有"小桥流水人家"特质的江南水乡（左）
（邱建 摄）
图 1-5 加拿大气势磅礴的尼亚加拉大瀑布（右）
（邱建 摄）

图 1-6 作为美国象征的"自由女神"塑像
（邱建 摄）

对于景观的概念，目前学术界有很多表述，如“土地及其土地上的空间和物体所构成的综合体，是复杂的自然过程和人类活动在大地上的烙印”[①]；“是人眼所见各部分的总和，是形成场所的时间和文化的叠加与融合——是自然和文化不断雕琢的作品”[②]；“景观作为一种视觉现象既是一种自然景象，也是一种生态景象和文化景象，是人类环境中一切视觉事务和视觉事件的总和”[③]等等。这些表述各有侧重。

从词义的角度讲，景观的英语表达是“Landscape”，由“大地”（Land）和“景象”（Scape）两部分组成，在西方人的视野中，景观是呈现在物质形

① 俞孔坚，李迪华．景观设计：专业 学科与教育 [M]. 北京：中国建筑工业出版社，2003：6.
② 弗雷德里克·斯坦纳著．周兴年，李小凌，俞孔坚等，译．生命的景观：景观规划的生态学途径 [M]. 2 版．北京：中国建筑工业出版社，2004：4.
③ 严国泰，陶凯．景观资源学的学科特点及其课程结构．2005 国际景观教育大会论文集 [C]. 上海：2005：408.

态的大地之上的空间和物体所形成的景象集成，这些景象有的是没有经过人为加工而自然形成的，如自然的土地、山体、水体、植物、动物以及光线、气候条件等，由自然要素所集成的景象被称为自然景观（Natural Landscape）（图 1–7）；另外的景象是人类根据自身的不同需要对土地进行了不同程度的加工、利用后形成的，如农田、水库、道路、村落、城镇等，经过人类活动作用于土地之后所集成的景象被称为文化景观（Cultural Landscape），也就是人造景观（Man–made Landscape）[①]（图 1–8、图 1–9）。

图 1–7 青藏高原冰川自然景观（左）（邱建 摄）
图 1–8 英国休耕后的峰区国家公园（Peak National Park）大地文化景观（右）（邱建 摄）

图 1–9 世界遗产地捷克泰尔奇（Telc）小镇文化景观（邱建 摄）

人类的活动已经深刻地影响了整个地球，借助科技的力量，今天完全没有经过人类影响的大地是极少的，即使是人迹罕至的高山或海洋甚至南极和北极都不能例外，只要是有人类活动的地方，就会对其土地产生影响，只是影响的程度不同而已。由此，根据人类对大地影响的程度，从自然景观到文化景观呈现出一种梯度的概念，影响程度越小越趋向于自然景观，反之越趋于文化景观[②]。

① Jian Qiu. Old and New Buildings in Chinese Cultural National Parks：Values and Perceptions with Particular Reference to the Mount Emei Buildings，The University of Sheffield，England：1997.

② 同①

1.2 景观的主要属性

要完整地理解景观概念还必须了解景观的基本属性，即景观的物质性、景观的文化性、景观的人本性和景观的系统性。

1.2.1 物质性

物质是不依赖于人的意识并能为人的意识所反映的客观实在。客观实在性是物质的唯一特性，是一切物质形态所共同具有的特征与共同本质，是对意识以外的万事万物共性的概括和抽象。然而，客观实在性存在于物质的具体形态之中，没有物质的具体形态就不可能有客观实在的物质，物质的具体形态千差万别，它们都是客观实在的具体表现形式[①]。

景观的概念表明，无论是原始状态的自然景观，还是经过人类改造过的文化景观，都是集成在大地之上的景象，是不以人的意志为转移的，并且是区别于人的意识、离开人的意识而独立存在的客观实在，具有物质的客观实在性。同时，呈现在大地之上的所有景象都以千姿百态的具体形态而存在，这是作为物质的景观客观实在表现出的形式多样性。值得一提的是，景观作为物质具有永恒性，既不能被创造也不会消失，不管是经过亿万年时间大自然通过鬼斧神工“创作”出的张家界、峨眉山这样的世界遗产景观，还是人们为了满足自己各方面的需要，按照自己意愿来塑造的文化景观，如城市景观、农业景观、街道景观小品，甚至是有意识地创造出自然界原来没有出现过的景观，如迪士尼乐园景观，就其物质属性来讲，只是景观的一种形态转化成为另一种形态，即只是改变了景观作为自然物的具体形态以及物质存在的方式，使自然物人工化，而不是创造了物质，因为具体景观尽管形态变化万千，景观物质的客观实在性这一特点并没有发生改变，自然物人工化的前提和基础是客观存在的自然物及其属性与规律。

景观的物质性决定了景观各物质要素之间存在着相互作用和影响的各种复杂关系。学习景观，就是要掌握景观的物质属性，发现景观作为自然物的发展和运动特征，揭示景观要素之间存在的规律。在此基础上，景观设计即是以设计为手段、以安排和塑造各景观要素为出发点，使呈现在大地之上的景观形态反映出景观自然物的特征，符合其规律，最终创造出丰富多彩、人与自然和谐相处的景观环境。

1.2.2 文化性

准确地定义文化是极其困难的，最早并且最权威地把文化作为专门术语来

---

① 上海市高校《马克思主义哲学基本原理》编写组. 马克思主义哲学基本原理 [M]. 10版. 上海：上海人民出版社，2018.

图 1-10　佛教圣地峨眉仙山文化景观
（河川 摄）

使用的是被称为“人类学之父”的英国人泰勒（E.B.Tylor）。他在 1871 年出版的《原始文化》一书中给文化下了定义：“文化或文明，就其广泛的民族学意义来讲，是一复合整体，包括知识、信仰、艺术、道德、法律、习俗以及作为一个社会成员的人所习得的其他一切能力和习惯。”[①] 这个定义将文化解释为社会发展过程中人类创造物的总称，包括物质技术、社会规范和观念精神。

在社会发展的历史进程中，人类针对大地的活动都是以客观世界为载体，根据自身的不同需要对土地进行加工和利用后形成的，是集成在大地之上的所有景象，这些景象是人们将“知识、信仰、艺术、道德、法律、习俗以及作为一个社会成员的人所习得的其他一切能力和习惯”附着在大地之上的“创造物”，是人们综合运用“物质技术”“社会规范”和“观念精神”作用于大地之后的产物，演绎着人们对大地孜孜不倦地解读、阐释着人们与大地唇齿相依的情怀、见证着人们对大地无微不至的呵护，同时也留下了人们对大地进行过度掠夺的痕迹。因此，景观具有强烈的文化属性，即文化景观（Cultural Landscape）。

针对东西方文化背景而言，文化景观的价值取向不完全一致，当谈及文化景观时，东方人很难与物质层面的内容相关联，映入脑海的意象往往是祭天圣地泰山或者是佛教圣地峨眉仙山（图 1-10）；而西方人更容易想象出人们截断奔腾不息的大江之后形成的拦江大坝配之以波光粼粼的高原平湖，或者是填海造地后形成的一望无际的农田、水渠配之以地标式的风车（图 1-11）。

图 1-11　由农田、水渠以及风车构成的荷兰文化景观
（邱建 摄）

① 爱德华·泰勒 . 原始文化 [M]. 连树声，译 . 桂林：广西师范大学出版社 . 2005.

人类作用于大地的需求千差万别，无穷无尽，但就其目的来讲可以人为地分为物质和精神两方面的需求，当人们以物质需求为主要目的对大地进行加工和利用后形成的景观称为物质性文化景观（Material Cultural Landscape），如西方人常常理解的农田、矿山等；相应的以精神需求为主要目的称为精神性文化景观（Spiritual Cultural Landscape），如东方人常常理解的纪念地、宗教圣地等[①]。值得注意的是，绝对以物质需求形成的物质性文化景观或是绝对以精神需求为目的而利用大地后形成的精神性文化景观都是不存在的，即使存在纯粹的物质性文化景观，人们对此创造物也会寄托自己的情感。同理，即使存在纯粹的精神性文化景观，此类景观也是以物质为载体，具有物质属性。与从自然景观到文化景观的概念类似，从物质性文化景观到精神性文化景观也是根据物质需求和精神需求所具有的权重动态地呈现出梯度概念，物质需求越多越趋向于物质性文化景观，反之越趋于精神性文化景观。

1.2.3 人本性

不管如何理解景观，景观总是和人紧密联系在一起的，具有人本性。首先，从人的需要角度看，没有人的需要，就没有人的存在，可以说，人的需要是人的本质属性[②]。根据这一哲学原理，人们在利用大地后无论是形成的物质性文化景观还是精神性文化景观，都是以物质需要或精神需要为目的，体现出人的基本属性。

其次，哲学知识还告诉我们，任何物质虽然不依赖于意识而独立地存在于意识之外，但人通过意识可以能动地反映它，并且有能力认识它和改造它，反映出人对于景观这一客观存在的主观能动属性，因为景观需要通过人才能被认识，即使存在绝对的自然景观也不例外。景观脱离了纯粹的物质现象在某种程度上来说是因为人赋予其特殊的意义，成为“人类表达和体验的基本形式”[③]。例如，从西方景观一词的词源变化上看，现代英语中的Landscape最早出现在1598年，来自于荷兰语Landschap，最初的意思是物质性的“区域，一片土地”，16世纪时成为荷兰风景画中描述自然景色绘画的术语，后引入英语。Landscape在英文中最初也是指自然风景画，经历近40年后才被用来形容自然风景，继而又用来指人们一眼望去的视觉景观。这个演化说明人们对“区域，一片土地”的能动反映过程。

再次，景观脱离了纯粹的物质现象在某种程度上来说是因为人。人独立于景观外进行观察，进而根据自己的各种需要对其进行改造，反映出人对于景观

---

① Jian Qiu. Old and New Buildings in Chinese Cultural National Parks：Values and Perceptions with Particular Reference to the Mount Emei Buildings，The University of Sheffield，England：1997.

② 徐鸣.企业思想工程学[M].成都：巴蜀书社，1989：69.

③ Hunt，J.D.Greater Perfection：the practice of garden theory [M]. London：Thames & Hudson，2004：8.

的主体属性。人们很早就意识到了这一点。早在古罗马的时候，著名作家西赛罗就将道路、桥梁、海港等人们为了改善自己的生活而营造的文化景观称为第二自然。16 世纪的时候，园林在意大利十分兴盛，许多评论家认为这是自然与艺术的结合，并称之为“第三自然”。今天人们借助科技的力量更是进行着大规模的建设活动，人类的活动已经深刻地影响了整个地球，甚至改变了整个地球的地表景观。基于这种人与景观的关系，有人从知觉心理学角度出发定义景观为“通过知觉过程对空间信息进行捕捉的认知”[①]。

最后，景观的人本性还体现在人本身。作为人类活动的场所而言，景观和人是融为一体的，人是大地之上景象集成的重要组成部分，没有人类的自然景观是客观实在的，但将是苍白的，只有人类将自己作为景观元素和大地景象的一部分参与到人与自然的活动中，并在自然中留下自己活动的烙印，景观世界才会千姿百态、丰富多彩。因此，景观绝不仅仅就是我们看到的外在形态，它被认为是一本内涵丰富、可以阅读并将被不断续写的史书，我们拥有的各级各类城市景观是最好的注解，全球第一个整座城市被指定为世界文化遗产的捷克首都布拉格即是例证（图 1–12）。

图 1–12　世界文化遗产城市捷克布拉格景观（邱建 摄）

1.2.4　系统性

系统是客观事物中普遍存在的一种结构组成模式。景观也存在着各种组成部分，存在着结构组成模式，构成了完整的系统性，系统中各部分相互联系和影响。很多学者针对这个系统的内容开展了广泛的研究，例如认为景观系统“是一个有机的系统，是一个自然生态系统和人类生态系统”[②]。在这个景观

---

① 许浩 . 空间信息科学的发展对景观规划设计的影响 . 2005 国际景观教育大会论文集 [C]. 上海：2005.

② 俞孔坚，李迪华 . 景观设计：专业 学科与教育 [M]. 北京：中国建筑工业出版社 . 2003：12.

系统中存在至少五个层次的生态关系：景观与外部系统、景观内部各元素之间、景观内部的结构与功能之间、生命与环境之间、人类与其环境之间的物质、营养和能量关系等。德国学者 Buchwald 认为景观是一个多层次的生活空间，是一个由陆圈（Geosphere）和生物圈（Biosphere）组成的、相互作用的系统等[①]。所以景观是一个综合的整体概念，如果对其中的某部分进行了变动，将会牵一发而动全身，影响到景观中的其他部分。这一认识非常重要，因为景观的发展越来越重视其生态方面及内部要素关系方面的研究，要求对景观系统中相应关系有非常清晰的认识。

但是，如何将景观系统结构组成模式抽象出来形成指导人们认识景观的一种世界观？即如何在系统论的指导下构建科学的景观观？前文对景观的概念与属性的分析已经涉及景观系统的结构组成，现在关键是要抽象出景观系统结构组成模式。

景观虽然可以分类为自然景观和文化景观，但是在一定的时空范围内，两者并不是截然独立的两极，而是根据其自然或文化所占的地位动态地从自然景观向文化景观渐变的、呈梯度的过程。根据人们的不同需要作用于自然所形成的文化景观可以分为物质性文化景观和精神性文化景观，同理，两者不能截然划分。但是，理解物质性文化景观需要更多的自然科学知识，相应地研究精神性文化景观需要更多地应用社会科学和艺术知识（图 1-13）。

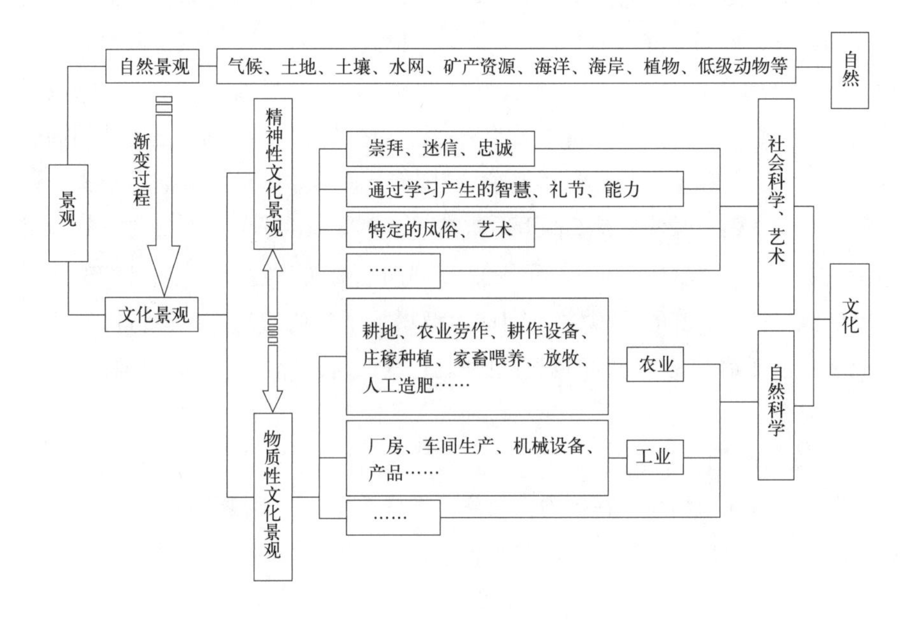

图 1-13　景观系统框架[②]

① Buchwald，K. Engelhart. Hundback fur Lands-chaftpflege und Naturschutz.Bd. 1. Grundlagen[J]. BlV Verlagsgesellschaft，Munich Bern，Wien. 1968.

② Jian Qiu. Old and New Buildings in Chinese Cultural National Parks：Values and Perceptions with Particular Reference to the Mount Emei Buildings [D]. The University of Sheffield，PhD Thesis，1997：28.

图 1-13 所揭示的景观系统模式，其思想实质上是对人类改造自然的本底认知，这种思想对景观观念的构建具有积极意义，同时对景观设计的概念界定、内涵认知以及研究方式和实践工作都具有基础性的推动和借鉴作用。

1.3 景观的园林回溯

园林（Garden）的历史与人类文明一样悠久，东西方在园林领域都取得了辉煌的成就，成为人类进步的有机组成部分。相对于传统深厚的园林，景观设计则是根据社会需求的变化而建立起来的一门年轻的学科领域。尽管景观设计在不断更新与发展，但是园林对其渊源作用不可否认，无论景观设计理论如何发展、方法如何演进，园林始终是景观之“母”。由此，学习景观的同学必须具备一定的中外园林历史基础知识[①]。

1.3.1 中国园林演进

1）起源

中国园林的源头可以追溯到公元前殷商时期。《说文》记载：“园，树果；圃，树菜也”[②]。《周礼》：“园圃树瓜果，时敛而收之”[③]。这些当时被用作农业生产的园和圃是史书中较早开始出现的“园”，但这时的“园”和“圃”只做农业生产之用，尚不能称为真正的园林。随后的官宦贵族们为了狩猎的需要，圈地放养禽兽，称为“囿”。《史记·殷本记》记载了殷纣王“原赋税以实鹿台之钱……益收狗马奇物……益广沙丘苑台，多取野兽蜚鸟置其中。……乐戏于沙丘”[④]。殷纣王的“沙丘苑台”成为史书记载最早的帝王园囿。这时的园囿已具备了游玩、狩猎、栽植等较多功能，“园囿”成为中国最早的园林形式。据《诗经》上记载：“囿……天子百里，诸侯四十里”，《孟子》记载周文王的“灵囿”：“文王之囿，方七十里”[⑤]，可见帝王园囿范围气势之宏大。单纯的狩猎逐渐不能满足贵族们的游憩需要，园囿逐渐增加了其他的功能，模仿自然环境的池沼楼台开始出现，植物的栽植也开始有意识地进行，中国传统园林的雏形基本形成。

2）秦汉时期

秦始皇统一中国后，在政治、经济、思想方面进行了很大的改革。为了巩固其政治和军事地位，开始大量进行各类建设，包括修建宫殿、陵墓等。其中

---

① 本小节内容主要在安怀起《中国园林史》、张家骥《中国造园史》和周维权《中国古典园林史》等文献的基础上加以综合与整理 .

② （东汉）许慎 . 说文解字 [M]. 北京：中华书局出版社，2013.

③ （西周）周公旦 . 邓启铜，诸华注释 . 周礼 [M]. 北京：北京师范大学出版社，2019.

④ （西汉）司马迁 . 史记 [M]. 北京：中华书局出版社，2006.

⑤ （战国）孟子 . 万丽华，蓝旭注释 . 孟子 [M]. 北京：中华书局出版社，2006.

规模最大者当属上林苑中之阿房宫，其“离宫别馆，弥山跨谷”[①]。据《史记·始皇本记》记载：“始皇帝三十五年，以咸阳人多，先王之宫廷小，……乃营宫于渭南上林苑中。阿房为朝宫先作之前殿，庭中可受十万人，车行酒，骑行炙，千人唱，万人和”[②]，足可见当时皇帝宫苑规模之宏大，场面之奢华。秦始皇所有的这些建造活动都极大地带动了建筑和园林艺术的发展。

到了汉代，虽然政治和经济上较之秦朝没有多大的变革，但是宫苑建设在秦朝的基础之上又有所发展，以汉武帝在秦朝上林苑的基础上扩建的宫苑为代表。汉武帝在太初元年（前 104）大修宫苑，工程浩大，前后历时约 90 年，形成了我国古典园林早期皇家园林的代表之作——上林苑。据《汉旧仪》中记载：“上林苑中有六池、市郭、宫殿、鱼台、犬台、兽阙”[③]。当时的上林苑已经不只是出于狩猎和简单的游玩目的，而是增加了居住、接待等功能，具有离宫的性质。在上林苑的建造中，得益于汉代已具备的砖石建筑技术和拱券、木构等施工工艺，园林建筑水平显著提高。从有关史书记载和现代的遗址考察可以发现，汉代的上林苑已经非常注重水景的处理和园林植物的应用，水面的划分和空间处理也开始注重意境的营造，植物配置上也是通过搜罗全国奇树异物增加宫苑的趣味性。

3）魏晋南北朝时期

魏晋南北朝时期是中国造园史上的重要转折期。从汉末到魏晋南北朝，中国社会经历了一段混乱的时期。人们对社会现实生活产生厌恶，而追求返璞归真的自然思想与田园生活[④]，再加上自然山水画的发展，使中国园林开始向模拟自然山水的方向发展。魏晋南北朝时期的著名画家谢赫在《古画品录》中提出美术作品品评的六法[⑤]，对我国园林艺术创作中的布局、构图、手法等，都有较大的影响。

这一时期，皇家园林较前期有所发展，洛阳一带分布了十余处皇家园林。较为有名的是在汉代基础上扩建的芸林苑。史书记载：“青龙三年(235 年）……于芸林苑中起陂池，楫棹越歌。又于列殿之北立八坊，诸才人以次序处其中……自贵人以下至尚保及给掖庭洒扫习伎歌者各有数千。通引水过九龙殿前为玉片绮栏。蟾蜍含受，神龙吐水，使博士马均作司市东水转百戏。岁首建巨兽，鱼龙曼延，弄马倒骑备如汉西京之制……景初元年（237 年）起土山于芸林宛西阪，使公卿群僚皆负土成山，树松竹杂木善草于其上，捕以

① （东汉）赵岐等撰，（清）张澍辑，陈晓捷注 . 三辅决录·三辅故事·三辅旧事 [M]. 西安：三秦出版社，2006.

② （西汉）司马迁 . 史记 [M]. 北京：中华书局出版社，2006.

③ 安怀起 . 中国园林史 [M]. 上海：同济大学出版社，1991.

④ 潘谷西 . 中国建筑史 [M]. 5 版 . 北京：中国建筑工业出版社 . 2004.

⑤ 六法指“气韵生动、骨法用笔、应物象形、随类赋彩、经营位置、传移模写”。

禽兽置其中”（《魏略》）[①]。芸林苑基本延续汉代园林艺术成就，以模仿自然为主，在水景和绿化方面的艺术手法有所丰富，并且被以后皇家园林所模仿。

东汉时期佛教传入中国，南朝梁武帝时（464—549年）将佛教定为国教，统治者对宗教的提倡，使寺院园林得到了很大发展，寺院园林也成了这一时期重要的园林类型。开始时的寺院多来自达官贵人“多舍居宅，以施僧尼”[②]，后寺院园林逐渐选择山幽水静之处修建，往往与自然山水融为一体，相得益彰。

魏晋南北朝时期，随着土地的大量集中，士族大地主的自然经济庄园也开始盛行和发展起来[③]，一时修建了很多山居别墅，大多在景色优美、依山傍水的地带。

4）隋唐时期

尽管隋朝在我国历史上为期较短，但是由于隋炀帝大肆修建宫殿和苑囿，也为后世留下了大量的建筑和园林遗产。西苑便是隋炀帝大业元年（605年）在洛阳兴建的。西苑规模之大，场景之豪华，从古书记载就可见一斑。《隋书》记载“西苑周二百里，其内为海，周十余里，为蓬莱、方丈、瀛洲诸山，高百余尺，台观殿阁，罗络山上。海北有渠，萦纡注海，缘渠作十六院，门皆临渠，穷极华丽”[④]。《大业杂记》记载：“苑内造山为海，周十余里，水深数十丈，上有通真观、习灵台、总仙宫，分在诸山。风亭月观，皆以机成，或起或灭，若有神变，海北有龙鳞渠。屈曲周绕十六院入海”[⑤]，由此可见西苑之规模与美景。史书的大量记载可知西苑基本上延续“一池三山”的宫苑模式。西苑是历史上仅次于上林苑的大型皇家园林。

唐朝是我国封建社会历史上的鼎盛时期，社会安定、国力富强。文学、音乐、绘画等各种形式的创作活动非常兴盛。唐诗为我国古代文学的瑰宝，记载着优秀的唐文化。唐代的音乐、绘画也成就非凡，很多作品和艺术手法为今世所传承。这些艺术形式对建筑艺术和造园手法产生了很大的影响。犹如唐代文学追求的“风骨”一样，唐朝的园林艺术讲求大气而不失雅致，有名的皇家园林有建于都城长安近郊的华清宫，位于骊山脚下，有温泉流出，且因盛唐之时皇宫丽人在此沐浴游玩而名扬天下。华清宫由于地处山脉，地势不平，建筑多依地势而建，亭台楼榭层次丰富，配以关中丰富的乔灌树种，形成优美的园林景观。

唐之盛世，为私家园林的发展提供了良好的社会环境，尤其以长安城为中心，出现了很多私家园林。中唐以后，文人为官者增多，他们也开始直接参与

---

① 安怀起.中国园林史[M].上海：同济大学出版社，1991.
② （北齐）魏收.魏书·释老志.
③ 张家骥.中国造园史[M].哈尔滨：黑龙江人民出版社.1987.
④ （唐）魏徵.隋书.
⑤ （唐）杜宝.大业杂记.

造园，奠定了宋之后文人园林的基础[①]。王维于陕西蓝田县南终南山下作辋川别业，并作《辋川集》，成为早期文人园林代表（图 1-14）。隋唐时期，寺观园林也得到了更进一步的发展，形制更加完善，城市寺观也成为大众休闲的一个主要公共空间。

唐时的“安史之乱”致使唐玄宗入蜀避难，很多达官贵人和文人墨客也纷纷远离战乱纷扰的中原，他们进入四川或游或居，在四川写下很多脍炙人口的文学作品，极大地促进了四川的文学艺术发展，并且对四川园林产生了深远影响，逐渐形成“格调高雅，意在笔先；灵活多变，朴素自然；古雅清旷，飘逸乡情”的川派园林风格[②]，成为中国地方园林中的典型代表。四川现仍保留有唐代园林新繁东湖，是唐代著名宰相李德裕任新繁县令时所修（图 1-15）。

图 1-14 （唐）王维《辋川图》[③]（左）
图 1-15 唐代园林四川新繁东湖（右）
（贾玲利 摄）

5）宋元时期

宋朝是我国诗词与绘画艺术发展的一个高潮。很多文人墨客吟诗作赋，歌颂自然山水，创作的山水诗和山水画成为文学与艺术史上的经典之作。宋代山水画代表人物之一的马远所作的踏歌图（图 1-16），图中有山水树木、亭台楼阁，画面具有诗般的意境，表达了其理想的生活境界。这一时期文人与画家们的艺术创作已经不仅仅停留在文字与纸张之上，而是寻求更好的表现手法，园林便是更好地实现他们思想境界的首选形式。所以，宋代以来园林艺术的最大特点就在于文人参与造园。他们将诗歌与绘画中的意境用园林的理水堆山等手法表现得淋漓尽致，也极大地推进了造园艺术的发展。文人参与造园，也使中国的传统园林艺术发展到现代仍然与文学诗词有着不解之缘。四川省崇州罨画池始建于唐代、成景于宋代，由于众多诗人留下吟咏其美景的诗篇，如陆游曾

① 周维权 . 中国古典园林史 [M]. 3 版 . 北京：清华大学出版社 . 2008.
② 赵长庚 . 西蜀历史文化名人纪念园林 [M]. 成都：四川科学技术出版社 1989.
③ 中国名画赏析网。

图 1-16　（宋）马远《踏歌图》[①]

出任蜀州通判，写下“乌纱白葛一枝筇，罨画池边溯晚风”“小阁东头罨画池，秋来长是忆幽期”等 30 余首相关诗作，罨画池由此成为闻名于世的唐宋衙署园林，并保存至今（图 1-17）。

宋代皇家园林论气势和规模均不比前朝，但是规划设计讲求精致。宋朝的园林名作是位于汴京的皇家园林“寿山艮岳”（图 1-18）。喜好游山玩水的宋徽宗对造园有着极大的兴趣，不惜花费巨大的人力财力，从江浙一带搜罗奇石运至都城为造园之用，所以，“寿山艮岳”中的叠石艺术成为其特色之一。“寿山艮岳”在城市筑园造林，属于城市园林，园林建筑根据地形和周边环境设置，有闲坐细饮的安静之处，也有凭栏眺望的临水之轩，因地制宜的原则在这里得到了很好的应用。“寿山艮岳”的园林艺术成就为明清时期山水园的辉煌成就打下了一定的基础。宋朝时期还有另外一种园林形式同样具有迷人的艺术魅力，这就是以结合城市近郊风景建设自然风景园，以杭州西湖为代表。苏东坡任杭州知州时，将西湖一带自然风景加以人工组织，形成优美的苏堤风景，直到现在仍是游人如织的游览胜地（图 1-19）。宋代在建筑史上具有重要意义的是李诫编著的《营造法式》，对建筑各个部分予以详细描述，对于雕刻、彩画也有一定介绍。《营造法式》使得宋代的园林建筑水平有了很大的提高，各种建筑细部做法也极具精巧，成为园林整体美的重要组成部分。

图 1-17　唐宋衙署园林四川崇州罨画池（邱建 摄）

① 中国名画赏析网。

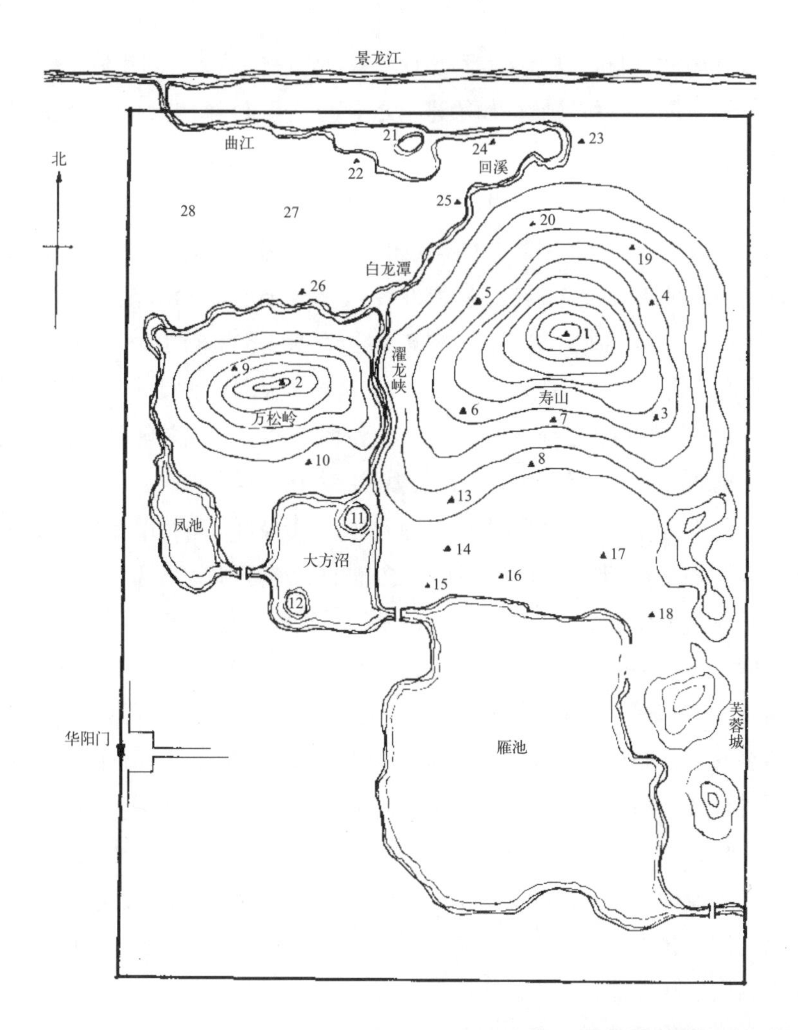

图 1-18 艮岳平面设想图[①]

1—介亭；2—巢云亭；3—极目亭；4—萧森亭；5—麓云亭；6—半山亭；7—降霄亭；8—龙吟堂；9—倚翠楼；10—巢凤堂；11—芦渚；12—梅渚；13—揽秀轩；14—荷绿华堂；15—承岚亭；16—昆云亭；17—书馆；18—八仙馆；19—凝观亭；20—圜山亭；21—蓬壶；22—老君洞；23—萧闲馆；24—漱玉轩；25—高阳酒肆；26—胜筠庵；27—药寮；28—西庄

图 1-19 从杭州西湖雷峰塔鸟瞰苏堤景观（江俊浩 摄）

① 周维权 . 中国古典园林史 [M]. 3 版 . 北京：清华大学出版社 . 2008.

元代，园林已开始成为文人雅士抒写自己性情的重要艺术手段，以文人园林为主的私家园林有所发展，如始建于元至正二年（1342 年）的苏州狮子林。

6）明清时期

明清时期对于中国园林来说是一个发展的鼎盛时期。这一时期的园林建设主要在两个方面。一是以北京为主的皇家园林建设；另一个是以江南为主的私家园林建设。明清时期的皇宫贵族们修建园林供皇室休闲度假之用，且规模宏大，往往可居可游，一般和离宫相结合。宫苑是当时京城里有名的园林，即现在的北海、中海和南海。颐和园是京城近郊的一处规模浩大的皇家园林。较之以前的皇家园林，颐和园的功能已经增加了很多，园内不仅仅有居住游玩之建筑山水，连商街店铺也纳入其中，且园中有园，其规模巨大且极其奢华；另一著名的皇家园林是北京的圆明园，这是从康熙在位开始修建，历经百余年建设而成的大型皇家园林，与法国的凡尔赛宫合称世界园林史上的两大奇迹（图 1–20）[①]。

北京皇家园林建设兴盛的同时，江南的私家园林也处在一个繁荣的建设时期。江南一带的文人雅士和富商贵族们，有经济条件也有闲情雅兴修建私家园林，再加上江南一带气候湿润、花木种类多，使江南的私家园林快速发展起来。有名的私家园林有拙政园、留园、网师园等。私家园林不像北方的皇家园林那样讲求规模的宏大和场面的奢华，而是小巧雅致，妙趣横生，追求“虽由人作，宛自天开”的自然意境。私家园林大多与住宅结合，面积不大，但是借景、对景等设计手法应用娴熟，水面处理灵活多变，建筑形式更是多样化，形成丰富的园林景观（图 1–21）。明末造园家计成的理论著作《园冶》全面描述了江南私家园林设计手法，这在中国造园史上占有重要地位。

清初，岭南的珠江三角洲地区，经济比较发达，私家造园活动开始兴盛，并影响及潮汕、福建和台湾等地区。到清代中期，在园林的山水布局、空间

颐和园园中园佛香阁
（陈榕 摄）

圆明园海晏堂复原图[②]

图 1–20 北京皇家园林颐和园和圆明园

① 安怀起 . 中国园林史 [M]. 上海：同济大学出版社，1991.

② 百度空间相册网。

图 1-21 苏州园林网师园（左）
（余惠 摄）
图 1-22 岭南园林余荫山房余荫园（右）
（邱建 摄）

组织、植物配置方面逐渐形成自己的风格，岭南成为除江南、北方之外的重要园林风格[①]。岭南园林具有“小巧雅致、中西合璧”的特点，代表园林有番禺余荫山房（图 1-22）、东莞可园、佛山梁园、顺德清晖园等。

7）中国近代园林

从 1840 年的鸦片战争开始，中国社会逐渐进入半殖民地半封建社会，整个社会格局产生巨大变化，政治、经济、文化等各个方面无不受到巨大影响。多个国家在中国开始设置租界，中国被迫打开国门，因此，文化方面受到租界的影响，开始学习西方的艺术思潮，建筑方面也出现了西方的折中主义样式，成为中国近代建筑的特色。与此同时，欧洲式的公园也被引入中国上海、天津、广州、武汉等城市租界（图 1-23），但当时只是殖民者自己的娱乐领地，中国的民众很难享用。但是，随着更多的西方文化进入国内，中国社会也开始学习西方的公园模式，努力使公民都能享受到公园绿地，而不只是为少数统治阶级服务。1906 年，无锡、金匮两县建造“锡金公花园”，成为我国自己建造最早的公园[②]。为我国公园的发展打下了基础。辛亥革命前后，在广州、汉口、成都、昆明等出现了一些公园，我国的近代公园建设开始逐渐增多。

1909 年建于上海法国租界的复兴公园[③]

上海复兴公园现状一角（邱建 摄）

图 1-23 上海复兴公园

① 周维权 . 中国古典园林史 [M]. 3 版 . 北京：清华大学出版社 . 2008.
② 封云，林磊 . 公园绿地规划设计 [M]. 3 版 . 北京：中国林业出版社 . 2004.
③ 资料来源：澎湃号 . 忆说上海资格最老的四座公园 .

中华人民共和国成立后，国家为广大民众建设了很多的园林绿地，分布在街头城郊，普通市民能够享用。比如很多大中城市的“人民公园”，从命名上也能看出公园的服务对象是老百姓，是面向大众的。20世纪80年代以来，由于改革开放的进行，中国的经济得到了飞速增长，各个类型的建设活动频繁，公园建设也不例外，全国各地都建设了很多规模较大的公园，且基本上是免费向公众开放（图1–24）。

图1–24 四川西昌邛海湿地公园（邱建 摄）

1.3.2 西方园林演进[①]

1）古代园林设计

世界上最早的园林可以追溯到公元前16世纪的埃及，从古代墓画中可以看到祭司大臣的宅园采取方直的规划，规则的水槽和整齐的栽植[②]。埃及从古王国开始就有了种植果木和蔬菜的园子，称之为果园，它广泛分布在尼罗河谷中，面积一般都比较小。在新王国时代之后，埃及出现了具有游乐性质的园林，专供法老娱乐游玩。这时的园林已经有意识地种植一些树木，增加游览性。古埃及的园林主要有三种形式：一是王公贵族们在府邸旁边建造的花园，称为宅园；二是法老们由于祭祀崇拜需要所建造的神庙的附属部分圣苑；三是法老及贵族们结合陵墓设置的墓园。

古巴比伦与波斯的园林艺术是西方古典园林中的重要部分。古巴比伦园林包括亚述及迦勒底王国在美索不达米亚地区建造的园林，其主要类型有猎苑、宫苑、圣苑三种[③]。其中被称为“空中花园”（Hanging Gardens of Babylon）的宫苑最具特色（图1–25）。

图1–25 根据资料绘制的空中花园透视图[④]

据推测，空中花园是尼布甲尼二世（Nebuchadnezzar Ⅱ）为解除其王妃的思乡之苦而建造的，由多层重叠的花园所组成。以此为代表的屋顶花园形式也成为古巴比伦最为辉煌的艺术成就。由于气候干燥，波斯庭院的布局多以位于十字形道路交叉点上的水池为中心，这一手法被阿拉

① 本小节内容主要在郦芷若 朱建宁《西方园林》等文献的基础上加以整理。
② 梁明，赵小平，王亚娟．园林规划设计[M]．北京：化学工业出版社，2006.
③、④ 郦芷若，朱建宁．西方园林[M]．郑州：河南科学技术出版社，2001.

图 1–26 庞贝城遗址住宅复原[③]

伯人继承下来，成为伊斯兰园林的传统，后演变成各种水法，成为欧洲园林的重要内容[①]。

古希腊文化孕育了欧洲文明，对于整个西方园林都产生了深远影响。古希腊时期的园林主要有早期的宫廷庭院、结合住宅的柱廊院、祭祀的圣林以及哲学家们的学园。在这一时期，由于数学和几何学的发展，造园艺术也受到影响，表现出规则的园林布局。古希腊的园林虽然形式还比较简单，但是园林的类型已经多样化，出现了类似于学园这样的公共园林。

古罗马延续古希腊的园林艺术，发展出极具特色的庄园。庄园多坐落在郊区，一般都为贵族所拥有，呈规则式布局。古罗马由于地形多呈山地，所以园林布局多为台地状，为后来发展文艺复兴时期意大利台地园林提供了基础。古罗马的园林比较注重植物的栽培，多用低矮的灌木修剪成各种几何图案，形成早期西方规则式园林的基础[②]（图 1–26）。

2）中世纪时期西欧园林

“中世纪”（Middle Ages）一词是 15 世纪后期由人文主义者首先提出的，指欧洲历史上从 5 世纪罗马帝国的瓦解，到 14 世纪文艺复兴时期开始前这一段时期。历时大约 1000 年。中世纪的园林如同这一时期的文化一样，大多延续古希腊、古罗马的光辉[④]。

中世纪时期西欧的园林发展大致可以分为两个阶段：一是以意大利为中心发展起来的寺院庭院时期；二是城堡庭院时期。不论是寺院庭园还是城堡庭园，在这一时期表现出的主要特征都是比较朴素和实用。寺院园林多是由建筑围绕形成中庭，建筑的边界多是柱廊，形式如同柱廊院，中庭的中心位置往往有水池、喷泉等，形成庭园的视觉中心（图 1–27）。城堡庭院在中世纪时期大多布局简单，主要有种植的草皮、凉亭、花架等。周围往往有栅栏和矮墙围护。除了官宦富贵人家外，一般的城堡庭院面积都比较小，但往往也栽植很多植物丰富庭园景色。

3）中世纪时期伊斯兰园林

中世纪时期伊斯兰园林主要以波斯、西班牙为代表。波斯由于其干旱的气候使得它的造园也偏重于水的造景，有着惜水如金的传统。波斯园林一般面积较小，但是装饰精细，善于运用壁面装饰。西班牙伊斯兰园林参考罗马人的造园艺术，也将园林建造于山地上，园中设置小水渠，周围往往有喷泉，且配以修建整

① 衣学慧 . 园林艺术 [M]. 北京：中国农业出版社，2006.7：15.

②、③、④ 郦芷若，朱建宁 . 西方园林 [M]. 郑州：河南科学技术出版社，2001.6.

图 1-27 罗马圣保罗教堂[①]（左）
图 1-28 格内拉里弗花园水渠中庭（右）
（杨青娟 摄）

齐的绿篱。有名的如格内拉里弗花园（Generalife）的水渠中庭（图 1-28）。

4）文艺复兴时期园林（15~17 世纪）

文艺复兴运动是 14 世纪在意大利兴起、15 世纪盛行于欧洲的新兴资产阶级思想文化运动。这一时期科学与艺术各方面思想活跃，提出了人文主义思想体系。文艺复兴运动早期的主战场意大利崇尚古罗马的艺术成就，所以这一时期古典主义的艺术创作得到了大力发展。意大利庄园是文艺复兴时期的园林艺术代表。

（1）意大利台地园

意大利的地形地貌及气候条件促成了台地园的发展。山谷地带闷热而山上凉爽无比的气候特点使得意大利的庄园自然地依山势而建。意大利台地园较为重视实用功能，园内有大量室外活动设施。台地园大多呈对称布局，且宫殿等建筑多位于较高的台地，使建筑显得雄伟。台地园很重视水景的处理和植物的应用。意大利台地园比较有代表性的有早期的卡雷吉奥庄园（Villa Careggio）、卡法吉奥罗庄园（Villa Cafaggiolo）和菲埃索罗的美第奇庄园（Villa Medici at Fiesole）；中期的作品有望景楼园（Belvedere Gardens）、玛达玛庄园（Villa Madama）、兰特庄园（Villa Lante）等（图 1-29）；后期的如阿尔多布兰迪尼庄园（Villa Aldobrandini）等。

图 1-29 兰特庄园蟹形水阶梯[②]

（2）其他国家和地区的园林发展

文艺复兴初期的法国园林处于探索的阶段，虽然建造水平仍然难超意大利，但是法国人也开始注重将水、植物等作为造园材料，

① 郦芷若，朱建宁 . 西方园林 [M]. 郑州：河南科学技术出版社，2001：34.
② 郦芷若，朱建宁 . 西方园林 [M]. 郑州：河南科学技术出版社，2001：94.

园内的装饰小品也逐渐讲究。后来，法国的造园艺术也得到了一定的发展，并在 17 世纪形成了有名的勒诺特尔式园林（Le Notre's style garden）。

文艺复兴时期的英国园林也在模仿意大利园林和法国园林。但是由于英国优美的自然风景以及英国人与生俱有的热爱植物的本性，使得英国园林独具特色。这一时期的英国园林表现出他们追求自由的时代特点，一般比较开阔而且色彩绚丽。

5）17 世纪法国园林及对其他国家的影响

法国继承和发展了意大利的造园艺术。1638 年，法国 J. 布阿依索完成西方最早的园林专著《论造园艺术》（*Traite du Jardinage*），他认为“如果不加以条理化和安排整齐，那么人们所能找到的最完美的东西都是有缺陷的”。17 世纪下半叶，安德烈 . 勒诺特尔（Andre LeNotre，1613—1700 年）以及勒诺特尔式园林的出现将法国的古典园林艺术推向了一个高潮[①]。

（1）勒诺特尔以及勒诺特尔式园林

勒诺特尔是出身于巴黎一个造园世家的宫廷园艺师，早先学习绘画，结识了很多艺术界的人士，对他以后的造园艺术产生了很大的影响。勒诺特尔提出要“强迫自然接受匀称的法则”。根据法国这一地区地势平坦的特点，开辟大片草坪、花坛、河渠，创造了宏伟华丽的园林风格，被称为勒诺特尔风格，各国竞相仿效。勒诺特尔的成名作是沃 – 勒 – 维贡特府邸花园（Le Jardin du Chateau de Vaux–le–Vicomte）。这是法国古典主义园林的代表作，也是法国园林史上划时代的作品[②]。从这一作品开始，勒诺特尔的一系列作品将他和他所代表的勒诺特尔式园林流行于整个法国乃至全欧洲，形成法国园林艺术发展的高潮。

法国的古典园林在勒诺特尔之前就已经形成，勒诺特尔只是将其组织得更为协调。他的作品体现一种庄重典雅的“伟大风格”。表现出皇权至上的主题思想。勒诺特尔式园林布局常用轴线放射状布局，有序的布置宫殿等建筑物，强烈地表现出皇权至上的思想特征。在园林要素方面，水景和植物仍然为主要元素。水景处理方面借鉴法国常见的湖泊，所以园内水面较为开阔平静；植物方面常用修剪整齐的绿篱构筑花坛。勒诺特尔式园林除勒诺特尔的成名作沃 – 勒 – 维贡特府邸花园以外，还有尚蒂伊府邸花园（Le Jardin du Chateau de Chantilly）、凡尔赛宫苑（Le Jardin du Chateau de Versailles）（图 1–30、图 1–31）、索园（Parc des Sceaux）等。

---

① 中文百科在线。

② 郦芷若，朱建宁 . 西方园林 [M]. 郑州：河南科学技术出版社 . 2001.

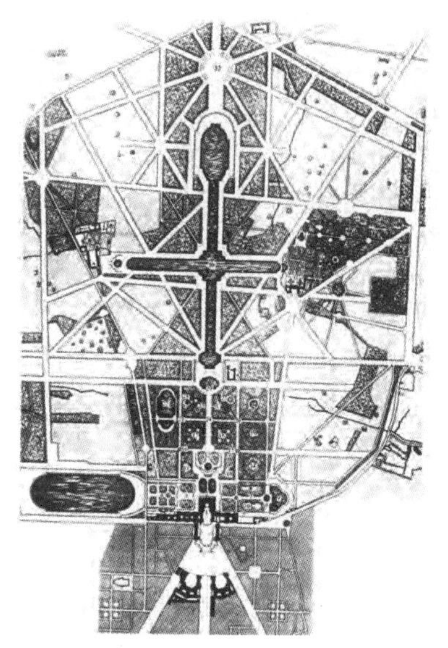

图 1-30　法国巴黎凡尔赛宫苑平面图[①]（左）
图 1-31　法国巴黎凡尔赛宫苑中轴线效果（右）（邱建 摄）

（2）勒诺特尔式园林对其他国家地区的影响

勒诺特尔式园林由于其形成时期正是巴洛克艺术流行时，巴洛克艺术如同勒诺特尔式园林一样讲求奢华和装饰，所以从当时的艺术流派上来讲为诺特尔式园林的广泛传播提供了土壤。而在政治和经济上，法国逐渐体现出强国势头，并且在文化方面也开始主导整个欧洲，这也成为诺特尔式园林在其他国家产生强烈影响的主要原因。具体的影响由于各国不同的地理特征和气候条件而表现出不同的特征。比如欧洲北部国家由于地形与法国相近而基本采用诺特尔式的造园手法，而在欧洲南部由于多山地，所以园林多依山势而建，但是勒诺特尔式园林的轴线式的布局方式和造景手法依然被广泛采用（图 1-32）。

6）18 世纪英国风景式园林及对其他国家的影响

从文艺复兴时期开始，英国的造园家们就在学习意大利台地园的造园手法。但是，英国人天生就喜欢植物和自然的生活模式，他们不可能完全接受意大利和法国的规则式布局，他们认为规则式花园是对自然的扭曲，而自然的风景园才是人的生活和感情的真实流露。再加上 18 世纪欧洲文学艺术领域中兴起浪漫主义运动，在这种思潮影响下，英国开始欣赏纯自然之美，重新恢复传统的草地、树丛，于是产生了自然风景园。英国申斯诵（William Shenstone）的《造园艺术断想》（*Unconected Thouhts on Gardenin*，1764 年），首次使用风景造园学（Landscape gardening）一词，倡导营建自然风景园[②]。风景式园林的产生，对欧洲的园林艺术来说是一场深刻的革命。

---

① 郦芷若，朱建宁．西方园林 [M]. 郑州：河南科学技术出版社，2001：198.
② 衣学慧．园林艺术 [M]. 北京：中国农业出版社．2006：87.

图 1-32 西班牙马德里丽池公园一角（左）
（邱建 摄）
图 1-33 布朗改建的英国林肯郡伯利园[①]（右）

画家肯特（William kent，1686—1748 年）是英国风景园的奠基人之一。从肯特开始，英国的风景园真正开始了自然式的设计。他被认为是真正的自然风景园的创始人。肯特善于运用自然地形，认为园林应该讲究协调。他的思想对后来的风景园的设计手法产生了很大的影响。肯特的学生朗斯洛特 . 布朗（Lancelot Brown，1715—1783 年）成为继肯特之后英国园林界的权威，他设计的园林追求自然，避免人工的痕迹，尤其擅长水景的处理。布朗的作品很多，有名的有布伦海姆宫苑（Blenheim Palace）改建、克鲁姆府邸（Croome）花园、伯利园（Burghlcy）改造等（图 1-33）。布朗之后的雷普顿（Humphrey Repton，1752—1818 年）（图 1-34）也是 18 世纪末英国有名的造园者，他主张在建筑物周围利用花坛、棚架等作为向自然的过渡。另外，威廉 . 钱伯斯（William Chambers，1723—1796 年）设计的邱园（Kew Gardens）作为英国的皇家植物园也充分体现了自然的特点（图 1-35）。

英国风景园的产生和发展对欧洲及其他地区的园林建设产生了很大影响，而且 18 世纪中叶，钱伯斯从中国回英国后撰文向欧洲介绍中国园林。受到英国风景园与中国自然园林的共同影响，在欧洲产生了融二者风格于一体的“英

图 1-34 雷普顿设计的利物浦伯肯海德公园：罗马船屋及其后面的瑞典小桥（左）
（张小溪 摄）
图 1-35 英国伦敦邱园（右）
（李翔 摄）

① 郦芷若，朱建宁 . 西方园林 [M]. 郑州：河南科学技术出版社，2001：307.

中式园林”（Jardin Anglo Chinois）[①]。

7）19 世纪西方园林设计

19 世纪之前，由于民主思想的发展，英国已经出现了一些向市民开放的公园，其中包括王室贵族们的狩猎场。18 世纪后期至 19 世纪初工业大发展，工业革命开始了，新机器代替了手工业，交通运输业日益繁荣，各种贸易迅速发展。大量农民从农村涌入城市，成为工人，而占有资本后资产阶级也分化出来，形成了新的社会阶层，改变了社会结构，来自农村的很多人很难或根本就无法适应城市生活，也面临失业和社会灾难，这带来了很多社会问题。而城市也在不断发展，人口密度增大；工人及其家庭只能生活在简陋的集体宿舍，没有起码的卫生设施，疾病和瘟疫开始蔓延。空气和用水都受到严重的污染，富人区与拥挤、肮脏的贫民窟形成了鲜明对比，城市交通、住宅、环境不断恶化。1832 年，英国霍乱大流行，当局开始着手改善环境问题，一些有“影响”的人试图解决严重的社会问题，这其中的途径包括开放一些皇家园林为社会服务。而园林设计也从为富人服务转变为社会中的所有人服务，一些新的环境设计观念出现了。1833 年，英国议会的公共散步道委员会提出了应该通过公园绿地来改善城市环境。英国开始出现了一些很好的公园，并且发展迅速。到 19 世纪下半叶，开始出现面向普通大众的现代公园，比如 1843 年约瑟夫·帕克斯顿（Joseph Paxton）设计了世界上的第一座公共公园：白金汉公园（Birkenhead Park）。园林从原来服务于园林主人的小众群体，开始面向公众服务，出现了服务公共卫生、教化大众的新功能，现代景观也开始了发展的序曲。

1.3.3 中西园林对照

上面两小节分别就中国和西方园林发展进行了简单的回顾，从中可以发现：尽管二者其轨迹不完全相同，但是最早的形态都是以“菜地”和“蔬菜园”的形式出现的，是人们为了种植而圈起来的一块地；随后，一些官宦富贵们圈地为“囿”，放养野物，供自己狩猎游玩之用，这成为古代园林的第二种形式；进而，官宦富贵的娱乐要求逐渐增加，已经不满足单一的狩猎活动，而是在囿的基础上，功能有所增加，植物绿化也逐渐得到有意识地培植，也就成为最初的真正意义上的园林。所以，古代园林的产生可以用“圃—囿—园林”这样的进程来描述[②]。表 1-1 和表 1-2 简要概述了中西园林发展历程[③]。

① 郦芷若，朱建宁．西方园林 [M]. 郑州：河南科学技术出版社．2001：349.

② 刘滨谊．现代景观规划设计 [M]. 南京：东南大学出版社．1999：3.

③ 周向频．欧洲现代景观规划设计的发展历程与当代特征．城市规划汇刊 [J]. 2003（4）：49.

中国园林发展体系表

表 1-1

	时代	样式	特征	形式	别名	理论	与建筑关系
远古	公元前 3500—前 500 年	囿、狩猎园	自然园林、帝王专用	自然园	灵台、灵沼、灵囿	朴素自然观	建筑为辅
古代	公元前 300—公元 300 年	宫苑	人工与自然结合	建筑与自然结合园		崇尚山水、效法自然	建筑为次
中古	265—589 年	山水园	中庭、自然山水园	建筑与自然结合园		崇尚山水、朴素生态观	建筑地位提高
近古	581—907 年	宫苑、私园、山庄园	中庭园、建筑园、宅旁园	完整自然山水园		诗画意境	功能建筑
近世	1000—1900 年	私园、山庄园	自然山水园达到顶峰、中西结合	综合山水园		理论体系完善	建筑或主或次，综合发展
近现代	1900—2003 年	私园、公园、新景园	综合发展、多元化、高技术	多形式		边缘学科新理论	建筑或主或次，综合发展

西方园林发展体系表

表 1-2

	时代	样式	特征	形式	别名	理论	与建筑关系
古代	公元前 1400—公元 400 年	古埃及、古希腊、古罗马	中庭式	规则式	人工式、对称式	朴素自然观	受建筑制约
中世纪	400—1400 年	西欧各国、波斯伊斯兰	中庭式	规则式	建筑式、轴线式	崇尚山水、效法自然	受建筑制约
文艺复兴	1400—1600 年	意大利文艺复兴式	几何式：立体式、平面式、建筑式、图案式	规则式	建筑式、整体式	艺术理论为主导	构思上受制于建筑，空间上开敞，二者地位对等
	1600—1700 年	法国勒·诺特式					
近代	1700—1800 年	英国布朗派	写实派、自然派	不规则式	自然式、不对称式	东西结合理论	建筑为辅
		英国绘画派	浪漫派、感伤派				
现代	1800—2003 年	综合样式、多样发展	综合发展、多元化、高技术	多样式		理论完善	或主或次，综合发展

1.3.4 从园林到景观

历史上的古典园林主要是面向少数人的，是为皇权贵族们服务的。随着社会的进步，特别是英国 18 世纪末到 19 世纪的产业革命彻底改变了社会的生产和生活方式，社会发展促使园林面向大众，普通大众对景观的要求也在逐渐增加。社会的发展促进了传统园林向现代景观的伟大变革。工业革命以后，针对人类盲目利用和过度开发自然资源所带来的社会、环境及生态问题，人们不得不重新审视人与自然的紧张关系。伴随现代科技的发展，人们关注的焦点已经不仅仅是园林的主人及其来宾的视觉感受，而是转移到城乡居民的生存质量；研究的手段已经不仅仅是园林艺术或园林植物，而是引入了生态、科技、人文等更深、更广的知识领域；涉及的范围已经不局限于庭院深深的私家园林或者恢宏的皇家园林，而是拓展到城市的开放空间、城市间的联系空间甚至整个国土空间。

1）源起

第一节讲到现代英语中的景观（Landscape）最早出现在1598年，来自于荷兰语Landschap，最初的意思是物质性的“区域，一片土地”。现在首先需要回答的问题是：谁创造了“Landscape Architecture”一词？它的本意是什么？

Landscape Architecture一词是Gilber Laing Mason在其1828年发表的*On the Landscape Architecture of the Great Painters of Italy*一书中首次使用，Mason也因创造这个词汇而载入景观史册。

Mason出生于英国苏格兰，一生没有机会去意大利，但是他非常欣赏罗马风景画巨作中景观和建筑的关系，并且通过学习维特鲁威（Marcus Vitruvius Pollio）的《建筑十书》（*Ten Books on Architecture*）来研究建筑和自然环境之间的潜在关系与美学原则，探寻如何将建筑物和场地景观进行组合来创造优美景观的方法。

Mason的这本著作本质上是一本艺术评论书籍，当时将“Landscape”和“Architecture”组合为“Landscape Architecture”一词的本义是从新的视角来理解和评论意大利的风景绘画艺术，并没有学科和教育意义，也没有将“Landscape Architecture”拓展为完整学科的初衷。但是他首次触及的关于建筑物与其环境之关系（图1-36），实际上正是日后景观建筑学学科以及现代景观建筑师所从事工作的核心部分，同时还可清楚地辨别出：此时“Landscape Architecture”一词中的“Architecture”可以确定是指建筑，而“Landscape”则用来表达建筑外的场地环境景观。

图1-36　英国爱丁堡市中心（Maason探讨景观和建筑组合方法的例子）（汪帆 摄）

2）继承和拓展

Meason 没有想到自己所创造的“Landscape Architecture”一词会被广泛使用，其含义也被外延。英国苏格兰著名的园艺学家劳顿（John Claudius Loudon）对此作出了决定性贡献。

劳顿认为“Landscape Architecture”一词在艺术理论之外还有更广泛的应用意义，该词适合描述在景观设计中采用的特殊类型的建筑以及人类创造的景观的组合[①]。

受劳顿的直接影响，美国近现代景观园林（Landscape Gardening）风格的创始人安德鲁·杰克逊·唐宁（Andrew Jackson Downing）在其第一本著作《园林的理论与实践概论》中，将“Landscape Architecture”作为书中一章的标题[②]。

劳顿和唐宁将“Landscape Architecture”一词的含义从艺术领域拓展到景观园林领域，并且给该词赋予新含义：描述人工创造的景观组合，“Architecture”除了有“建筑”的含义外还有“人工创造和建造”的含义。

3）发展和成型

奥姆斯特德（Frederick Law Olmsted）（图 1–37）是美国景观设计事业的创始人之一，从其老师唐宁口中第一次听说“Landscape Architecture”一词，1858 年在与沃克斯（Calvert Vaux）成功获得纽约中央公园（图 1–38）的设计任务后自称为“景观建筑师（Landscape Architect）”，并将其解释为：以对植物、地形、水、铺装和其他构筑物的综合体进行设计为任务的职业。1863 年 5 月奥姆斯特德与沃克斯联名给纽约公园委员会写了一封信，信中描述他们的城市公园系统规划，并落款使用了“景观建筑师”（Landscape Architects）作为职业名称，据称这是该职业名称首次正式出现在官方文档之中。奥姆斯特德在波士顿设计的“翡翠项链”公园体系项目（图 1–39）以及其他景观设计师们在城市广场、公园、校园、居民生活区以及自然保护区等方面创造出一系列成功的景观设计作品，使“景观建筑师”作为一种职业称呼在欧洲产生巨大影响，标志着现代景观设计的产生。

图 1–37 奥姆斯特德肖像[③]

---

① Loudon，J.C.，Repton，H. The Landscape Gardening and Landscape architecture of the Late Humphry Repton [M]. London：Edinburgh ，Longman，1840.

② Downing，AJ. A Treatise on the Theory and Practice of Landscape Gardening，Adapted to North America；with a View to the Improvement of Country Residences [M]. New York：Nabu Rress，1841.

③ 杜雁，刘晓明，杨恒秀 . 纪念现代风景园林行业奠基人奥姆斯特德诞辰 200 周年 [EB/OL]. 中国风景园林学会网 .

纽约中央公园草坪景观
（邱建 摄）

纽约中央公园水景景观
（赵炜 摄）

波士顿公园系统查尔斯河滨公园景观
（邱建 摄）

波士顿公园系统局部绿地景观
（邱建 摄）

图 1-38 美国纽约中央公园（上）
图 1-39 美国波士顿公园系统绿地（下）

1.4 景观设计概述[①]

1.4.1 行业特点

景观设计通过连接科学与艺术、沟通自然与文化的实践，力图将人类与自然协调发展，包括从宏观、中观到微观尺度丰富的自然、人工环境设计内容。

美国景观建筑师协会（ASLA）认为景观设计的内容包含对自然和建筑环境的分析、规划、设计、管理和服务工作，项目类型包括居住、公园和游憩、纪念场所、城市设计、街景和公共空间、交通廊道和设施、花园和植物园、安全设计、度假胜地、公共机构、校园、疗养花园、历史建筑环境、公司和商场、景观艺术和雕塑等[②]；国际景观建筑学联盟（IFLA）认为景观设计要以未来没有环境退化和资源垃圾的目的，景观设计实践中需要掌握自然系统、自然过程与人类之间的关系相关的专业知识、技能和经验[③]；英国景观协会（LI）认为景观设计就是景观建筑师利用“软”或“硬”的材料对所

① 本节内容主要整理自：贾刘强，邱建．浅析景观建筑学之专业内涵 [J]. 世界建筑，2008（1）：98-100.
② ASLA American Society of Landscape Architects definition of landscape architecture at http：//www.asla.org/ nonmembers/ publicrelations/factshtpr.htm
③ IFLA International Federation of Landscape Architects definition of landscape architecture at http：//www.ifla.net/ Main.aspx?Page=21

有类型的外部空间（各类尺度大小 / 城乡地域）进行设计工作。大不列颠百科全书[①]将景观设计描述为对花园、庭院、地面、公园以及其他室外绿色空间的开发和种植装饰[②]。不同的国际组织机构都是从不同的侧重点去描述景观设计内容，而现今我们应该认识到景观设计是一个不断拓展的领域，它既是一门艺术也是科学，并成为连接科学与艺术、沟通自然与文化的桥梁[③]。我国认为景观设计是“关于景观的分析、规划布局、设计、改造、管理、保护和恢复的科学和艺术”[④]，美国景观建筑师联盟也提出景观设计“将科学和艺术的原理运用到自然环境和人工环境的研究、规划及管理中”[⑤]。

景观设计与城市规划、建筑设计之间也存在着差异。景观设计追求提高环境的品质，改善人与环境关系，与建筑设计、城市规划形成三足鼎立的局势，被认为是构建和谐人居环境的“三驾马车”之一。三个行业在项目实践上密不可分，而且在理论上也有很多相似之处，其共同目标都是通过对空间进行分析和处理，完善人与环境的关系来创造和谐的人类生存环境，但各自又有独特的研究及设计内容。相比较而言，城市规划更关注社会经济和城市总体发展，研究并确定城市性质、规模和发展方向，注重在协调城市的现实与发展目标基础上科学、合理地规划城市的物质空间布局和各项建设的综合布置和具体安排，并从宏观政策上控制、指导和管理规划的实施；建筑设计主要是综合运用科学、技术、艺术和人文等相关知识构建人们的生活、工作、居住空间，设计具有特定功能的建筑物，尽管也涉及部分环境空间，但它更强调的是墙、柱等物质要素构成的内部空间和外部形态。与城市规划和建筑设计相比，景观设计更关注于安排土地以及土地上的各种物质要素和空间，并对大面积的土地利用和生态、生物等多个方面问题进行广泛研究。

进入 20 世纪 90 年代以来，在维护生物多样性、可持续发展等思想的推动下，景观设计在许多发达国家人与自然和谐共处方面所取得的成就受到了从政府到公众的广泛赞扬。目前我国景观设计的发展日益受到重视，社会经济的高速发展和对环境问题的日益关注为三者的平衡发展创造了条件，越来越多的项目需要三个行业的从业者紧密合作才能完成。在如今后工业文明时代中，党的十九大报告中关于绿色发展的战略部署、公园城市建设、城市问题解决等现实需求进一步表明景观设计的重要性越来越突出，在营建和谐的人居环境中是必不可少的组成部分。

---

① Britannica Online at http：//www.britannica.com/eb/article-9047061/landscape-architecture.

② UK Landscape Institute definition of landscape architecture at http：//www.l-i.org.uk/liprof.htm.

③ John Beardsley. A word for architecture[J].Harverd design，2000.

④ 景观中国 . 全国高校景观学专业教学研讨会会议纪要 [C/OL]. 2004. 12.

⑤ ASLA（American Society of Landscape Architects），网址：http：/www.asla.org.

1.4.2 职业范围

景观设计的应用范围十分广泛，要解决或者要介入解决的问题也十分广阔，其职业范围全方位介入到建筑师、城乡规划师以及管理者所涉及的一切领域，并且负责或者参与协调各种元素之间的彼此关系，加以整合完善，以达到人与自然之间的最佳平衡。景观设计的客户范围几乎包括了从个人业主到开发商，直至各级政府在内的一切客户。正因为景观设计的知识技能与解决问题的范围如此广泛，在发达国家，人们对景观设计师的需求不断增加。目前，人们对环境的关注已不仅仅是要求满足生活需要，而是更加关注生态学意义上的环境建设和可持续发展的城市建设。因此，在未来社会发展中，景观设计将以其解决这方面问题的能力而承担更加重要的社会责任。

由此可以看出，要明确地划分出景观设计所包含的职业范围十分困难。劳瑞教授（Laurie，1975 年）将其分类为景观评估与规划（Landscape Evaluation and Planning）、场地规划（Site Planning）、详细景观设计（Detailed Landscape Design）和城市设计（Urban Design）四个方面[①]，还有学者按照景观设计的对象将其分为城市规划、居住区规划设计、城市公园设计、城市广场和步行街设计、滨水区设计、旅游和休闲地设计、国家公园的设计与管理、校园规划与设计、社会机构和企业园区的规划与设计、景观与区域规划和自然景观的重建以及墓园设计等[②]，但是，到目前为止还没有大家公认的标准。根据景观尺度的大小，从宏观到微观的角度来理解，参照劳瑞教授的分类方法，将景观设计的职业范围概括归纳为“区域景观评估与规划”“城市景观规划与设计”“场地景观规划与设计”和“详细景观设计”四个部分。

1）区域景观评估与规划

在这个领域，景观设计一方面针对大尺度、区域的土地与流域的评估、规划、管理等进行系统研究，甚至国土空间规划，包括自然资源调查和环境压力状况分析，开展大地的生态规划、流域规划和区域景观规划，特别强调以生态和自然科学为基础。图 1–40 是面积为 17.2 万 km^2 的成渝城镇群协调发展规划生态适应性评价结果。

另一方面，区域景观评估与规划需要梳理水系、山脉、绿地系统、交通以及城市之间的关系，进行视觉分析，关注大地的生态属性和美学属性；此外，还要分析人们使用对这片土地的历史成因以及对其现有的需求。这些分析研究的结果主要是提供土地利用规划，也可以为土地的区划或者土地的开发类型提供政策支撑，例如，在土地资源保护和综合利用的工作框架下，制定相关住房

① Laurie，M. An Introduction to Landscape Architecture[M]. New York：American Elsevier Pub. Co. 1975. 12.

② 百度百科，景观设计 .

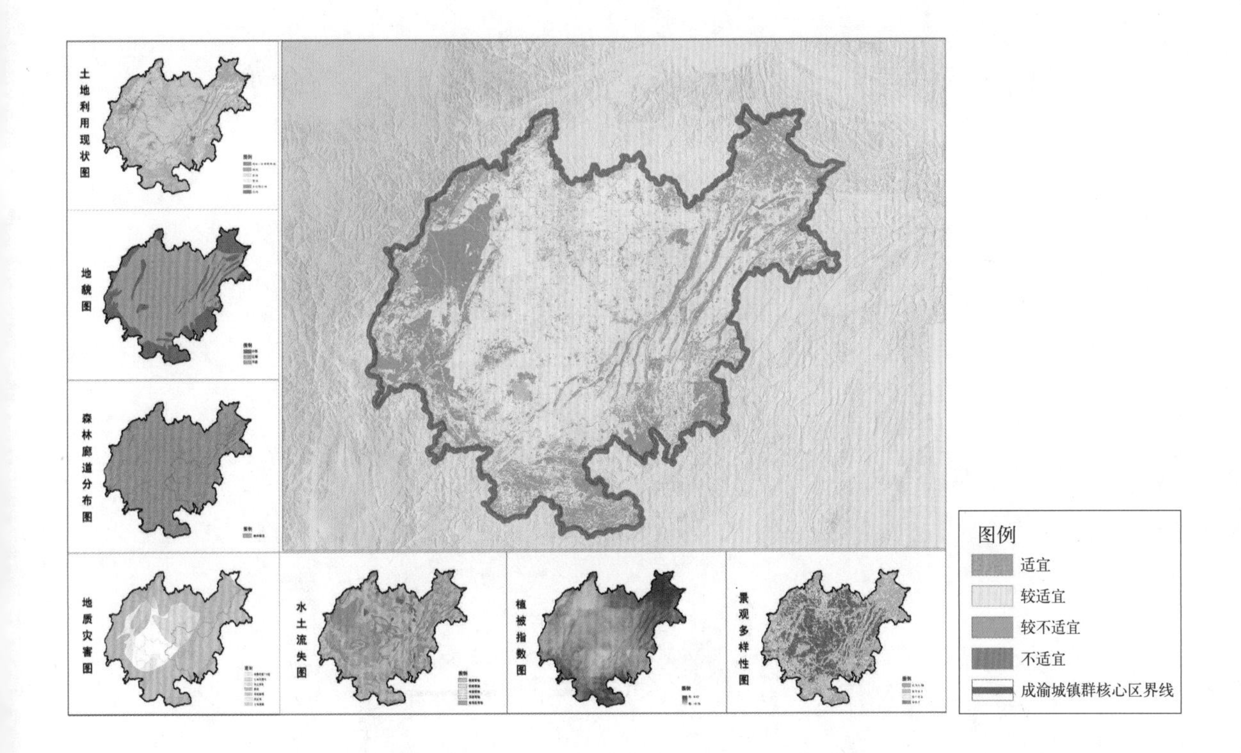

图 1-40 成渝城镇群协调发展规划生态适应性评价图①

开发、工农业生产、高速公路建设和游憩用地的土地使用政策。当然，区域景观评估与规划并不总是具有综合目的，有时是针对诸如娱乐用地或者自然保护区用地这样相对简单的土地利用目的进行环境影响研究，提供规划方案。

2009 年完成的汶川地震灾后恢复重建规划成功地运用了区域景观评估方法。本规划的范围为四川、甘肃、陕西 3 省处于极重灾区和重灾区的 51 个县（市、区），总面积 132596km^2。针对该区域大地特征辨识出灾区人居环境适应性分布规律（图 1-41），并根据自然地质和生态环境的多样性发现灾区发展条件具有相应的分区特征：从东到西呈现三大地貌景观即平坝浅丘 - 中山深谷 - 高原山地（图 1-42）。

进一步分析发现：平坝浅丘地区人口密集，交通发达，城镇建设条件好，但人均耕地占有量小。该地区受地质灾害的影响较小，在本次地震中的人员、经济损失相对较小，人口增加与耕地减少是主要矛盾；中山深谷地区是地质灾害高度危险区，地震、泥石流等次生灾害多发，但区内矿产资源丰富，“三线建设”企业和资源加工企业众多，经济发展水平较高，并集聚较多人口，这一地区在本次地震中的人员和经济受到很大损失，产业布局与地质灾害威胁是该区主要问题；高原山地地区地质条件相对稳定，自然环境敏感，人口密度较小，但贫困问题突出，对外联系不便。这一地区受灾损失总量不高。生态保护和经济贫困是这一地区面临的长期问题。

① 中国城市规划设计研究院等 . 成渝城镇群协调发展规划 [E]. 2011.

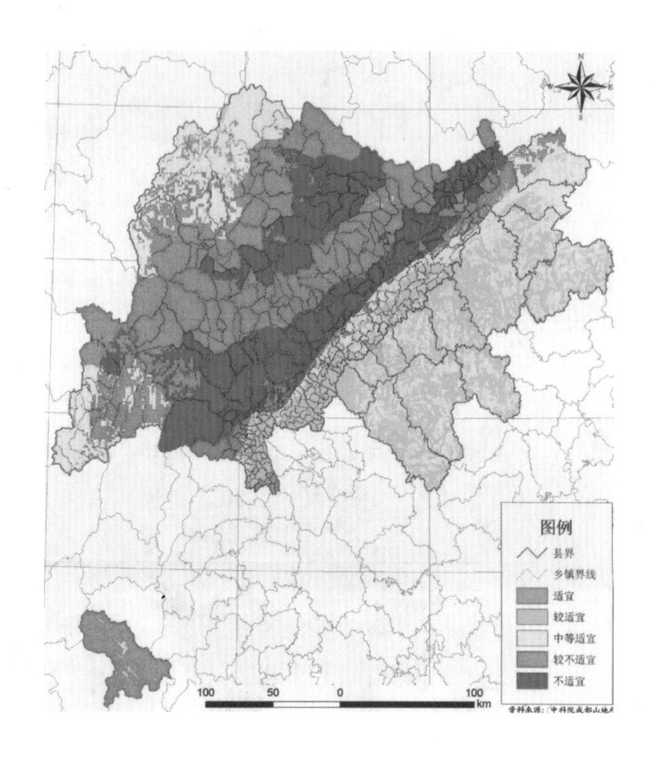

图 1-41　汶川地震灾区人居环境适应性分区图①

基于区域自然条件的景观评估结果为震后城乡重建规划提供了科学依据，通过灾后重建，灾区城镇职能结构、规模结构和空间结构得到优化，城乡面貌得到重塑，生产生活安全保障得到加强，一批重大产业项目在空间上得到调整，如“国之重器”东方汽轮机厂在中山深谷区域的绵竹市汉旺镇震毁后，根据规划搬迁至德阳市平坝地区异地重建（图 1-43）。

2）城市景观规划与设计

如前所述，城市规划是依据城市发展目标，通过城市的整体研究对城市土地使用进行预期安排，并通过城市建设活动改造城市的空间布局状况，以引导

图 1-42　在绵竹汉旺镇震毁的东方汽轮机厂厂房（左）
（邱建 摄）
图 1-43　在德阳平坝地区异地重建的东方汽轮机厂厂房（右）
（邱建 摄）

① 中国城市规划设计研究院等 . 汶川地震灾后恢复重建城镇体系规划 [E]. 2009.

城市科学、有序发展。城市景观规划与设计是城市总体规划的重要组成部分，以城市为工作对象，以城市尺度为工作平台，运用规划技术与法规，确定城市范围内的景观布局与组织，涉及城市公共空间、开放空间、绿地、水系等界定城市的形态的元素，对城市的健康发展起到重要的引导和控制作用。

城市规划理论的重要奠基者英国学者霍华德提出的“田园城市”思想及其在英国的实践、前述奥姆斯特德和沃克斯设计的纽约中央公园以及以后直至二十世纪初的城市公园系统建设，为城市景观规划奠定了坚实的理论基础，也为城市形态的形成与发展提供了优秀的实践范例。

1893 年，在芝加哥举办的哥伦比亚博览会（Columbian Exposition）引发和推动了美国的“城市美化运动”（City Beautiful Movement），带动了美国地方政府一系列包括保证城市开放空间的改革运动，形成了许多影响至今的规划制度。

1909 年伯纳姆（Daniel Hudson Burnham）编制的芝加哥规划（The Plan of Chicago）（图 1–44）成为第一个美国城市总体规划，建立了美国总体规划的雏形，标志着现代城市规划的开始，美国后来的总体规划就在这一模式之上逐渐发展和完善。该规划将芝加哥城区的用地性质进行了分类、将城市的公共空间进行了划分，确定了城市的道路网系统。

芝加哥规划制订了与景观相关的规划，其主要内容为：①沿密歇根湖划出长 32km、宽 1km 的永久性公共绿地，在湖滨绿化带中，有 80%~90% 是公园，允许兴建体育场、美术馆和博物馆等公共性建筑；②城市道路交通系统以方格网铺开，东西向和南北向约 200m 一条路；45° 角放射性的道路以前为快速路，1950 年之后改成了高速公路；③海军码头景观和天文台景观分别从两翼伸向密歇根湖；④城市的商业和金融中心全部都在湖滨地带，许多空间进行了立交处理，考虑道路、停车以及通往湖边公共绿地方式。

值得一提的是，1909 年伯纳姆编制的规划至今仍然在指导芝加哥城市发展。例如，针对由于洪水、飓风和坍塌的大桥使城市基础建设受损的情况，1909 年芝加哥规划的主要建议措施是防浪堤的设计。芝加哥 AS+GG 公司于一个世纪后的 2008 年设计了芝加哥生态桥（Chicago“Eco–Bridge”）方案（图 1–45），首席设计者艾德里安 · 史密斯（Adrian Smith）认为该方案实际上是在实施和完善 1909 年芝加哥规划，是在运用现代景观设计语言来诠释伯纳姆的规划理念，是原规划的现代升级版：大桥在门罗港（The Monroe Harbor）形成一个圆弧状防浪堤，把芝加哥市中心和格兰特公园连在一起。另外，世纪之交的十年间，芝加哥把生态革命视为己任，生态桥的建设将提升城市的生态价值：设计突出了风的涡旋的结构特点，为城市创造了源源不断的动力来源；根据设计，防浪堤建在矿渣上，矿渣是具有渗透性的钢铁的副产物，能为水中的生物营造良好的生活环境，也能为人们提供诸如跑步、骑车、水上运动等娱

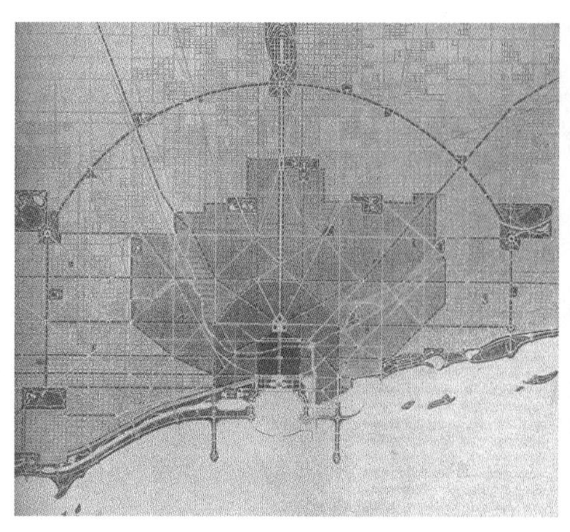

图 1-44 美国伯纳姆编制的芝加哥规划（1909年）[①]（左）
图 1-45 美国芝加哥生态桥[②]（右）

乐消遣场所，还能为水中的生物营造良好的生活环境。芝加哥生态桥景观设计被认为是一座史无前例的新千年生态地标，具有全球性的吸引力，如果世界奥林匹克运动在芝加哥举办，奥运会圣火将在雄伟壮观的观景塔点燃，防浪堤所围水域将为水上竞技运动提供理想的静水空间，防浪堤本身还能成为观众观看比赛的极佳场地。

在我国，现行的城市规划体制和城市规划编制办法要求在城市总体规划之下编写城市绿地系统规划专章，有条件的城市还要编制城市绿地系统专项规划，具有法定效力。随着园林城市创建活动的开展，城市政府对城市绿地系统专项规划的编制工作十分重视，促进了城市环境景观质量的提高。

在“5. 12”汶川地震灾后恢复重建规划中，我国的绿地系统规划也得到了应用。例如，汶川大地震中北川老县城遭到毁灭性破坏，损失极为惨重，地质条件不允许北川县城在曲山镇就地重建，必须另外选址异地重建。按照“以人为本、安全第一”的选址前提，北川新县城被批准选址在安昌镇东南，后被命名为永昌镇。

新县城选址除了具备地质构造相对稳定，80% 的用地地质条件良好，属于工程建设适宜区等安全要素之外，可发展用地较为充裕，受现状制约较小，安昌河横贯其中，周围被低山环绕，自然景观独特，文化特色塑造空间余地大（图 1-46）。新县城规划尊重自然，保护并利用场地自然山水格局，并结合城市功能建立连续完整的绿地系统，构建“一环两带四河多廊”的绿地生态空间结构，形成人与自然和谐的绿地系统（图 1-47）。

但是，“绿地”只是“景观”的一部分，城市绿地系统规划并不能等同于城市景观系统规划，加之我国的城市绿地系统规划是以“绿化覆盖率”“绿地

① 搜狐网站 .
② 周鑫 . 芝加哥的生态桥计划 .

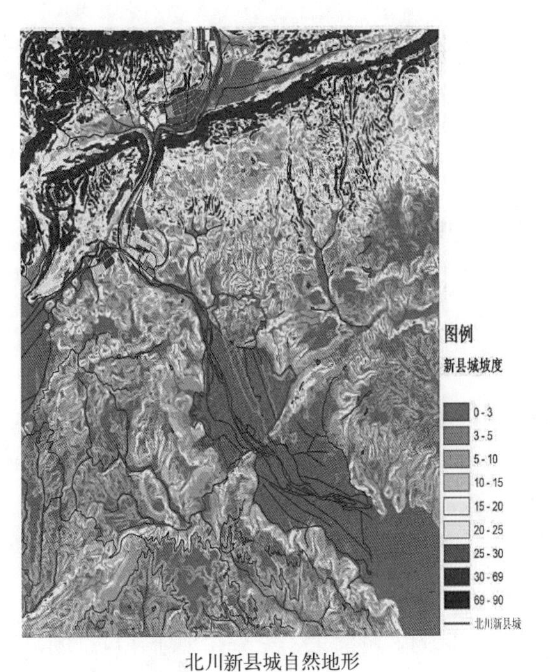

北川新县城自然地形

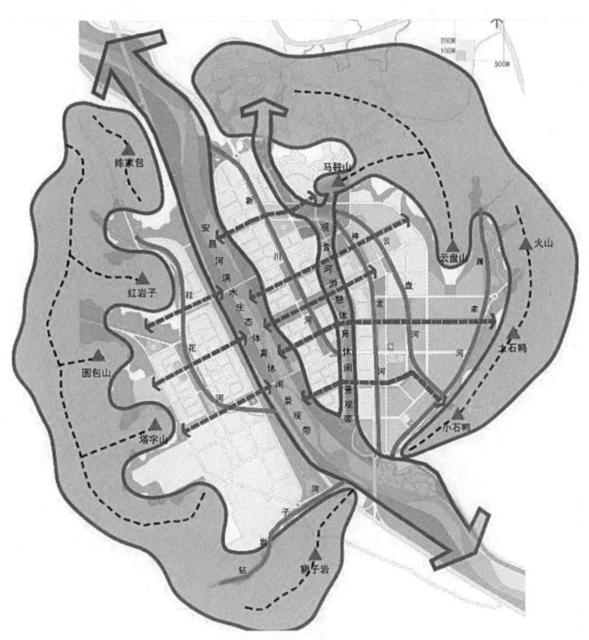

北川新县城环境分析

图 1-46　四川北川新县城场地周边环境及其分析[①]

率”和“人均公园面积” 三大指标体系为导向，着力点在指标而不是内在质量，很难主动地从实际空间效果上营造出高品质的城市整体景观风貌。另外，在城市总体规划之下编写城市绿地系统规划专章的编制办法，在操作上是“由城市规划部门先做好城市规划总图，然后再由景观设计师在城市规划师做好的总图上，见缝插针（地规划绿地）……”[②]，园林绿地系统规划没有和城市总体规划同步进行，总体上很难把握城市总体景观空间格局，难以达到城市景观系统的综合功能。

例如，仅从城市景观系统的防灾减灾功能来看，“5.12”汶川地震暴露出我国城市公园存在防灾规划不受重视、数量总体不足、布局不合理以及防灾设施缺乏等突出问题。有的城市尽管“绿化覆盖率”“绿地率”和“人均公园面积”指标已超过园林城市标准，但是规划布局不合理问题造成城市公园“外大内小、外多内少、体系不全、可达性差”

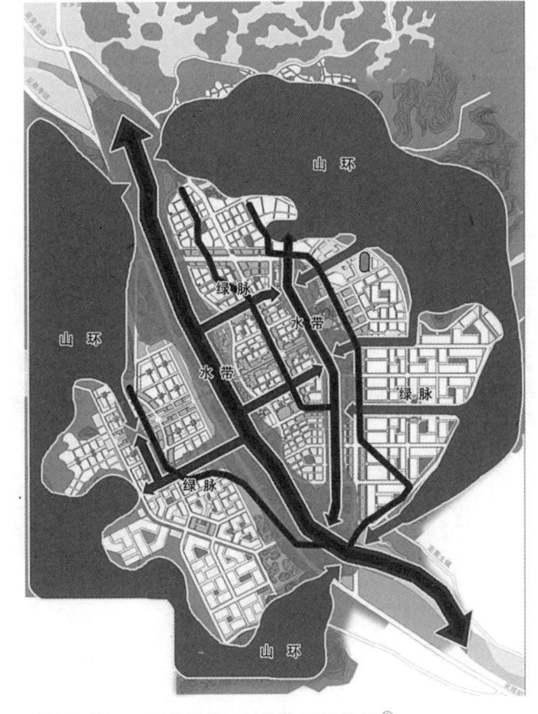

图 1-47　四川北川新县城绿地系统规划[③]

①、③　中国城市规划设计研究院 . 北川羌族自治县新县城灾后重建规划 [E]. 2009.

②　孙筱祥 . 风景园林（Landscape Architecture）[J]. 中国园林 . 2002.

的布局结果，地震后市民很难快速便捷地到达公园避难[1]。

3）场地景观规划与设计[2]

场地景观规划与设计习惯上被认为是景观设计的主要业务范围，大量的景观项目都可以列入其中，如城市广场设计、城市公园设计、城市街景设计、居住区设计、工业园设计、校园规划、滨河开发、港口规划、水域利用、公共绿地规划、旅游游憩地规划等等。

场地规划与设计以一个具体的场地为工作对象，以一地块内的建筑、构筑物和自然元素的协调与安排为基础，创造性地将场地的特征以及景观项目的使用要求进行综合分析，然后将各种自然元素和人工设施有机地布局在场地内。具体来讲，场地内的项目可能涉及单幢建筑的基地设计、办公区的公园设计、购物中心或整个居住社区的地块设计等，从职业责任来讲，还包括基地内自然元素与人工元素的秩序性、效率性、审美性以及生态敏感性等的组织与整合，其中，场地的自然环境包括地形、植物、水系、野生动物和气候等。总之，要处理好功能和审美的关系，充分满足项目的各种需求，充分体现所在场地的特征，并与场地以外的周边环境协调一致。

景观设计师在城市范围内所进行的场地景观规划与设计工作，大量通过城市设计来体现。奥姆斯特德、沃克斯、埃里奥特、克里夫兰得（Cleveland）等景观设计行业的开拓者们所完成的实践项目其核心工作都是围绕城市设计内容，第二次世界大战后西方逐渐成熟的城市更新和新城建设，甚至包括前述芝加哥生态桥方案（图 1-45）这样的现代景观设计项目，也被列入城市设计范畴[3]。

当前，城市设计的内涵和外延已经大大拓展，国（境）外有个别的大学甚至将其列入一个完整的专业加以传授，但是，到目前为止针对城市设计仍然没有一个准确的定义，只有两个要素是肯定的：其一是城市设计的场地必定是城市的一部分，其二是场地内必定有多栋建筑物或者构筑物介入到设计之中；其三，往往有一个机构代理政府负责对城市设计的内容和要求进行策划，并对整个项目的实施进行管理；另外，场地内的每栋建筑物或者构筑物虽然不需要进行具体的建筑设计，但是其空间位置和体量的确定以及针对相互间的联系与公共使用的空间组织，构成了城市设计的主要内容[4]。

---

① 邱建、江俊浩、贾刘强．汶川地震对我国公园防灾减灾系统建设的启示 [J]. 城市规划．2008（11）.

② 这部分设计内容将在第 5 章详细讲解．

③ Laurie，M. An Introduction to Landscape Architecture[M]. New York ：American Elsevier Pub. Co.，1975. 12.

④ Davorin Gazvoda. Characteristics of modern landscape and its education[J]. Landscape and Urban planning，2002（60）.

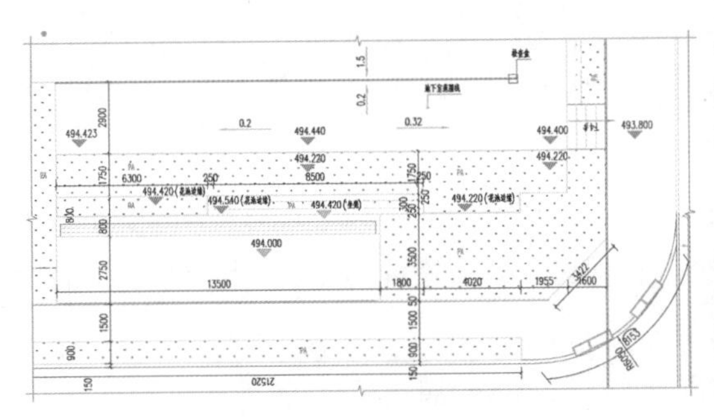

景观详细设计平面图示意
（四川省建筑设计研究院有限公司李光晖 提供）

景观详细设计效果图
（四川省建筑设计研究院有限公司李光晖 提供）

图 1-48 某入口小广场景观详细设计平面图及效果图

4）详细景观设计①

详细景观设计是指通过运用诸如徒手画、施工图等在内的图示语言来表达具有特定要求的、并在一定场地规划范围内的景观空间关系的过程，这个过程包括对场地内景观需要非常具体地解决的问题提出方案，如一个场地内入口的确定、景观平台的设置、聚集活动场所的组织、停车场的安排、景观小品的设计等，其方法是对景观构件、景观材料和景观植物进行有效的选择与配置，以保证其良好的三维空间效果，如图 1-48 所示。

值得注意的是，实践中，景观设计的内容根据设计出发点的不同和尺度的不同会有很大区别，大面积的河域治理，城镇总体规划大多是从地理、生态角度出发；中等规模的主题公园设计，街道景观设计常常从规划和园林的角度出发；面积相对较小的城市广场，小区绿地，甚至住宅庭院等又是从详细规划与建筑角度出发。

“区域景观评估与规划”“城镇景观规划”“场地景观规划与设计”和“详细景观设计”这四个职业范围既相对独立、又相互关联，其间没有截然的划分标准，但是存在一个从巨大尺度、大尺度、中等尺度到小尺度逐渐过渡的现象。景观设计广义来说应该包含景观规划（Landscape Planning）和景观设计（Landscape Design），从两者的特性来讲，景观规划注重于通过调查、分析与研究，从而对景观资源的保护和使用作出空间的安排，尺度偏大、相对宏观；景观设计则是对景观规划所确定的、具有一定社会用途的场地进行具体的功能安排。因此，从景观规划对象到景观设计对象也有一个尺度的过渡问题，即尺度越大，越偏向景观规划，反之，尺度越小，越偏向景观设计。很明显，上述四个职业范围前两部分工作更多地涉及景观规划内容；后两部分工作更多地涉及景观设计内容，也是本教程教授的重点知识范围。

① 详细景观设计涉及大量景观工程技术以及景观设计表现方法与技巧的内容，将在第 11 章和第 12 章详细讲解。

1.4.3 专业内涵

由于景观设计职业范围涉及规划设计自然景观要素和人工景观要素，与规划、生态、地理等多种学科交叉融合，在不同的学科中具有不同涵义，结合国际权威机构对景观设计内容各种探讨，景观设计的专业内涵至少应该包括以下几项：

（1）研究目的是为人类创造更健康、更愉悦的室外空间环境；

（2）研究对象是与土地相关的自然景观和人工景观；

（3）研究内容包括对自然景观元素和人工景观元素的改造、规划、设计和管理等；

（4）多专业交叉和融合，除了设计专业技能外，还包括数学、自然科学、计算机科学、工程学、艺术、工艺技术、社会科学、政治学、历史学、哲学等专业内容的交叉；

（5）从业人员必须综合利用各学科专业知识，考虑建筑物与其周围的地形、地貌、道路、种植等环境的关系，必须了解气候、土壤、植物、水体和建筑材料对创造一个自然和人工环境融合的景观的影响；

（6）其涉及领域是广泛的，但并不是万能的，从业人员只能从自己的专业角度对相关项目提出意见和建议。

具体的来说景观设计专业内涵具备三个层次：

（1）第一是景观形态。既是景观的外在显现形式。是人们基于视觉感知景观的主要途径。景观的形态是由地形、植被、水体、人工构筑物等组成部分的外在形式综合构成。对景观形态的设计就是结合美学规律和审美需求，控制景观要素的外在形态使之合乎人们的审美标准及行为需求，带给人精神上的愉悦。这是“科学与艺术原理”中的艺术原理。

（2）第二是景观生态。景观是一个综合的生态系统，存在着各种的生态关系，是人们赖以生活的场所，景观的生态对于人们生活品质甚至环境安全都至关重要。因为“人和自然的关系问题不是一个为人类表演的舞台提供一个装饰性背景，或者改善一下肮脏的城市的问题，而是需要把自然作为生命的源泉、社会的环境、诲人的老师、神圣的场所来维护，……”[①]。景观学中景观生态层次就是科学综合地利用土地、水体、动植物、气候等自然资源，使环境整体协调，保持有序的生态平衡。这是“科学与艺术原理”中的科学原理。

（3）第三是景观文化。景观和文化是密切相关的，这不仅包括景观中积淀的历史文化内涵、艺术审美倾向还包括人的文化背景、行为心理带来的景观审美需求。基于视觉感知的景观形态决不仅仅是简单的“看上去很美”，其景观

---

① 麦克哈格．设计结合自然[M]. 芮经纬，译．北京：中国建筑工业出版社，1992.9：32.

的可行、可看、可居往往与各种文化背景有着广泛的联系。所以景观要想真正成为人类憩居的理想场所还必须在文化层面进行深入的思考。

对于这三个层次也有学者总结为景观规划设计三元论：视觉景观形象、环境生态绿化、大众行为心理[①]，还有学者以景观学构成三个子系统即艺术、生态、人文子系统来概括[②]。总的来说，景观设计包含这些内涵，只有充分认识了这其中的丰富内涵才能真正理解景观设计。

结合图 1–13 所揭示的景观系统模式，景观设计内涵的每一方面都涉及人对自然景观（Natural Landscape）的改造，或者说赋予自然景观特定的精神和物质层面的文化内涵和功能价值，这与文化景观（Cultural Landscape）的内涵相吻合。从这个意义上讲，景观设计师工作的初始对象可能是自然景观也可能是文化景观，但其工作成果必然是文化景观。

1.4.4 从业人员

1. 从业人员

景观设计的职业范围特点总体上决定了景观设计是一项分工协作的团队工作，如同土木工程学科的从业人员由结构工程师、道路工程师和岩土工程师等组成一样，景观设计实践的从业人员也有侧重点不同的专业细分，主要包括景观设计师（Landscape Designers）、景观工程师（Landscape Engineers）、景观管理人员（Landscape Managers）和园艺设计师（Garden Designer），除此之外，还有诸如土壤、地质、经济、生态等领域构成的景观科研工作者（Landscape Scientists）参加到团队工作。景观建筑师（Landscape Architect）是一个职业总称，而各专业人员侧重于景观设计的一个方面，我们可以称结构工程师为土木工程师，同样也可以称景观设计师为景观建筑师。各种专业人员的工作对象和特色见表 1–3。

景观设计各从业人员细分[③] 表 1–3

从业人员类别		工作对象和特色
景观建筑师	景观规划师	对城乡和滨水的土地利用进行空间布局、生态、风景和游憩方面的景观规划，其规划对象的尺度较大，包括区域景观评估与规划
	景观设计师	设计各种类型、各种尺度的景观项目
	景观工程师	主要从事景观工程的建造实践等工作
	景观管理人员	管理前期景观设计、景观施工验收以及后期的景观运营维护等相关工作
	园艺设计师	主要从事中小尺度下景观设计中的植物配置、植物造景设计等
	景观科研工作者	利用土地科学、水文地理学、地形学、植物学、生态学等学科知识来丰富景观设计的理论基础以及解决实践中具体的景观问题，如生态评估等

① 刘滨谊．现代景观规划设计 [M]. 南京：东南大学出版社．1999.7.

② 谭瑛．三位一体和而相生 - 景观学体系的构成创新研究．2005 国际景观教育大会论文集 [C]. 上海：2005：109.

③ 通过总结归纳国际景观协会和美国景观建筑师协会等机构对景观从业人员界定资料的基础上编制而成。

表 1–3 中的有些从业人员所从事的专业在历史上比相关学科形成得还早，如园林的实践活动已经有几千年的历史，景观工程师在学科与专业出现之前就从事着园林的建造工作。当前国内景观设计师主要就职于设计院、规划院、设计公司等设计机构，多为工科类建筑院校培养的景观设计专业学生。景观工程师主要就职于各工程类施工单位。园艺设计师多就职于设计院、园林苗圃、园林绿化工程公司等机构，多为农林类院校培养的园林相关专业学生。景观管理人员多就职于园林局等政府管理部门以及房地产等企业中的景观管理岗位。景观科研工作者多就职于高校及相关科研院所，从事相关科研工作。

2. 各从业人员专业素养

尽管景观设计是一项分工协作的团队工作，但是，景观的属性决定了其所在学科是一门多学科综合的应用型学科。随着建设环境复杂性的日益发展，它所涉及的学科门类日渐增加，景观设计师必须广泛涉猎城市规划、生态学、环境艺术、建筑学、园林工程学、植物学等相关知识并融会贯通。总体上要求相关从业人员掌握两方面的能力：一方面掌握艺术直觉和创造力，并拥有很强的图形表达能力，另一方面掌握系统、科学的分析思考能力。同时由于各从业人员的针对的工作对象、特色以及所侧重于景观设计的方面不同，故还应具备各自专业所特定的专业素养。各类从业人员所需专业素养详见表 1–4。

景观设计各从业人员所需专业素养 表 1–4

从业人员类别		基本素养	核心专业素养	进阶专业素养
景观建筑师	景观规划师	1. 具有一定的艺术、工程基础知识和空间想象能力。 2. 具有较好的人文与艺术修养，具有较高的风景审美能力，对自然及人文景观具备较高的鉴赏能力。 3. 具有良好的思想道德、敬业精神、健康的人生态度，科学严谨、求真务实的工作作风，系统、科学的分析思考能力。 4. 具有良好的身体素质，积极乐观的学习态度，心理素质良好	1. 了解景观发展历史的基本脉络，熟悉世界范围内重要的景观体系、风格特征及经典实例。 2. 掌握景观学的基础理论与基本原理，掌握多种类型的景观设计规划与设计方法。 3. 掌握景观营造的场地、材料、构造知识，掌握相应的植物学和生态学原理等技术知识，能够合理利用相关技术知识组织各种景观设计要素。 4. 了解人的行为心理、社会文化、生态环境与景观设计环境的关系，了解建筑学、城市规划以及其他边缘学科、交叉学科的相关知识。 5. 了解景观设计过程中各专业协作的工作方法，具备良好的团队协作和沟通能力，初步具有综合和协调各种技术条件与方案创作之间关系的能力	1. 掌握各种尺度、各种类型的景观规划与设计方法，能够通过调查、分析与研究，从而对景观资源的保护和使用作出空间的安排。 2. 具有景观规划与设计的现场踏勘、综合分析、协调解决和方案表达的能力。 3. 具有良好的图形表达能力以及计算机辅助设计与分析、前沿信息技术应用的基本技能。 4. 熟悉职业景观规划师的工作过程、内容和方法，熟悉相关建设法律法规以及规划政策标准
	景观设计师			1. 掌握各种尺度、各种类型的景观规划与设计方法，能够通过调查、分析与研究，合理利用相关技术知识组织各种景观要素，对景观规划所确定的、具有一定社会用途的场地进行具体的功能安排。 2. 具有景观规划与设计的现场踏勘、综合分析、协调解决和方案表达的能力。 3. 具有良好的设计创新思维意识，专业视野宽阔，具有艺术直觉和设计创造力，同时拥有很强的图形表达能力以及计算机辅助设计与分析、前沿信息技术应用的基本技能。 4. 熟悉职业景观设计师的工作过程、内容和方法，熟悉相关建设法律法规与技术标准，了解景园建造施工图设计的要求与方法

续表

<table>
<tr><th colspan="2">从业人员类别</th><th>基本素养</th><th>核心专业素养</th><th>进阶专业素养</th></tr>
<tr><td rowspan="4">景观建筑师</td><td>景观科研工作者</td><td rowspan="4">1. 具有一定的艺术、工程基础知识和空间想象能力。
2. 具有较好的人文与艺术修养，具有较高的风景审美能力，对自然及人文景观具备较高的鉴赏能力。
3. 具有良好的思想道德、敬业精神、健康的人生态度，科学严谨、求真务实的工作作风，系统、科学的分析思考能力。
4. 具有良好的身体素质，积极乐观的学习态度，心理素质良好</td><td rowspan="4">1. 了解景观发展历史的基本脉络，熟悉世界范围内重要的景观体系、风格特征及经典实例。
2. 掌握景观学的基础理论与基本原理，掌握多种类型的景观设计规划与设计方法。
3. 掌握景观营造的场地、材料、构造知识，掌握相应的植物学和生态学原理等技术知识，能够合理利用相关技术知识组织各种景观设计要素。
4. 了解人的行为心理、社会文化、生态环境与景观设计环境的关系，了解建筑学、城市规划以及其他边缘学科、交叉学科的相关知识。
5. 了解景观设计过程中各专业协作的工作方法，具备良好的团队协作和沟通能力，初步具有综合和协调各种技术条件与方案创作之间关系的能力</td><td>知识渊博、逻辑思维清晰、掌握多种科研方法，具有良好的科研素养以及多学科交叉的跨学科研究能力，熟练掌握研究所需的相关科研方法、理论等</td></tr>
<tr><td>园艺设计师</td><td>熟练掌握植物学、生态学等相关知识，熟悉植物习性、花卉栽培、园林规划设计技术的花卉生产和园林绿化等相关技术，能熟练进行植物配置与植物造景设计等工作</td></tr>
<tr><td>景观管理人员</td><td>拥有鲜明的逻辑思维能力和科学管理素养。熟悉园林、绿化、景观设计等专业施工图纸及验收标准及规范，熟悉有关园林规划、设计管理、施工技术管理的各项技术规范</td></tr>
<tr><td>景观工程师</td><td>掌握景观施工的各种技术手段及相关建设法律法规与技术标准。能够熟练的进行景观施工建设、管理景观施工现场，审核施工质量、监督施工进度，解决施工技术难题等</td></tr>
</table>

景观设计是当代城乡人居环境建设的重要内容。在国家绿色发展战略国策、建设美丽中国大背景下，在全球生态环境营建、城乡景观空间塑造的巨大行业发展需求和前景推动下，景观设计已经开始从在不同领域的孤立研究，转向为多领域多专业的交叉，因此从事景观设计的各类从业人员还应具备多学科交叉的跨学科工作交流能力。其有助于在不同的方向开拓进取，为景观设计行业发展与创新提供新的多元化机会。

第 2 章

景观设计综述

第 1 章介绍了景观的基本概念及其属性，在概要了解了中西方园林发展的基础上，同学们进一步学习了景观设计的起源和行业特点、职业范围、专业内涵，以及从业人员应该具有的专业素养。本章对欧洲、北美、中国以及其他地区景观设计实践进行简要回顾，以便初步掌握景观设计发展的整体脉络。

2.1 欧洲景观设计①

欧洲景观规划设计经历了萌芽期、诞生期、发展期以及特征形成期等几个阶段。

2.1.1 萌芽期

如前所述，18 世纪末开始的英国工业革命导致了环境恶化，为改善城市卫生状况和提高城市生活质量，政府划出大量土地用于建设公园和注重环境的新居住区。随着工业城市的出现和现代民主社会的形成，普通大众对景观的要求逐渐增加，英国政府将传统园林面向大众，传统园林的使用对象和使用方式发生了根本的变化，开始向现代景观空间转化。例如，1811 年伦敦摄政公园（Regent's Park）在原来皇家狩猎园址上通过自然式布局来表达城市中再现乡村景色的追求；1847 年利物浦建成的面积达 $50hm^2$ 的伯肯海德公园（Birkenhead Park），成为当时最有影响的城市公园项目，项目设计者英国设计师雷普顿（Joseph Paxton）被认为是欧洲传统园林设计与现代景观规划设计承上启下的人物，他最早从理论角度思考规划设计工作，将 18 世纪英国自然园林对自然与非对称趣味的追求和自由浪漫的精神纳入符合现代人使用的理性功能秩序，他的设计注重空间关系和外部联系，对后来欧洲城市公园的发展有深远影响（图 2–1）。

此后，欧洲其他各大城市也开始陆续建造为公众服务的公园。同时大量建造城市公园，公园真正进入普通人的生活。很多欧洲大陆国家也开始注重公共绿地的建设，着力改善城市环境，划出大片用地作为公园等城市公共绿地（图 2–2）。

19 世纪下半叶，英国的一些艺术家为了反对工业革命带来的机械化生产，发起了“工艺美术运动”（Arts and Crafts Movement），许多景观设计师抛弃华而不实的维多利亚风格转而追求更简洁、浪漫、高雅的自然风格。随后在比利时、法国兴起的“新艺术运动”（Art Nouveau）进一步脱离古典主义风格，使欧洲景观设计进入萌芽期并具备雏形。

---

① 本节内容主要在周向频《欧洲现代景观规划设计的发展历程与当代特征》等文章的基础上加以整理、补充和拓展。

图 2-1 英国利物浦伯肯海德公园一景（左）
（张小溪 摄）
图 2-2 瑞典斯德哥尔摩郊区皇后岛公共绿地（右）
（邱建 摄）

2.1.2 诞生期

欧洲的工艺美术运动和新艺术运动对欧洲的艺术思潮产生很大影响，古典主义风格被逐渐脱离，而简洁、高雅的现代艺术风格逐渐被很多建筑师和艺术家们采用，并且出现在一些景观设计作品当中。1925 年国际巴黎的现代工艺美术展览会（Exposition des Arts Decoratifs et Industriels Modernes）是现代景观设计发展史上的里程碑。早期的一批现代园林设计大师，从 20 世纪 20 年代开始，将现代艺术引入景观设计之中，如盖夫雷金（Gabriel Guevrekian）在展览会上设计的“光与水的庭院”，打破了以往的规则式传统，运用立体派绘画艺术手法，完全采用三角形母题来进行构图（图 2-3），设计师 P.E.Legrain 设计的 Tachard 住宅庭园体现了现代景观设计的新理念和新的技术手段，引导了景观设计发展的新方向。英国现代景观设计奠基人唐纳德（C.Tunnard）则在理论上指出现代景观设计的 3 个方面：功能、移情、美学。

第二次世界大战中，许多著名规划师、建筑师、景观设计师在战争阴云笼罩下离开故土而移居美洲，但是，在欧洲特别是在一些没有受到战争破坏的斯堪的纳维亚半岛国家，现代景观设计的实践仍在继续，景观设计师根据北欧地区特有的自然、地理环境特征，采取自然或有机形式，以简单、柔和的风格创造本土化的富有诗意的景观，如瑞典从 1930 年代起，在许多城市设立公园局，专门负责城市公园绿地的规划设计与建设，公园局负责人 O. Almquist 和 H. Blom 以及优秀设计师 E.Glemme 等人在推广新公园思想与实践中，主张以强化的形式在城市公园中塑造地区性景观特征，既为城市提供了良好环境，为市民提供了休闲娱乐场所，也为地区保存了自然景观

图 2-3 光与水的庭园（1925，法国，巴黎）[①]

① Hamed Khosravi. THE GARDEN OF EARTHLY DELIGHTS.

图 2-4 瑞典斯德哥尔摩一城市公园（左）（邱建 摄）
图 2-5 丹麦哥本哈根郊外一社区景观设计（右）[①]

（图 2-4），并促使“斯德哥尔摩学派”（Stockholm School）的形成。丹麦景观设计师提倡单纯的几何风格，并主张用生态原则进行设计，通过运用野生植物和花卉软化几何式的建筑和场地，如 C. T. Sorensen 被誉称丹麦景观设计之父，在哥本哈根郊外社区景观设计时用圆形几何元素组成 24 个居住单元组成，同时配植简单的植物，创造出简洁并极富韵律的居住景观形式（图 2-5）。

这一时期，欧洲的景观设计师并没有像美国同行一样自称为景观建筑师（Landscape Architect），但是，欧洲深厚的园林文化传统和现代工业文明一旦孕育了现代景观设计的诞生，尽管“花开欧洲、果结美国”，现代景观设计的部分果实仍然留在了欧洲，其生命也在欧洲大地上得以延续。

2.1.3 发展期

20 世纪 40 年代战争的阴影褪去之后，欧洲景观设计师们的目光已经不只是停留在艺术与形式的层面，面对战争留下的废墟，他们转而寻求通过景观设计促进城市的发展与更新。

例如，德国法兰克福在第二次世界大战时几乎被夷为平地，所幸部分历史文化古迹得以保留（图 2-6），战后德国不仅精心修复法兰克福大教堂建筑物本身（图 2-7），而且对城市进行有机更新（图 2-8），特别值得一提的是：他们在大教堂旁保留一片战争遗址进行景观塑造，由此形成的开放空间（Open Space）不仅为城市居民和游客提供了游憩休闲的场所，而且此景观使第二次世界大战的历史得到永恒纪念（图 2-9）。又比如，俄罗斯园林从受到西化影响，逐渐演变为适应本土文化和体现民族特色的自然风景园。曾附属于皇家贵族的园林逐渐向公众开放（图 2-10）；同时，纪念性景观和城市公园迅速发展。城市公园根据不同的功能又划分出详细的类型，包括大型综合公园和满足不同需求的专类公园。

① 生生景观网 .

图 2-6　德国法兰克福大教堂在第二次世界大战时得以保留（上左）
（邱建摄自法兰克福大教堂的宣传照片）
图 2-7　第二次世界大战后修复的德国法兰克福大教堂（上中）
（邱建 摄）
图 2-8　第二次世界大战后德国法兰克福大教堂周边的建筑物得以修复并有机更新（上右）
（邱建 摄）
图 2-9　德国法兰克福大教堂旁保留的战争遗址景观（下左）
（邱建 摄）
图 2-10　向公众开放的俄罗斯圣彼得堡皇家贵族园林叶卡捷琳娜花园（下右）
（邱建 摄）

英国伦敦早在 1938 年就正式颁布了《绿带法》，1944 年由帕特里克 · 阿伯克隆比（Patrick Abcrcrombie）主持的大伦敦规划（The Greater London Plan），将大伦敦地区由内至外分为四个地域圈：城市内圈要降低人口密度，外迁 40 万居民；近郊圈必须加以改善和重组后才能继续发展；绿带圈通过整个地区提供休闲活动场所[①]；外围乡村圈预备建设卫星城和扩建一些原有社区。这次规划形成了由绿带限制城市发展、界定中心城市与周围卫星城的大伦敦城市发展布局。经过长时间的城市环境发展和公园绿带政策的实施，在整个大伦敦区域形成了较为完善的景观环境系统，其成功的绿地建设模式和经验推动了英国全国范围内的绿带建设及其规划法规的完善[②]；其环城绿带和开放空间网络被世界所推崇，是公认的“绿色城市”和“最适宜居住的城市”（图 2-11）。

华沙、莫斯科等地重建计划都把限制城市工业、扩大绿地面积作为城市发展的重要内容，联邦德国从 1951 年起通过举办两年一届的园林景观展，改善城市环境，调整城市结构布局，促进城市重建与更新，许多城市将公园连成网

① 绿带圈宽约 8km，设有森林地带、大型公园、各种游憩、运动场地、农田，在市区周围规划约 2000km² 的绿带面积 .

② 江俊浩 . 城市公园系统研究—以成都市为例 [D]. 成都：西南交通大学 . 2008.

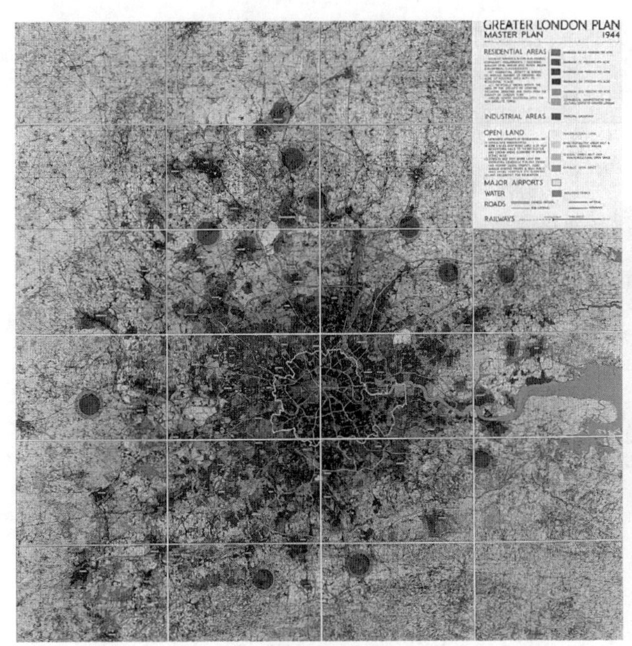

1944 年大伦敦规划[①]

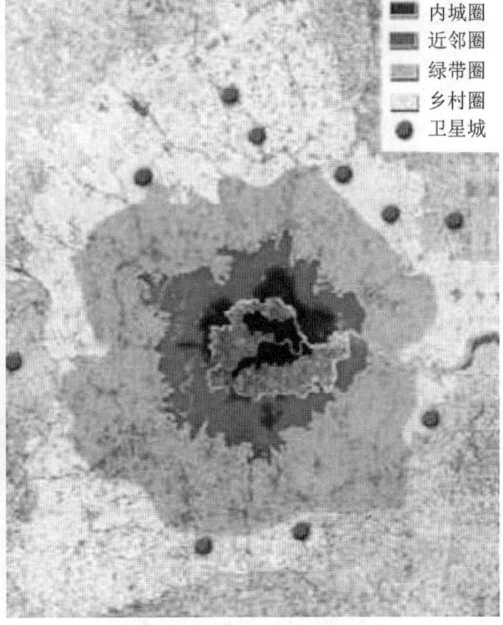

1944 年大伦敦规划环城绿带[②]

图 2-11 1944 年英国大伦敦规划及环城绿带

络系统，为市民提供散步、运动、休憩、游戏空间和聚会、游行、跳舞甚至宗教活动的场所。这个时期的欧洲景观设计师仍然没有系统地自称为景观建筑师，但其队伍更加壮大和成熟，现代景观设计基本形成并得到发展。

2.1.4 特征形成期

20 世纪 50 年代末 60 年代初，欧洲社会进入全盛发展期，许多国家的福利制度日趋完善，但经济高速发展所带来的各种环境问题也日趋严重，人们对自身生存环境和文化价值危机感加重，景观设计专业教育开始系统地在欧洲设置，景观建筑师的称谓也逐渐出现在欧洲。他们开始反思以往沉迷于空间与平面形式的设计风格，转而将环境与生态问题纳入景观设计的范畴，生态规划思想得到全面发展；他们开始关注社会问题，主张把对社会发展的关注纳入到设计主题之中，在城市环境设计中强调对人的尊重，借助环境学、行为学的研究成果，创造真正符合人的多种需求的人性空间；在区域环境中提倡生态规划，通过对自然环境的生态分析，提出解决环境问题的方法。例如，俄罗斯地广人稀，许多城市从更广泛的角度考虑城市的公园和绿地系统布局。同时注重街道、广场、居住区的绿化工程，并建立自然保护区，形成良好的绿地系统和生态环境。此外，艺术领域中各种流派如波普艺术、极简艺术、装置艺术、大地

① Koos Bosma and Helma Hellinga. Mastering the City，North-European City Planning 1900-2000[M]. NAI Publishers，1997：261.

② 张晓佳 . 城市规划区绿地系统规划研究 [D]. 北京：北京林业大学 . 2006.

图 2-12 俄罗斯谢尔盖耶夫保护的圣三一大修道院历史景观
（邱建 摄）

艺术等的兴起也为景观设计师提供更宽泛的设计语言素材，一些艺术家甚至直接参与环境创造和景观设计，将对自然的感觉、体验融入艺术作品中，表现自然力的伟大和自然本身的脆弱性，自然过程的复杂、丰富等。

20 世纪 70 年代以后，由于欧洲许多城市和区域环境问题仍然严重，生态规划设计的思想与实践在继续发展。这一时期，建筑学领域的后现代主义和解构主义思潮再次影响景观设计，景观设计师重新探索形式的意义，他们开始有意摆脱现代主义的简洁、纯粹，或从传统园林中寻回设计语言，或采取多义、复杂、隐喻的方式来发掘景观更深邃的内涵。

1990 年代以来，一些年轻的欧洲建筑师认为美国用奢华材料做出来的“优雅”“简洁”的所谓工业或后工业时代景观只为富人或大公司服务，很少关注普通大众的需要，是冰冷僵硬、没有生气的。他们转向自己园林文化传统中寻找现代景观设计的依据和固有特征。欧洲景观设计师经常在传统的环境中工作，面对的是几个甚至十几个世纪遗留下来的街道、广场、城墙、护堤、教堂、庄园，他们善于寻找到问题的关键，把传统的精髓提炼出来，并转化为崭新的设计语言，最后创造出别具一格、充满韵味的作品。例如，俄罗斯联邦政府对历史景观采取积极保护与继承的政策，并在保护、恢复和修复过程中强化了民族信仰①（图 2-12）。

值得注意的是，全球化的快速进程使全世界及时共享经济技术进步的成果，欧洲一体化又在使欧洲的文化传统进行新的大融合。景观设计也不例外，欧洲景观设计师没有采取闭关自守的方式，不仅设计师之间相互学习、交流频繁，而且大量设计师正在跨地域工作，彼此把自己的文化背景、个人风格融入当地，甚至在欧洲也出现了为数不少的即时性、波普性的景观作品。但是总体上讲，因为传统的深层次影响，欧洲景观设计师并没有盲目追逐潮流，而是以其对传统性和地方性的尊重，在把传统作为本源的信念支持下和求新求变的开拓精神的指引下，通过对最新科学技术的应用和对各种艺术观念与形式的借鉴，在经历了各种风格形式和思想观念的演变之后，欧洲景观设计观正在以一种独特的气质、强烈的个性，特别是浓郁的文化特征，在全球化进程急速推进的今天，逐渐确立了在世界上独树一帜的地位并且成为在当代世界景观设计舞台上引领潮流的主要力量之一。

① 赵迪，杜安 . 俄罗斯现代风景园林发展概述 [J]. 建筑与文化，2016（5）：90-92.

图 2-13 法国巴黎香榭丽舍林荫大道（左）（易明珠 摄）
图 2-14 法国巴黎协和广场地面铺装（右）（邱建 摄）

2.1.5 部分作品简介

欧洲景观设计师不仅在第二次世界大战留下的废墟中通过景观设计促进城市的发展与更新（图 2-6 ~ 图 2-9），而且还擅长历史环境景观的改善和修复，强调历史风貌的原真性保护，在景观细部设计时注重历史沧桑感的表达。图 2-13 是赫特（B.Huet）设计改造后的巴黎香榭丽舍林荫道，在保留 17 世纪勒·诺特（Le Notre）的建造特征和 19 世纪豪斯曼风格基础上，通过铺地、树木布局和设施设计统一了整体风格和视觉秩序；图 2-14 是巴黎协和广场地面铺装处理。

前面已经讲到，发端于欧洲的工业革命所造成的人与自然的紧张关系，在很大程度上催生了景观建筑学科。伴随社会的进步和科技的发展，原有产业被大量更新换代，工业用地和厂房失去原有的功能，逐步退出了历史舞台，欧洲的规划师和景观设计师并没有盲目地将这些“废弃”的场地夷为平地而改为诸如房地产开发等其他用途，相反是尊重历史，像改善和修复历史环境景观一样，通过景观设计的手段对有价值的工业“废弃”场地加以更新改造，使其成为具有特殊价值的工业遗产而得到保护。

一个较为经典的案例是德国景观设计师拉茨（Peter Latz）在德国北部设计的杜伊斯堡工业遗址公园，工业遗址公园是埃姆舍公园国际建筑展的组成部分，占地 200hm^2，由一座废弃的具有百年历史的 A.G.Tyssen 钢铁厂改造而成。设计思想是要表现钢铁的制造加工过程，包括它的熔化、硬化状态。设计方法是重新诠释和改造，通过生态设计和视觉设计改变工业设施的功能和应用，让它转型而不是毁掉它们。场地由遍布整个工厂的高大的烟囱、巨大的炼钢炉、各式各样的工业管道和铁路组成，而多年的荒废使得这一切又破败不堪、荒草丛生。拉茨通过对残留的工业废墟进行的城市环境再塑造，首先保留了场地里的烟囱、炼钢炉、铁路、桥梁、构筑物等已有设施，并加以改造。废弃的混凝土净化水箱变成了封闭式花园，铁路成了步道，高塔可以眺望，残墙被改造成了攀岩场地。这些设施在转变功能的同时，又承载着历史气息，让人们感受到

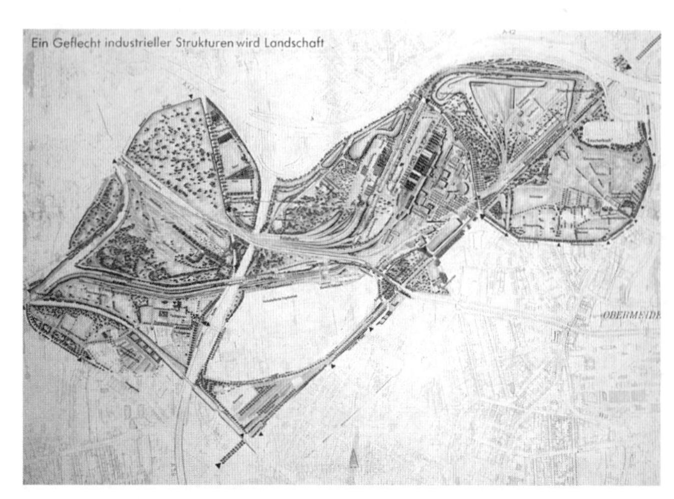

图 2-15　德国杜伊斯堡工业遗址公园平面图

图 2-16　德国杜伊斯堡工业遗址公园实景图

图 2-17　德国杜伊斯堡工业遗址公园夜景图

了一个世纪前工业文明的情景。其次，建筑材料尽量废物利用，尽量减少对环境的索取。废铁板被再利用为地面铺装，矿渣用作地面材料等等。最后，是生态的恢复，设计自然式河道，坡道和可下渗雨水的地表，让污水慢慢自清净化；植树造林，使这片废墟有了绿色的基底。公园方案实施后于 1994 年部分建成开放。现在，在这片“废墟”上，残垣断壁“讲述”着这块场地的历史，在绿色的掩映中，人们感觉不到荒凉与伤感，而是在一种浓浓的怀旧情绪中体会到勃勃生机。以一种不动声色的改造使城市废墟获得新生，为城市注入了活力①（图 2-15～图 2-17）②。

与其他形式艺术作品一样，欧洲的现代景观设计在继承传统的同时注重创新性，现代景观设计语言同传统的规则式园林手法相结合，同时兼收并蓄各种最新的艺术风格和创作理念，不仅创造出具有欧洲特色的现代景观作品，而且凭借具有标志性的景观设计作品使设计师的创作思想和设计观念对景观设计进程甚至现代景观设计思潮产生影响。例如，屈米运用解构主义手法设计的法国巴黎拉维莱特公园于 1982 建成，在景观设计界具有较大影响。拉维莱特公园是巴黎为纪念法国大革命 200 周年建造的九大工程之一，位于巴黎的东北角，1974 年以前，这里还是一个有着百年历史的大市场，当时的牲畜及其他商品就是由横穿公园的乌尔克运河运送。公园面积约 $55hm^2$，乌尔克运河把

① 王向荣 . 生态与艺术的结合——德国景观设计师彼得 · 拉茨的景观设计理论与实践 [J]. 中国园林，2001（2）：50-52.

② Landschaftspark 网。

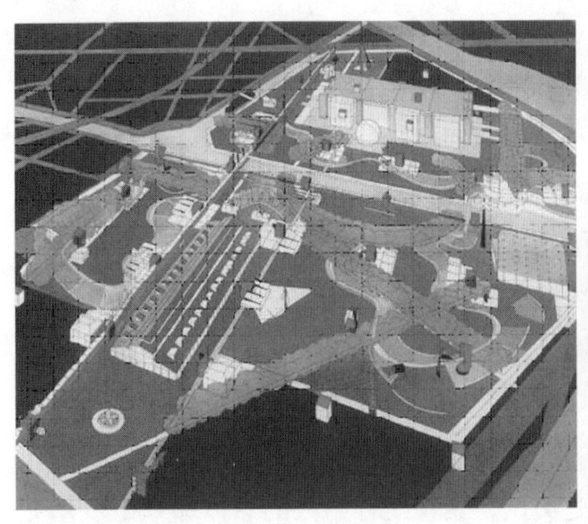

图 2-18 法国巴黎拉维莱特公园全景示意图（图上方为科技馆）（左）（邱建摄自公园宣传资料）

图 2-19 法国拉维莱特公园（科技馆前的景观小品和天穹）（右）（邱建 摄）

公园分成了南北两部分，北区展示科技与未来的景观，南区以艺术氛围为主题（图 2-18、图 2-19）。

屈米将传统公园构成要素分解成“点、线、面”三个体系，然后通过一种与现存结构不连续的方式，又将点、线、面三种要素“毫无联系”地重新叠加在公园上，三个要素相互之间各自可以单独成一系统。首先是“点”：26 个红色的点状景物（Folie）出现在 120m × 120m 的方格网的交点上，有些仅作为点的要素存在，有些景物作为信息中心、小卖部、医务室之用（图 2-20）；其次是“线”：公园的游览路线（图 2-21），包括长廊、林荫道和一条贯穿全园的弯弯曲曲的小径，小径串联了公园的十个主题园；最后是“面”：十个主题园，包括镜园、恐怖童话园、风园、雾园、竹园等及其地面景观设计（图 2-22）。这种相对体系的设置，各个分离系统的重叠产生了丰富的结构纹理，它们形成一个

图 2-20 法国拉维莱特公园的“点”：红色点状景物（左）（邱建 摄）

图 2-21 法国拉维莱特公园的“线”之一：乌尔克运河沿岸景观（右上）（邱建 摄）

图 2-22 法国拉维莱特公园的“面”之一：地面景观（右下）（邱建 摄）

大的层次，其中包括原有的建筑，然后形成循环连续层面。

屈米通过拉维莱特公园对公园与城市的关系作了一定的探索：公园没有明显的边界，方格网以及网格交点处的点状景物（建筑）形成了一种城市新的肌理。公园通过这一肌理扩散到城市，从而在未来城市发展中来取得公园与城市环境的融合——城市有了公园的肌理，公园里有城市的建筑与格局，现在，拉维莱特公园不仅是一个有魅力的公园，而且成为一个符号。它所体现出“反对”形式、功能、结构、联系，提倡解构、不完整、无中心的特质，为传统园林文化注入了新的活力。

欧洲景观设计师还结合不同的自然条件，创作出极富地域特色的景观作品。西班牙独特的地理位置和历史文化，景观设计给人的总体印象是变幻无常，既有南部乡间充满乡土味的田园风格和东方情调，也有东部加泰罗尼亚地区以巴塞罗那为代表的浪漫、奔放海洋气息，如弗兰克·盖里（Frank Gehry）在巴塞罗那海滨旁艺术酒店零售广场上设计的金鱼雕像，不仅与酒店塔楼的旅游功能完美契合，而且犹如渴望跃入地中海碧蓝海水之中，营造出活跃的公共空间氛围（图 2-23）；而中部马德里地区则为内陆形沉稳特征，如马德里西班牙广场景观（图 2-24）。

图 2-23　西班牙巴塞罗那海滨艺术酒店及金鱼雕塑（左）
（邱建 摄）
图 2-24　马德里西班牙广场景观（右）
（邱建 摄）

荷兰景观设计师个性鲜明的风格源于荷兰人与自然的关系，大自然展现出来的纯粹形态、明亮原色使他们喜欢简洁风格、采用自然手法、保留自然特色，他们运用少量元素、平凡材料，犹如风车和郁金香构成的风光一样，创造出美丽景观，给人简洁而大气、安静而迷人的感觉[①]。荷兰 WEST8 设计公司设计的东斯尔德大坝景观（Eastern Scheldt Storm Surge Barrier），其理念即是根据环境条件进行设计，这一景观是建设东斯尔德大坝时留下的工地，由于没有足够的资金去清理，设计者采用一定的技术手段将其进行了艺术化的处理，在上面覆盖一层附近蚌养殖场的废弃蚌壳和乌蛤壳，黑白相间，形成美丽的大地

① 周向频．欧洲现代景观规划设计的发展历程与当代特征 [J]．城市规划汇刊．2003（4）．

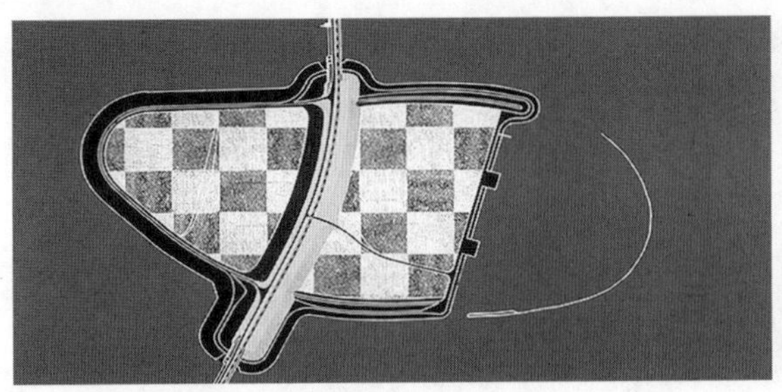

图 2-25 荷兰东斯尔德大坝景观平面图

图 2-26 荷兰东斯尔德大坝景观构成材料

景观（图 2-25~ 图 2-27）[①]。

丹麦在气候调节和零碳排放等方面的景观实践一直是佼佼者。如丹麦 Kokkedal 气候适应型社区公共空间项目。该社区在 2011 年遭受过严重的洪涝灾害，因此提出了关于气候适应和水管理的景观方案。项目由 35 个独立小项目组成，通过蓄水池、湿地、雨水花园、透水铺装等设计手段开发场地的气候适应力，并创造新的、吸引人的景观节点，拉近自然与居民之间的距离。在场地改造之前，雨水储蓄在地下管道之中，而现在雨水被储存在盆地和蓄水池中，这些蓄水池可以储蓄 5 年的雨水量。这个雨水管理系统将雨水从较小的盆地引导到渗水坑和沟渠，最后流入较大的盆地和河流。雨水管理在地表的处理系统中进行，场地安全感得以提升。此外，整个项目还包含花园、活动区、健身步道、自然运动场和教育性区域等，因此广受人们的欢迎（图 2-28）。

图 2-27 荷兰东斯尔德大坝景观

图 2-28 丹麦 Kokkedal 社区公共空间[②]

① WEST8 景观规划设计网 .

② Landezine 网 .

图 2-29 M.Balston 设计的“反光庭园”[1]

英国独特的自然条件和气候特征使英国人一如既往的追求自然的景观设计，英国人对植物的喜爱使英国的景观设计充分利用植物来表现自然之美，这不仅体现在传统的庭院、庄园和城市公园，而且在运用新的设计手法来进行现代景观设计时也没有放弃固有的观念，巴尔斯顿（M.Balston）1999 年设计的获切尔西花展最佳庭园奖的“反光庭园”，采用不锈钢的墙体、花盆、管子等将植物与高技术结合起来（图 2-29）。

英国的历史遗产保护理论和实践对世界做出了不可替代的贡献，对于工业遗产的更新利用也具有鲜明的特征。2001 年 3 月耗资 8700 万英镑并全部正式投入使用的“伊甸园”，在一定程度上诠释了英国的工业遗产景观更新理念。“伊甸园”场地位于英国西南部的康沃尔郡的一个废弃的采矿场，这个矿场原来生产制造陶瓷用黏土，黏土经过 150 多年的连续开采后，剩下一个巨型的土坑，严重破坏了当地的生态环境，被当地人视为“死地”（图 2-30）。但如今，在这片土地上却建立了全球最大的温室——“伊甸园”植物园景观工程（图 2-31、图 2-32）。

作为 21 世纪废弃物利用的现代景观设计作品，“伊甸园”仍然反映出英国人热爱植物的天性，园内有三个生态展区，集中种植了来自世界各地无数的奇花异草，容纳了全球不同气候条件下的数万种植物（图 2-33），其中最大的生态区是目前世界上面积最大的温室：潮湿热带馆，占地近 $1.6hm^2$，高约 55m 的巨大展馆内，生长着棕榈树、橡胶树、桃花心木、红树林等来自亚马逊河

图 2-30 “伊甸园”建设的原始场地：一个废弃的采矿场[2]

① Pinterest 网 .

② Eden project 网 .

图 2-31 废弃的采矿场被改造成"伊甸园"后的外貌[①]

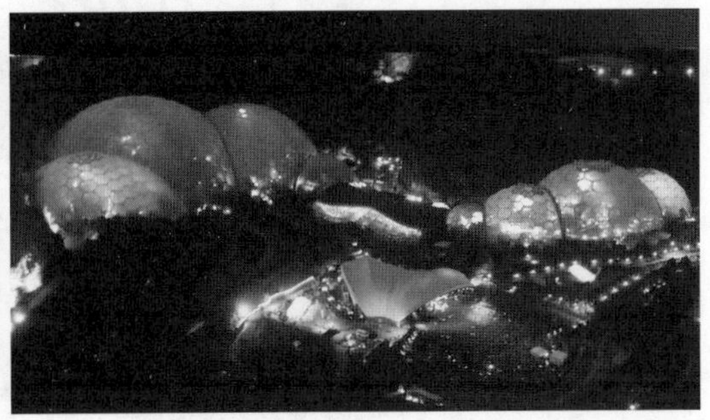

图 2-32 "伊甸园"夜景景观[②]

图 2-33 "伊甸园"的室内植物景观[③]

地区、大洋洲、马来西亚和西非等地的 1.2 万种植物；在温暖气候馆里，有来自地中海、美国加利福尼亚、南非等地区的植物，如橄榄树、兰花、柑橘类植物等长势茂盛；而在凉爽气候区里原生长在日本、英国、智利等地区的各种植物也是郁郁葱葱。

"伊甸园"景观被科学家称作"绿色主题公园"，其建筑本身体现了节能环保的理念：这个"生物群落区"的建筑被设计成能够储存热量，并以此节约能源，建筑内的气候由电脑系统自动控制通风和供暖，建筑背墙的作用就像一个蓄热池，白天吸收热量而晚上则释放出热量，其内的植物也起到协助调节气候的作用；温室内的植物也起到调节气温的作用，当室内过热时，植物会散发出更多的水分，以此来冷却空气。

在"伊甸园"可以看到人类的未来——一幅人类与植物和谐相处的图景，以一种未来世界的姿态跻身历史遗迹万里长城、金字塔等的队列而被称为世界上的第八大奇迹。

①~③ Eden project 网 .

2.2 北美景观设计[①]

景观设计实践诞生于美国，景观专业教育来源于美国，景观理论研究成熟于美国。美国的景观领域人才辈出，在世界范围内产生巨大影响。北美景观规划设计以美国为主体，因此，本节主要结合重要的景观人物，简要介绍美国景观规划设计的萌芽、诞生、发展以及特征形成期等几个阶段，同时介绍北美现代的部分景观作品。

2.2.1 萌芽期

美国现代景观行业的诞生与西方古典园林的发展是密不可分的，西方景观发展历史，从远古的美索不达米亚庭园，历经古希腊、古罗马的柱廊式庭园，到西班牙的伊斯兰庭园，再到意大利的台地园，法国的勒·诺特尔式宫苑及英国的自然风景园，一直延续到美国城市公园运动的开始。这一漫长的历史时期可称为西方古典园林时期。19 世纪中叶，以唐宁（Andrew Jackson Downing）为代表的一批美国园林工作者在系统总结美国园林发展历史的同时，积极向欧洲学习，引进当时先进的园林设计方法和理论，并形成了有美国特色的景观园林理论。

18 世纪英国的自然派园林出现之前，欧洲的园林以意大利和法国为代表，都是几何式对称布局人工气息很浓的古典主义园林，随着产业革命的发展，追求精神自由的审美理想的兴起，人们重新发现对伟大自然的任何程度的模仿所给予人们的快感，要比精巧艺术所能给予的更崇高[②]。这里所涉及的“模仿”正是法国人库特弥尔（A. C. Quatremere de Quincy）在他的《模仿论》（*Essay on Imitation*）中所探讨的问题，在这一思想的影响下，英国园林设计大师劳顿（John Claudius Loudon）形成了相对的造园理论，认为园林是一门与模仿有关的艺术，鼓励使用差异性的植物，甚至引进异地植物来营造园林景观。唐宁在其《园林的理论与实践概要》第一版（1841 年）中参考库特弥尔的观点，支持劳顿的理论，认为引进植物树种是有必要的，在劳顿园林分类的基础上加入“唯美式”的风格（图 2–34、图 2–35）。然而在《园林的理论与实践概要》第三版（1849 年）中，唐宁摒弃了对外来树种的使用，认为在美国这个拥有丰富本土资源的国家完全没有必要引入外来树种，对自然的人工修饰无需太重就能达到宜人的景观效果[③]。对当时美国经济状况的考虑也是唐宁设计理论发生

---

① 本节文字内容主要在俞孔坚、刘冬云、孟亚凡《美国的景观规划设计专业》（《景观设计：专业、学科与教育》，北京：中国建筑工业出版社，2003.9）和张健健、曹余露《美国现代景观设计百年回顾（上、下）》（苏州工艺美术职业技术学院学报，2007，2、3）等文的基础上加以整理、补充和拓展 .

② 蒋淑君 . 美国近现代景观园林风格的创造者——唐宁 [J]. 中国园林，2003（4）：4-9.

③ 蒋淑君 . 美国近现代景观园林风格的创造者——唐宁 [J]. 中国园林，2003（4）.

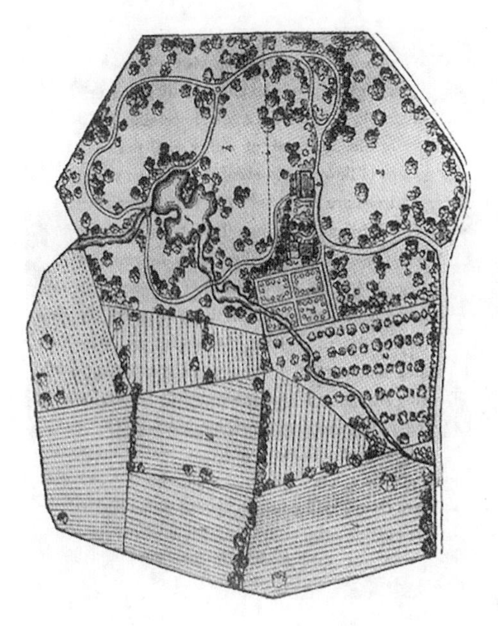

图 2-34 体现自然风格的一张设计规划图[①]（左）
图 2-35 唐宁唯美式园林[②]（右）

转变的原因之一，也成为其理论特色之一。

纵观这一时期（19 世纪初至中叶）美国景观设计理论和实践，受到欧洲尤其是英国的影响最大，但其并不是盲目的效仿，而是经历了一个模仿到结合美国实际的过程。虽然这一时期美国景观园林没有法国和意大利古典主义园林的理性逻辑和宏大气势，没有英国自然派园林的诗意的浪漫和如画的景致，也没有中国园林丰富的理念和文人情感，但是却更接近于美国国情，突出为大多数人服务的目的，已经是现代景观设计的价值体现，从单纯模仿到与实际结合的思想更是现代景观设计的基本原则的思想来源。

2.2.2 诞生期

唐宁等人为美国现代景观的诞生不但提供了理论和实践准备，而且培养了一批继承者和开拓者，如第 1 章提及的为美国现代景观诞生作出重要贡献的代表性人物奥姆斯特德（Frederick Law Olmsted）（图 1-37）便是唐宁的学生，其主持设计的纽约中央公园（Central Park）是第一次真正意义的现代景观设计实践。

1858 年开始，以奥姆斯特德为代表的一批景观建筑师发起了美国城市公园运动，设计了纽约中央公园（图 1-38、图 2-36）、旧金山金门公园和波士顿公园体系（Boston Park System）（图 1-39、图 2-37）等大量城市公园和公园体系。19 世纪中后期的这场城市公园运动拉开了美国现代景观发展的序幕，标志着美国现代景观的诞生。

①、② 蒋淑君. 美国近现代景观园林风格的创造者——唐宁 [J]. 中国园林，2003（4）：4-9.

美国纽约中央公园平面图[①]

美国纽约中央公园运动场地
（邱建 摄）

图 2-36 美国纽约中央公园

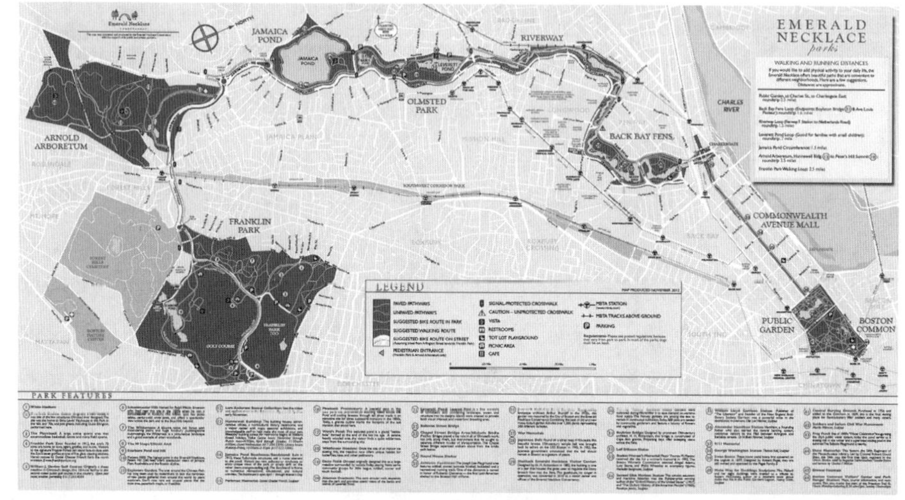

波士顿公园体系平面示意图[②]

波士顿公园体系一公共绿地
（赵炜 摄）

图 2-37 美国波士顿公园体系

① Civitatis 网 .
② Emerald Necklace 网 .

这一时期面向公众的城市公园成为真正意义上的大众景观，通常具有用地规模大、环境条件复杂的特点，需要更为综合的行为心理、功能形式及工艺技术方面的理论和方法。在公园运动时期，各国普遍认同城市公园具有五个方面的价值，即保障公众健康、滋养道德精神、体现浪漫主义（社会思潮）、提高劳动者工作效率、促使城市地价增值。在注重城市公园建设的同时，利用绿化将数个公园连接到一起，公园选址注重与水系的结合，并充分尊重自然地形和地貌，形成比较完整的城市公园系统。这种方法沿用至今，用绿色廊道（Corridor）将绿色斑块（Patch）联系起来，从今天的景观生态学角度讲，这样的公园布局更能有效地发挥其生态、游憩等功能。

奥姆斯特德等人拒绝自己职业的其他称呼，坚持称自己为景观建筑师，1899 年美国景观建筑师协会（American Society of Landscape Architects）成立。1900 年，奥姆斯特德之子小弗雷德里克·劳·奥姆斯特德（F.L.Olmsted，Jr.）与舒克利夫（A.A.Sharcliff）在哈佛大学开设景观课程，并在全美首创 4 年制的LA理学学士学位①，随后马萨诸塞大学、康奈尔大学、伊利诺伊大学、加州伯克利分校等院校也相继开设了类似的专业，标志着景观建筑学成为一门现代独立学科，现代景观教育由此诞生。一个新型的行业——继承传统而自身又有长足发展的景观建筑行业（Landscape Architecture）便伴随城市公园运动在美国诞生。

2.2.3 发展期

尽管在 19 世纪中后期美国景观实践相对于传统造园已发生了巨大变化，但其在形式上仍然主要继承了英国自然风景园和法国古典主义园林，“巴黎美术学院派”的正统课程和奥姆斯特德的自然主义理想占据了美国景观规划设计行业的主体。前者受欧洲工艺美术运动和新艺术运动影响，在理论上指导着美国景观设计的功能、移情、美学三个方面；后者的思想多用于公园或自然条件复杂场地的设计。不过，社会经济的变化和发展对景观规划设计提出新的要求，孕育着美国景观变革和快速发展期的到来。

与其他行业一样，景观行业也受到 20 世纪初期世界范围内的经济大萧条，及其后的第一次世界大战带来的负面影响，美国现代景观进入一个徘徊不前的时期。20 世纪 30 年代后期，第二次世界大战的阴云再次笼罩了世界，这次大战重新划分了世界的格局，同时对景观行业也有着划时代的影响。由于这次大战，欧洲不少有影响的艺术家和建筑师纷纷来到美国，如德国的格罗皮乌斯（W.Gropius）、英国的唐纳德（C.Tunnard）等人，他们引入了欧洲现代主义设计思想，世界的艺术和建筑中心从欧洲转移到了美国。1938—1941 年间，以

① 俞孔坚，刘冬云 . 美国的景观设计专业 [J]. 国外城市规划 . 1999（2）：1-10.

罗斯（Jame Rose）、丹·凯利（Dan Kiley）和埃克博（Garrett Eckbo）为代表，哈佛大学发表了一系列的文章，提出郊区和城市景观的新思想，这些文章阐述了革命性的观点，引起了强烈反响，导致了哈佛景观学院“巴黎美术学院派”教条的解体，并推动美国乃至世界景观行业朝着符合时代精神的现代主义方向发展，这就是著名的“哈佛革命”（Harvard Revolution），其宣告了现代主义景观设计的诞生。

“哈佛革命”推动了美国景观理论的发展，与此同时，美国另一位伟大的景观设计师托马斯·丘奇（Thomas Church）也在实践中尝试新的风格，他将“立体主义”和“超现实主义”的形式语言应用在景观设计中（图 2-38），培养了埃克博、劳耶斯通、贝里斯、奥斯芒和哈普林等著名的设计师[①]，在他们以及其他景观建筑师的共同努力下形成了西海岸的“加利福尼亚学派”，与东海岸的“欧洲移植现代主义”并驾齐驱。

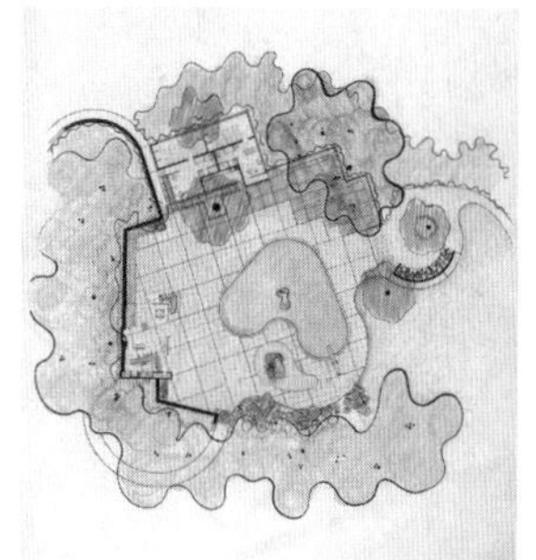

手绘平面图[②]

花园与建筑的平面图和剖面图[③]

更衣处及室外游泳池[④]

图 2-38 托马斯·丘奇最著名的设计作品——美国加利福尼亚州唐纳花园(Donnell Garden)

20 世纪上半叶是美国景观的发展期，这一时期美国景观理论和实践的变革与尝试，促进了其景观设计元素和手法的拓展，自然主义与古典主义的桎梏开始被打破，呈现出“百花齐放”的发展格局，为日后美国景观设计特征的形成打下了坚实的基础。美国的景观设计行业在面临项目数量激增的同时，也面对着伴随项目而来的更加复杂的问题，服务对象也从原来的以私人业主为主转变为政府机构为主。

2.2.4 特征形成期

1945 年，美国政治、经济和文化各方面发生了巨大变化，经济的发展和政府支持下的大量建设项目，为景观建筑师提供了前所未有的机遇和挑战，由此景观行业也发生了翻天覆地的变革，各种新的设计思潮和设计方法被应用于

① 张健健，曹余露 . 美国现代景观设计百年回顾（上）[J]. 苏州工艺美术职业技术学院学报 . 2007（2）：41-44.

②、③ PCAD 网 .

④ 中国风景园林网 .

美国景观行业并占据主导地位，美国的景观也进入其发展的黄金期，经历了三个主要的特征变化阶段，并形成基本的设计特征。

1）现代主义流行期

空间的概念作为现代景观设计中的核心，直接来源于现代建筑的流动空间理论。早在1938年，罗斯就在《花园的自由》(*Freedom in the Garden*) 中宣称空间不是风格，而是景观设计中真正的领域[①]。“哈佛革命”也表现出对现代主义的极大兴趣。但现代主义的应用是在第二次世界大战后的20年间，对于美国的景观业来说，战后的前20年，有很多与众不同之处。这个时期对世界上其他发达国家来说是努力治愈第二次世界大战巨大创伤的时期，而对于美国来说是一个繁荣和发展的时期，在这个时期里美国经济快速发展，大量大型建设项目开始实施，很大一部分是在现代主义思想指引下规划设计的，在此大环境下，继续沿用战前的景观设计方法就很难使景观融合在更大的环境，得到令人满意的方案，因此景观设计对现代主义设计方法的需求日益增强。在此背景下，越来越多的景观设计师接受并应用现代主义设计方法，形成一种潮流，具有代表性的人物是劳伦斯·哈普林、佐佐木英夫和丹·凯利等。

现代主义景观设计中分析和关注人们在环境中的运动和空间感受，认为设计不仅是视觉的享受，更是人们在运动中其他感官的感受，如嗅觉、触觉和听觉等，强调人的生理和心理参与。其实现代主义景观从不拘泥于哪一种固定的设计范式，它是一种基于空间划分的场地塑造手法[②]。现代主义对景观建筑学最积极的贡献并不在于新材料的运用，而是认为功能应当是设计的起点这一理念，从而摆脱了某种美丽的图案或风景画式的先验主义，得以与场地和时代的现实状况相适应，赋予了景观建筑适用的理性和更大的创作自由，通过对社会因素和功能的进一步强调，走上了与社会现实相同步的道路。

图2–39　匹兹堡点子州立公园[③]

当时的许多景观设计师在现代主义思想的指引下，在景观设计的应用中进行了广泛的探索和实践，出现了许多优秀范例，例如：拉尔夫·格利斯沃德（Ralph Grisword）设计的匹兹堡点子州立公园（Point State Park）（图2–39）、佐佐木·英夫的得克萨斯威廉姆斯广场（Williams Square）（图2–40）、哈普林的海滨农庄住宅区

①、②　马仲坤.20世纪美国现代景观的形成背景研究[J].黑龙江科技信息，2008，(35)：150.

③　PositivelyPittsburgh网.

图 2-40 美国德克萨斯威廉姆斯广场
（黎鹏志 摄）

(The Sea Ranch)、约翰·西蒙斯（John Simonds）设计的梅隆广场（Mellon Square）、菲利普·约翰逊设计的纽约现代艺博物馆（MOMA）雕塑庭院等等。正是这些具有现代主义思想的景观设计师及其具有进取性的作品，使现代主义风格园林在其后相当长一段时间内风行美国。

2）生态主义倾向期

从 20 世纪 40 年代中期到 60 年代，美国景观业内对艺术追求的倾向是非常明显的①，但是经济发展和技术的进步给美国带来了急剧增加的污染，环境危机敲响了人类未来的警钟，一系列环境保护运动开展，相关法律法规也不断出台，一些有远见的景观设计师也开始在生态学的基础上对行业进行反思和研究。麦克哈格经过长时间的探索，于 1969 年出版了在学术界引起轰动的《设计结合自然》一书，该书将生态学原理与景观规划设计相结合，提出了一整套规划方法，其创建的千层饼模式沿用至今。麦克哈格的理论将景观规划设计提到一个科学的高度，其客观分析和系统研究的方法代表着严谨的学术原则，但是其实际应用尚存在局限性，尤其是在小尺度景观设计方面。

生态主义思想已成为当今景观规划设计的一项重要思想基础，但也有人批评生态主义设计由于强调对生态系统的保护而忽视艺术的创造，从而显得过于平淡，缺乏艺术价值。这些批评和思考也影响了美国景观 20 世纪 70 年代的发展方向。但事实上，早在 1880 年，西蒙斯（O. C. Simonds）在一座英式庭园的设计中就运用了乡土植物来调节空间和位置的关系。20 世纪初，艺术家、自然学家也同时是景观设计师的简斯·詹森（Jans Jensen）也主张简化设计和使用乡土植物。由此可见，在美国现代园林发展的早期，在一些景观设计师的作品中，对艺术的热情与天赋和对生态的直觉就融合在一起了。

3）艺术与科学结合的特征形成期

经过现代主义和生态主义“各领风骚”的时期后，20 世纪 70 年代开始，各种社会的、文化的、艺术的和科学的思想逐渐融合到景观领域，美国景观规划设计开始呈现出多元化的发展趋势。

1971 年，诺曼·纽顿（Norman Newton）在自己的文章《景观建筑学的发展》（*The Development of Landscape Architecture*）中就提出了景观建筑设计到底是艺术的还是科学的这样的问题；所有身处景观设计这个领域的人们都无法回避这个问题。纽顿及与他同时代的同行们，由于时代的局限，只是简单的认

① 秦华茂．美国当代园林的发展历程研究 [D]. 南京林业大学．2003：17.

为景观建筑设计是由来自艺术和科学的各种元素构成的。

20 世纪 80 年代以来景观生态学的发展为建立更易操作的规划设计方法提供了途径，受到全球科学家和景观设计师的极大关注，第一个将景观生态学思想应用于景观规划设计的方案是哈贝（Haber）等提出的土地利用分类系统，1986 年他们总结出一套完整的景观生态规划方法，包括五个步骤：土地利用现状类型调查、景观空间格局的描述分析、基于景观单位的景观敏感性评价、景观单元的空间关联度分析、景观敏感度格局研究[①]。

艺术领域的各种流派，如波普主义、极简主义、大地艺术等思想和表现手法给景观设计师很大的启发，艺术家纷纷投入景观规划设计中，成为景观从业人员的一部分。建筑界的后现代主义和结构主义等思潮也影响到景观设计，并反映在很多作品中。

艺术与科学的完美结合，已成为当今美国景观设计师追求的目标，它实际上体现着景观规划设计目标的丰富，既要满足功能要求，改善生态环境，同时要符合人们的审美需求，创造艺术化的空间环境。新一代景观设计师中的乔治·哈格里夫斯（George Hargreaves）的作品即体现了科学与艺术的结合，如在澳大利亚设计的悉尼奥运会公共区等（图 2–41）。

图 2–41　悉尼奥运会公共区设计[②]

在这一时期，景观设计的从业者们致力于开拓研究新领域、新思想，以及加强更多学科间的联系。大学里的教育者们对景观设计过程中的工作方法开始重新思考，社会科学和自然科学的广泛知识，及注重实践设计过程等概念逐渐被纳入景观设计专业的教学中。丹·凯利在 1963 年的一篇论述中表明人是自然的一部分，人的生活经历对于景观是最重要的等观点。同时期，景观设计师

① 侯晓蕾 . 生态思想在美国景观规划发展中的演进历程 [J]. 风景园林 . 2008（2）: 84-87.

② HargreavesJones 网 .

们对结构严谨的工作过程以及简洁的设计方法也产生了浓厚的兴趣。哈佛大学的卡尔·斯坦尼茨（Carl Steinitz）通过与技术工程师的合作，对多种资源的分析方法进行了研究，总结出每种方法中的逻辑结构，并把这些方法应用到评价波士顿的区域而建立的计算机数据库之中。

4）后现代主义及其他设计思潮的出现

进入 20 世纪 70 年代以后，随着人们对现代化的景仰被环境污染、人口爆炸、高犯罪率等种种严峻的现实打破，逐渐感到失望并失去信心。同时，代表着流行文化和通俗文化的波普艺术，在 20 世纪六七十年代蔓延到了设计领域。人们在对现代主义厌倦的同时也希望有新的变化，并且怀念过去的历史价值、基本伦理价值，传统的文化价值重新得到了强调。

在现代主义运动过程中被批判的西方传统园林又重新得到新一代景观设计师们的重视，他们不再全盘的否定传统园林，而是在更高的层次上重新审视传统的造园手法和技巧，并努力将这些技巧巧妙地运用到现代的景观设计中。这种行动实质上体现了景观设计师们突破现代主义束缚的愿望。彼得·沃克（Peter Walker）就是这其中的代表人物之一，他认为 17 世纪的法国庭院值得仔细的研究。在个人兴趣上，他喜欢收集极简主义的艺术品；同时，他喜欢与艺术家朋友们一起游历欣赏传统庭园和皇家园林。在广泛的吸收法国古典园林、东方的禅宗和枯山水以及极简主义艺术的精华后，沃克成为现代极简主义园林的主将。

玛莎·施瓦茨（Martha Schwartz）则是另外一位突破现代主义局限的代表人物。她曾经学习了十余年艺术，后转向景观设计。她的艺术背景为她带来了很多的灵感，与大多数景观设计师相比，拥有艺术家和景观设计师双重身份的她的作品更为大胆。玛莎·施瓦茨认为景观与艺术之间的界限已然模糊，许多艺术家都进行了景观的实践，而景观设计师却总是把自己局限在认为应该做的范围之内，在设计中缺少想象力和勇气，使这个职业失去了活力。她一直在这方面努力，用能想得到的各种方法进行尝试和创造。她的作品不仅冲击我们的视觉，更让我们重新思考景观行业的各种价值观，比如百吉饼公园（图 2-42），她用一种幽默诙谐的批评方式，表达了当时的景观设计行业缺少创意与活力的现象。

图 2-42 玛莎·施瓦茨成名作——百吉饼公园[①]

正是由于出现了彼得·沃克、玛莎·施瓦茨、乔治·哈格里弗斯（George Hargreaves）、理查德·哈格（Richard Haag）等不拘泥于现

① UED 网.

代主义“新传统”的景观设计师，动摇了美国景观设计领域中现代主义思想的地位，从而在20世纪80年代初开创了景观设计领域中前所未有的自由和多元化的新格局。

2.2.5 部分作品简介

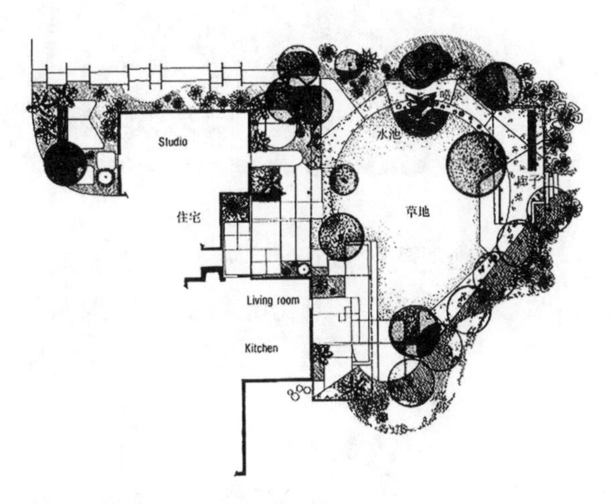

图2–43 阿尔卡（Alcoa）花园平面[②]

本节开始提及美国的现代景观设计界人才辈出，在世界景观舞台上创造了很多经典之作。埃克博便是其中一位。埃博克是一位现代主义者，他的作品中既有包豪斯的影响，又有超现实主义特点的加州学派的影子，但是每一个设计都是从特定的基地条件而来。埃克博认为，设计是为土地、植物、动物和人类解决各种问题，而不是仅仅为了人类本身。如果上帝赐予了人类主宰世界的力量，那么，这也许是对我们的考验，而不是赠予我们的礼物；一旦我们在考验中失败，等待我们的将是巨大的灾难。他认为，设计师、生态学家和社会学家只有合作，才能真正解决景观规划设计学科中的问题[①]。埃克博主张创造那种人性化、连续的自由空间，这种空间是社会交往的场所，而不仅仅是为了身份的象征或是单纯的园林文化。埃克博比较有名的作品是阿尔卡（Alcoa）花园（图2–43）。实际上这是他自己的住宅花园，在他居住的同时，他一直在修建这个花园，这个花园也是他试验各种新材料、新思想的场所。园子中用铝合金建造的花架凉棚和喷泉是这个花园的特色。

彼得·沃克是极简主义景观设计的代表人物之一。他是美国一位具有40年实践和教学经验的优秀的景观设计师，作为佐佐木与沃克及其他合作者事务所（1957年成立）东海岸公司的奠基人，沃克开设了公司的西海岸事务所，并于1975年成立SWA事务所，作为SWA的负责人、主要顾问及董事会主席。沃克关注的领域从小花园的设计、工艺直到城市发展和社区发展的规划、设计。其大部分的工作和思想致力于中等尺度的问题：学术园区、公司总部、民用和准公共广场，以及城市复兴地区的规划设计。他通过各种工作，坚持寻求超越单纯功能性的解决方式，创造出充满意义和纪念价值的室外空间[③]。沃克有名的作品有波奈特公园（Burnett Park，1983年）（图2–44）、IBM公司净湖（IBM Clearlake，1987年）等。在波奈特公园设计中，沃克运用网格的叠加形

① 埃克博和阿尔卡花园．中国花卉报．

② 王向荣，林菁．西方现代景观设计的理论与实践[M]．北京：中国建筑工业出版社，2002.7：66.

③ 刘滨谊，李开然．美国当代景观设计大师皮特·沃克的艺术与作品[J]．新建筑．2003（3）：59.

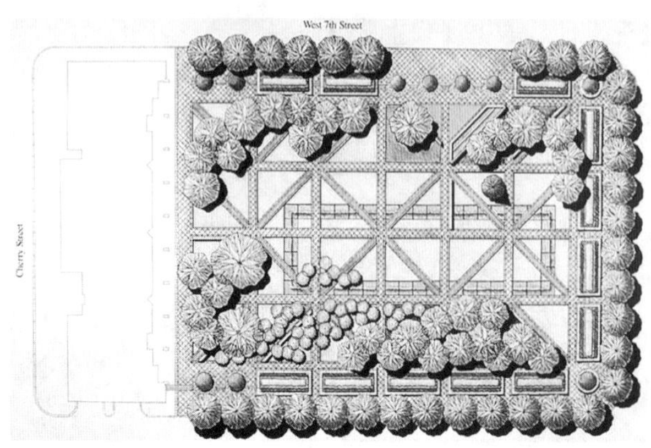

图 2-44 波奈特公园 (Burnett Park) [1]（左）
图 2-45 米勒花园 (Miller Garden) [2]（右）

成草坪、树林、水池等场地。公园内道路也呈网格状分布。几何形的处理手法体现出沃克的极简主义特征。IBM 公司净湖设计也是采用几何形的图案处理手法，形成与建筑相互协调的室外环境。

丹·凯利是美国现代结构主义景观设计大师，1912 年出生于马萨诸塞州波士顿。他是"哈佛革命"（Harvard Revolution）发起者之一，也是美国现代景观设计的奠基人。凯利的作品表现出强烈的组织性，常常用网格来确定园林中要素的位置。他创造了建立在几何秩序上与众不同的空间和完整的环境[3]。凯利有名的作品有米勒花园（Miller Garden）（图 2-45）、国家银行广场等。

由 OJB 景观公司（OJB Landscape Architecture）詹姆斯·博内特工作室（The Office of James Burnett）设计的美国达拉斯克莱德·沃伦公园（Klyde Warren Park）占地 2.1hm^2，建造在德州最繁忙的高速公路达拉斯市中心段之上，于 2012 年建成使用，被誉为高速公路之上的"帽子公园"（Cap Park）[4]。公园重新连接了被割裂的市中心与人口稠密居住区的联系，通过合理设置步道系统、儿童游乐园、大草坪、餐厅、表演场地、喷泉广场、运动场、狗狗公园和植物温室展厅等设施，恢复了被破坏的城市既有人性化街道尺度，整合了城市面貌，为市民塑造了布置有序、生机盎然的户外游乐、休闲的场地，成了该地区最受欢迎的公共开放空间。公园设计引领了城市社区的复兴，提升了当地经济、公共健康和公众教育等方面的综合价值[5]，使城市中心完全重现

---

① PWP 网.
② 王向荣，林菁. 西方现代景观设计的理论与实践 [M]. 北京：中国建筑工业出版社，2002：73.
③ 余敏，谢煜林. 美国现代主义风景园林大师丹·凯利及其米勒花园 [J]. 江西农业大学学报. 2003（2）：144.
④ 余思奇，朱喜钢，周洋岑，操小晋. 美国"帽子公园"实践及其启示 [J]. 规划师，2020，36（20）. 78-83.
⑤ 赵杨，李雄，赵铁铮. 城市公园引领社区复兴：以美国达拉斯市克莱德·沃伦公园为例 [J]. 建筑与文化. 2016（9）：158-161.

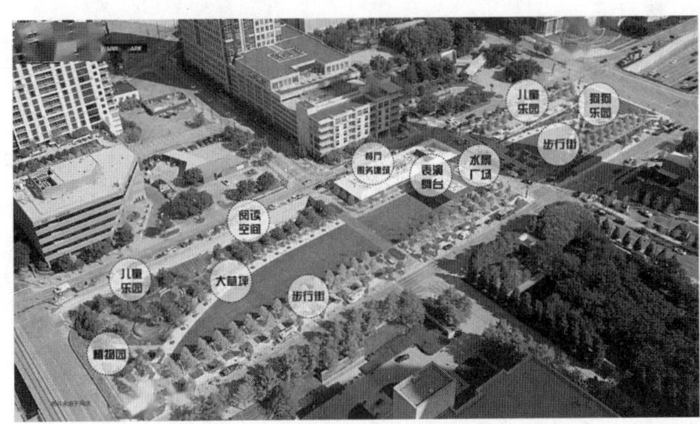

美国达拉斯克莱德·沃伦公园功能布局图[①]

美国达拉斯克莱德·沃伦公园局部景观
（陈思裕 摄）

图 2-46　美国达拉斯克莱德·沃伦公园

活力，荣获 2017 年 ASLA（美国景观建筑师协会）专业组通用设计类杰出奖（图 2-46）。

2.3　中国景观设计

中国有着悠久和灿烂的园林文化，经过上千年的发展，形成了成熟的园林设计理论，拥有杰出的园林作品。中华人民共和国成立后国家号召“绿化祖国，实现大地园林化”，全国掀起植树造林的高潮，园林在此背景下探索自己的现代化道路，城市绿化和公园建设都取得了较大发展[②]。改革开放后，随着城镇化的快速发展及经济社会水平的持续提高，人们对高品质人居环境的需求不断增加，景观设计行业迅速壮大，市场十分活跃。伴随着经济全球化和设计市场开放程度的提高，特别是加入“WTO”之后，西方景观理论和大师作品逐渐被介绍进中国，国外设计队伍争相进入我国市场，景观行业面临前所未有的机遇与挑战，我国景观学者和设计师在中外技术交流、文化碰撞过程中不断丰富景观设计理论，探索具有中国特色的景观设计理论与实践，并取得了显著成就。

2.3.1　景观理论探索

世纪之交，我国景观理论出现了中外融合，兼容并蓄，多元发展的态势，以各大高校为主体的学界在传承古典园林的造园理论基础上，积极吸收国际景观设计思想，在规划设计、生态设计、人居环境、遗产保护等领域创新景观设计理论，并在具体设计实践中加以运用，景观学界、业界呈现出百花齐放、人才辈出的局面。

例如，北京林业大学王向荣教授团队认为景观设计要与社会发展同步，反

---

① 园林景观设计小站网 .

② 柳尚华 . 中国风景园林当代五十年 1949-1999[M]. 北京：中国建筑工业出版社，1999.

映当下社会的需要，运用现代科学技术和材料，适应当下人们的审美兴趣和观念，反映一种平等、健康、阳光、与自然相伴的生活方式，要在景观设计中寻求自然、社会、艺术、生态、技术、经济等因素之间最佳平衡点，强调项目场地的唯一性和独特性体现了场地所包含的地区自然历史和人类历史演变，应针对项目设计的特定目标，发现场地的问题，从而认识、维护、顺应、延续这种地域景观重要的设计价值观，寻求最合理的解决途径，为此提出了“地域性自然”景观设计理念，[①] 并在 2011 年、2017 年的西安世界园艺博览会和南宁国际园林博览会等设计项目中加以应用。西安世园会四盒园设计在狭小的地块上，用乡土的材料和简单的设计语言，夯土墙将花园围合起来，再利用石、木、砖等材料建造了四个盒子，分别具有春、夏、秋、冬不同的气氛，形成四季的轮回，创造出一个变化莫测的花园空间（图 2-47）。南宁园博会前期景观概念规划设计尊重了原有的地形地貌特征，借鉴了“巧于因借、精在体宜”的传统造园思想，同时体现了生态、文化、共享的园博会理念；针对场地东南区域 7 个地质情况复杂、环境破坏严重的采石场，采用差异化的植被修复方法和人工介入方式覆土恢复植被，错落的栈道和景观构筑物为游客创造出丰富多变的游览空间场所（图 2-48、图 2-49）。

又如，北京大学俞孔坚教授团队提出景观生态安全格局为基础的城市生态基础设施建设和海绵城市景观规划理念。景观生态安全格局是以维持生态过程健康和安全、控制灾害性过程、实现人居环境可持续性为目标，同时结合中国高速城市化背景，提出了如何用经济有效的景观格局和运用空间分析模型协调各种属性土地利用关系的问题，并基于景观生态安全格局，优先确定和控制非推荐建设地区为手段的规划图景（图 2-50）。

“海绵城市”是俞孔坚教授团队近 20 年来在城市生态基础设施建设方面践行景观生态安全格局理论的一项重要实践成果。“海绵城市”喻指自然系统调

图 2-47　西安世园会四盒园设计

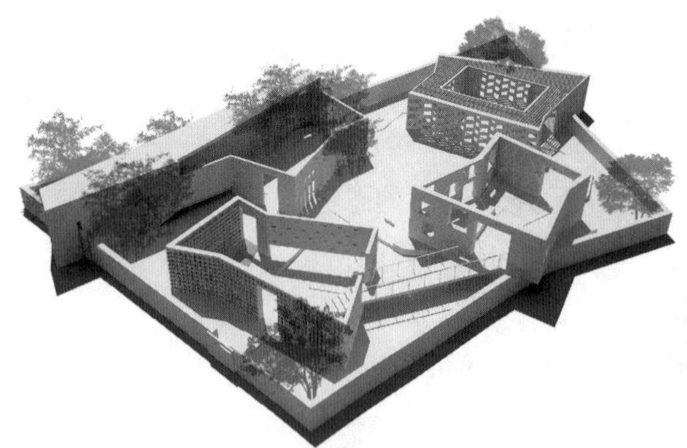

西安四盒园空间模型
（王向荣　提供）

西安四盒园实景图
（王向荣　提供）

① 王向荣：地域性自然 [EB/OL]. 景观中国网 .

图 2-48 南宁园博会景观一角（左）
（邱建 摄）
图 2-49 南宁园博会采石场生态环境修复景观（右）
（邱建 摄）

节城市洪涝，以“自然积存、自然渗透、自然净化”为特征，以构建宏观层面国土和区域、中观层面城镇和微观层面场地三大尺度水生态基础设施为核心，优先考虑把雨水留下，到达城市以自然之力排涝，实现自然积存，自然渗透和自然净化的目的。实践方面，三亚红树林生态公园采用人工种植与自然演替相结合的方式，以指状相扣的形态把海潮引入公园，以此来抵御潮汐和季风对红树林幼苗的破坏，促进生物多样性，被美誉为“海岸卫士”和“天然物种库”；哈尔滨群力雨洪湿地公园也应用了海绵城市理念（图 2-51）。类似的项目还有中山岐江公园将旧船坞、骨骼水塔、铁轨、机器、龙门吊等原工业区场地的印记串联，利用原有植被，并为应对潮汐影响设计了亲水性的生态护岸，记录了船厂曾经的记忆，实现生态与文化的融合（图 2-52）。

三亚红树林生态公园景观
（俞孔坚 提供）

哈尔滨群力雨洪湿地公园景观
（俞孔坚 提供）

图 2-50 深圳东部华侨城茶溪谷湿地景观（上左）
（邱建 摄）
图 2-51 “海绵城市”实践项目（下）
图 2-52 中山岐江公园一角：工业遗产保护改造实施效果（上右）
（俞孔坚 提供）

再如，同济大学刘滨谊教授团队认为现代景观设计实践主要包括景观环境生态、环境生态绿化和大众行为心理三大基本方面，这三个层面也构成了以“三元论”为核心理念的景观设计理论：任何成功的景观设计作品都蕴涵着在这三个层面上的刻意追求与深思熟虑，只不过侧重点有所不同而已。其中，景观环境形态构成“形态元”，以空间规划设计为手段，以人的视觉等多位感官感受的布局为线索，根据景观感应美学规律，研究怎样实现营造美好的环境形象风貌；环境生态绿化构成“背景元”，从人类的生理感受需求出发，根据自然界生物学和生态学原理，利用阳光、气候、动物、植物、土壤、水体等自然和人工景观材料，研究如何保护或创造令人身心健康的物质环境；大众行为心理构成“活动元”，从人类的心理精神感受需求出发，根据人类在环境中的心理行为乃至精神生活的规律，利用心理、文化的引导，在满足基本活动功能需求的前提下，研究如何创造使人赏心悦目、浮想联翩、积极上进的精神环境。三元相互影响，呈现“三元耦合”之势，形成的每两元之间关系则是“二元互动”①。“三元论”在世纪之交的新疆《喀纳斯地区生态风景旅游策划规划》项目中得到早期应用②（图 2-53），随后在《张家港暨阳湖生态园规划设计建设》项目中得到进一步应用，为张家港城市中心地创造了一个 $2.2km^2$ 的城市公园，以丰富多样的景观空间形态设计建设为市民创造了优美的景观、为城市造就了突出的风貌形象③（图 2-54）。

还如，清华大学杨锐教授团队是我国国家公园研究和实践的先行者，为“建立国家公园体制”国家战略的实施进行了前期探索，认为国家公园是国家、

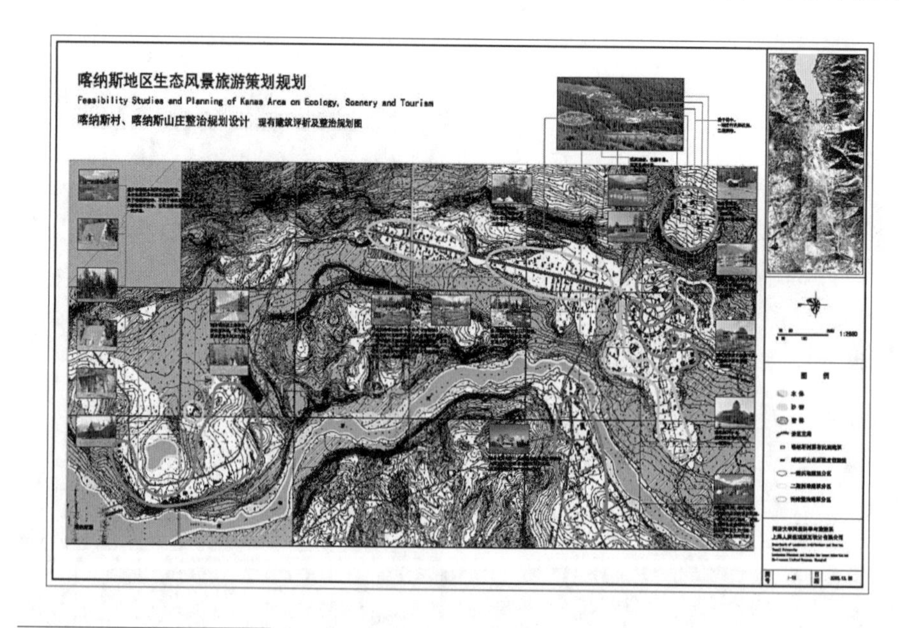

图 2-53 新疆喀纳斯湖生态风景旅游策划规划——现状整治规划设计（刘滨谊 提供）

① 刘滨谊. 景观规划设计三元论——寻求中国景观规划设计发展创新的基点 [J]. 新建筑，2001（5）：3.
② 刘滨谊. 自然原始景观与旅游规划设计——新疆喀纳斯湖 [M]. 南京：东南大学出版社，2002.
③ 刘滨谊. 现代景观规划设计 [M]. 4 版. 南京：东南大学出版社，2017.

规划总平面（2008版）
（刘滨谊 提供）

镜湖公园实景：太阳广场之晨
（刘滨谊 提供，陆江山 摄）

镜湖公园实景：水上栈道晨曦
（刘滨谊 提供，陆江山 摄）

图2-54 江苏张家港暨阳湖生态园

人民、民族和人类命运共同体利益的最大公约数，这项工作为三江源、大熊猫、东北虎豹、海南热带雨林、武夷山等大尺度、大面积的国家公园的正式设立提供了理论基础。

另外，清华大学朱育帆教授团队2007年在景观设计领域提出了“三置论”的设计方法论，通过并置、转置和介置探讨传统在当代的转型。“基于历史原真性，并置指的是场地原有文化与新文化之间的并存，也是独立性与整体性的并存；转置强调的是在原有文化基础上通过转化和发展形成新的文化，一般通过转换、强化原有设计秩序改变设计逻辑；而介置则是以新文化为主体，借助原有文化形成新生”①。朱育帆教授在后来的采访中提到，三置论略偏设计技术，如今他倾向的是更加综合的场地潜质空间论，即对于场地潜质空间的探寻与利用，及其将基于场地历史的潜质转换到当下的设计途径②。朱育帆教授在不断探索的过程中将其理念滚动式地应用在设计创作实践之中，其代表作品有：北京金融街北顺城街13号四合院改造（图2-55）、青海原子城爱国主义基地纪

① 朱育帆．景观设计的文化通觉[EB/OL]．景观中国网．
② GARLIC咖林．清华大学朱育帆教授的传统文化视野[EB/OL]．知乎．

图 2-55　北京金融街北顺城街 13 号四合院庭园（左）
（朱育帆 摄）
图 2-56　青海省原子城爱国主义基地纪念园下沉广场（右）
（朱育帆 提供，陈尧 摄）

图 2-57　上海辰山植物园矿坑花园
（朱育帆 提供，陈尧 摄）

图 2-58　北京首钢西十冬奥组委办公地天车区
（朱育帆 提供，陈尧 摄）

念园（图 2-56）、上海辰山植物园矿坑花园（图 2-57）和北京首钢西十冬奥组委办公地（图 2-58）等。

最后，西南交通大学邱建教授团队扎根西部，以巴蜀大地为主要实践平台，针对实施西部大开发战略面临的人居环境挑战，基于团队及众多专家学者在城乡规划、建筑学和景观设计（风景园林）等设计学科的实践成果，通过从教学到科研、从理论到实践、从管理到实施的多维度、全过程探索，总结提炼出以“安全为基、生态为先、文化为魂”为核心理念，以“建设安全支撑系统、建构生态环境格局、建立文化传承体系”为设计内容的人本空间规划设计理论（图2-59）[1]，指导了四川省人居环境建设，并在四川汶川、芦山、九寨沟等多次地震灾后重建及天府新区规划设计中得到深度践行及有效验证：在汶川地震灾区，秉承安全、生态和文化的价值理念，在物质重建的同时重塑精神家园，藏、

① 邱建，唐由海，贾刘强等．人本空间规划设计——基于四川人居环境建设的思考与实践 [J]. 城市环境设计，2022，140（12）：335-340.

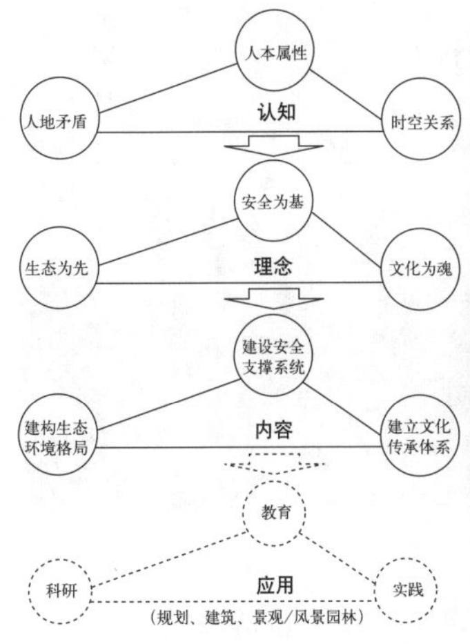

图 2-59　人本空间规划设计理论框架图（左）
（邱建 提供）
图 2-60　四川汶川县城重建疏解了城市功能后增加的公共空间景观（右）
（邱建 摄）

羌、回、汉等多民族聚居地的人居安全得到保障、生态环境快速恢复、地域文化得以传承（图 2-60）[①]；天府新区以生态优先、科学理性为规划设计理念，在 1578km² 规划范围内梳理出三分之二的自然生态空间，并作为非建设用地予以刚性保护，在景观设计上通过依山就势构建景观格局、乡土植物奠定景观基调、利用水体营造景观灵性、农耕文化丰富景观语汇、传统园林提升景观内涵，营造出优质的人居环境（图 2-61）[②、③]，成为公园城市的“首提地”和“先行区”。

在各高校学者开展景观理论探讨的同时，从业的景观设计师在实践中也继承和发扬传统园林精华，充分吸收国外优秀景观设计思想，不断探索并形成自己独具特色和个性鲜明的景观设计思想和理论，并在设计实践中加以应用，呈现出许多优秀景观作品。

北京易兰规划设计事务所陈跃中团队提出“大景观”设计理念，即以景观规划设计师为主导的设计理念和设计方法，主张以景观带动城市规划

图 2-61　四川天府新区人居环境景观

保护地域田园文化的人居环境景观示意图
（原四川省城乡规划设计研究院 绘制）

兴隆湖景观实景图
（李婧 摄）

① 邱建 等 . 震后城乡重建规划理论与实践 [M]. 北京：中国建筑工业出版社，2018.
② 邱建 . 四川天府新区规划的主要理念 [J]. 城市规划，2014，38（12）：84-89.
③ 邱建，曾九利等 . 天府新区规划——生态理性规划理论与实践探索 [M]. 北京：中国建筑工业出版社，2021.

图 2-62 北京通州的京杭大运河北起点“运河第一桥”景观（左）
（邱建 摄）
图 2-63 北京环球影城景观（右）
（北京易兰规划设计事务所 提供）

设计，从项目的总体布局入手，按照生态和景观的原则布局建筑和道路，并提出了完整的工作框架。这不仅是对传统建筑设计工作序列的一种修正，更在规划设计的层面矫正了长久以来中国城市建设存在的一些短视、盲目弊病，以其前瞻性、全局性的理念为城市经济、文化、生态的可持续发展奠定了实践的环境基础[①]。如京杭大运河北京通州城市段是京杭古运河末端，也是新北京城市开发重地，设计通过对运河沿岸滨水空间景观规划设计来直接参与支配城市的区域规划设计工作，注重滨水空间的整体性，让景观的每一个细节能配合大开大合的城市空间尺度，营造新城市文化生活活力，演绎运河的古老文化（图 2-62）[②]。其他项目如北京环球影城（图 2-63）、北京野鸭湖国家湿地公园、海南三亚南山文化旅游区的景观设计也践行了这一理念。

深圳奥雅设计公司李宝章团队则认为：现代化不一定要西化，景观设计要回归自然、人本的设计思维，回归文化、生活、地域、社区及人的行为本身，强调文化在景观里反映了价值观、世界观、哲学观和美学倾向的关键作用，并以“中国的文脉，当代的景观”为设计理念。深圳南头古城有 1700 年历史，是国际化大都市中仅有的历史文化载体，是“深港历史文化之根”。设计寻找旧与新的共生，通过多条主题文化街巷，有机串联古城不同片区，以南城门为界，城内与城外形成了鲜明对比：城内是浓厚的市井气息、丰富的古城生活，具有厚重历史感的传统城中村；城外是自然的公共空间，景色宜人的林荫大道，光鲜亮丽的现代都市，在历史与现代，传统与时尚，旧与新的碰撞中，彰显出南头古城“原初”的精神内涵（图 2-64）。洛阳洛邑古城改造重现中原文化的大方、厚重、质朴、生动的格调，将老城打造成“城市更新的文旅综合体”，达到文化复兴和功能提升的目标（图 2-65）。

① 陈跃中：大景观建筑先行者 [EB/OL]. 景观中国网 .

② 陈跃中 . 运河帆影 千载不息——京杭大运河北京通州城市段景观规划设计 [J]. 建筑学报，2007（9）：88-91.

图 2-64 深圳南头古城南城门广场实景（左）（李宝章 提供、韦立伟 摄）
图 2-65 洛阳洛邑古城改造项目实景（右）（李宝章 提供、崔宏强 摄）

除此之外，广州山水比德设计公司孙虎探索出“新山水”设计理念，关注“此时此地此人”，主张新山水应关注时间线性下的动态演进过程，同时承担起建构一切生命共存关系的责任和平台①；上海意格环境设计公司马晓暐致力于搭建以整合设计学为核心的新自然主义设计理论体系，提出以景观中心论、自然体系成为第一体系、景观系统的多样和分级等为基本特征的自然主义城市理念②；担任美国 EDSA 规划设计公司中国机构负责人的李建伟强调景观生态系统，除了蓝色系统（水域）和绿色系统（植被）还要考虑灰色系统，包括道路、桥梁、建筑等等③。

景观教育方面，1998 年，国家在改革开放后的第三次普通高等学校本科专业调整中，专业目录由 504 种减少到 249 种，增加了景观建筑设计专业（代码：080708W），相关高校为此积极探索并取得一定成效。例如，西南交通大学从 1993 年即赴欧美国家系统考察和学习景观教育经验，结合我国国情从培养目标、教学体系、核心课程、教学环节等方面探讨景观专业的教育内涵和教育评估体系，并于 2002 年依托建筑学专业招收景观方向本科学生，2003 年经教育部批准正式招收景观建筑设计专业本科生，随后华南理工大学、重庆大学、四川大学等陆续招收景观建筑设计专业学生④~⑥。此外，西南交通大学还在土木工程一级学科下自设了景观工程二级学科，于 2003 年开始招收景观专业博士生和硕士生。又如，2004 年 12 月，建设部在北京召开了由全国 18 所高校代表参加的全国高校景观学教学研讨会，与会专家编写了《全国高等院校景观学专业本科教育培养目标和培养方案及主干课程基本要求》，会后同济大

① 孙虎：新山水——传递本土价值的景观诗学 [EB/OL]. 景观中国网 .
② 马晓暐：自然主义城市 [EB/OL]. 景观中国网 .
③ 李建伟：景观是城市发展的底蕴 [EB/OL]. 景观中国网 .
④ 邱建 . 西南交通大学创立景观专业教育之回顾 [J]. 中外景观，2006（3）.
⑤ 邱建，崔珩 . 关于中国景观建筑专业教育的思考 [J]. 新建筑，2005（3）：31-33.
⑥ 邱建，周斯翔 . 关于中国景观专业本科教育评估体系的建构 [J]. 四川建筑，2009，29（5）：4-6.

学、华中理工大学等以景观学专业招生。尽管专业称谓不同，但都保留了“景观”这一核心教育内容，都认可 Landscape Architecture 专业国际通行的标准。

2011 年，风景园林学与建筑学、城乡规划学一道被列入国家普通高等学校研究生专业目录工学门类的一级学科；2012 年，第四次普通高等学校本科专业目录修订中，在工学学科门类建筑学类重新设置了风景园林学专业；2022 年颁布的《研究生教育学科专业目录》中，不再保留学术学位，实施专业学位教育。至此，景观专业本科和研究生教育被纳入风景园林教学体系。

2.3.2 重大项目实践

随着经济社会迅速发展，综合国力显著增强，国际地位不断提高，我国举办了众多影响重大的各类展会、体育赛事及国际峰会，实施了大量配套项目建设，为景观设计理论探索提供了优越的实践平台。国事活动场馆及景观环境是中国的对外名片，设计师深入挖掘中国传统文化精髓，并与现代功能需求有机融合，形成全新的设计理念，塑造出人与自然和谐相处的新景观，产生了诸多具有全球影响力的景观设计作品。

展会方面如 1999 年中国首次举办的世界博览会：昆明世界园艺专业类博览会。园博会在 2.18km^2 沟壑纵横、山峦起伏的场地地形地貌条件下，运用传统古典园林艺术设计手法，沿山谷地因地制宜布局展会功能，保护了山体自然植被，形成了良好的自然生态本底，对因开山采石留下的断崖、人为留下的垃圾填埋场等“消极”空间，通过景观设计改造成艺术广场背景的断崖壁雕和景致亮丽的大草坪，呼应了“人与自然——迈向 21 世纪”的园博会主题（图 2–66、图 2–67）。

2010 年上海世博会作为探索城市发展和生活的大型综合博览会，以“城市，让生活更美好”为主题，选址在中国百年工业重地黄埔江畔。世博会园区规划整体布局将博览需求与后续开发利用相协调，形成一主多铺的整体空间格局（图 2–68）。世博轴高架（图 2–69）及其两侧的四馆（中国馆，主题馆群，

图 2–66 昆明世园会断崖壁雕景观（左）
（邱建 摄）
图 2–67 昆明世园会地形与植被的利用（右）
（邱建 摄）

图 2-68 上海世博会空间规划设计鸟瞰图[1]

世博中心，演艺中心）在会后改造为国际会展中心与文化演艺中心。景观规划设计回应了上海需要方便易达的大型绿地的需求，并通过景观过程，建构筑物，现状植被和场地故事四个方面对场地适宜性进行分析，最终形成了基于生态设计原则、尊重场地的工业遗产（图 2-70）、满足多重体验需求的大型滨江绿地。另外，世博会建筑设计极富创意，成为世博会的景观亮点（图 2-71）。

体育赛事如 2008 年北京奥运会，奥林匹克公园由中外设计公司合作完成，场址占地面积 11.59km²，坐落在老北京城的中轴线北端，故宫的正北方向，象征着城市历史文化的延续和传承。奥林匹克公园由北部奥林匹克森林公园、中部中心区、南部已建成和预留区三部分组成。中轴线、东侧龙形水系和西侧树阵三条南北向轴线形成主要骨架：中轴线 3.7km，其间不设置建筑物，为贯穿

图 2-69 上海世博会高架世博轴局部（左）（邱建 摄）

图 2-70 上海世博会利用工业遗产的实例（右）（邱建 摄）

① 刘月琴，林选泉 . 中国 2010 年上海世博会场地公共空间设计策略 [J]. 中国园林，2010，26（5）：29-33.

中国馆：“东方之冠”的构思表达了
中国文化的精神与气质
（邱建 摄）

英国馆：由 6 万根蕴含植物种子的
透明亚克力杆构成的巨型“种子殿堂”
（邱建 摄）

图 2–71 上海世博会中国馆和英国馆

整个园区的步行景观大道，串联起中国上下五千年的历史文脉；东侧龙形水系总长约 2.7km，宽度 20~125m，与中轴线之间设置了庆典广场、下沉花园、休闲广场空间；西侧布置了长 2.4km、宽 100m 的树阵景观带，以北京本地物种为主。国家体育场“鸟巢”、国家游泳中心“水立方”、国家体育馆、奥体中心体育场等体育设施及主要景观节点都在三条轴线统领下进行布局。整体设计风格恢宏大气、现代简约、独具匠心，集中体现了“科技、绿色、人文”的北京奥运理念（图 2–72 ~ 图 2–74）。

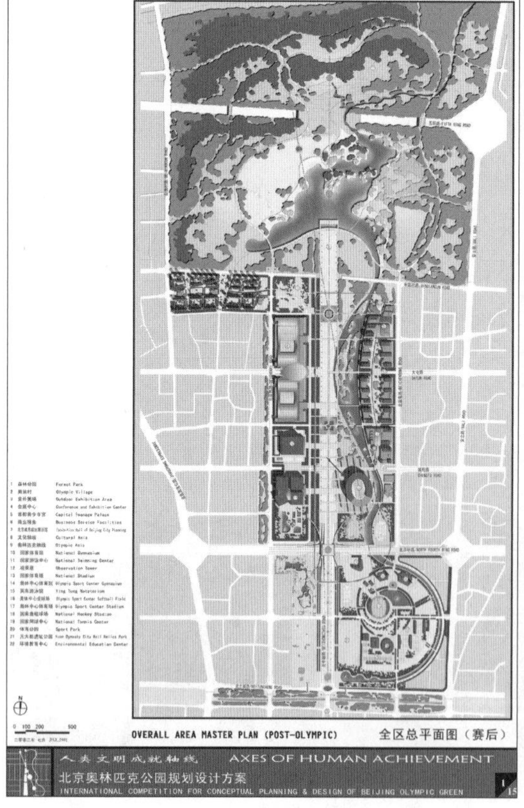

图 2–72 2008 北京奥林匹克公园平面图（左）（周恺 提供）
图 2–73 北京奥林匹克公园效果图[①]（右上）
图 2–74 国家游泳中心“水立方”和国家体育场“鸟巢”（右下）（杨青娟 摄）

① SASAKI 网 .

图 2-75 北京冬奥会延庆赛区整体鸟瞰图（左）
（李兴刚 提供、朱小地 摄）

图 2-76 北京冬奥会延庆赛区高山滑雪雪道（右上）
（李兴刚 提供）

图 2-77 北京冬奥会延庆赛区雪车雪橇中心和冬奥村（右下）
（李兴刚 提供、孙海霆 摄）

2022 年北京冬奥会拥有北京城区、北京延庆和河北张家口三个赛区。下面以延庆赛区为例对冬奥会景观设计理念加以简要介绍。赛区位于北京西北部燕山山脉的小海坨山南麓，核心区 15.14km^2，国家高山滑雪中心、国家雪车雪橇中心、延庆冬奥村、山地媒体中心及市政配套设施区等功能散落布局在山谷中（图 2-75）。设计师提出“山林场馆，生态冬奥”的总体设计原则，“近自然，巧因借”，在满足奥运会赛事要求的基础上，建设一个融于自然山林中的冬奥会赛区，最大限度减少对山林环境的扰动；通过践行“胜景几何”建筑设计理念，将自然纳入建筑空间，实现建筑景观与自然景观的有机结合，使人们在生活、工作之时也能身处自然；延续并保持延庆独特的地质遗迹、历史人文和生态环境资源，强调可持续性、惠及大众和凸显与自然共生的中国文化[①]。在整个赛区景观呈现出“迎宾画廊、层台环翠、双村夕照、秋岭游龙、凌水穿山、丹壁幽谷、晴雪揽胜、海陀飞鸾”“冬奥八景”，实现了“由景至境”的情境升华（图 2-76、图 2-77）。

国际峰会如北京雁栖湖国际会都建设以完善提升北京国际交往职能为目标，承接了 2014 年 APEC 峰会、2017 年“一带一路”高峰论坛及 2019 年

① 李兴钢．文化维度下的冬奥会场馆设计——以北京 2022 冬奥会延庆赛区为例 [J]. 建筑学报．2019（1）：35-42.

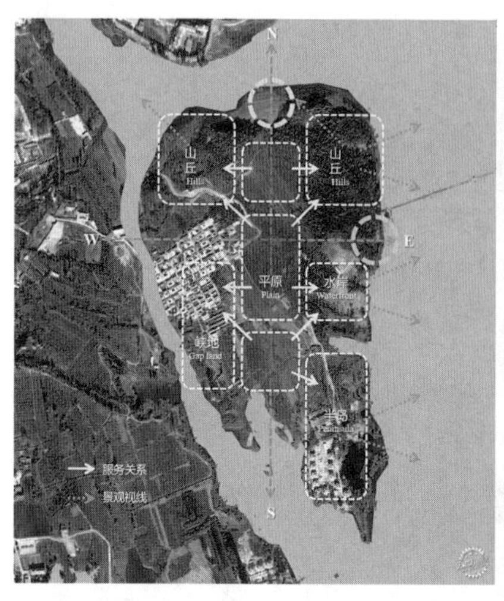

图 2-78 北京雁栖湖国际会都场地分析图①（左）
图 2-79 北京雁栖湖国际会都实景鸟瞰②（右）

“一带一路”国际合作高峰论坛圆桌峰会。会都核心区域雁栖岛面积 65 万 m^2，地处风光旖旎、景色宜人的怀柔城北燕山脚下、长城之边。规划设计力求表达人与自然和谐的可持续的发展观：景观规划将西侧水道疏浚，使半岛成为一个独立的岛屿，以增强场地的尊贵性和私密性；对既有湖岸、原生树木和原始地貌进行了全面的保护；凭借远山近水的场地优势，在东湖西岸分别构成南北向和东西向的轴线，将礼仪性的空间序列和自然肌理结合在一起（图 2-78）；以中轴线为基线布局国际会议中心、雁栖酒店及雁栖塔，顺时针依次排列分布于五个片区的十二栋国宾别墅，并用环形主路与尽端支路连接景观各异的每栋别墅（图 2-79）；核心建筑国际会议中心以中国传统融会和谐与多元共存的“九宫格”图案做依托，立面造型以“汉唐飞扬，鸿雁展翼”为理念，代表了各方文化友好与交流（图 2-80）。整体景观设计充分体现了中国皇家园林及传统建筑风格，同时融合了现代建筑文化语言及表现手法，实现了建设“中国的、现代的、生态的”国家级会议中心的目的。

图 2-80 北京雁栖湖国际会议中心
（刘方磊 提供）

①、② AECOM 网 .

图 2-81 杭州 G20 峰会主会场环境景观[①]（左）
图 2-82 杭州 G20 峰会主会场屋顶花园景观[②]（右）

又如 2016 年杭州举办的 20 国集团（G20）峰会，景观设计以体现“大国风范、江南韵味、杭州元素”为出发点，以“水墨东方舞动世界”为主题，以“廿国共宇同坐轩”为主旨，从会议、国际以及杭州的地域三个层面进行设计。根据峰会流线安排和活动特点，分别营造整体统一的经过型空间景观，满足不同视角的远观型景观，丰富多变的停留型空间景观和庄重典雅的整体氛围。自然作为会场景观的设计语言，通过写意的手法表达意境。在彰显地域特色层面，主会场核心景观以山水画卷为灵感，营造大开大合的山水园林，模拟西湖山水中的经典意境。同时融入江南园林的精髓，将江南园林的叠石、理水、植物造景等技法运用在设计中，刻画出精致典雅的江南韵味和杭州元素（图 2-81~ 图 2-83）。

还有 2017 年金砖国家峰会，峰会应用生态修复、城市修补的“双修”理论进行环境改造提升；景观设计注重亚热带地域特点，与海滨城市风情有机融合，体现地域特色与人文关怀；同时对旧场馆进行改造利用。设计师通过厦门市树凤凰树寻找灵感，提炼出“丹冠飞羽飘海丝”的设计理念，重塑了既有建筑形象，并将其完美转化为金砖国家领导人厦门会晤主会场这一重要的外交舞台（图 2-84）。

除了上述国事活动外，我国各地在实施重大项目过程中也产生了数量众多、类型丰富的优秀景观设计实践成果：城市新区建设如河北雄安新区、四川天府新区、贵州贵安新区（图 2-85）等国家级新区；城市更新项目如福州三坊七巷

图 2-83 杭州 G20 峰会会场主入口（左）
（刘方磊 提供、付兴 摄）
图 2-84 厦门金砖国家峰会主会场及其亚热带地域绿化景观（右）
（刘方磊 提供、杨超英 摄）

①、② 杭州园林设计院股份有限公司 .

历史文化街区（图 2–86）、南京夫子庙、成都宽窄巷子；地域文化传承与特色塑造如西安大唐芙蓉园（图 2–87）、新疆国际大巴扎；工业遗产保护如首钢园区工厂改建（图 2–88）、中山岐江公园、北京 798 艺术园区、成都东郊记忆；城市湿地项目如杭州西溪国家湿地公园（图 2–89）、贵阳花溪国家城市湿地公园、西昌邛海湿地公园；城市郊野公园如三明郊野国家地质公园、上海浦江郊野公园、成都龙泉山城市森林公园（图 2–90）；城市广场如大连星海广场、延安宝塔山景区

图 2–85　贵州贵安新区月亮湖公园
（邱建 摄）

图 2–86　福州三坊七巷历史文化街区修复的民居院落
（邱建 摄）

图 2–87　西安大唐芙蓉园夜景
（杨青娟 摄）

图 2–88　首钢工业园区改建后实景
（薄宏涛 提供、王栋 摄）

图 2–89　杭州西溪国家湿地公园
（邱建 摄）

图 2-90 成都龙泉山城市森林公园
（邱建 摄）

图 2-91 延安宝塔山景区广场
（邱建 摄）

图 2-92 中国浦东干部学院校园
（邱建 摄）

图 2-93 天津大学新校区一角
（邱建 摄）

成都某居住小区水景景观
（致澜景观公司 提供）

重庆某居住小区儿童游乐场所景观
（佳联设计公司张樟 提供）

图 2-94 居住小区景观

广场（图2-91）、深圳市民广场。此外，还有大量新校区校园景观项目（图2-92、图 2-93），居住区类景观设计优秀案例更是层出不穷（图 2-94）。

2.3.3 港澳台地区景观

港澳台地区因其独特的自然地理环境和社会历史情况，形成极为丰富、独特的景观形态。

（1）香港地区景观

香港陆地总面积为1100余km^2，主要为山地、丘陵地形，临海区域低地约两成，居住了约740万人，占全部人口的80%。香港十分重视人居环境建设：一是由于地形条件限制，建设用地不到总土地面积的四分之一，是世界上人口密度最高的地区之一，摩天大楼数量居世界首位，成为城市景观形象特征（图2–95），众多标志性建筑由国际著名建筑大师担纲设计，如贝聿铭设计的中银大厦，诺曼·福斯特设计的汇丰银行总行大厦、香港国际机场，特里·法拉尔设计的太平山凌霄阁（图2–96），由此形成“东方明珠”这一香港独特的整体景观意象；二是建设用地以外的土地以山地、林地、草地、灌丛、湿地等为主，超过40%的土地属于受法律保护的大帽山、南大峪、金山、清水湾、西贡东等23个郊野公园[①]，具有良好的生态保育功能，同时为市民提供郊野的康乐、健身和户外教育用地，植物及各类休闲设施如桌椅、烧烤炉、营地都经过精心的景观设计，与大自然环境保持协调一致（图2–97）；三是在寸土寸金的用地条件下仍然建设了1400余个小型公园，并见缝插针地建设街头绿地及城市公共空间绿化景观（图2–98）；四是更新改善旧城环境质量，如曾

图2–95 以摩天大楼为形象特征的香港城市景观（上左）
（邱建 摄）
图2–96 著名建筑师特里·法拉尔设计的香港太平山凌霄阁（上右）
（邱建 摄）
图2–97 香港西贡东郊野公园游憩场地景观（下左）
（邱建 摄）
图2–98 香港高铝会议中心前绿地空间（下右）
（邱建 摄）

① 石崧．香港的城市规划与发展[J]. 上海城市规划．2012（4）：113-120.

经以“罪恶滋生的温床”而著称的九龙寨城地区，引入清代初期江南园林的特色风格加以改造，不仅景观品质发生了巨变，而且因为在国际化现代大都市里植入中国传统园林文化，被认为呈现了九龙寨城历史沧桑，是具有划时代意义的公园（图 2–99）[①]。

图 2–99 香港九龙寨城公园[②]

（2）澳门地区景观

澳门陆地面积仅 32.9km²，总人口为 65.31 万，是一座见证中西文化交融的海港城市，2005 年被列入《世界文化遗产名录》。港口城市和中西文化交融是澳门城市历史景观最为主要的特征。土地限制了澳门的城市发展，作为典型的高密度城市，澳门仍然结合自然地形地貌和历史遗存为市民提供大量休闲游憩空间，营造出良好的城市景观环境（图 2–100）。其次，自 19 世纪中叶开始澳门大规模填海造陆拓展城市建设空间，完善城市各项功能，重视基础设施和公共服务设施的环境配套建设，重要建筑物周边景观设计十分精致（图 2–101）。再次，澳门在土地资源匮乏的条件下利用零星用地设计宜人的小型城市公共空间（图 2–102）；采取灵活、多样布局方式建设社区公园，配置齐全的设施，力求经济实用，尽力满足居民就近方便的绿色空间需求。又如，澳门注重延续历史文脉和传承文化特色，诸如大三巴牌坊这样的历史构筑物得到精心保护并成为城市标志性景观（图 2–103）。另外，作为一座国际化的世界城市，澳门还继承和弘扬中国传统园林艺术，如卢氏娱园运用自然山水园进行整体布局，颇具苏州狮子林风格，建筑装饰融合了欧式风格，是近代中西合璧的典型私家庭院，后经政府修葺为卢廉若纪念公园并向公众开放。

图 2–100 澳门炮台山下休闲游憩景观（左）（邓雁萍 摄）

图 2–101 澳门博物馆门前水景景观（右）（邓雁萍 摄）

---

① 朱均珍 . 香港园林史稿 [M]. 香港：三联书店（香港）有限公司，2019.

② GovHK 网 .

图 2–102　澳门十月初五马路老街城市公共空间景观（左）
（邓雁萍 摄）
图 2–103　澳门城市标志性景观大三巴牌坊（右）
（邓雁萍 摄）

（3）台湾地区景观

台湾四周环海，陆地总面积 3.6 万 km^2，人口 2300 余万。地壳运动形成了台湾多山的地貌特点，加之太平洋暖流、寒流、季风、台风在此交汇，气候条件以热带、亚热带为主，造就了多元景观生态。台湾的景观设计极具特色，注重人与景观互动，体现出人性化特征，具有较为规范的景观服务设施与完善的景观管理制度[①]；涉猎范围十分广泛，涵盖城乡风貌、公园绿地、休闲游憩、校园环境改造、大型园区、道路景观、水岸景观、农业景观、小区营造及景观纲要计划等。台湾山川秀丽，“美丽宝岛”驰名中外，可供旅游观光的自然景观资源极为众多。依托现代旅游业，在深耕如阿里山、日月潭、太鲁阁峡谷、玉山、垦丁、阳明山等景区及台北、南投、高雄等著名旅游目的地的同时，不断拓展观光游憩景观领域[②]，经过景观规划设计，特有的自然风景得到合理利用（图 2–104）、珍惜的野生动植物得到有效保护、宝贵的历史遗存得到深度挖掘（图 2–105、图 2–106）、传统的农业景观得到充分展示。

在城市地区，通过城市设计对城市整体景观形象及具体建筑、景观建设项目之间的公共空间进行了规范。例如，台北市从 1970 年代开始在信义计划地区推行城市设计，现已在全市范围内构建了以城市设计指南（Urban Design

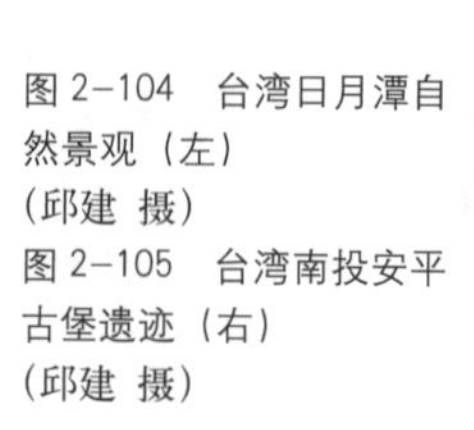

图 2–104　台湾日月潭自然景观（左）
（邱建 摄）
图 2–105　台湾南投安平古堡遗迹（右）
（邱建 摄）

① 刘泽宇 . 基于台湾地区城市景观构建的特点与发展研究 [J]. 美与时代（城市版）. 2016（4）：70-71.
② 王小璘 . 台湾景观专业的教育与实务 [J]. 2006（5）：50-58.

图 2–106　改造为观光旅游的台湾阿里山森林铁路（左）
（邱建 摄）
图 2–107　台湾台北的景观标志：101 大楼（右）
（邱建 摄）

Guideline）为准则、以城市设计审议（Urban Design Review）为机制的技术与管理工作并重协同的城市设计制度，其中，城市设计指南包括土地与建筑物、开放空间、都市纹理、街道景观、服务系统等 5 类 33 项管控内容①，为城市景观风貌如天际线的特色塑造、公共空间如公园绿地的有序建设及品质提升提供了技术和制度保障，设计出既能满足现代功能需求，又极富文化底蕴的城市景观作品。如作为中国首座超 500m 摩天大楼并在 2004 年至 2010 年间为世界第一高楼的台北 101 大楼，借鉴中国塔的形象，将中国人人格追求的竹子意象融入建筑创作，独特的设计风格赢得世界的关注，成为台北的景观标志，其体量和造型在所在地区信义的城市景观设计也具有统领作用（图 2–107），推动其巨变为一个包括商业中心、艺术设施和国际展览等在内的世界性旅游区，促进了该地区经济社会和文化发展。

2.4　其他地区景观设计

在世界范围内，不同地区、不同民族都拥有自己的园林艺术和本土文化，并走出自己的景观设计之路。例如亚太地区的许多国家，如日本、澳大利亚、新加坡、韩国等基本上都是在第二次世界大战以后开始了其现代景观的发展历程，并且在 20 世纪六七十年代，受到西方能源危机的影响，亚太国家也认识到了生态环境与人类生存的密切关系，景观设计逐渐转向从环境的角度实现生态全局的治理，其中，西亚、南亚和东南亚地区的景观设计还体现出宗教特征。

2.4.1　东亚景观

中国和东亚各国是一衣带水的邻邦，中国古代文化曾对东亚各国有深刻的影响，尤其唐宋山水园对日本、韩国等国山水庭院影响深远。日本是由北海

① 姜涛，姜梅．台北市城市设计制度构建经验与启示 [J]. 国际城市规划，2019，34（3）：132-141.

道、本州、四国、九州四个大岛及几千个小岛组成的岛屿国家。地形多山，地震频发。气候以温带季风气候为主，但受太平洋暖流影响，温和湿润，全年雨量充沛，水资源丰富。在此气候地形条件下，经过若干世纪的发展，形成了以山水庭园为主的传统园林类型。

日本现代景观根植于日本传统园林艺术，并有选择地吸收西方文化，应用现代科学技术，大胆创新，不断探索传统园林与现代工艺技术结合的途径，从而在富有现代感的景观中表达出民族精神与民族文化。日本景观设计思想繁荣并涌现了许多独具风格的景观设计大师和经典作品。例如融合传统园林精髓与新时代精神的设计风格，代表人物有重森三玲和枡野俊明；概念艺术、过程艺术、极简艺术影响下的设计风格，代表人物有野口勇、三谷徹、长谷川浩己；尊重物种多样性和生态系统的设计风格，代表人物如佐佐木叶和卢田芳树[①]。

东京品川中央花园（Shinagawa Central Garden）是三谷徹（Mitani, Toru）的代表景观作品之一。该花园是一片宽 45m、长 400m 的狭长区域，周围布满高层建筑。在城市化的过程中，自然的光、水体、山坡及森林等逐渐消失，同时伴随着社会风俗与生活习惯的改变。于是三谷徹与设计师团塚荣喜合作，叙事性的设计了 7 个景观小品，讲述了品川的水、石、光、风、土、草、和树木等历史事物，让城市的后来者了解并回顾品川的历史记忆与生活风俗片段。例如，在讲述“水”时，设计师以潮汐作为作品设计出发点，采用传统枯山水的做法，展现潮涨潮落的情景（图 2-108）。

图 2-108　东京品川中央花园景观[②]

韩国位于东亚朝鲜半岛南部，三面环海。地形多样，低山、丘陵和平原交错分布。气候以温带季风气候为主，四季分明，冬季寒冷漫长。韩国现代景观的基本思想是“看起来比自然的还要自然”，喜欢依仗自然地形进行景观加工，从城市内河的治理、主题公园的实施、自然环境的保护、城市绿化的布局和养护的手段等，都显得自然和谐[③]。此外，韩国现代景观注重细节，小中见大，善用园林植物美化街道、商场、居住区等，为使用者考虑的详尽而周到。

---

① 王星航 . 日本现代景观设计思潮及作品分析 [D]. 天津大学 . 2004.

② Yan · LA. 浸没的城市森林 | 解读“品川中央公园”[EB/OL]. 知乎 .

③ 陆志成 . 自然实用的韩国园林 [J]. 广东园林，2009，31（6）：71-75.

韩国蓝天公园（Haneul Park）（图 2−109），原来是汉城（今首尔）的垃圾填埋场，在申办世界杯足球赛时，汉城对此进行了环境整治，利用垃圾填埋产生沼气、使用风力发电，体现了自然和环保的设计理念[①]。另一个典型案例是清溪川（Cheonggyecheon）的改造。清溪川是首尔一条有着 600 多年历史的古老河道，但朝鲜战争后却成了脏、乱、差的代名词，并一度被政府填埋覆盖。2003 年，政府开启了重建工程。引汉江水重回清溪川，并根据不同河道区位特点进行分段设计，挖掘自然和人文特色，使其成为可供游玩的绿色生态花园。

2.4.2 东南亚景观

东南亚地区风景秀丽、气候温暖、植被资源丰富，其景观设计风格承继了自然、健康和休闲的特征，体现了对自然的尊重和对手工艺制作的崇尚。东南亚风格式园林景观在植被选择多运用本土的热带植被，在材料选择上也极力体现其特有的风格特征，在追求对自然环境还原的同时，还具有浓厚的宗教风情，这也是区别东南亚风格园林的一项重要特征。

泰国景观设计事务所 LANDPROCESS 在曼谷市中心以北的泰国国立法政大学（Thammasat University）的 Rangsit 校区内设计的绿色屋顶（图 2−110）是一个集绿色建筑设计，植物搭配、有机农场、太阳能利用、雨洪管理、农产品生产等概念于一体的设计项目。它旨在应对气候变迁的的同时，让市民拥有一个舒适的绿色空间。作为亚洲最大的城市屋顶农场，法政大学的绿色屋顶面积达 22000m^2。这个项目在应对气候变化带来的影响这个大目标下，结合现代景观建筑和传统梯田农业，为校园创造了一个包容性的循环经济，包括可持续食品生产、可再生能源、有机废物、水资源管理和公共空间。

另一个案例是新加坡的滨海湾花园（图 2−111），该花园占地超过 101hm^2，2012 年开始对外开放，由滨海湾南花园（Bay South Garden）、滨海湾东花园

图 2−109 垃圾山上的韩国汉城蓝天公园景观[②]（左）

图 2−110 泰国国立法政大学 Rangsit 校区景观[③]（右）

① 刘红滨 . 从世界杯公园看韩国景观设计——2003 中韩园林设计交流会纪行 [A]. 北京园林学会规划设计专业赴韩作品参展与考察专辑—北京园林论文集 [C]. 2003 年 .

② Arya Akanksha. Haneul Park.

③ LANDPROCESS 网 .

图 2-111 新加坡滨海湾花园景观
（胡卜文 摄）

（Bay East Garden）和滨海湾中央花园（Bay Central Garden）组成。花园内有两个植物温室，以钢铁和玻璃为主要结构，最大程度上优化了观景视野。温室内培育有二十多万株植物，来自全球各个大洲（南极洲除外）；温室穹顶是建筑、环境和园艺文化三者的结合。“花之穹顶”是较大的一个温室，占地面积 1.2hm^2，里面以种植地中海植物为主，“云之森林”则模仿了热带高海拔地区环境，比如南美洲和沙巴的京那峇鲁山。滨海南花园是滨海湾花园中最大的一个花园，占地 54hm^2。滨海南花园的特色景点包括花穹和云雾林冷室、金园、银园和巨树丛林内的 18 棵擎天大树、文化遗产花园、植物世界、蜻蜓湖和翠鸟湖等。滨海湾花园里有两个植物冷室，花穹和云雾林，里面培植着来自除南极洲外其他五大洲的奇花异卉。

2.4.3 中东景观

中东地区以高原为主，沙漠面积广大，平原面积很小。气候以热带沙漠气候为主，干旱少雨，河流稀少，水资源很匮乏。中东国家在景观实践中不断融合历史文化、宗教人文及地区地理环境特征，形成独具特色的现代园林。下面以现代化程度较高的阿联酋和以色列为例。

阿联酋公共绿地布局常以轴线展开，讲求对称；而在设计中灵活的运用伊斯兰文化的象征符号，如八芒星、新月纹，生动的展现民族和文化特色。阿联酋现代景观善用先进的灌溉技术和设备，营造出丰富的水景和绿色环境，起到降温加湿，调节局部小气候的作用①。阿布扎比、迪拜等城市随处可见大片的草坪和整齐的椰枣树，绿色葱茏。同时在大型的公共建筑内，借助各类花园、阳光顶棚、喷泉等形式营造绿化环境。例如，哈利法塔公园（Burj Khalifa）（图 2-112），通过将周围建筑物的冷凝水收集起来用于公园的灌溉。

以色列现代景观特色主要体现在本土文化的保护和传承，以及应对水资源短缺、土壤治理和河流修复等生态问题上。以色列景观设计师们擅长于在环境苛刻的条件下创新设计。如施罗墨·阿龙森（Shlomo Aronson）在沙漠地区常用抗旱的乡土植物和细长的水渠作为设计元素，并结合传统的设计元素来表达现代的生态主题：采用尼曼尼姆（limanim）工艺来控制侵蚀，这是一种传统做法，即通过机械将已经被侵蚀的沟壑推成长方形场地，用于收集雨水，给植

① 黄焱，金锋．中东园林景观研究——以阿联酋为例 [J]. 园林．2015（4）：73-77.

图 2-112 阿联酋哈利法塔公园景观[②]（左）
图 2-113 采用尼曼尼姆工艺设计的以色列沙漠景观[③]（右）

物提供灌溉用水，同时在场地种植桉树，起到标志作用，使得场地特征和沙漠景观融合在一起（图 2-113）[①]。

2.4.4 南亚景观

南亚指位于亚洲南部的喜马拉雅山脉中、西段以南及印度洋之间的广大地区。南亚大部分地区属热带季风气候，全年高温，各地降水量相差很大。印度是世界上最古老的文明国家之一，伊斯兰园林对印度景观设计有深刻的影响。印度景观设计在继承传统文化的同时结合印度地域特征，将若干不同于传统的新元素融入庭园的布局、种植、水体等造园要素之中，形成独具特色的园林景观，并在世界伊斯兰园林史上占有十分重要的地位。

14 世纪，莫卧儿王朝统治时期的园林主要表现为莫卧儿陵园和莫卧儿乐园。莫卧儿陵园如著名的泰姬陵，而莫卧儿游乐园中保存至今的有尼沙特园、沙拉马尔园、阿尔巴尔园和维那格园等。这一时期园林以规则式为主，在炎热和缺水的气候条件下，水成为园林的主要构成元素，因此有水池、水渠、喷泉等各种水景形式；植物则多使用多花低矮的植株[④]。

19 世纪上半叶，在欧洲工艺美术运动的影响下，英国园艺家杰基尔女士（Gertrude Jeky）与建筑师路特恩斯（Edwin Lutyens）提倡从大自然中获取设计源泉，并且找到了统一建筑与花园的新方法，即以规则式布置为结构，以自然植物为内容。1911~1931 年间，路特恩斯（Edwin Lutyens）在印度新德里设计的莫卧儿花园（Mughal Garden），又称总督花园（图 2-114），体现了这种自然式和规则式的结合。通过对波斯和印度传统绘画的学习和对当地一些花园的研究，路特恩斯将英国花园的特色和规整的传统莫卧儿花园形式在这个园林中结合在一起。莫卧儿花园中规则的水渠、花池、草地、台阶、小桥、汀步

① 盛俐，刘媛 . 以色列风景园林设计先驱——施罗墨 · 阿龙森 [J]. 中国园林 . 2006（3）：65-71.
② swa 网 .
③ Landscape as Infrastructure 网 .
④ 洪琳燕 . 印度传统伊斯兰造园艺术赏析及启示 [J]. 北京林业大学学报（社会科学版），2007（3）：36-40+80.

图 2-114 印度莫卧儿花园景观[②]

等的丰富变化都在桥与水面之间 60cm 的高差内展开。美丽的花卉和修剪树木体现了 19 世纪的传统，交叉的水渠象征着天堂的四条河流。建筑师运用了现代建筑的简洁的三维几何形式，给予了印度伊斯兰园林景观传统以新的生命[①]。

2.4.5 大洋洲景观

澳大利亚大陆干旱而广阔，由于气候、地形、地貌、动植物等要素以及聚落和土地使用等特点，呈现出丰富的景观多样性。澳大利亚的景观设计行业继承了欧美景观理论体系，具备完善且严肃的学术背景，总体呈现出简约、现代、时尚的风格。澳大利亚的景观设计贯穿了尊重自然的理念，以淳朴的民风和完善的社会保障体系为支撑，设计中往往体现出强烈的自然朴实、节约环保的特点。

澳大利亚花园（The Australian Garden）位于墨尔本皇家植物园（The Royal Botanic Garden）的一角，是澳洲本土比较具有代表性的景观设计之一。这座花园（图 2-115）由景观设计师泰勒·克里特·利赛宁（Taylor Cullity Lethlea）和著名的植物设计师保罗·汤普森（Paul Thompson）合作设计。花园主要分为东部和西部，中间一水相隔，水以各种形态出现在花园中。东部主要是比较正式和规则的人造自然景观，西部则主要是不规则的人造自然景观。该项目力求通过将澳大利亚的园艺、构建、生态、艺术浓缩至一个场地，最大限度地展现出澳洲之美。除此之外，澳大利亚景观还呈现多样化，著名的景观作品还有 2000 年悉尼奥运会公共区域设计、澳大利亚国家博物馆景观设计等。

南太平洋的新西兰景观也十分丰富，既有海平面的景观，也有 3700m 的高山景观。由于与澳洲大陆存在地理隔离，新西兰拥有 2500 多种本地针叶植物、开花植物和蕨类植物，其中 80% 以上在全球其他地区是无法寻找到的[③]。

新西兰自 20 世纪 70 年代初期建立景观设计行业以来，景观设计师一直积极参与到规划和资源管理的各项工作中。其中尤为突出的两大关键领域为——新开发项目的景观与视觉影响评估和分布于全国各地的地域景观价值评估。1991 年，新西兰推出了一部具有分水岭意义的法规——资源管理法，“景观”这个词在这部规划法规中第一次被提及。这部法规使得景观专业的

---

① 王向荣，林菁 . 西方现代景观设计的理论与实践 [M]. 中国建筑工业出版社，2002.

② 王向荣，林菁 . 西方现代景观设计的理论与实践 [M]. 中国建筑工业出版社，2002：10.

③ 迈克·巴塞尔梅，吴沁甜，晁文秀，常晓菲 . 新西兰风景园林行业概况 [J]. 中国园林 . 2013，29（1）：5-8.

图 2-115 澳大利亚墨尔本皇家植物园景观[1]

重点转向了开发影响的管理，为城市和乡村环境管理和发展作出了持续的、重要的贡献。

2.4.6 拉丁美洲景观

拉丁美洲是指美国以南的美洲地区，包括中美洲、西印度群岛和南美洲，东临大西洋，西靠太平洋。拉丁美洲地形复杂，气候主要是热带雨林和热带草原气候。拉丁美洲地域广阔、历史文化悠久，独特的地理和气候条件造就了丰富多样的景观。古代印第安人创造了灿烂辉煌的玛雅文明、阿兹特克文明和印加文明[2]。古老的印加文化创造了社会和自然的和谐相处模式，是拉丁美洲城市文明的摇篮，也对拉丁美洲自然和文化景观的孕育具有重要意义。

拉丁美洲现代景观在保存和发扬拉丁文化的基础上，探索一种和谐的方式来调解人与自然的关系。在设计上，大胆突破景观设计形式的法则，认识场地的自然性，唤醒自然景观的力量，重建园林规则设计的逻辑，并赋予本土城市精神。在喧闹的现代设计进行了大量的公园和城市花园的设计实践。拉丁美洲也涌现了诸多独具个性的景观设计大师和作品。

罗伯托·布雷·马克斯（Roberto Burle Marx）设计的巴西里约热内卢的科帕卡巴纳海滩（Copacabana Beach）大西洋大道。采用开放式、宽敞的步道，并采用流动的抽象图案，颜色则使用天然的白和黑，整体自然流畅（图 2-116）。他设计的伊比拉普艾拉公园（Ibilapuela Park），由 14 座观赏性的

① Paul Thompson. The Australian Garden [EB/OL]. Landezine 网 .

② 王向荣 . 拉丁美洲的风景园林 [J]. 风景园林，2019，26（2）：4-5.

图 2-116　巴西里约热内卢科帕卡巴纳海滩景观①（左）
图 2-117　墨西哥拉萨波里达花园景观②（右）

小花园连接起构筑物和自然景观，形成一条动态观赏的线路。又如，墨西哥设计师路易斯·巴拉干（Luis Barragan），大胆的应用光与色，用简单的设计元素营造出宁静而富有情感的空间，创造了诸多经典的景观作品，如拉萨波里达花园（Las Arboledas garden）（图 2−117）、吉拉迪住宅庭园（Gliardi House）、埃柏爵谷花园（EI Pedregal garden）等。

2.4.7　非洲景观

非洲位于东半球西部，东临印度洋，西邻大西洋。非洲大陆高原面积广阔。赤道横贯中央，气候带分布呈南北对称状，气候呈现高温、少雨、干燥的特点。有别于上述其他地区聚焦于传统意义上的城市景观和公园绿地，非洲更具代表性的景观意象是在保护珍稀动植物资源和生物多样性，构建完善的生态系统，支撑生态基础设施的可持续性，以实现最佳的原生性景观保护，建立了遍布各地的国家公园、动植物园、自然保护区。在非洲国家中，南非和肯尼亚的景观发展相对系统，如南非开普敦斯滕布什国家植物园、马赛马拉野生动物国家保护区、好望角自然保护区等。

开普敦科斯滕布什国家植物园（Kirstenbosch National Botanical Garden）历史悠久，世界闻名。起源可追溯至 17 世纪的欧洲殖民者活动，后于 20 世纪初期正式建园。植物园占地面积约 5.28km^2，其中，包含一个人工栽培区和自然保护区。栽培区内通过区分不同主题展示丰富的植物品种，绝大多数采自南非本土，许多为世界珍稀或濒危物种。在更广阔的自然保护区，游客可以通过多条远足小径探索公园，如约 8km 长的银树小径（Silvertree Trail）和 3km 长的黄木小径（Yellowwood Trail），甚至还设有一条盲文小径供盲人游客感受树木和植物。

---

① Sarah Brown. A History of Copacabana Beach：Rio's Picturesque Paradise [EB/OL]. culture trip 网 .
② 佚名 . 墨西哥建筑大师路易斯·巴拉干（Luis Barragan）(2) [EB/OL]. 设计之家网 .

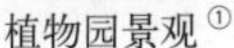

植物园景观[①]

植物园植物针垫花

图 2–118 南非开普敦科斯滕布什国家植物园（鲍方 摄）

植物园所属的开普植物区（Cape Floristic Region）是世界六大植物区系之一，在不到非洲面积 0.5% 的区域内栽培有整个非洲 20% 的植物种类。2004 年，开普植物生态保护区因其植物稀缺性和独特性，被列入联合国世界遗产名录（图 2–118）。

肯尼亚西南部与坦桑尼亚交界地区的马赛马拉野生动物国家保护区（Masai Mara National Reserve），始建于 1961 年，面积达 1800km^2，与毗邻的坦桑尼亚塞伦盖蒂国家公园（Serengeti National Park）相连，共同形成伟大的马赛马拉 – 塞伦盖蒂生态系统。自然景观基底由开阔的草原、林地、河流以及河岸森林组成，保护区内动物繁多，数量庞大，并且可以观赏到著名的动物大迁徙，是世界上最著名的野生动物保护区之一（图 2–119）。除了开阔雄伟的自然景观和动物栖息、迁徙外，带有神秘色彩的原生居民聚落及其生活形态也形成了人与自然和谐共生的一大风景线。

好望角自然保护区位于南非西蒙斯敦和好望角岬角之间，占地 77.5km^2，区内有 1200 余种植物，有狒狒、开普斑马、开普狐狸、羚羊、鸵鸟、太阳鸟、黑鹰、信天翁、鸬鹚等 250 余种动物；保护区海岸线绵延 40 多千米，有 100 多处海滩，沿岸礁石崎岖，风景优美，被誉为世界上最美丽的景点之一，游客可通过小火车或步行到达。保护区并没有设置大型停车场和豪华酒店等设施，以最大限度地保持其原生态环境（图 2–120）。

图 2–119 肯尼亚西南部与坦桑尼亚交界地区的马赛马拉野生动物国家保护区动物迁徙景象（左）
（鲍方 摄）
图 2–120 南非好望角自然保护区（右）
（鲍方 摄）

① Tripadvisor LLC 网 .

第 3 章

景观设计基本原则

第2章介绍了景观设计在世界各个地区的发展概况。景观设计实践涉及自然与生态、历史与文化、美学与艺术、行为与心理以及防灾与减灾等诸多知识领域，需要满足使用要求和遵循相关规范和标准。景观规划设计需要综合运用这些知识领域的基本原理与方法，遵循其基本原则，具体体现为功能性原则、生态性原则、文化性原则、艺术性原则和安全性原则。同时，从工程设计的操作层面来讲，景观设计还要遵循程序性原则，并根据实际情况灵活运用和拓展，针对不同设计对象和设计目标安排所需遵循原则的主次关系。

3.1 功能性原则

3.1.1 景观功能

功能一词指事物或方法所发挥的有利的作用[①]。广义来讲，景观功能指景观所发挥的所有功用，即景观给人们的生活所提供的所有物质和精神需求，包括各类使用活动、生态保护、文化传达、艺术和美学表现、安全防护等方面的综合作用。在环境中，景观是作为一个整体来呈现的，景观功能中的每一方面都是彼此关联、相互融合的，但为了便于讲述，从狭义的角度，可以实用性地理解为景观功能中与人的行为活动、社会文化、道德伦理相关的内容，即如何保障人们的各种实际的活动中在景观中展开，可以说是活动(Activity)的层面。

任何一种景观都是在一定的社会和现实需求下产生的，功能满足这些需求的景观设计才有可能被接受和实施，“形式并不是规划的本质，它只不过是承载规划功能的外壳或躯体”“首先确定的是用途或体验，其次才是对形式和质量的有意识的设计”[②]，因此功能性原则是景观设计所需遵循的首要原则。本节所指功能性原则针对的是景观为实现具体的空间使用活动所需要解决的共性问题，具有概括性和通用性。

从设计角度看，景观功能组织主要体现在三个方面：景观功能定位、景观功能分区和景观流线组织，其中，景观功能定位是对设计目的和理念的理解和落实，它决定了景观的主要功能特征；景观功能分区是根据功能定位，在不同的空间区域内安排和布置各类相关的景观元素，赋予其不同的活动功能，构成完整的主题功能；景观流线组织则是对各功能区进行有效合理的联系和串接，形成连续完整的景观系统，以满足整体功能定位的要求。景观功能分区与景观流线组织是相互影响和制约的，功能分区影响流线组织的方式和各种道路的等

---

① 中国社会科学院语言研究所词典编辑室.现代汉语词典[M].北京：商务印书馆，1994：382.

② 约翰·O.西蒙兹.景观设计学——场地规划与设计手册[M].俞孔坚，王志芳，孙鹏，等，译.北京：中国建筑工业出版社，2000：384，387.

级，而流线组织的合理性又会反作用于功能分区，引起功能分区的调整。下面以某滨河景观规划设计为案例，分三部分分别进行说明。

3.1.2 景观定位

景观功能定位既是对设计目的和理念的理解和落实，也是对景观用途和作用的概括与提炼。不同的景观具有不同的功能，但大多数景观的功能都是复合的，如城市公园景观具有游憩、生态、文化等多方面的功能和作用。因此，为准确对景观进行功能定位，需要做大量的调查和研究工作。

例如某滨河景观规划设计在充分调查和分析各种社会、自然、文化等基础资料的基础上，发现存在以下问题：

上游水质清澈，但中下游受污染较为严重；河道两侧均为陡峭的河坎，亲水性较差；没有形成以水体为中心的景观；缺少绿地和相关的娱乐，服务性设施用地，阻碍公共活动开展；沿河临时建筑较多，对河道产生不良影响；土地使用功能混杂，难以进行统一管理、提升土地价值等问题；同时，辨析出了政府改造政策的机遇及改造过程中可能面临的挑战。于是，在这些问题背景下，景观规划设计针对河流的水利、游憩、景观和生态等多重功能目标，依托周边的文化、环境和水系统等资源优势，经过创想和构思，提炼和概括出了“观流水之灵气、纳田野之生气、揽小城之人气”的景观整体功能定位，然后将这一主题思想延伸至景观规划设计的总体和所有细节之中。

3.1.3 景观分区

明确景观的功能定位之后，需要紧紧围绕功能定位进行功能分区，在场地的不同区域内安排和布置各类相关的景观元素，使其满足不同的功能要求。主要包括以下内容：

先要对景观功能进行分析，目的是明确和进一步细分景观项目为落实功能定位所应包含的主要功能。例如城市公园，一般应包括入口服务、景点游览、配套服务等功能，有的主题公园还包括主题内容展览、互动体验等功能。在此基础上，基本确定各功能区的规模、性质和主要建设项目，然后通过功能分区将各项功能落实到空间上，即进行合适的空间安排。

例如城市公园的入口服务、各种景观游览、配套服务等不同功能区对场地和位置均有不同的要求。入口区不但要考虑与外部交通的联系，而且要考虑与内部各功能区之间的空间关系，需要配合流线组织进行规划设计；景观游览要根据场地现有的资源条件，并考虑人们习惯的游览路线进行合理排布；配套服务设施则要考虑和以上两种功能的相关性，进行综合协调。

由于具体设计条件的千差万别，而且不同文化背景下的人们有着不同的心理需求，因此景观设计的功能分区很难进行简单归类，在设计实践中并无固定

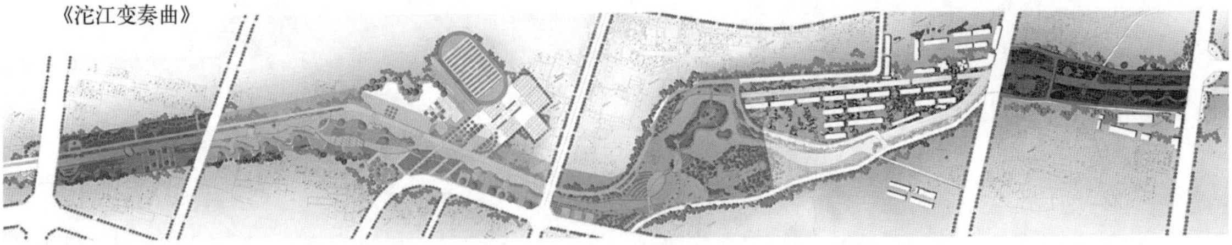

《沱江变奏曲》

第一乐章
小快板
初识沱江（掩卷思秀）

第二乐章
慢板
沱江漫步

第三乐章
快板
欢乐聚会

第四乐章
中板
沱江之韵

第五乐章
慢板
沱江遐想（沱江秀色）

图 3-1 某滨河景观规划功能分区图
（邱建 提供）

模式可寻。不仅如此，随着社会发展变化和人们生活方式的改变，设计还应该随时调整，不断创新，总之，应该做到因地制宜、因人制宜、因景制宜。

如上述滨河景观的规划设计围绕功能定位，以变奏曲的方式将各种功能整合到五个乐章之中，每个乐章分工协作、功能特色突出，合成一部韵感十足的变奏曲（图 3-1）：第一乐章为初识沱江（小快板），该功能区使人从嘈杂的闹市进入自然的空气中，较大尺度的景观给人全新的感受；第二乐章为沱江漫步（慢板），该区以舒缓、柔和与浪漫为基调，使人放慢步伐，精心品位滨河美景，在景观细部进行精致设计，延绵不断；第三乐章为欢乐聚会（快板），该区为人流聚集区域，景观元素强调多样性，以较多的硬质景观满足人们开展活动的需求，以欢快、热烈和激动的节奏突出“欢乐聚会”的主题功能；第四乐章为滨河之韵（中板），其功能主要为聚会结束后人们寻求安静与舒适提供场所，以线性景观，通过简介、流畅的细部设计，营造高潮过后重归宁静与祥和的舒适性景观空间；第五乐章为滨河遐想（慢板），流线组织迂回曲折，突出自然生态功能主题，同时再现其他功能区的精彩景观元素，可看作主旋律的回放与主题的升华。

3.1.4 景观流线

景观流线组织是根据各功能区之间的内在联系，通过不同等级、类型的道路对各功能区进行有效合理的联系和串接，形成连续完整、功能流畅、交通组织有序的景观系统。包括两方面的内容：

1）游览线路规划

游览线路规划要重点考虑人的行为心理学原理。凡是可以有人参与的景观都应该满足人们寻求体验的内心需求，主要包括生理体验、心理体验、社交体验、认知体验和自我实现体验几个方面。虽然景观体验的主观性是确实存在的，但在景观设计中仍然可以发现一些普遍的规律，它们从人心理的共性出发，适用于绝大多数人各个层次的需求。概括说来包括以下几个方面的考虑：

（1）环境的复杂性

环境心理学的研究表明，人具有对“复杂性”场所的偏爱，单一和千篇一

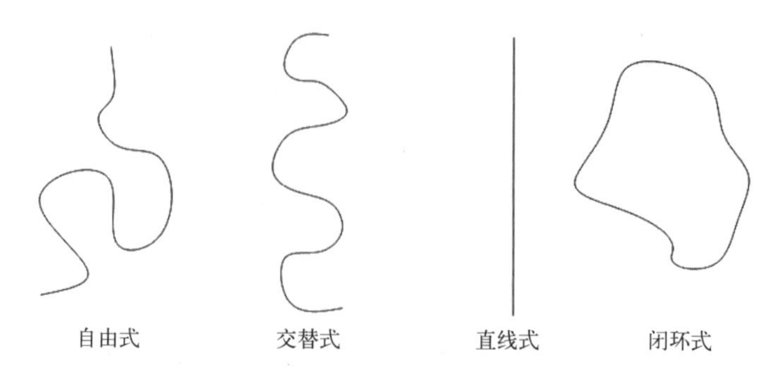

图 3-2 几种路径示例
（贾刘强 绘制）

律的景观往往令人觉得乏味厌烦，而多样和变化的景观则满足了人心理中最基本的寻求兴奋和刺激的愿望。游览线路规划中应该充分考虑人的这种心理特点，通过路径的变化来创造一种更加丰富有趣的景观效果，同时增强参与感（图 3-2）。

（2）功能的综合性

多数情况下人对景观服务功能的要求都倾向于综合化。人在景观中的心理和行为是有差异的，不同文化背景、不同年龄人群、不同时间段的活动在景观中都会有所区别，景观因此应该具有综合多样的功能，以同时满足多种类型的活动。同时，在游览线路的规划中，要考虑线路衔接不同功能区的便捷性，使人们尽可能方便地到达和使用不同的景观区域。例如，在大、中型公园等较复杂的景观中，环状主要线路结合网状次要线路往往能够更好地连接各景观分区，是公园线路组织中常用的方式。值得说明的是，游览线路的规划常常会引起功能分区的调整，实际上也是对功能分区的优化。

（3）交往空间的适应性

我们所涉及的实际设计景观，有相当一部分是城市空间的有机组成部分，具有社会参与和公共交往的功能，应该能够让人在安全、舒适、优美的环境中体验到公共生活和交往的乐趣，增强对公共环境的参与感，并借以加深对社会的归属感和对自身的认同感。在游览线路规划中主要体现在线路节点的规划上，这些节点需要适应不同人群对交往空间的不同需求，在布局上协调绝对的空间尺度和相对的心理感知尺度的关系，容纳不同时间段的活动安排，并且充分考虑景观在更长时间尺度下的发展变化（图 3-3）。

图 3-3 美国西雅图亚马逊总部外部景观
（杨娇 摄）

2）交通系统设计

游览线路确定后，为充分发挥每条线路的功能，需要进行交通系统设计。包括道路系统和标识系统。

（1）道路系统

包括各类道路和停车场。根据规划范围的人口预测及各功能区之间的人流量和通行要求，确定道路类别和等级，一般分为车行道和人行道两类。车行道提供快速通达和消防功能，车道等级可根据规划范围和规模进行合理确定。步行道主要是人行的游览线路，其宽度、材料和附属设施均应从景观整体的设计出发进行合理布置。道路系统可以根据实际需求考虑人车混行或者人车分流，在主要景观节点处可设置广场，广场规模和形式要与周边景观功能相协调。在需要设置停车场的景观中，应科学预测机动车和非机动车的停车需求，合理安排停车场的位置和规模。

（2）标识系统

标识系统是流线组织的重要组成部分，其设置的合理性和易识别性是流线组织顺畅与否的关键因素，除了本身的清晰易读外，同时还要考虑标识系统作为景观小品，需要与景观整体美学风格相协调，并体现一定的文化内涵。

根据功能分区和场地条件的需求，上述滨河景观规划选择了以线性+局部网络的方式组织交通流线（图3-4），使得景观功能区之间以及与外部的交通连接次序井然，更加突出了“变奏曲”的韵律感。采用人车分流的交通系统，与城市车行交通有机对接，内部步行交通形成网络，同时根据不同功能区的要求进行了变化，便于游览和体验不同区段的景观主题。考虑到人流量的变化特点，停车场位置结合城市与滨河车行交通系统设置，满足便捷和可达性的同时不干扰景观区域的内部活动。

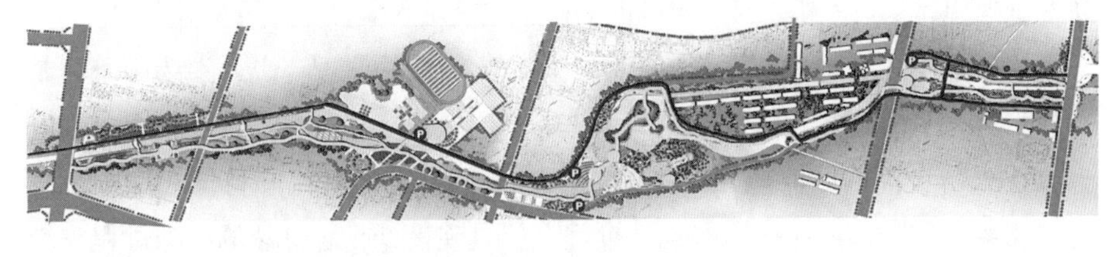

图3-4 某滨河景观规划交通分析图（邱建 提供）

3.2 生态性原则

3.2.1 景观生态价值

人类的生存离不开自然，人与自然是生命共同体，大自然为人类的生活提供了重要的环境支持，是人类赖以生存发展的基本条件，现代生态文明已经形成了一个基本共识：即人与自然必须和谐共生，这也是中国式现代化建设的要义之一。

景观设计与建筑设计、环境艺术设计、工业产品设计等设计门类的根本区别就在于其“作品”是人们，尤其是城市人接近自然、认识自然、享受自然的重要场所。随着环境与生态科学的发展，现代景观规划设计中对自然的认识与

图 3-5　历史文化名城四川阆中所依托的自然景观环境
（邱建 摄）

运用已不仅仅局限于给人提供公共活动场所和美学感受，而是进一步扩展到生态保护、生态服务与重塑景观生态价值在内的全面认识和运用中。

景观的生态价值表现在多个方面：景观是保持区域基本生态过程的重要资源，对维持区域生态平衡具有重要的意义；景观生态系统的生产及供给过程为人类的生存创造了物质基础；景观所具有的生态庇护、环境改善等功能是城市人工环境的重要支撑（图 3-5）。景观设计遵循的生态性原则可以从设计结合自然、设计保护自然、设计改善生态等几个方面展开。

3.2.2　设计结合自然

自然环境是景观存在的基础背景，自然要素在景观设计中扮演着重要角色。景观设计时必须结合场地的自然条件，遵循自然优先的原则，对自然环境给予高度重视和尊重，才能在自然永续的基础上也满足人类社会的可持续发展。

首先，要注重保护自然景观资源，保留大自然的肌理，以基地为中心，充分利用原有基地特性，保持自然景观格局的连续性，在时间和空间的双向维度上展现人与自然的时空联系；其次，景观设计要有地域化的特征，尊重传统文化和乡土文脉，适应场地的自然过程，使景观设计吻合自然的生态过程与功能，与当地的气候、土壤、地形、地貌、水文、植被等自然因素有机结合，保持景观生态过程的自然性和完整性，从而使景观设计成为自然的延续与补充。这种结合自然的设计原理在传统聚落和民居中往往有着很好的体现（图 3-6）。

图 3-6　四川丹巴甲居藏宅：结合自然的民居格局
（邱建 摄）

3.2.3　设计保护环境

自然的“设计”是伟大的，景观中最朴实、最壮观甚至最动人的部分往往来自于自然，鲜有人类涉足的原始自然在今天弥足珍贵，其本身不仅是珍贵的环境资源，更是让人神往的景观对象，例如世界各地类型各异的国

图 3-7 美国亚利桑那州大峡谷国家公园（左）（邱建 摄）
图 3-8 高海拔地带的四川泸沽湖草海湿地（右）（杨矫 摄）

家公园（图 3-7）。

然而，今天的城市已经是一种高度人工化的环境，但不论从自然所提供的环境支持作用、还是实际的户外开放空间，或者满足人们深层次的心理需求等诸多方面来看，城市都不能完全脱离自然而孤立存在。在城市扩张的过程中，需要保存一些重要而敏感的自然区域，这些自然区域往往是重要的生物栖息地，对城市提供生态安全和防护的作用，而且也往往是人类活动所需的最有价值的景观资源和热点区域。例如四川泸沽湖的草海湿地，对于保护脆弱的高海拔地带生态安全具有重要价值，在景观设计时予以重点保护（图 3-8）。

3.2.4 设计改善生态

从生态学的视角我们把景观看做是一个完整的景观生态系统，由相互作用的基质、斑块、廊道所组成，在空间上形成一定的分布格局，内部具有复杂的生态过程和功能，并且有一定的动态演化和发展的规律。对景观设计师来说，应该熟悉和掌握景观生态学的基本原理，把景观作为一个有机的生态系统来进行思考，在设计中创造性地运用生态学的原理和方法，在传统园林基础上增加生态层面的思考和设计维度。在景观设计中将各类景观形成网络，减少绿地的孤立状态，同时保留和建设大块的绿地景观，并且注意各个景观区域之间以及景观与人、植物、动物之间的关系，使人工设计景观与广大的自然区域成为有机的整体，有助于维护景观系统的稳定性和持续性，发挥更大的生态效益和生态服务功能，在传递景观生态美学的同时提升生态服务价值，这也是景观设计价值体现的重要领域。

例如，第 2 章所述四川天府新区恪守生态优先、科学理性的规划理念，在规划范围内预留了三分之二的自然生态空间作为非建设用地，通过景观规划设计，使天府新区在十年间不仅从沟壑纵横之地巨变成一座区位优势明显、交通设施完备、产业基础雄厚、人才资源丰富、极具发展活力的国际化现代新城，而且构建出完整的生态网络系统，生态服务价值突显，为公园城市的提出及模式探索奠定了实践基础（图 3-9）。

图 3-9　四川天府新区科学城建设实景图（右）
（邱建 摄）

生态性设计原则在城市更新和旧城区改造过程中有着重要的指导意义。针对已经进行侵占和破坏的自然景观资源，也要尽可能在景观设计中予以恢复，修复在粗放的早期城市化阶段中对自然生态的一些破坏性建设。例如成都市在建设用地非常紧张的情况下，以恢复自然生态环境为主旨，在市区的黄金地段，紧靠历史名园杜甫草堂旁修建了浣花溪湿地公园，建成后得到了学术界的高度肯定，改善了城市中心的过度人工化和自然景观匮乏的状况，并且借此恢复了史料中所记述的自然风光，具有极大的历史文化价值，深受成都市民的喜爱（图 3-10）。

人类活动已经并继续深刻地影响着大地，特别是随着城市的发展，现在某些自然景观已不再是原生景观，而是被人们改造后的次生环境。自然美是直接的，而城市景观往往需要对自然进行艺术化的再造。景观设计师甚至在巨大的城市建设压力下，努力挖掘地方自然因素并有机地融入自身的景观设计作品中，取得了良好的景观效果。如沈阳建筑大学新校园以东北稻作为景观素材，以生产性景观理念为内核，设计了一片独特的稻田校园景观（图 3-11）。

另外，从第 2 章所述欧美景观设计发展过程可以看到，生态的原理对景观设计的发展产生了巨大的推动作用，使景观在艺术追求的基础上更增添了科学的内涵。因此，生态领域的研究成为景观发展的重要方向之一，生态学所涉及

图 3-10　成都市浣花溪湿地公园（左）
（邱建 摄）
图 3-11　沈阳建筑大学校园内的稻田景观（右）
（邱建 摄）

的问题已经成为景观建筑学内在和本质的内涵，生态学的引入使景观设计的思想和方法发生了巨大转变。生态的设计也已成为景观设计师的自觉选择。第2章所讲到的杜伊斯堡工业遗址公园（图2-15~图2-17）、荷兰的东斯尔德大坝景观（图2-25~图2-27）、英国的伊甸园植物园（图2-30~图2-33）等著名景观设计作品均是对生态文明理念的诠释。通过景观设计改善人居环境生态条件的实践案例在我国也正在不断呈现，如四川省遂宁市在开展涪江东岸沿线违章建设整治和环境质量提升过程中，利用荒滩岸线设计了观音湖生态湿地公园，建设成集绿色、生态、文化、经济、品牌为一体的滨水观光中心及绿色生态走廊，改善了城市生态环境质量，支撑了遂宁市绿色生态城市发展定位（图3-12）。

图3-12　四川遂宁观音湖生态湿地公园一角（邱建 摄）

3.3　文化性原则

3.3.1　景观文化浅析

第1章分析了景观的文化属性。英国学者泰勒将文化的概念解释为社会发展过程中人类创造物的总称，包括物质技术、社会规范和观念精神，即人类社会在历史发展过程中所创造的精神财富和物质财富的总和[①]，这些物质或精神财富的总和成果在地球表层的系统形态就被称为文化景观。

文化景观是社会、艺术和历史的产物，带有其形成时期的历史环境、艺术思想和审美标准的烙印，具体包括名胜古迹、文物与艺术、民间习俗和其他观光活动，具体表现为经过人类活动作用于土地之后所形成的诸如农田、水库、道路、寺院、园林、村落、城市等景象，由此积淀着人类不同时期、不同类型的活动痕迹，是容纳人类文明的“容器”，在一定程度上浓缩了人类文明成果，并随历史的发展而增添新的风采。

因此，景观设计师必须理解景观的文化内涵，具有识读和表达景观文化的能力，在此基础上尊重历史发展规律、研究地域文化特征，在遵循景观的文化性原则背景下进行景观设计。

1）景观的文化内涵

景观的主要价值体现在其形式之外的内在内容。从美学的视角看，作为审美客体的景观，在审美过程中总有一种原始美或物质形态的自然美的特征存在。黑

① 爱德华·泰勒．原始文化[M]．连树声，译．南宁：广西师范大学出版社，2005.

图 3–13 世界自然与文化双遗产：泰山[②]

格尔在《美学》中首先承认了自然美，但他认为自然美是不够理想或完美的[①]，因为，山川、草木、金石、星辰、鸟兽之类的自然事物，都是自在而非自为的，没有自觉的心灵灌注生命和主体的观念性的统一，它随时要受到外在事物的限制，显不出自由和无限这些理想美的特征。它们是飘忽的，只能引起短暂的兴趣。自然的这种有限性使得艺术要超越对自然的模仿，将单纯的、有限的客观上升到观念的层面，艺术文化的观念性提升了事物的价值，转瞬即逝的自然美被艺术与文化赋予了永久性。

例如，我国的风景名胜区都是大自然千百亿年来鬼斧神工的杰作和景观精粹，雄壮的泰山、奇特的黄山、秀丽的峨眉、险要的华山、幽静的青城，其风光都是绝世遗产。美不胜收的自然景观无疑能够引人入胜，但其价值还是有限的，风景名胜区蕴藏着的丰富文化、承载着的悠久历史和建筑艺术，才使自然风光具有了社会的审美意义和文化的识读意义。泰山在历代帝王祭天封禅活动中留下了许多文物古迹，佛道两教的盛行使泰山遍布庙宇名胜，历代名人宗师怀着仰慕之情来到泰山漫游后留下许多赞颂诗篇，正是文化的遗存才使泰山以五岳之首名扬天下，并于 1987 年被联合国列入世界自然与文化双遗产名录（图 3–13）。

2）景观的文化识读

景观中蕴涵着文化内涵的根本原因是作为景观审美主体的人的参与。景观首先需要人的识读，然后才能进入审美的精神境界，这一过程使人文因素渗透到景观，如对自然景观特征的领悟是人参与的结果，其特征的形成也是经过人的感性感悟和理性总结而提炼出来，景观的自然美才得到进一步升华。“五岳归来不看山、黄山归来不看岳”以及“峨眉天下秀、夔门天下雄、剑门天下险、青城天下幽”即是人们对自然景观特征的高度概括。

黑格尔曾说：“审美的感官需要文化修养……借助修养才能了解美，发现美”[③]。与其他文学艺术作品一样，景观设计作品价值体现的过程包括创作和欣赏两个阶段，景观意境的获得也需要两方面的支持，一方面是设计者有意识的景观文化塑造，另一方面是欣赏者的心领神会，特别需要欣赏的人具有一定的文化修养和对其他艺术形式的了解。正如陈从周先生在他的名著《说园》中说，景观之所以吸引游客，让人百看不厌的原因除了风景秀美，还有一个重要

---

①、③ 格奥尔格·威廉·弗里德利希·黑格尔．美学（第一卷）[M]. 朱光潜，译．北京：商务印书馆，1979.
② 走进泰山网．

缘由就是要有文化，有历史；这自然是需要有一定文化修养的人才能欣赏的[①]。欣赏不是消极地接受过程，而是较为复杂的心理过程，它需要调动大量的文化知识，具有艺术修养和艺术趣味，以感受出景观形式背后隐含的意义。

图 3-14　新疆博乐市艾比湖湖岸秋景（邱建 摄）

景观作品的审美特征之一是象征性，同时也包含着感知、理解、情感、联想等诸多心理因素的共同作用活动，是感性和理性相结合的过程，是对艺术作品的再创造过程，完成和实现、补充和丰富艺术作品的审美价值，否则是难以引起审美再创造的联想，最终降低为仅仅是使用功能了。因此景观意境不只是设计的研究论题，而且也是文化识读范畴的内容。掌握一定的书法、绘画、文学知识，在一定程度上可以提高对景观美的鉴赏能力和领悟深度及敏感度，这有助于进入景观“品”与“悟”的欣赏层次，更深入地去鉴赏景观作品。

当然，面对同样的景物，不同的人、同一人在不同的心境下，都会有结果不同甚至相反的审美识读。例如，面对客观的深秋景色，可能喜可能愁，唐朝诗人杜牧的千古绝唱《山行》：“远上寒山石径斜，白云生处有人家。停车坐爱枫林晚，霜叶红于二月花”，描写出一派清新明媚、生机勃勃、不是春光胜似春光的秋山景色；然而，宋代词人史达祖的《玉蝴蝶》：“晚雨未摧宫树，可怜闲叶，犹抱凉蝉。短景归秋，吟思又接愁边。漏初长，梦魂难禁，人渐老、风月俱寒。想幽欢，土花庭甃，虫网栏杆”，感受到的却是落叶归根，遍地凋零，万念俱灰的情景，词人感叹人渐老去，令人凄凉顿生（图 3-14）。实际上，“秋”并无情感，此乃人心使然，正如王国维所言：“一切景语皆情语也”。

3）景观的文化表达

文化景观是“历史的一面镜子”，是理解地域上曾经和正在生活的人们如何生存和改造世界的一种途径，保护和延续文化景观也就是保护和延续了特定地区和特定人类群体的文化。信息化的时代背景下，群体的差异不断减小，尤其需要保护地方文化及其生存的环境、保留人们的生活方式等，这也是营造出具有鲜明个性的景观的根本要求。景观除了满足人的物质使用功能之外，还应该达成人对景观的文化认同，通过感受和体验景观所蕴含的文化，来印证自己的心理意象，进而产生归属感和认同感，给人带来精神上的满足和美的享受。

景观的创作过程与社会各种文化现象有着千丝万缕的联系，如政治、经济、文化、艺术等，除了物质要素如顺应历史的大地形态、采用先进的技术手

---

① 陈从周 . 说园 [M]. 上海：同济大学出版社 . 2007.

图 3-15 四川天府新区不二山庄景观环境（李婧 摄）

段、使用生态的景观材料等必要的并且是基本的要求之外，还渗入各种精神与文化意识。要使景观作品具有文化内涵，就一定要真正理解文化的精神意义，更多地运用人类积淀的精神财富，优秀的景观作品还将作为当代的精神财富传承给后人、后世。

景观设计首先要考虑场地内自然生态环境的保护，保存历史文化所依附的物质环境和生存土壤，应当对场地的历史和文化进行深入调查和挖掘，理解和认知地方文脉，对地方景观元素进行充分提取，将场地背景融入具有文化内涵的景观设计中，体现对设计文化的考量和对人的关怀。如四川天府新区不二山庄对川西民居坡屋顶进行抽象，运用我国传统园林“框镜”等手法，设计出宜人且具有地域特色风貌的农家乐景观环境（图 3-15）。

3.3.2 历史文化景观

1）景观的历史文化认知

景观是随人类历史进程发展起来的，历史的概念包含三层意思：其一是人类社会过去的发展过程；其二是对过去事件的记载；其三是人的历史认识①。美国加州大学伯克利分校的劳莱（Laurie，1975 年）教授认为：景观针对一片土地的外在自然特点及其环境特征来进行理解和加以描述，据此，不同的自然特点、不同的环境特征以及在历史进程中人类对大地形成的不同影响，构成了不同的景观类型②。

从时间的纵向维度来看，人类社会由低级向高级不断发展，社会的前进步伐不以人的意志为转移，时间像一条永不停息的河流，将人类文明一点点地沉积下来。显然，景观、文化或文明与人类发展的历史紧密相连，景观的文化属性同时已经包含了景观的历史属性。

景观设计中所具有的历史属性，通常以“文脉”（Context）加以表述。文脉一词，最早来源于语言学的定义，文脉是语言学术语，说明承上启下的含义，对其广义地理解是指介于各种元素之间对话的内在联系，更确切点，是指在局部与整体之间、事物发展前后之间以及历史传承的过程之间的内在联系。对于景观设计而言，任何景观都具有特定的场地，任何场地都是在历史的传承和文化的脉络当中形成的，景观设计师必须了解历史与文化原理，考虑文化传

---

① 宁可 . 什么是历史——历史科学理论学科建设探讨之二 [J]. 河北学刊 2004（6）.

② Laurie，M. An Introduction to Landscape Architecture[M]. New York：American Elsevier Pub. Co.，1975.

统的沿袭性，使景观能反映特定的时空观，与周围自然环境和人文环境有机结合，使景观既要符合社会整体形象的需要，又要有自己独特的个性[①]。从景观解读的角度讲，伴随历史变迁，具体景观形态可以传递给观赏者蕴涵其中的文化因子，对历史和文化缺乏了解，就难以产生恰当的艺术联想。

2）景观的历史文化表现

人们在不同历史背景下的生活方式、文化活动以及所拥有的科技发展水平都具有差异性，这种文化和技术的差异性制约了人们的自然价值取向、影响了人们对待大地的态度、决定了人们的土地利用方式，由此提炼出来的不同时代的景观指导理论和设计评价标准，受到当时生产力的强烈影响。例如，农业时代（小农经济）体现出唯美论；工业时代（社会化大生产）体现出以人为中心的再生论；后工业时代（信息与生物技术革命国际化）体现出可持续论[②]。就景观审美而言，人们的审美标准在每个历史阶段都有所差异，直接影响到景观的创作、识读。

由此，一定时期的景观作品，与当时的社会生产、生活方式、家庭组织、社会结构都有直接关联。从景观自身发展的历史分析，景观在不同的历史阶段，具有特定的历史文化背景；景观设计者在长期实践中不断积淀，形成了系列的景观创作理论与手法，体现了各自的文化内涵。从另外一个角度讲，景观的发展是历史发展的物化结果，折射着历史的发展，是历史某一个片段的体现。有的景观是为了再现历史原貌，设计者对历史上的事物抱有无限的好奇心与偏好，甚至刻意模仿，创造出的景观作品同样会留下设计者创作时的历史文化烙印。

以先秦中国园林萌芽时期为例，无论是周维权认定的我国最早的园林：公元前 11 世纪商的末代帝王殷纣王所建的“沙丘苑台”[③]，还是贾玲利在其博士论文追溯到的可能作为地方园林的四川园林的起源：古代蜀国杜宇王时期的园囿“羊子山土台”（图 3–16）[④]，　都是以园林动物形成这时期园林的主题；

图 3–16　成都羊子山土台建筑复原图[⑤]

---

① 刘先觉 . 现代建筑理论 [M]. 2 版 . 北京：中国建筑工业出版社 . 2008.

② 俞孔坚 . 从世界园林专业发展的三个阶段看中国园林专业所面临的挑战和机遇 [J]. 中国园林 . 1998（1）：17-21.

③ 周维权 . 中国古典园林史 [M]. 3 版 . 北京：清华大学出版社 . 2008.

④ 贾玲利 . 四川园林发展研究 [D]. 西南交通大学 . 2009.

⑤ 四川省文物管理委员会 . 成都羊子山土台遗址清理报告 [J]. 考古学报 . 1957（4）.

同时，由于崇拜自然、崇拜天象，追求一种原始的“团块美”，并且受当时技术条件的限制，园林形式极为简陋，主要构成元素只有土台、巨石等，对于自然空间的营造尽量模仿自然的感召力，土台、巨石便成为体现自然感召力的合适载体。

3）景观的历史文化传承

随着科学技术的进步、文化活动的丰富，人们对视觉对象的审美要求和表现能力在不断地提高，对视觉形象的审美特征，也随着社会历史的不断发展而呈现出进步的特征。景观当然也随着历史的发展而发展、随着历史的变化而变化。如前所述，历史上形成的景观是历史某一个片段的体现，带有自身的历史局限性，其形式必然要被现代的景观所代替，未来的景观必将有新的发展，这是一个新旧更替的过程，也是事物发展的必然规律。然而，每个时期的景观设计思想都不是无源之水、景观设计手法也不是无本之木、景观设计形式更不是凭空捏造，历史的长河在不断积淀，具体到每个历史时期，尽管有不同于以前的景观设计，但任何时代的设计并非彼此隔绝，相反的是相互联系。景观与传统文化关联的思想不会随历史的发展而衰退，传统的审美情趣、审美心理依然存在，不会随科技的进步而淘汰，相反它会生生不息、代代相传。

图 3–17　美国印第安纳州米勒花园平面图①

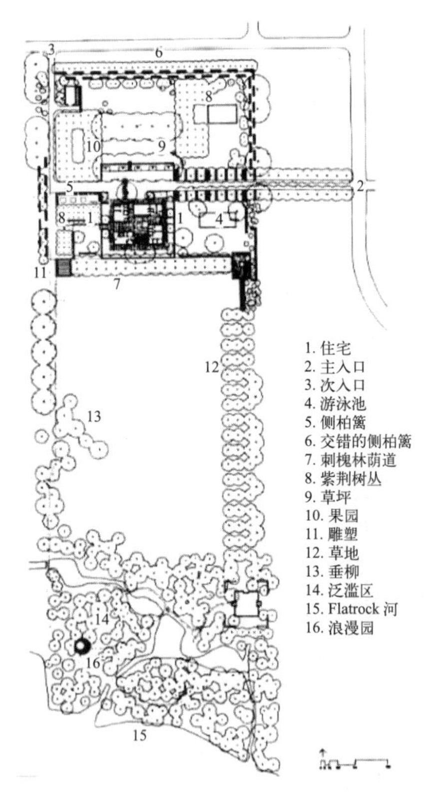

实际上，历史的景观传承具体地体现在景观创作上，包括当代涌现出的大量优秀景观作品，正是景观设计师秉承传统、弘扬历史的结果。在创作手法上，他们潜心阅读地域文化、深度挖掘历史背景与历史痕迹、精心提取传统符号，创造出的景观作品不仅体现出视觉形态的美，还会引发心理上的联想、艺术的沟通，从而触及心灵，属于特定场地的、特征鲜明的景观艺术因此得以塑造。

例如，第 2 章提及的美国著名的现代景观大师丹·凯利，正是在游历、学习了欧洲古典景观作品后，从古典景观艺术中汲取了创作灵感，在设计中运用古典主义语言来营造现代空间，取得了非常良好的效果。丹·凯利于 1955 年在美国印第安纳州设计的米勒花园，是在建筑周围一个约十英亩的长方形基地中采用了古典的结构传统，分成了三部分：庭院、草地和树林。在设计中，一些西方历史上景观营造的语言，如轴线、绿篱、整齐的树阵、方形的水池等被采用；他通过结构（树干）和围合（绿篱）的对比，塑造了一种内外空间的流动感（图 3–17）。

① 王向荣，林菁．西方现代景观设计的理论与实践 [M]. 北京：中国建筑工业出版社，2002.

又如，沈阳建筑大学校园由城市中心搬迁至郊外，在一片空地上，为了避免新校区建设成为历史的“真空”，设计师把老校区能反映历史脉络的各种原始构筑物甚至建筑材料完整地搬入新建场地，通过景观设计将这些元素加以有机组织，在校园规模极大扩张、校园风格整体“现代化”的情况下，无处不能感受到老校园风貌的传承。通过这些历史“载体”的展现，直观地延续了大学的办学历史，莘莘学子将从中得到传统的熏陶，古稀校友将从中寻回美好的记忆。图 3-18 是利用富有建筑学科特色的老校园大门形成的新校区入口景观。

工业革命极大地促进了社会生产力发展，使人类社会发生了翻天覆地的变化，推动了人类社会的巨大进步。然而，随着科学技术的更新换代、经济社会的转型发展，大批老工业企业面临改组、搬迁，其厂房、设备等生产资料也在不断淘汰更新，成为见证人类文明和历史发展的工业遗产，因具有的特殊的历史文化价值、知识价值、科学技术价值、经济价值和艺术价值而在世界范围内受到普遍重视。通过景观设计来保护、更新、传承工业遗产价值受到普遍关注，在国内外都有大量优秀案例。

欧美国家由于走过了完整的工业化过程，率先探索工业遗产保护方法，积累了丰富的经验，形成了较为成熟的理论体系和实践案例，为世界其他地区工业遗产景观规划设计提供了重要参考与借鉴。如图 3-19 所示，美国的西雅图煤气厂公园作为滨水工业遗址转化为城市公园的先驱，开创性地保留并适应性地改造了工业历史建筑，通过生态修复的手段，最大可能地保存了场地的历史特征。

我国改革开放以来，尤其是进入 21 世纪后，随着城镇化的高速发展及城市规模迅速扩大、城市职能不断更新，原有工业企业与城市发展的矛盾日益加大，普遍存在“关停并转”的情况，人们对其的认识也经历了从“毫无价值”应该拆除到是工业文明的重要见证、是人类文明进程的重要组成部分这一过程，工业遗产的历史价值逐渐得到认同，有特殊价值的工业遗存被谨慎对待并予以保留，通过功能置换与景观环境改造，产生了一批旨在保护工业遗产历史文化的景观设计作品。

图 3-18 沈阳建筑大学新校区大门入口景观（左）
（邱建 摄）
图 3-19 美国西雅图煤气厂公园：从滨水工业遗址到都市景观公园（右）
（杨矫 摄）

例如，第 2 章提及的北京首钢集团在中国近代民族工业发展历程中具有代表性，在筹备 2008 年北京奥运会时，为践行绿色可持续举办奥运会的理念，其生产功能先后搬迁至河北省唐山市曹妃甸区，留下 8.63km^2 土地的厂区，成为北京规模最大的工业遗产。2015 年，首钢被列为全国首批城市老工业区搬迁改造的试点单位，以举办 2022 年北京冬季冬奥运会为契机成功地进行功能转型升级，规划建设北京冬季奥林匹克公园：将高炉筒仓和料仓区域改造为冬奥广场及奥组委办公区；将炼铁区三高炉、储煤制粉区、邻冷却塔分别改建成博物馆、冬训中心和冰球馆以及位单板滑雪大跳台。昔日粗犷的炼钢炉再无浓烟滚滚景象，衰落的厂区获得新生，正在嬗变为集“体育 +”、科技创新服务、高端商务金融、文化艺术创意等产业为一体的首钢工业遗址公园，被国际奥委会誉为是北京冬奥会留下的最伟大遗产之一（图 3−20、图 3-21）。

图 3−20　首钢工业遗址公园主要功能布局（薄宏涛 提供）

图 3−21　首钢工业遗址公园局部景观（王栋 摄）

我国第一个、第二个五年计划时在哈尔滨、沈阳、长春、齐齐哈尔、西安、鞍山、武汉、成都、洛阳、包头、抚顺等城市，以及20世纪60年代中期启动的“三线建设”在中西部城市、乡镇集中力量建设的众多独立工业区和工业镇，面对这些伴随着共和国成长的众多工业文明遗产，景观设计师在更新保护方面发挥了重要作用，为国家留下了时代的记忆。如始建于1958年的成都国营红光电子管厂（106信箱），研制成功我国第一支黑白显像管和彩色显像管，与上述首钢齐名，称之为“北有首钢，南有红光”，代表着一个时代的荣光。在城市更新过程中，红光电子管厂作为工业遗产被完整保留，改造为“东郊记忆音乐公园”，并成为以时尚设计与音乐艺术为职能定位的国际时尚产业园区，被授予国家工业遗产称号（图3-22）。

图3-22 由成都红光电子管厂生产车间改造成的影视拍摄基地
（邱建 摄）

3.3.3 地域文化景观

1）景观的地域性

地域性指某一地区由于自然地理环境的不同而形成的特性。作为一种文化载体，任何景观都必然地处于特定的自然环境和人文环境，自然地域环境条件是文化形成的决定性因素之一，影响着人们的审美观和价值取向，同时，物质环境与社会文化相互依存、相互促进、共同成长。人们生活在特定的自然环境中，必然形成与环境相适应的生产生活方式和风俗习惯，这种民俗与当地文化相结合形成了地域文化。地域文化更多地涉及民俗范畴，并随着社会的发展不断变化，但其文化结构和精神内核依然保留了下来。无论从自然因素还是从文化因素来讲，地域的差异性决定了文化的异质性，文化的异质性形成了景观的独特性。

从空间的横向维度来看，如果具体到一个地区，自然因素对景观形态的造就具有决定性影响，相对于社会因素，自然因素的变化总是缓慢的，不同地域都有自身比较固定的自然特征。除了诸如地震、火山这样的极端案例外，自然本身——巍峨的群山、苍茫的大海、辽阔的平原、逶迤的江河，对于景观形态甚至机理、质感的影响，都是大自然在特定地域长期演化的结果。如发源于青海玉树并穿行于川、藏、滇三省（自治区）高山和高原地区的金沙江，经过千百万年的河流侵蚀，沿途形成高差巨大、形态各异、质地粗犷大峡谷，壮观而险峻（图3-23）。

图3-23 云南省德钦县和四川省得荣县交界处的“金沙江大湾”大峡谷景观
（邱建 摄）

图 3-24 层层叠嶂的树林、绿茵茵的草坪衬托下的英国查兹沃思庄园（邱建 摄）

与之相对应，景观形态的变化与人文、社会、伦理、经济等的变迁和发展具有更加直接的关联性，景观设计所处的具体社会环境中人们的生活习惯、价值取向、审美观都会对之产生很深远的影响，不同的社会、国家和文化以不同的方式观察和设计景观并产生不同的景观格局与意向，如一提到英国，许多人的脑海里就会浮现出由重峦叠嶂的树林、绿草如茵的原野、围有篱笆的田地、舒适恬静的村庄、城堡或小镇所构成的乡村景观。图 3-24 即是英国查兹沃思庄园（Chatsworth House）所在的乡村景观。

西蒙兹理性地分析了分属四大洲的埃及、希腊、中国和美国这四个有代表性国度的人的不同哲学观念，并且发现由此造成各地在景观设计上的迥异风格[①]。其实，即使中国和日本同属亚洲，在世界园林划分中同属一个体系，并且历史上中国园林传入日本后对日本园林的发展具有决定性影响，但是，由于不同的自然环境和地理特征形成了不同的大陆文化和岛屿文化，文化的差异使中国园林景观在大陆文化影响下山与水共生，保持了大陆型、山水型、山路型的基本形态；而日本园林景观在后来的发展过程中扬弃了中国的景观形态，朝向海岛型、海洋型、水路型发展，两者在堆山和造水方面都有所区别（图 3-25、图 3-26）。

同一文化背景下，由于地域自然环境的差异、生活习俗的不同，其景观也会表现出区别，如我国南方和北方地区的传统景观，都是在中国传统文化的影响下成长，但江南大地地势平坦、河网密布、阴雨绵绵、气候温湿、四季

图 3-25 江苏扬州个园（左）（邱建 摄）
图 3-26 日本皇家园林桂离宫（右）（杨娇 摄）

① 约翰·O. 西蒙兹．景观设计学——场地规划与设计手册 [M]. 俞孔坚，王志芳，孙鹏，等，译．北京：中国建筑工业出版社，2000.

常绿，景观形象给人风光秀美的整体感受，其景观意象呈现出一种阴柔灵秀的审美取向（图 3-27）；而在我国华北地区，一马平川，干燥少雨、气候寒冷，蓝天、黄土、青山，使景观形象色彩对比强烈，给人粗犷雄健的整体感受，其景观意象显得厚重、封闭、严谨，皇家园林景观更是尺度宏大、富丽堂皇、气魄非凡（图 3-28）。

图 3-27 江南园林：浙江南浔沈庄园林景观（左）
（邱建 摄）
图 3-28 皇家园林：北京十三陵定陵博物馆（右）
（邱建 摄）

2）地域景观创作

一方水土养一方人，一个地方的地理区位、气候条件、民俗传统、生活习惯与当地居民长期形成的文化观念、思想意识、伦理关系、审美情趣等紧密相连。景观作为一种文化载体，其创作过程必然与所处地域的各种文化现象有着千丝万缕的联系，各种地域因素是景观地域性的具体体现，是景观设计的制约条件也是创作的出发点。如果能把景观置于其特定的文化背景中去理解其形成过程，了解当地的民族传统、礼仪和生活习惯，就可以更好地将景观设计与当地社会和地域文化所赋予的价值联系起来，更好地把握景观的设计定位。

因此，在进行景观创作甚至景观欣赏时，必须分析景观所在地的自然条件与地域文化特征，入乡随俗，见人见物，从中抓主要特点，经过提炼，融入景观作品中，这样，才能创作出好的景观设计作品。任何脱离地方习俗、性格特点和生活习惯的景观设计，将很难得到社会的认同。我国幅员辽阔、民族众多，各地有不同的民俗风情，只有了解地域文化的差异性，才能更深刻理解景观、创作出具有地域文化内涵的作品。

21世纪初开始建设的西安大雁塔北广场，通过对地域文化因子的发掘，将一些传统的空间原型、城市肌理和古建筑语汇进行了整理、拓变，拓展了游憩空间，同时采用现代的技术手段和空间构成手法对古代历史文脉予以呈现和表达，使景观作品既具有现代色彩，又很好地展现了盛唐文化、佛教文化和丝路文化，让千年古都在今天的城市景观中焕发出更加夺目的光彩[①]，深受市民和游客喜爱（图3-29）。

图3-29 深受市民和游客喜爱的西安大雁塔北广场
（邱建 摄）

当然，生活习俗随着历史的发展也在变化，有一个改造、充实、演变的过程。消极地保留甚至固化地域文化也是无益的，应该积极吸收一些优秀的外来文化，使地域文化得到充实和丰富，把握好地域文化中“变”与“不变”的拓扑特征。外来的文化并不一定都起阻碍作用，只要这种形象能与本土地域文化协同，它的存在反而能形成新的地域美景。西班牙的阿尔罕布拉（Alhambra）宫苑，建于公元13世纪，当时阿拉伯人占领了西班牙，伊斯兰文化传入了西班牙。在阿尔罕布拉宫苑的建筑与景观设计中，尊重了当地的地域特征，并很好地融合了阿拉伯伊斯兰式的“天堂”花园和希腊、罗马式中庭，创造出了西班牙式的伊斯兰园林，成为闻名于世的景观（图3-30）。

图3-30 西班牙阿尔罕布拉宫鸟瞰[②]

① 黎少平．西安市大雁塔北广场及周边区域改造规划与设计[J]．建筑创作．2007（12）．

② 资料来源：张祖刚．世界园林发展概论——走向自然的世界园林史图说[M]．北京：中国建筑工业出版社，2003：28.

3.4 艺术性原则

3.4.1 景观艺术性浅析

艺术本身是一种文化现象，是文化的一个重要组成部分，是“人类以感情和想象作为特性的把握世界的一种特殊方式，即通过审美创造活动再现现实和表现情感理想，在想象中实现审美主体和审美客体的互相对象化”[①]。尽管人们熟悉的艺术主要包括文学、绘画、雕塑、建筑、音乐、舞蹈、戏剧、电影、曲艺、工艺等形式，景观并未被直接列入其中，然而，现代景观已经成为一种综合性的艺术，以上一切艺术形式，都以不同的形式蕴含在景观中，可以在景观设计中予以多样化的表达，这使得自然不再仅仅是一种物质性的存在，而是变成了一种心灵的产物，具有了一种观念性，自然的特殊性转化成为艺术的普遍性，这一转化产生了更加丰富的美的内涵和对美更加深刻的体验，景观艺术的表现也更加丰富多变，且有无尽创造的可能性。作为艺术的一种形式，除了在总体上要遵循文化性原则外，景观设计要特别按照艺术创作的规律，遵循艺术性原则。

“艺术与其他意识形态的区别在于它的审美价值……艺术家通过艺术创作来表现和传达自己的审美感受和审美理想，欣赏者通过艺术欣赏来获得美感，并满足自己的审美需要”[②]。其实，景观一词自身往往隐含有这样一层含义：那就是它是美的，能够给人心理上的享受和美学上的共鸣，美是我们判定景观优劣的一个基本标准。景观作品作为人们现实生活和精神世界的形象反映，必须遵循艺术的美学原则，满足人们多方面的审美需要，这也是景观设计的一个根本出发点。

景观设计与文学、绘画、音乐、舞蹈等艺术形式的区别在于它不仅仅要解决纯粹的艺术形式，它还面临着诸如功能、经济等更多更复杂的现实问题，这一特征与建筑、园林等相关实用艺术形式具有共同点。

根据艺术表现手段、方式和时空性质，景观作为人类活动的场所，可以被划归为造型艺术和空间艺术。因此，景观设计必然涉及艺术的表现，但这种表现又与绘画、雕塑等纯艺术表现不同。从景观作品形成的过程来看，首先，景观设计图的表现阶段，可以是铅笔、签字笔等介质的快速草图表现，也可以是水彩、水粉等介质以及计算机的最终效果表现，这些设计表现借助了绘画的技巧和对美的追求，它的创作建立在准确、客观表达设计的基础上。除了这种艺术化的表达外，还存在着分析图、工程图等一系列工程表现手段，因而涉及制图学和计算机辅助设计等一系列学科（这部分内容将在第 12 章：景观设计表现方法与技巧中详细讲解）。此外，最终形成的景观作品通过人的感知被认识，

---

① 夏征农，陈至立 . 辞海 [M]. 6 版 . 上海：上海辞书出版社 . 2009.

② 百度知道网 .

使用者凭借空间体验以达到美的感受，进而“实现审美主体和审美客体的互相对象化”，景观设计师正是凭借自己的文化素养、艺术造诣和技术功底进行景观创作，“再现现实和表现情感理想”。

3.4.2 景观与相关艺术

不同形式的艺术门类之间具有许多共性，都可以被理解为“用形象来反映现实但比现实有典型性的社会意识形态”①，它们之间是相互影响、相互促进并且相互借鉴的。就景观艺术而言，虽然是一门独立的艺术，但它的系统性特征又表现了其容纳其他艺术的特点。从艺术理论方面来讲，绘画、雕塑、文学等许多门类的艺术理论都对景观的发展产生了深远的影响。例如，中国以画论指导园林设计，历来秉承只有将绘画、诗歌、音乐与景观艺术的相互渗透和结合才是完美的景观的观点，“山水画”本身就以景观的“山”和“水”两大自然景观元素命名，足以证明我国传统上绘画艺术和园林艺术的“姊妹”关系。从艺术创作方面讲，由于艺术形式之间存在着千丝万缕的联系，不同艺术类型都会影响景观艺术的创作，艺术作品丰富着景观设计的思想和手段，激发景观设计的灵感，是景观设计的巨大思想宝库。

纵观景观的发展过程，绘画、雕塑、文学甚至戏剧、电影等各种艺术形式都对景观设计起到了积极的推动作用，特别是近一两个世纪以来，艺术的飞速发展极大地影响了景观设计，第 2 章曾经提及：19 世纪下半叶英国的“工艺美术运动”和在比利时、法国兴起的“新艺术运动”使景观设计逐步摆脱了欧洲古典主义风格的束缚，现代景观设计进入到萌芽期并具备雏形。现代艺术早期的立体主义、超现实主义、构成派、结构主义，到后来的极简艺术、波普艺术等，在现代景观设计中都可以找到影子，而其衍生出的艺术形式如大地艺术也对景观设计产生了深刻影响。

刘聪（2005）认为：“大地艺术对现代景观设计，特别是对公共空间环境设计的影响显而易见……大地艺术对现代景观设计的影响更多地表现在小型设计项目尤其是纪念碑的设计上。纪念碑的象征意义代替了传统设计所关注的纪念碑的代表意义”②。林茵于 1981 年设计的美国越战纪念碑（Vietnam Veterans Memorial）可以极好地诠释这一思想：纪念碑打破了常规的设计模式，没有采取高大、雄伟、崇高这一传统审美价值取向，而是结合越战这一特殊历史背景，采取低调、内敛、朴实的设计构思，以宪法公园的地面为基准面，从零标高向下缓缓沉降，形成缓坡绿地地面，结尾处与两个垂直三角形相交，构成两个镜面般平滑的大理石黑色墙面。一进入场地，逐步向下的路径配之以清晰刻录在 200 多米长的墙面上真人尺度的越战美军士兵和军官形象以及 5 万多个丧

---

① 百度百科.

② 刘聪.大地艺术在现代景观设计中的实践 [J]. 规划师. 2005.

纪念碑全景

纪念碑局部

图 3-31 美国华盛顿越战纪念碑
（邱建 摄）

生者的真实姓名，生者和死者在此静静地对视来交流，任何参观者特别是饱受战争伤害的人们身入其境，自然而然地将低下高昂的头颅，心中说不清、道不明的沉重感将油然而生，恶梦般的历史又将历历在目（图 3-31）。

林茵说："我曾想，一个战争纪念碑是怎样的？她的目的和责任是什么呢？我觉得，战争纪念碑首先要表现战争的真实和对为之死去的人的诚实。我并不希望设计出只供观看的象征性物体，而追求一种能与人沟通，联系，并能产生出自己观念的东西"[①]。这恰恰是艺术在景观中的一种完美表达，运用大地艺术的设计手法所营造出的景观艺术，恰如其分地反映了人们对越战的整体认识，纪念碑既是景观艺术，又是大地艺术，是这一类型艺术作品的代表。

景观作为艺术作品是显性存在的，但大量的隐形因素则需要借助相关艺术的点化才能全面表达，其中，文学艺术的作用十分明显。欧洲文学书籍中的描绘不乏产生对园林景观艺术影响的案例[②]，18 世纪英国自然式风景园的兴起和发展，浪漫主义文学艺术运动功不可没。中国传统园林及其山水景观中的书法、诗词等其他艺术形式具有"点题入景"的作用，并且帮助完成景观意境的营造。清代的钱泳就指出"造园如作诗文，必使曲折有法、前后呼应，最忌堆砌，最忌错杂，方称佳构"[③]，说明了景观设计对文学的借鉴。所以古人云园林是"三分匠人，七分主人"。这里，景观中所蕴含的情理、意境，都将借助于文学的笔力加以引发，使之妙趣生辉。

中国的书法作品也常常出现在经典的园林景观中，园林中常有题匾，使看似平淡的景观建筑得以意境幽远、回味无穷。如网师园中的待月亭，其横匾曰"月到风来"，而对联取自唐代著名散文家韩愈的诗句"晚年秋将至，长月送风来"，在这里赏月品茗，回味匾联，顿觉诗意盎然。再如拙政园西部的与谁同坐轩（图 3-32），是一个扇面亭，仅一几两椅，但却借宋代大词人苏轼"与谁同坐？明月、清风、我"的佳句以抒发出一种高雅的情操与意趣。诗词

---

① 思公 . 黑色的墙——记美国越战纪念碑 [EB/OL]. 网址：http：//sigong.blog.sohu.com/15170509.html.

② 如十五世纪威尼斯的科罗纳（Francesco Colonna）创作的诗体寓言小说《Hypnerotomachia》，书中所详细描绘的复杂迷园、常青腾缠绕的拱廊、修剪后的树木以及装饰有雕塑的庭院给景观建筑师们极大的启发 .

③ 周武忠 . 寻求伊甸园——中西古典园林比较 [M]. 南京：东南大学出版社 . 2001.

图 3-32 苏州拙政园与谁同坐轩（左）
（余惠 摄）
图 3-33 杭州西湖断桥（右）
（江俊浩 摄）

歌赋在景观中的作用在于促使景象升华到意境的高度。景观中的具体景象，是因为有了诗文题名的启示，才使游者产生联想，油然而生情思，产生“象外之象”“景外之景”“弦外之音”①。

当然，从审美主体与审美对象的角度讲，人与景观是分离的。文学艺术蕴含着丰富的文化内涵，景观是通过人的感觉被认识的，其中自然而然地带有文化的解读，对同一景观对象会产生不一致的诠释。正如前述对秋天景色的不同文化识读，又如同样的夕阳景象，有人觉得是一种自然美，有人却发出了“枯藤老树昏鸦，小桥流水人家，古道西风瘦马。夕阳西下，断肠人在天涯”的感慨，烘托出一个萧瑟苍凉的意境，反衬出天涯沦落者的彷徨、愁苦与酸楚，呈现出别样的残缺美；同样的西湖断桥景观（图 3-33），可以读出许仙、白蛇千古流传的爱情，而不具备这样文化背景的人无法理解蕴涵其中的感人故事，看到的不过是一幅自然美景。

绘画艺术对景观设计也有直接影响。西方从古希腊时期就在景观中融入了绘画与雕塑。上述 18 世纪英国自然风景园除了受到文学艺术的影响外，与绘画艺术更是形影不离，当时英文景观（Landscape）一词几乎可以被直接理解为自然风景画，特别是指描绘英国乡村景观的风景画。19 世纪以来，西方以莫奈、塞尚、高更、梵高、毕沙罗等为代表的印象派画风打破了当时古典绘画的沉寂，对现代艺术产生了深远的影响，这种影响也波及景观设计中，一些画家将现代绘画的题材与园林景观结合在一起，如法国印象派画家莫奈创作的《韦特伊莫奈花园》和毕沙罗的作品《在厄哈格尼艺术家的花园》（图 3-34）。

瑙勒斯别墅花园（Jardin de la villa Noailles）是将现代艺术引入景观设计的典型案例。瑙勒斯别墅位于法国耶尔市，业主是艺术赞助者查理·瑙勒斯夫妇（Charles Noailles），建筑师罗伯特·马莱·史蒂文斯（Robert Mallet-Stevens）于 1923 年开始将其设计成早期现代建筑。景观设计师盖夫雷金通过“光与水的庭园”（图 2-3）设计将立体派绘画思想引入 1925 年国际巴黎的现代工艺美术展览会之后，1926 年以相同的理念设计了瑙勒斯别墅花园

① 周武忠．寻求伊甸园——中西古典园林比较 [M]．南京：东南大学出版社．2001.

克劳德·莫奈的印象派油画
代表作之一：韦特伊莫奈花园
（邱建摄于美国华盛顿国家美术馆）

卡米耶·毕沙罗的印象派油画代表作之一：
在厄哈格尼艺术家的花园
（邱建摄于美国华盛顿国家美术馆）

图 3-34　印象派绘画中的园林景观

（图 3-35），尽管设计以对称的方式组织花园空间，但是三角形几何构图使其不同于古典园林，也不同于同时期的现代园林，而是明显将立体派绘画思想引入园林设计。由于瑙勒斯别墅花园吸收了 20 世纪新的艺术形成，在景观设计史上具有相应的地位，耶尔市政府于 1973 年将其收购，并且作为文物加以修复保护，用于艺术家的活动和特殊艺术品的展示（图 3-35）。

超现实主义绘画也对景观设计产生了重要影响，绘画中出现的卵形、肾形、阿米巴曲线等形式都成为景观设计师的设计语言，景观中普遍采用的肾形游泳池设计即是一个印证。

实际上，中国传统艺术历来就“诗画同源”。景观也常常是“诗情画意”，古代一些景观设计者，如计成、文震亨等，同时也是画家，计成在《园冶》一

瑙勒斯别墅花园[①]

政府修复后的瑙勒斯别墅建筑外观[②]

图 3-35　法国耶尔瑙勒斯别墅花园与建筑

① Robert Mallet-Stevens. 在 Villa Noailles 中赢了柯布西耶和密斯的建筑师 [EB/OL]. 安邸 AD，图片来自 ©Authenticinterior 网 .

② Since. Robert Mallet-Stevens，在 Villa Noailles 中赢了柯布西耶和密斯的建筑师 [EB/OL]. 安邸 AD，图片来自 ©Olivier Amsellem 网 .

苏州网师园竹外一枝轩西墙上八角形窗牖景框及框内景观
（余惠 摄）

杭州西湖郭庄游廊柱楣景框及框内景观
（江俊浩 摄）

图 3-36 江南园林景框的运用实例

书的序言中，就直接提到“……合乔木参差山腰，盘根嵌石，宛若画意”，这就点明了景观设计中追求画意的主旨。中国传统景观艺术中，既讲究对意境的塑造，也讲究整个景观的构图，中国画以有限的笔墨对真山真水的概括、写意，影响到中国古典园林也在有限的空间中创造无限的意境，《园冶》中就提到“多方胜境，咫尺山林”，实际上就是真实的自然山水的缩影，这也是受到中国写意山水画的影响。如我国江南古典园林常将窗牖或者柱楣设计成“景框”，与框内按照绘画原则进行构图的景观共同构成特定画面，达到“以窗入诗、以窗入画”的意境，极具艺术魅力、极富人文之美（图 3-36）。

在景观设计中，除了文学、绘画的影响外，其他艺术形式如雕塑、音乐等也对景观艺术产生了重要的影响。在西方，从古代希腊时期就有大量的雕塑被运用在景观设计中，雕塑往往作为景观的装饰物存在。欧洲规则式园林景观中也将花坛、雕像、水池作为景观的一个重要组成部分。如挪威奥斯陆的维尔兰雕塑公园是一座占地 50hm^2 的奇特公园，园内繁花绿茵，小溪淙淙，到处都矗立着造型优美、婀娜多姿的雕塑，成为奥斯陆的标志性景观之一；又如，位于广州市白云区飞鹅岭下的广州雕塑公园，面积 46hm^2，利用连绵起伏的山体地形特征，以雕塑为主题，结合园林艺术，规划设计出雕塑与园林、观赏与教育、艺术与历史相结合的公园景观（图 3-37）。现代景观中，一些著名雕塑家的作品甚至成了景观中的视觉焦点，雕塑家亚历山大·卡尔德（Alexander Calder）设计的法国巴黎拉德芳斯红蜘蛛雕塑尺度巨大，地处广场中央，与建筑、景观融为一体，其视觉地位十分突出（图 3-38）。现代都市景观中，许多具有艺术趣味的小品也成为常见的景观要素（图 3-39）。

前述中国传统景观设计中，讲究叠山理水，尽管鲜见严格意义上欧洲式的雕塑，但景观中的假山、石峰同样具有雕塑的作用。计成在《园冶》一书中，还专门列举了峰、峦、岩等几种类型以及它们的审美要求。我国在现代城市景观设计中，特别注重将地域历史元素作为雕塑题材，塑造出具有文化内涵的景观雕塑（图 3-40）。

挪威奥斯陆维尔兰雕塑公园
（杨娇 摄）

广东广州雕塑公园
（邱建 摄）

图 3-37　雕塑公园景观实例

图 3-38　巴黎拉德芳斯红蜘蛛雕塑（左）
（邱建 摄）
图 3-39　成都望平街：具有波普艺术意味的街头景观（右）
（杨娇 摄）

从美学的角度讲，无论是听觉艺术还是视觉艺术，其审美判断是一致的，音乐对景观设计同样产生影响。人们常说“建筑是凝固的音乐、音乐是流动的建筑”，景观和建筑一样，注重空间的塑造，需要将空间组织得有意境，景观的游线安排如同音乐，随着时间展开，有起伏、有节奏，有序曲、有高潮、有尾声，具有秩序美；同样，一些音乐作品，如《春江花月夜》《田园交响曲》《二泉映月》，其速度、节奏的选择都是以特定景观的视觉意境作为作品的主题。因此，景观和音乐可以相互借鉴，特别是当音乐进入景观艺术并成为景观作品的有机组成部分时，景观的艺术价值得到更充分的展现，使其内涵更加丰富，更加耐人寻味。城市广场中常见的音乐喷泉就是音乐和景观围绕特定主题的高度统一。如节庆期间天安门城楼前的音乐喷泉使广场洋溢着喜气洋洋、欢乐祥和的节日气氛（图 3-41）。

图 3-40　结合地域文化建造的老成都民俗公园内雕塑（左）
（邱建 摄）
图 3-41　节庆期间北京天安门城楼前的音乐喷泉（右）
（邱建 摄）

3.4.3 景观的艺术构图

景观设计必须遵循艺术的美学原则，景观作品必须达到艺术的审美标准。从视觉艺术的角度讲，丰富多彩的景观包含了山、水、林地、植被、建筑物以及人工构筑设施等存在于客观世界的各种视觉要素。景观呈现出来的形式是无限的，各种视觉要素的组合变化也是无限的。景观设计视觉所及的各种要素按照一定美学构成规律表达出来，正是这些景观要素的不同组合、搭配以及变化给人带来各种不同的美学体验和心理感受。只要认真评估景观资源特征、分析视觉要素构成、把握基本美学语汇、遵循艺术构图原则，景观设计者就能在看似不可捉摸的景观现象中把握景观美学规律，提炼景观美学语汇，为景观设计提供理性的美学依据。

1）构图要素

景观构图效果通过视觉被感知，景观设计的视觉要素主要有几何要素和非几何要素。

（1）几何要素

a）点

点在几何概念上没有大小、没有维度，仅表明一个空间的坐标位置。但在景观设计中，点具有实际空间意义，小的或远的物体都可以看作是点：空旷广场上的一座雕像、大片草地中的一棵树、地平线上的一座建筑等，自然变幻的景象中也会出现点作为自然景观的要素。孤立的点在景观中往往十分突出，有重要的标识作用并成为景观中的视觉焦点（图 3–42）。

b）线

点的延伸或运动构成线。景观中线的要素十分常见而且重要，边界、平面或立面的边缘、一系列点的勾连都能形成线。河流、植被的边缘、树线、天际

滨海景观中的夕阳作为点状要素往往成为人们的视觉焦点（左）
（杨娇 摄）

巴黎卢浮宫内在重复拱券衬托下参观者的视线聚焦在作为点状要素的断臂女神维纳斯雕塑上（右）
（邱建 摄）

图 3–42 构图中的点要素

线、地平线、各种轮廓线、道路、溪沟等线是显现的；地形的等高线、建筑退后的红线等则是隐含的。山体的轮廓、湖水的边界等是自然的线；道路、屋脊等则是人造的线。由于线有多种特殊的性质，如清晰的、模糊的、几何形的、不规则的、流畅的、不连贯的等等，景观中的线也会呈现出这些特性。例如，九寨沟珍珠滩瀑布的天、水交界线水平而连贯（图 3-43）；乐山大佛凌云山山体与蓝天的轮廓曲折延绵，并勾勒出卧佛的形态（图 3-44）；美国纽约曼哈顿岛建筑群的轮廓所形成的天际线则可能复杂多变、丰富多彩（图 3-45）。

图 3-43 水平而连贯的九寨沟珍珠滩瀑布天、水交界线
（邱建 摄）

图 3-44 曲折延绵的乐山凌云山山体与蓝天轮廓勾勒出卧佛的形态
（邱建 摄）

图 3-45 建筑群轮廓形成复杂多变的纽约曼哈顿岛天际线
（邱建 摄）

c）面

线的延伸形成二维的面。景观中的地面、建筑的墙面、屋顶平面、一片水面、一块草地等都是面状要素。自然界中很少有绝对的平面，平静的水面也只是接近而已。面的形状、纹理、质感和色彩等都是景观设计的内容；不同位置的面可以围合成为不同的空间，形成不同的空间感受，这也是面在景观设计中的重要作用。例如，巴黎埃菲尔铁塔尺度超大、直插云霄，巨大的、冷冰冰的钢铁构建使人难于亲近，但是，景观建筑师在其地平面配之以亲近人的一片小绿地和一汪清水，使之与埃菲尔铁塔构筑物本身形成强烈对比，有效地削弱了铁塔“巨兽”的压抑之感（图3-46）。又如，某学校图书馆前大片水面与建筑轮廓相映，减少了建筑物的生硬和压迫感（图3-47）；乡村中大片的平面农田，也是田园景观引人入胜的重要因素，往往成为乡村旅游的载体（图3-48）。

d）体

三维视觉要素就是体。景观中的体有实体和虚体两种类型，建筑、地形、山丘等都是实体，如捷克克鲁姆洛夫（Moravian Krumlov）小镇（图3-49）；由线、平面或其他实体围合的空间是虚体，如布鲁塞尔原子球雕塑（图3-50）。体也可以划分为规整的几何形体和不规则的形体，前者如建筑、一些雕塑、人工修剪的树木所呈现的立方体（图3-51）、四面体、椎体和球体等，后者如在景观中更为常见的自然地形地貌、凸起的自然景物等（图3-52）。

图3-46 法国巴黎埃菲尔铁塔仰视与俯视图（上）
图3-47 某学校图书馆前大片水面与建筑相映，减少了建筑物的生硬和压迫感（下左）
（邱建 摄）
图3-48 成都平原优美的油菜花田园景观成为乡村旅游的载体（下右）
（邱建 摄）

巴黎埃菲尔铁塔仰视效果
（邱建 摄）

巴黎埃菲尔铁塔俯视地平面布置的小型绿地和水体
（邱建 摄）

图 3-49 捷克克鲁姆洛夫小镇的建筑实体（上左）（邱建 摄）
图 3-50 比利时布鲁塞尔原子球雕塑构成的虚体空间（上右）（邱建 摄）
图 3-51 美国洛杉矶比弗利山庄（Beverly Hills）一别墅前人工修剪的植物实体（下左）（邱建 摄）
图 3-52 加拿大班夫（Baff）国家公园自然景观（下右）（邱建 摄）

e）形状

景观要素的线、面、体都有形状，相互衔接组合还可以形成更加丰富多彩的形状。形状的范围很广，从简单的几何形状到复杂的有机形状。形状是景观中表现十分有力的要素，不同的形状能够给人不同的视觉和心理感受。如四川甘孜自然形成的、轮廓分明、刚劲有力的贡嘎山长期以来成为当地藏民族的圣山（图 3-53）。

f）位置

景观要素的位置关系可以引起不同的视觉注意力，是景观格局形成和变化的重要因素。景观设计师有目的地在场地中安排要素的位置，通过特定的要素排布关系，可以突出某一要素在景观中的作用，产生特殊和强烈的视觉感受，带来特定的观感和体验。图 3-54 所示为荷兰某小镇入口处设置一门历史上遗留下来的火炮，由于地处人造小丘地形的中央而成为视觉中心。

（2）非几何要素

a）数量

景观要素可以单独存在，也可以通过重复、叠加等方式增加其数量，多个

图 3-53 四川甘孜贡嘎圣山（左）
（邱建 摄）
图 3-54 荷兰某小镇人造地形景观（右）
（邱建 摄）

要素的共存形成某种景观格局关系并互相作用，产生不同的视觉感受。以桥梁景观要素为例，美国旧金山金门大桥横跨金门海峡，连接旧金山市区和北部的马林郡，在视线所及范围内独立存在，产生雄伟壮观的景观效果，成为旧金山市的主要象征（图 3-55）；世界文化遗产城市捷克首都布拉格被称作“桥梁之城”，查理大桥等 18 座大桥横架于伏尔塔瓦河之上，形成桥梁景观的集群意象，加之桥梁景观要素与两岸众多古老建筑连成一体，展现出一幅迷人的城市景象，正如哲学家尼采所言：想以一个词来表达音乐时，找到了维也纳，而想以一个词来表达神秘时，只想到了布拉格（图 3-56）。

b）尺度

尺度涉及长度、宽度、高度、面积和体积之间的相互比较。它是一个相对的概念，景观设计中常常将景物尺寸同人体尺寸进行比较。大的、高的或深的看上去壮丽雄伟，小的则令人感觉亲切宜人。如图 3-57 所示，通过游人的尺度可以衬托出乐山大佛的超大尺度。

图 3-55 单个景观要素：美国旧金山金门大桥（左）
（邱建 摄）
图 3-56 多个景观要素：捷克首都布拉格桥梁群（右）
（邱建 摄）

c）色彩

色彩是景观要素所产生的视觉效果最重要的变量之一。景观的颜色要素是非常丰富多变的，或是自然的，如岩石、土壤、植被等的颜色；或是人造的，如建筑物、雕塑或建筑小品等。颜色的变化给人在视觉和情绪上不同的感受，通过颜色的调配，景观的某些元素得到强化，其他元素相应地被弱化（图 3-58、图 3-59），这在城市夜景景观设计中尤为突出（图 3-60）。

图 3-57　游人与乐山大佛的尺度关系（左）（邱建 摄）

图 3-58　大片稻田中通过色彩调配使农业景观变得十分生动（右）（邱建 摄）

北京 798 艺术园区：红色景观小品给工业建筑遗址增添了活力
（杨娇 摄）

四川得荣县藏式路灯鲜艳的色彩得到强化
（邱建 摄）

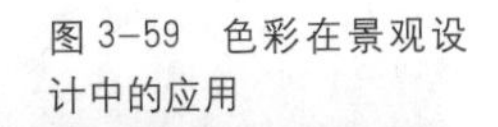

图 3-59　色彩在景观设计中的应用

渝中半岛夜景景观使山城重庆绚丽多彩
（邱建 摄）

维多利亚港夜景景观展现了现代化都市香港的繁华与魅力
（邱建 摄）

图 3-60　色彩在城市夜景中的应用

d）质感

质感即景观要素的质地感觉。视觉和触觉效果，取决于要素自身的质感，也取决于观察者离开物体的距离。物质实体因为不同的材质，会显示出不同的纹理，不同材质的反差也会造成对比强烈的视觉效果，如光滑和粗糙、柔软和坚硬、细腻和粗放等的对比。值得注意的是，在历史遗产遗迹保护方面，往往利用古迹沧桑的质感来体现历史文化遗产的原真性（图 3-61）。

台湾地区台南市安平古堡内保护的热兰遮城城墙残迹（邱建 摄）

新疆吐鲁番市交河故城遗址（邱建 摄）

图 3-61 沧桑的古迹质感体现了历史文化遗产的原真性

e）光影

光线的强弱、方向对感知景观的尺度、形状、色彩和纹理具有重要作用，光影变化是景观设计中十分重要又生动的要素，光影甚至会赋予景观特殊的艺术效果。如晚霞余晖笼罩下的巴黎城市景观呈现出迷人的魅力（图 3-62）。

晚霞余晖笼罩下更加浪漫的塞纳河景观（邱建 摄）

晚霞余晖笼罩下更具艺术魅力的卢浮宫前玻璃金字塔景观（邱建 摄）

图 3-62 法国巴黎城市景观中的光影效果

2）构图组织

景观设计和其他类型设计一样，应该给人们视觉和心理上以美的感受，要创造出理想的景观，需要将不同的几何要素和非几何要素按照构图的基本要求和构图的组织方式加以设计。

（1）基本要求

a）统一

人的基本视觉心理习惯往往是要在多样中寻求统一。统一的艺术要求关注部分和整体之间的关系，反映在景观中，就是要在丰富多变与和谐一致之间寻

图 3-63 荷兰一水乡小镇景观（左）
（邱建 摄）
图 3-64 自然机理具有横向统一性的四川稻城亚丁雪山（右）
（邱建 摄）

求一种平衡，亦即将景观中的单个设计要素联系在一起，各个部分成为一个互相关联的整体而不是一大堆杂乱无序的要素堆砌，使景观富于节奏而生动有序，也使人们易于从整体上理解和把握景观。如图荷兰某水乡小镇，其中，主体住宅建筑尺度小巧，屋面均为斜坡屋顶，在一致的红色基调中略有变化，开窗形式以小方窗为主，辅之以乔木、灌木和草坪，形成恬静、和谐统一的小镇景观环境（图 3-63）。自然景观尽管看起来很随机，在自然的演变过程中形成了多样的格局，但实际上对人的认知习惯而言一般都有很好的统一性，如稻城亚丁雪山（图 3-64）。艺术家往往去大自然中采风，从自然的景观中发现美，并从中吸收艺术营养、寻找设计灵感。

b）协调

协调是景观要素之间以及景观要素与其周围环境之间相一致或相呼应的一种状态，与统一性不同的是，协调性是针对各种元素之间的关系而不是就整个“画面”而言。协调的布局从视觉上给人以舒适感，一些混合、交织或彼此镶嵌的要素也是可以协调的，而那些干扰彼此完整性和方向性的元素则是不协调的。景观设计往往涉及不同形体的拼接，合适的拼接会给人协调的感觉，这需要对造型关系有敏锐的理解和感受力。巴黎卢浮宫前玻璃金字塔室内空间，巨大而透明的玻璃倒四棱锥直冲地面，在视觉感受上与地面冲突，设计者巧妙地运用相同形体元素，通过正向设置的四棱锥与之呼应，实体空间与透明空间相得益彰，缓解了视觉上的突兀，形成协调一致的空间效果，也保障了游人的安全（图 3-65）。

图 3-65 法国巴黎卢浮宫前玻璃金字塔室内空间
（邱建 摄）

c）均衡

均衡一般用于描述视觉要素之间的一种平衡状态，景观设计中的均衡可以是几何对称的，也可以由非对称的自然、动态的景象所形成，这取决于不同视觉要素之间的位置、尺度、色彩等产生的作用力。有多种因素会影响均衡，如运动方向、要素的外观视觉强度、在景观中出现的频率、颜色等等，只要各个景观要素在构图上处于"势均力敌"的关系，视觉焦点在视觉画面中是平衡的，就会给人放松和愉悦的感觉。如广东番禺馀荫山房中回望堂屋（均安堂），入口大门以及其间天井所呈现出的均衡视觉效果（图 3-66）。另外，有的景观作品考虑到功能需求，特意设计为不均衡状态，如比利时一广场雕塑景观与座椅融为一体，只有实现邀人入座功能后才能形成构图上的均衡（图 3-67）。

d）多样

多样性是指景观中视觉要素的变化和差异。景观的多样性可以刺激并丰富我们的视觉感受，使人对景观保持长久的兴趣而不会感到乏味，这一点早已被设计师和心理学家所认同。景观中，多样性的程度取决于多种因素：地形、地貌、土壤、岩石、水系、气候等自然的条件，以及设计中引入或重构的其他内容。在景观设计中需要注意的是，视觉的多样性必须与统一的需求相一致，否则可能会使多样与变化失去控制，从而使景观变得杂乱无章。如图 3-68 所示，巴黎圣母院两个垂直的塔楼、纵向的防洪堤、横向的跨河大桥、斜向的下河台阶等多个方向元素使其景观环境宽广而深远；两栋建筑物所展示出的诸如竖向长条窗、圆形装饰窗、"老虎窗"配之以大树绿化、光影变化等多种构成要素，使其视觉景观丰富多彩。

e）连续

景观应该在空间和时间中显示其连续性。自然景观格局往往是在漫长的时

图 3-66　广东番禺馀荫山房所呈现出的均衡视觉效果（左）
（邱建 摄）
图 3-67　比利时一广场雕塑景观与座椅融为一体，邀人入座（右上）
（邱建 摄）
图 3-68　法国巴黎圣母院及其周边环境要素（右下）
（邱建 摄）

间里有机发展和演变而来的，因此具有很强的连续性。我们所观察到的自然景观，往往显示出在空间上的有机连接和时间上的延续和缓慢变化，这正是自然景观给人带来震撼和美感的原因之一。黄龙世界自然遗产正是通过连续不断地展现色彩斑斓的钙化自然景观，给人以人间瑶池的美感（图 3-69）。景观设计应该把握这一特征，景观要素之间应该具有相关性，以显示其空间上的连续以及与周围环境的协调，并从时间上和场地的历史文脉相关联，如巴黎拉维莱特公园（图 2-18）。

f）秩序

景观应该有一种内在的秩序，这种秩序与人在景观中所感受到的有序性相关。这可以表现在视觉的连续性上：景观所具有的强烈有机性和结构感；也可以表现在由景观轴线组织所形成的有序性上：由轴线所串联的一系列空间往往使景观整体显得更有组织结构和感染力。如北川新县城灾后重建中，“巴拿恰”街区中轴线统领建筑布局，运用传统羌族建筑符号塑造出秩序井然、特色鲜明的城市风貌（图 3-70）。一个精心设计的、有秩序的景观应该有一个起始点，然后是各种空间节点和景点，它们在经过一系列的起伏转折后到达景观的高潮或顶点，最后是一个意味深长的结束和收尾。

图 3-69　人间瑶池：四川黄龙五彩池景观（左）
（黄龙风景名胜区管委会提供，姜跃斌 摄）
图 3-70　四川羌族建筑特征鲜明的北川新县城风貌（右）
（邱建 摄）

（2）组织方式

景观设计的主要工作之一是按照艺术构图的基本要求，对景观视觉要素进行有机组织，景观作品即是这一有机组织后通过工程建造所形成的成果。在具体操作层面，景观要素的组织具有无穷的方式，为了理解方便，可以将景观构图组织简要概括为轴线、几何和自然三种方式。

a）轴线组织

轴线是景观要素围绕其安排的线，或显现或隐含。景观轴线本身是直的，这和人的视线特征有关，但轴线也可以通过一些节点进行转折，在这种情况下，可以将其看作是不同轴线的连接。

景观要素围绕轴线布置时，轴线用来建立空间秩序和规则，是常用的形式手段。对本来分散的要素进行强有力的控制，对景观的其他部分产生支配力，易于将各种纷杂的景观要素沿轴线串接和统一起来，取得协调一致的效果并产生明确的主题，给人以严肃、庄重、气派的感觉。以轴线来引导景观中人的游览和观察线路，便于组织从起始、发展、高潮到收尾这一完整的景观序列。

例如，美国华盛顿国家广场（National Mall）位于城市的核心区域，是一个包含大量景点为一体的景观公园，由数片开放型绿地组成。景观轴线从林肯纪念堂延伸到国会大厦，全长 3.0km，中间是华盛顿纪念碑（图 3-71），围绕轴线建有众多政府大楼、博物馆、艺术馆等地标建筑（如白宫、联邦调查

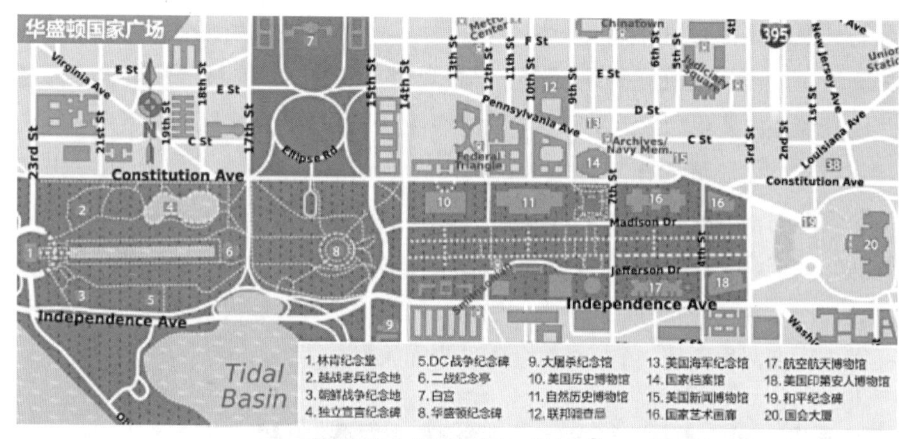

华盛顿国家广场平面图及中轴线①

华盛顿国家广场轴线西端：林肯纪念堂
（邱建 摄）

从林肯纪念堂瞭望华盛顿国家广场及
轴线中部华盛顿纪念碑
（邱建 摄）

华盛顿国家广场景观轴线东端：国会大厦
（邱建 摄）

图 3-71 美国华盛顿国家广场

① 周斌. 国会山——华盛顿纪念碑—林肯纪念堂 华盛顿中轴线上的“美国梦”[J]. 国家人文历史，2013（18）：63-67.

局、国家档案馆、美国历史博物馆、自然历史博物馆、美国印第安人博物馆、华盛顿国家美术馆、航空航天博物馆）以及承载历史记忆的公共空间、纪念雕塑（如罗斯福纪念墙、马丁·路德·金纪念雕像和二战纪念亭、和平纪念碑、越战老兵纪念碑、朝鲜战争纪念碑）（图 3–72）。

图 3–72 华盛顿国家广场朝鲜战争纪念碑（邱建 摄）

轴线对称并不一定是严格意义的几何对称，也可以通过轴线两侧景物的体量、形状、色彩、位置等所产生的对比、呼应来达到视觉上的均衡，在通过轴线产生秩序的同时，也使轴线两侧富于变化，增加了景观的多样化、生动性和趣味性，使设计景观与自然景观的形式相一致。轴线对称的特殊形式是中心对称，以一点为中心产生的放射状环绕的对称，它的轴线在多个方向上都存在。中心对称的形式具有很强的向心性，所形成的空间有突出的简洁性和力量感，其中心点往往成为视觉的焦点和景观设计的重点。如以巴黎凯旋门为中心向四周发射的十二条大道，烘托出凯旋门的中心地位（图 3–73）。

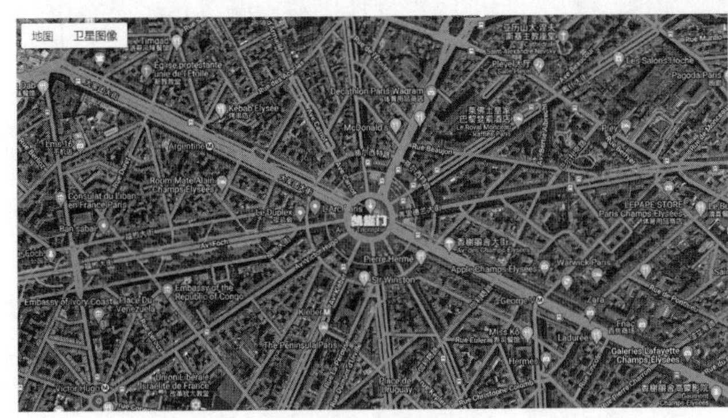

巴黎凯旋门星形轴线[①]

成为构图中心的巴黎凯旋门（邱建 摄）

图 3–73 法国巴黎十二条大道交汇口的巴黎凯旋门

b）几何构图组织

几何构图是将各种景观要素按照几何关系加以组织，通常是在设计中通过各种方式构建多个较规则的几何形体，并将其进行重复或对比，以产生具有一定韵律和几何感的景观构图。这种景观要素的组织方式常常用在较小场地环境，容易产生和谐感和秩序感，由几何构图与自然样式形成的显著对比，赋予场地一种几何美感。另外，也可以通过一定的几何关系产生心理暗示，使所设计的环境或场地成为周围的建、构筑物的延伸，从而具有形式上整体感，如屈米设计的巴黎拉维莱特公园（图 2–18）、浙江金华市兰溪扬子

① 底图截屏自谷歌地图．

图 3-74　几何构图组织的浙江金华兰溪扬子江生态公园景观（俞孔坚 提供）

图 3-75　从陕西延安宝塔山俯瞰旅游景区景观（邱建 摄）

图 3-76　结合自然形态组织设计的荷兰某小镇滨水景观（邱建 摄）

江生态公园（图 3-74）。

c）自然形态组织

自然构图是在组织景观元素时，通过借用自然形态的构图或者直接模仿自然的形式，创造出一种具有强烈自然感的景观效果。自然构图的景观形式让人感觉更加贴近自然，带给人一种自由、放松的心理感受。自然构图方式包括两个方面：一种是对自然进行抽象和概括，也就是在自然要素中提取符号和形式，再重新诠释以应用于特定的场地，这种方式所形成的景观效果与自然实景不完全一致，只是通过某种隐喻或象征的方式来表现自然。如陕西延安宝塔山景区保护提升的宝塔山游客中心景观设计，抽象出黄土高原的本土景观要素，运用现代设计手法，既满足了游客中心功能需求，又在形态、色彩等方面呼应了整体景观环境（图 3-75）。

另外一种是尊重自然形态、保留历史印迹，即在景观设计中依据自然条件特点，并按照一定的美学原则进行进一步的改造、加工、调整，表现出一种精练、概括的自然与人文景观场景，使景观具有展示自然生态过程和记录人类活动过程的功能，达到人造景观与自然景观的和谐，并体现出景观的游憩与教育功能（图 3-76）。

由此，景观与其他艺术形式一样都要遵循艺术性原则，特别是要符合美学原理，各种艺术形式之间程度不同地存在相互借鉴、相互包含、相互融合、相互影响以及相互促进的关系，景观设计也是在这些原则指导下达到主题鲜明、特色突出，并且使创作思想与欣赏过程互动。

3.5 安全性原则

3.5.1 景观安全概述

安全是生物体有序存在的基础，其最基本的涵义是主体的一种不受威胁、没有危险的状态，也是人类生存的前提条件[①]。所谓安全性是指产品在制造、使用和维修过程中保证人身安全和产品本身安全的程度[②]。景观包括自然景观和文化景观两大类，无论是没有经过人为加工而自然形成的，还是人类根据自身的需要对其进行了不同程度改造的景观，在人类参与或使用过程中都要充分考虑其安全性，这是景观设计中所需遵循的一个底线原则。

一般而言，安全包含自身安全、环境安全和人类安全三个部分，三者相互影响、不可分割。具体到有人参与其中的景观设计“产品”，其安全性考虑主要包括3方面内容：一是景观场地的安全性，即景观场地本身不会对人、环境等其他客体产生损害，同时要避免周边环境存在洪水、地质灾害等对场地的威胁；二是景观设计的安全性，要保证景观设计的安全合理，根据设计施工建设的各类景观设施必须确保使用者的安全，特别是要保障儿童、老年人及残障人士的安全使用；三是在发生地震、火灾等灾害时，景观场所能够为人们提供安全庇护空间，成为居民的应急防灾避难场所。涉及景观设计安全性的主要景观设计工作内容如图3-77所示。

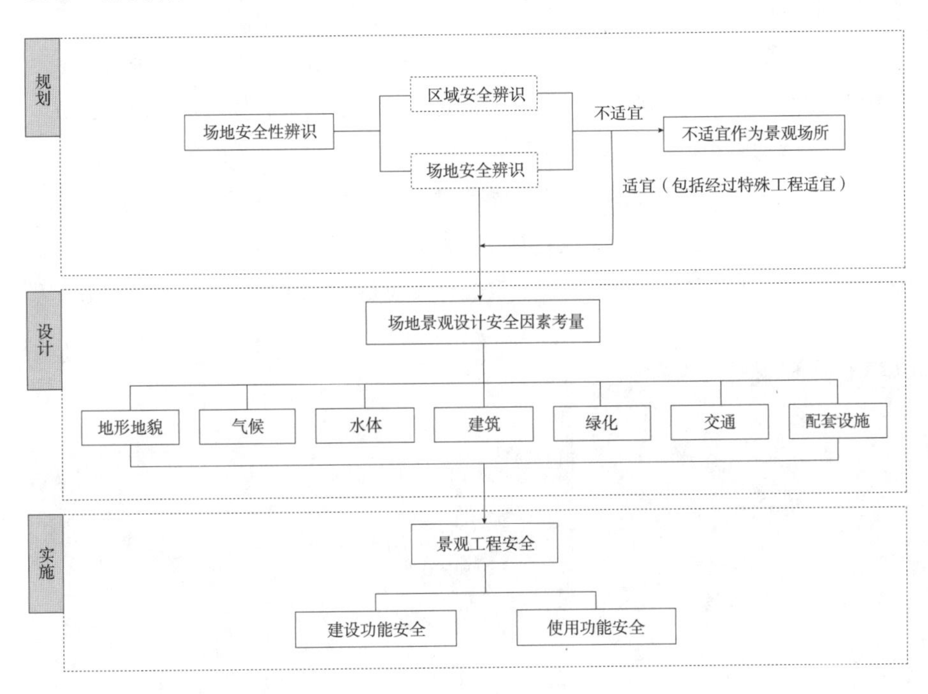

图3-77 涉及景观设计安全性的主要工作内容（蒋蓉 绘制）

① 潘希.欧阳志云：城市化进程突显城市生态安全问题[N].科学时报，2006.
② 郑大本，赵英才.现代管理辞典[M].沈阳：辽宁人民出版社，1987.

3.5.2 场地安全评估

景观场地安全关键是对景观场所的安全性识别。如在复杂的山地区域景观易受到地震、滑坡、泥石流、塌陷以及水土流失等地质灾害威胁，山区景观组成要素如山体、水体以及植被等也可能对人类安全造成一定威胁。对于此类景观的利用应首先判别其是否适宜开展一定人类活动，在适宜地区应充分尊重和利用自然生态要素，对可能产生灾害的地方进行避让或适度改造，最大限度地减少危险发生的可能。

对于人口集聚的城镇地区景观场地应予以特别关注，尤其选择在地形复杂、生态敏感地区开展人类活动，设计时应注意综合考虑场地所在区域是否存在安全风险问题，包括识别各种自然灾害发生的可能性，首先判识场地是否存在安全隐患点？是否适宜开展与景观相关的各类活动？对于安全隐患，要先通过工程技术措施排除危险，并经安全评估能够达到景观场地安全性要求的条件下，才能进行下一步的景观规划设计工作。

场地安全风险评估主要包括：风险识别、确定安全风险的后果属性、计算威胁指数，并对威胁进行排序。不同的场地属性和景观规划设计目的，可能对安全风险的重视程度不同，应根据实际情况，可运用多属性决策原理，将风险概率、风险后果属性值、后果属性权重等综合考虑，得到各个风险的威胁指数。按照该方法，在较小尺度上可获得安全的景观场地，在较大尺度上可获得景观安全格局。

如果工程技术措施难以对安全隐患进行治理，或者工程治理将带来不可承受的经济代价，则应当选择放弃，否则可能带来灾难性后果。如四川北川老县城地处地震断活动裂带，在2008年“5·12”汶川地震时被大面积的山体滑坡覆盖，城市毁于一旦，震前美丽的城市景观变为震后的废墟（图3–78），造成了老县城大量人员伤亡，灾后重建选址原安县安昌镇东南重新建设新县城。又如，四川宝兴县城冷木沟地质灾害风险巨大，严重威胁县城安全，2013年“4·20”芦山地震

图3–78 四川汶川地震前后北川老县城

地震前北川老县城（2007年8月2日）
（邱建摄于北川地震遗址介绍展板）

地震后北川老县城（2008年5月16日）
（邱建 摄）

宝兴县城冷木沟泥石流综合治理工程
（邱建 摄）

宝兴县城冷木沟地质遗迹公园
（邱建 摄）

图 3-79　四川宝兴县城穆坪镇地质灾害治理及环境景观建设

灾后重建时开展了冷木沟泥石流综合治理工程，在此基础上进行景观设计，形成地质遗迹公园，灾区的安全性得到提升，环境质量得到明显改善（图 3-79）。

3.5.3　场地安全设计

在场地安全有了基本保障之后，应对诸如建筑物、构筑物、广场、道路、植物、水体、景观小品等人工要素进行空间布局和工程设计。设计应结合工程技术要求将人工景观使用的安全性同步考虑，在为不同人群提供景观使用功能的同时，要满足城市防灾及工程结构的安全性规范标准要求，特别要注重景观工程细节的把控，景观工程的任何设计缺陷都会为后期使用带来安全隐患，甚至对其活动主体的人身造成直接伤害，如踩踏、跌落、溺水、触电等。

一是设施结构安全。在建筑物、构筑物（如游乐设施）和景观小品的设计过程中，要充分考虑工程结构的安全性。有些不符合结构原理的“天马行空”设计，虽然有可能取得视觉上的“冲击力”，但因安全隐患巨大应予以避免。特别要加强游乐设施的安全设计，针对儿童的天性，在加强游乐设施趣味性设计的同时，重点考量设施的造型、尺寸的把控、细部的处理及材料的选择等方面的安全因素（图 3-80）。

二是水体景观安全。水体具有改善人居气候环境、增强景观环境“灵性”的功能，是景观设计的重要组成部分。景观规划需要合理布局城市水系，构建安全的景观水系格局，保证水环境质量。在水体景观设计时，一方面要为使用者提供方便的亲近水体空间，另一方面要加强人们利用水体景观时的安全防护（图 3-81），水体灯光设计还要确保用电安全，以避免戏水者因漏电危及生命安全。

图 3-80　成都某居住小区儿童游乐设施
（致澜景观公司 提供）

三是植物景观安全。植物是景观的重要构成

图 3-81 杭州某居住小区水景景观（左）
（佳联设计公司张樟 提供）
图 3-82 选用地方本土植物设计的四川天府新区麓湖社区景观（右）
（邱建 摄）

要素，其配置工作是景观设计的主要内容之一。植物景观设计首先要考虑对生态系统安全的影响，应尽量选用适合地方生长的本土植物（图 3-82），引进外来植物品种要慎重，并进行科学评估论证，如我国曾经发生过不恰当地引入水葫芦导致河流、湖泊生态系统破坏的灾难。绿化栽植的植物品种选择还应避免对人体造成次生伤害的可能，如虫害、有毒、带刺、飞絮等。高大乔木不应栽植在高压输电通道下、挡土堆坡的边缘、地下管线密集区和未经结构设计者许可的地库顶板上，大树移植后，要设立支撑，防止树身摇动及大风等引起的倾覆而产生安全威胁。

四是交通组织安全。交通体系保障景观功能的实现，也是保证景观安全使用。景观设计的交通组织首先要保证场地内外的联系方便、流畅，并与周边的道路有效连接，以满足应急状态下的快速疏散，以避免踩踏事件的发生。场地内部道路应主次分明，有明确的导向性、疏散能力及承载能力，满足消防通道的标准要求。根据景观场地性质和规模配备相应应急保障设施，设计快速、便捷地到达的路线，并在显著位置设立标识牌（图 3-83）。

五是景观材料安全。景观作品需要多种材料建造，景观材料的应用必须消除安全隐患，不使用有害物质或不符合环境保护标准的材料，特别是与人们密切接触的座椅、游乐设施景观材料选择要十分慎重，以免导致皮肤受伤等危害人体健康的情形发生；广场、道路，特别是残障人士通道铺贴材料要保障行人的安全，避免因地面材料过于光滑而摔倒产生意外伤害（图 3-84）。另外，城市的气象条件对景观塑造影响较大，寒冷与温和地区、干旱地区和

图 3-83 成都某沿河景观应急保障设施标识牌（左）
（邱建 摄）
图 3-84 芬兰赫尔辛基市一街头绿地公园采用防滑材料的步行道（右）
（邱建 摄）

多雨地区对景观材料的应用有明显区别，应因地制宜加以选择。

3.5.4 应急避难设计

应急避难场所是在各种城市灾害及其引发的次生灾害发生前、发生时和发生后，为保护城市和城市居民的生命和物质财产、强化城市防灾构造、建立并完善城市及周边地区的防灾体系与能力而建设的起到防灾与减灾、避难场地和灾后恢复据点作用的场所。2008 年汶川地震暴露出我国城市应急避难场所不足，空间分布不均衡，体系建设不完善等问题（图 3-85），之后的十多年的时间里，应急避难场所的规划得到高度重视，建设数量和质量都有大幅提升（图 3-86）。应急避难场所一般包括城市外部空间的道路、广场、运动场（图 3-87）、绿地、地下空间等，这些场所不仅仅是城市防灾空间具体的物质表现形式，同时也是形成城市防灾结构的物质基础[①]。

景观场地是城市避难场所体系中的一个重要组成部分，可以满足应对大部分灾害发生时人们对避难场所的需要，不仅能在灾时为灾民提供一个安全的避灾场地，也能起到安全隔离的作用。其具体的防灾救灾功能包括：①防灾功能：包括形成防火隔离带、临时避难所、阻隔病菌源、战时避难地、减缓泥石流等等；②救灾功能：救灾人员驻扎、救灾物资集散、灾民安置场所、救援飞机起降、倒塌飞机起降、倒塌物资堆放场、城市复兴据点、多重分洪功能等[③]。日常生活中，景观场所还可起到普及防灾避难知识、训练志愿者、提供防灾资料等作用。

图 3-85 2008 年汶川地震后成都市中心市民纷纷跑到公路避险，造成城市交通瘫痪[②]

图 3-86 成都市某居住区应急避难场所
（邱建 摄）

图 3-87 芦山地震发生后宝兴县灵关中学运动场为师生和周边居民提供避难场所
（邱建 摄）

---

① 吕元．城市防灾空间系统规划策略研究 [D]. 北京工业大学 . 2004：26.

② 东南快报 . A6 版 [N]. 2008-5-13.

③ 苏群，钱新强．城市避难场所规划的空间配置原则探讨 [J]. 苏州大学学报（工科版），2007，27（2）：66-69.

在景观场地规划设计应急避难场所时主要应把握以下原则：

（1）了解灾害发生过程与防灾公共空间的关系

城市灾害因其各自发生原因、作用特点、强度、破坏性、灾时避难模式和灾后救援要求的不同，对应急避难场所空间类型的选择、位置、规模、服务半径、配套设施等有其各自不同的要求，对应有相关的要求[①]：不同规模和等级的城市公共空间在防灾避难过程中发挥着不同的功能，因此，防灾公共空间不是仅仅针对某一种灾害，而应具备对城市各种主要灾害的综合防灾避难功能。熟悉灾害发生过程与防灾公共空间之间的关系（图3-88），对规划设计防灾公共空间具有重要意义。

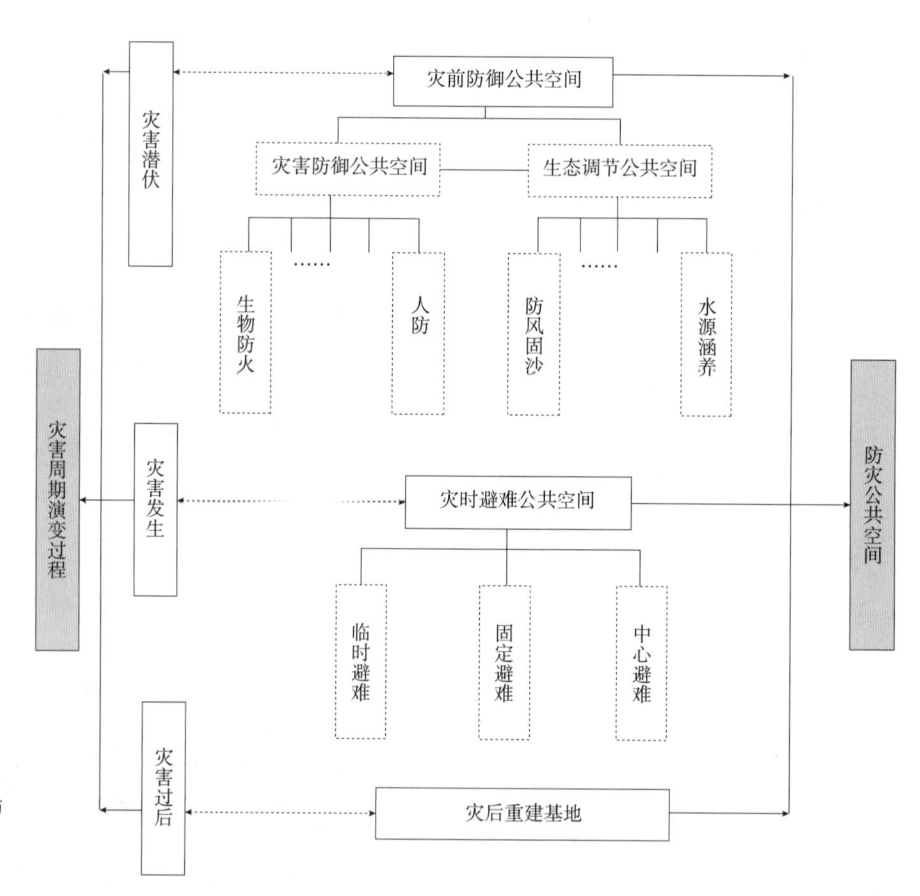

图3-88 灾害周期与防灾公共空间的关系（蒋蓉 绘制）

（2）落实平灾结合、分级疏散、综合防灾、因地制宜、安全可靠的规划设计原则

景观场地在灾害发生时启动其防灾与避难功能，对应与灾时就近疏散、集中疏散和远程疏散的需求，在空间上对不同规模和等级的防灾公共空间进行

① 杨培峰，尹贵．城市应急避难场所总体规划方法研究——以攀枝花市为例[J]. 城市规划，2008，(09)：87-92.

合理配置。根据城市用地情况、人口、周边设施和交通情况等因素，因地制宜地进行防灾公共空间系统规划，保证防灾公共空间的可达性。要留有足够的避难场地，并配备相应的应急设施及应急物资（图 3-89）如用水、用电、医疗和环卫设施等。

图 3-89 景观场地内的应急物质储备设施（蒋蓉 摄）

（3）统筹规划城乡应急避难场所体系

在景观场地应急避难场所规划设计时，应考虑城乡差异，建立符合人群需求的城乡应急避难场所体系。如特大城市中心城应构建紧急、固定、中心避难场所三级避难场所体系，也可在紧邻城区的非城市建设用地选择一定场地，作为中心避难场所的有效补充。而一般乡镇划分为紧急、固定避难场所两级体系，乡村地区考虑设置固定避难场所一级体系。具体如图 3-90 所示。

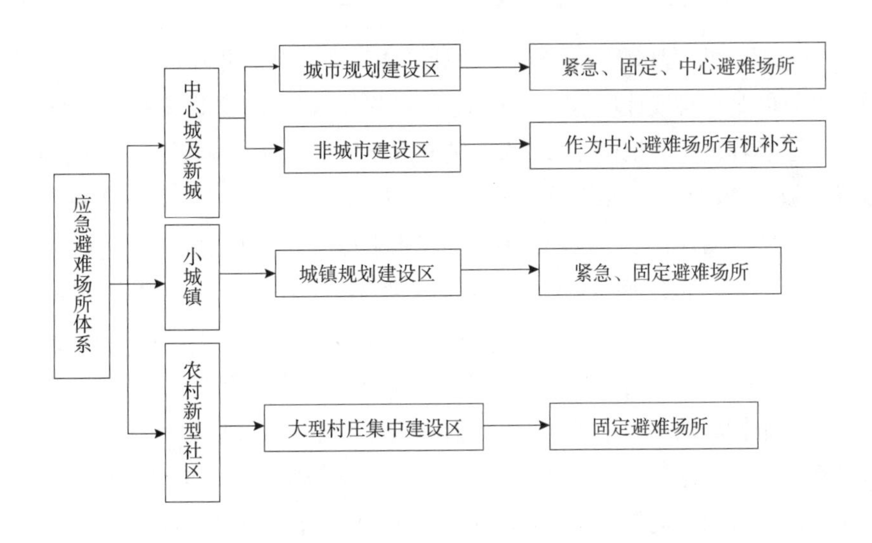

图 3-90 城乡应急避难场所体系示意图（蒋蓉 绘制）

3.6 程序性原则

作为工程设计，景观设计还要按照设计基本步骤，遵循工程设计的程序性原则。尽管景观项目可能因具体情况的不同而有所差异，但整个项目一般按照“接受委托、明确目标；场地调查、资料收集；信息分析、方案构思；实施设计、回访评估”的程序来进行。

3.6.1 接受委托、明确目标

景观设计工作都是从接受工程委托开始，为了在开展工作过程中有章可循，委托方和设计方都要按照互信、互利、互惠等原则签定委托协议或者委托合同，其中要明确甲方（委托方）和乙方（设计方）的权利和义务，诸如工作范围、工作时间、设计内容具体、工作程序、现场服务、设计费用以及支付方式等。协议或者合同一旦签订，即具有法定效应，双方必须执行。执行过程中出现变化或争执，双方应本着平等、友好的原则进行协商。无法协商时，可以采取法律程序加以解决。依法委托和接受委托，是为了保障设计工作的有序进行，同时也是为了有效地保护双方的合法权益。

在委托协议签定时，特别要明确设计的目标，对承担设计项目的基本情况要有比较全面的了解，如场地所在位置、场地规划条件、具体设计要求、设计难度以及可能引发的关联问题、要求工期与设计进度能否衔接等。这需要景观设计师有丰富的经验和良好的职业感觉，能比较迅速地做出判断，从而提出有针对性的意见和建议，更好地与委托方进行工作的前期沟通。设计师的沟通能力能够加强委托方的信任，为景观项目设计工作的开展奠定良好的基础。

3.6.2 场地调查、资料收集

场地调查即现场踏勘，是景观设计具体工作的开始并且是关键的一个步骤，其目的是获得设计场地的整体印象，收集相关资料并予以确定，特别是对场地周边环境整体的把握、尺度关系的建立、风格风貌的构想等，必须要通过现场体验才能够获得，实际上，有经验的景观设计师常常发现，一个有特色、符合场地特征的优秀景观设计方案的初步构思往往是在现场形成的。

场地的资源包括物质资源和非物质资源两大部分，物质资源指场地的气候、地形、土壤、水文、植被、现存的建构筑物等条件，非物质资源指与场地相关的历史、文化信息。也可分为场地内部环境资源和场地外部资源两方面，内部资源是指场地自身范围内的各种要素条件，外部资源指场地周边乃至更大区域范围内对场地的规划设计、开发使用等产生影响、限制的各类信息条件。任何一个场地都不是孤立存在的，它与其周边的环境存在有着或多或少的各种各样的关联，要全面地了解资源情况，调查就不能仅局限于场地内部，不能就场地论场地，基本的调查应包括场地内部环境、外部环境中的物质资源和非物质资源调查。

在开始调查前，应该做好必要的准备，对于需要收集的资料事前应该有一份资料清单，其中，详细准确的地形图是最基础的资料，不可缺少。应根据项目的具体情况确定比例，规划的用地范围较大，比如说规模是几十平方公里甚至更大的旅游度假区，一般需要 1/5000 或 1/10000 的地形图，而如果是一个占地不大的城市绿地广场，往往需要 1/500 或 1/1000 的地形图。地形图上一般表示了诸如坐标、等高线、高程、现状道路、河流、建筑物、土地使用情况等信息。适宜的地形图便于我们方便准确地进行场地的调查，在现场调查中，应对那些地形图上未明确或有变化的现场信息进行补充，配合现场照片或录像，以便回到办公室后进行分析。对于大区域的规划，最好能获得航拍或卫星遥感资料，通过 GIS 技术进行辅助调查、设计，将更有利于工作的开展。

在场地调查过程中，有些规划设计的条件以一种“隐性”的状态存在着，比如地下的市政管网设施条件、城市今后发展对场地环境条件的影响、土地利用及设计条件限制、外部交通及出入口限制、场地所处地段历史文化条件可利用性及限制要求等，这些条件一般可以在城市规划和建设管理部门获得，有的则需要对场地周边地区进行更详尽的考察和体验。获得的各种资料应当汇编成一个有条理的基础资料档案，并需要保持完整和不断地补充、更新。

场地调查过程并不是一次性的，在以后的规划设计过程中，很可能还要多次地反复回到现场进行补充调查；现场调查要做到尽可能全面，尤其是在不方便多次进入的现场，更应当采用尽可能的方法全面准确地记录下现场的资源情况。

3.6.3 资料分析、方案构思

如前所述，第一次进入设计场地时就会对现场就会有一个基本的印象，这时，结合设计目标的构想也同时在闪现，过去的经验在一定程度上会有助于快速构思。当然，这些都是结合现场实际的最初步构想，往往是直觉的、模糊的、不完整的，甚至是破碎的、分离的，虽然在以后的设计过程中有可能被彻底修改或者被摒弃，但获得快速的设计印象，迅速进入设计角色，对方案的最终形成是必不可少的环节，对每一个设计师来说都是必须的一种训练。

在对场地资源信息进行了全面、系统的收集后，接下来的工作就是对已获得的信息进行整理分析，其目的是为了设计工作的有序进行，应对所有与场地的设计相关资源条件进行客观、准确的分析，在分析的过程中不回避存在的问题，对有利条件和不利条件进行逐一梳理，找出主要问题之所在；在分析中对主要的限制条件应该进行重点研究，“瓶颈”问题有时在相当程度上限制了设计的多种可能性，甚至影响到项目本身的成立和发展，但“瓶颈”问题的解决，有可能孕育出具有独特性的景观设计作品。对在分析的过程中发现的资料问题，应及时进行补充、更新，包括对场地的新的踏勘调查。分析工作的结果应包括：

（1）概述；

（2）目标及实现措施；

（3）项目组成及其相互关系；

（4）项目发展方向性草案；

（5）初步指标。

在方案的构思阶段，创造性的思维与场地的资源相结合十分重要。应该辩证地看待场地的资源条件，应尽可能做到因势利导、因地制宜，充分利用场地一切可利用的资源，具有这个场地特征的景观才是有别于其他场地的设计，也才具有可识别的特色，成为独一无二的，或者是独具特色的设计。随着思考的累积，各种各样的设计灵感可能随时会迸发出来，必须迅速地记录下那些转瞬即逝的思路。这时，快速的表达显得非常重要。快速的表达可以是几条线条，也可以是一个符号、一句话……，不管用什么方式，一定要把想到的记录下来，并且在以后看到时能够回忆起来。

各草案都应对场地的系统，包括交通系统、土地工程系统，市政管网系统，种植绿化系统，标识导引系统等提出明确的设计意图，草图要保持简明和图解性，简洁、清晰，以线条、图形、符号、文字、色彩等方式，尽可能直接阐明与特定场地的特殊性相关的构思。在全面思考并处理各系统之间关系的基础上，使整个场地系统成为功能协调的整体系统，满足项目的发展需要，并与场地外部的城市系统或外部大系统之间有效衔接。

在大型项目或复杂项目里，景观建筑师经常作为紧密协作的专业设计队伍中的一员，这个工作队伍中有规划师、建筑师、工程师、艺术家、策划师及其他专业人员。景观建筑师应当密切、主动地与其他专业人士进行沟通，有机整合各种资源和优秀创意、构思，协调各方面的关系，运用全面的景观知识和能力，以更高的视角、更全面的思维进行方案设计。在方案过程中，还应当与委托方（甲方）以及今后的管理公司进行沟通、协商，使可能在设计与实施、运行、管理中出现的许多问题在设计前期就可以及时规避，这样更有利于方案的有效推进。

不同的设计构思会有不同的方案，每个方案都有各自的优点和不足，要将各个方案集中起来进行对比，在比较中进行优化，好的予以保留，不足的进行改进或放弃。设计在比较过程中不断地向深度发展，开始可能提出多个建议，比较后成为两个或者三个方案，最终形成一个设计方案。最终的设计方案并不是把所有方案的优点集中起来进行简单拼接，而是有选择地取用与最终设计构思能够有机结合的优点加以适应性的改进。

3.6.4 实施设计、回访评估

设计方案确定后，详尽的实施设计，即景观施工图阶段就将展开。之前的工作，更多的是对外部空间景观规划，在此过程中，尽管工作的重心更多地投入在平面功能和系统的建立、完善，与此同时，对于规划后的外部空间的设计想象和构思也是在同步进行。其实，尽管景观设计的工作划分为方案设计和施工图设计两个阶段，但是，平面系统的组织与空间形象的设计始终是同步进行着的，只是在不同阶段各有侧重而已。

实施设计的阶段是景观细化的阶段。在这个阶段，所有设计的景观环境内容都必须详细绘制，并明确它们施工要求的方式、构造、材料、质地、色彩及其他特殊要求，采用绘制、标注、列表、文字说明等方法与以表示，用以指导后期的景观施工。景观施工图基本包括以下几个方面：

(1) 水（环境用水和游戏用水）；

(2) 电（强电和弱电）；

(3) 土方工程（施工高程、挖填方范围及工程量、土木工程保护等）；

(4) 绿化种植（乔、灌、藤、草）；

(5) 硬质景观（步道、台阶、地面铺装等）；

(6) 环境建筑物构筑物（亭、廊、桥等）；

(7) 标识小品（路标、告示栏、休息座凳等）；

(8) 其他特殊的景观设施内容的施工图。

各施工分图应在环境设计施工总图中标明图号，以便对照查看。

与建筑工程施工的工业化、标准化和规范化相比，我国景观行业的规范建设相对滞后，目前还没有形成与之相关的行业规范、技术标准；同时，景观的行业特点也在于多样性和独创性，因此，在景观建设实施过程中，为了保证设计目标的实现，施工过程中必须在现场结合场地条件、材料条件以及施工条件等进行现场的二次设计，适时调整施工方案。相对于建筑设计，现场设计在景观设计领域表现得更加突出，具有一定的特殊性。

项目完成前，设计师会给业主提供一份详细的说明书，除了对设计本身的说明外，还应当对今后环境及设施在运行使用、管理维护中的要点进行指导，提出建议。在项目建设完成投入使用后，不定期地进行项目回访，使用后评估。提供这样的服务，一方面可以对发现的问题及时总结、改进，在对项目负责的同时，自身的专业能力也能得到较快的提升，另一方面，可以建立良好的职业形象，获得客户的口碑和市场的认可。

第 4 章

景观设计的自然要素

气候、土地、水体和植物等是景观设计所必须考虑的主要自然要素，不同场地、城市和区域的自然要素是迥然不同的，很好地掌握这些自然要素的特征，了解其对景观设计的影响，掌握相关技巧和知识对景观设计至关重要，也是景观专业学生必备的基础知识。本章分四节分别介绍气候、土地、水体和植物自然要素的基础知识及其与景观设计的关系，使同学对其有总体的认识，并掌握其应用的基本原理。

4.1 气候

气候现象本身就是一种景观。如冬日壮丽的雪景，夏日惊心动魄的雷电景象，秋日秋高气爽的怡人景色，春日春暖花开、生机盎然的田园气派。在各种气候条件下形成独特的自然景观与人文景观，更是景观设计的重要目标。许多与气候有关的文化景观遍布全国各地，傣族的竹楼、塞外的蒙古包、黄土高原的窑洞（图 4–1）等独特的民居，也都与当地的气候条件关系密切。

图 4–1 干旱大陆性季风气候条件下的陕北黄土高原窑洞民居（邱建 摄）

4.1.1 概念

1）气候及气候系统

气候是指某地或某地区多年的平均天气状况及其变化特征[①]，受气流、纬度、海拔、地形和人类活动的影响。气候和天气的空间尺度基本一致，从几千米到上万千米。两者的时间尺度却大相径庭，前者的时间尺度要比后者长得多，世界气象组织（WMO）把 30 年作为描述气候的标准时段。

气候系统是一个高度复杂的系统，由大气圈、水圈、岩石圈（陆面）、冰雪圈和生物圈组成。太阳辐射是气候系统的主要能源，在太阳辐射作用下，气候系统内部产生一系列复杂的物理、化学和生物过程，各组成部分之间通过物质和能量交换紧密地联结成一个开放系统[②]。

2）气候变化的因子

气候的形成和变化受多种因子的制约，与景观设计密切相关的是短期气

① 中国百科大辞典编委会 . 中国百科大辞典 [M]. 北京：华夏出版社，1990.
② 科普中国网 .

候（3 月 ~10 年）变化，其影响因子主要包括：太阳活动、海温变化、陆地下垫面特性（积雪、反照率、土壤湿度、地温等），另外地壳内部的变化（如火山、地震、地热活动等）在一定条件下也会对短期气候变化产生影响[①]，例如，1991 年菲律宾的 Pinatubo 火山爆发产生大量的悬浮颗粒物质进入大气使全球平均温度下降了 0.5℃[②]。人类活动对气候变化的影响也是深刻的。

4.1.2 类型

1）气候类型

气候类型就是按一定的标准将全球气候划分为不同的类型。同一类型的气候，其热量、水等特征均符合同一规定的范围。由于对气候分类的标准有不同的理解，气候分类的方法多达数十种，但大体上可归纳为三大类，即经验分类法、成因分类法和理论分类法。

德国气候学家柯本（W. Koppen）以气温和降水为指标，参照自然植被状况于 1900 年建立了柯本气候分类系统，在气候分类法中属于经验分类。随后经过多次修订，已成为世界上使用最广泛的气候分类系统。下面我们以柯本气候分类系统为基础，将与景观设计相关的重要气候类型的作为主要关注点，讨论气候类型与自然景观的关系。

2）气候类型和自然景观[③]

（1）热带气候景观

热带气候以无冬季区别于其他气候带，在热带气候带降水量和降水形式的变化要大于温度的变化，因此，降水形式就成为细分其气候类型的基础。据此将热带气候景观分为热带雨林气候景观、热带季风气候景观和热带疏林草原气候景观等类型。

a）热带雨林气候景观

热带雨林气候位于赤道区域，由赤道向南、北纬度伸展约 5°~10°[④]。热带雨林气候区全年炎热多雨，这里是植物生长的乐园。未受人类影响的原始森林区森林高大茂密，树种繁多。

b）热带季风气候景观

热带季风气候仅分布在亚洲南部，南半球没有热带季风气候。其气候特点是全年高温、分旱、雨两季。热带季风区的植被主要是常绿林，其间夹杂分布有一些草地。不过，这里的常绿林没有热带雨林区茂密，在与热带疏林草原气

---

① 汤懋苍等 . 理论气候学概论 [M]. 北京：气象出版社 . 1989：203.

② 付培健，王世红，陈长和 . 探讨气候变化的新热点：大气气溶胶的气候效应 [J]. 地球科学进展 . 1998（4）：70-75.

③ 不同标准对气候类型的划分不同，本书关注与景观设计相关的重要气候类型，故与其他气候类型划分有所区别 .

④ 科普中国网 .

候区临近的地方常绿林逐渐过渡为热带旱生林。

c）热带疏林草原气候景观

热带疏林草原气候大致分布在南北纬10°至南北回归线之间，我国基本无此类气候，通常干季的时间较长，植被以草类为主，散生的耐旱乔木点缀其间。

（2）干旱气候景观

干旱气候区的潜在蒸发量总是大于降水量，其景观与热带气候区有着鲜明的差异。全球35%以上的陆地属于干旱气候，干旱气候是地球上分布最广泛的一种气候类型。根据干燥程度，干旱气候又可分为干旱荒漠气候和半干旱草原气候景观两种气候型。

（3）温带气候景观

从全球规模上，温暖带气候可以看成是热带气候和冷温带气候之间的过渡带气候。根据降水的季节变化和夏季气温状况，可将温暖带气候分为夏干温暖气候、冬干温暖气候和常湿温暖气候三种基本气候类型。

a）常湿温暖气候景观

根据夏季气温状况，常湿温暖气候可分为：亚热带湿润气候和温带西海岸海洋性气候，虽然干旱在这些地区时有发生，但土壤水很少长时间处于亏空状态，全年丰沛的降水孕育了常绿针叶林和落叶阔叶林。

b）夏干温暖气候景观

夏干温暖气候，又称为地中海式气候。夏干气候可导致夏季水平衡的亏损。冬季降水重新补给土壤水，但到了暮春时节，冬季补给的水即被用竭。尽管一些亚热带水果、坚果和蔬菜特别适合夏干气候，但大规模农业需要灌溉。夏干温暖气候区的自然植被为耐旱的硬叶常绿灌木林。

c）冬干温暖气候景观

冬干温暖气候，又称冬干亚热带季风气候。

（4）冷温带气候景观

冷温带气候主要分布在北半球温暖带气候区的北部。冷温气候以全年温度较低为其特征。如此的低温对生物和人类有深远的影响。夏季是个短而生长旺盛的季节。人们种植速生的蔬菜和麦类以利用这一短暂的生长期。但薄的土壤层和永久冻土严重妨碍了农业。虽然土壤的表层夏季融化，但地下冻土层的存在阻碍了水的下渗，地表常常排水不良。此外，土层的周期性冻融也使工程建设变得极为困难。因此，在景观设计中应充分考虑冻土层的工程特性。

（5）极地气候景观

在北极圈和南极圈内，夏季和冬季与白天和黑夜是相对应的。持续的辐射损失导致全球极低温和面积广大的冰原的出现。极地气候有两种主要类型，即苔原气候和冰原气候。

总之，不同的气候类型具有不同的气候特征，在此影响下会形成不同的植被类型和典型的动物种类。

4.1.3 气候与生态景观

1）气候资源与生态景观

地质地貌是相对稳定和不变的基本构景要素，是构成生态景观空间格局的基础。气象气候则是变化的自然要素，有的是有规律有节奏的变化，如春、夏、秋、冬的季节变化，有的是有规律无节奏的变化，如阴、晴、雨、晦之天气现象和风、云、雾、雪之气象变化，有的则是瞬息万变，如流云、飘烟、朝露、暮霭等。种种变化的乃至瞬息万变的气候现象与稳定不变的丰富的岩石圈、水圈、生物圈等相结合，便产生了变化万千的生态景观。并且，气候变化必然引起生态系统的变化，极有可能导致许多物种的灭绝和新物种的产生，并改变生态系统的多样性。

2）气候对生态景观的影响

（1）气候与水体景观

某一地区的水体景观与气候、土壤、植被、地貌、地质等多种自然因素有关，但气候起着决定性作用。

降水是水体景观的主要水源之一。可以说，全球的淡水资源都来自大气降水。地表上江、河、湖、海（图 4–2）的自然水体景观主要由大气降水形成，地表的冰川和永久雪盖也源自千万年前的大气降水（图 1–7、图 3–52~图 3–64）。

降水的不均匀分布导致水体景观的自然差异。降水量季节分配不均匀，大部分地区全年降水集中在夏季，导致大部分河川也是夏季丰水，冬季枯水。

（2）气候与田园景观

气候作为一种环境因素和自然资源，对田园景观的影响是多方面的。光、热、水、土壤等提供农作物生长发育所需的能量和物质，它们的不同组合对农业生产的影响不同。我国东南部地区光热同季，水分条件好，有利于农业生产，形成农耕文明的典型田园景观；青藏高原光照丰富，但热量不足，不利于农业生产；西北地区光照也丰富，但水分不足，也不利于农业生产；因此后两个地区都难于形成有特点的田园景观。

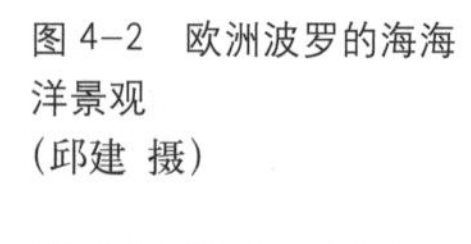

图 4–2 欧洲波罗的海海洋景观
（邱建 摄）

作物的种类和品质与气候条件关系密切。一个地区适宜生长的作物种类与当地的气候条件（温度和湿度等）密切相关。如北方适宜种植喜长日照、温凉

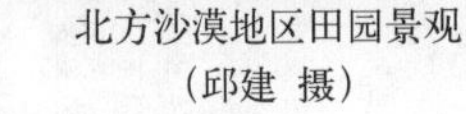

北方沙漠地区田园景观
（邱建 摄）

南方地区田园景观
（贾刘强 摄）

图 4-3　不同气候条件下的田园景观

气候的作物，南方则适宜生长喜短日照、热量充足的作物，这直接影响了田园景观的类型（图 4-3）。

（3）气候与森林景观

森林生态系统可以很好地调节生物与生物、生物与无机环境之间的关系，使之处于动态平衡状态。在此调节过程中，森林发挥着涵养水源、保持水土、净化空气、减少风沙、调节气候、保护环境的作用（图 4-4）。

图 4-4　四川某原始森林景观
（邱建 摄）

气候状况决定可生长树种的类型。不同种类的树木要求的温度条件不一样。广泛分布的树种对该地区的气候具有指示意义，如北方针叶林区是寒冷气候（高海拔）的象征，温带森林分布在冬季冷而夏季炎热潮湿的地区，热带雨林地区则终年高温、雨量丰沛。

（4）气候与草原景观

气候直接影响和制约着草原地区牧草的生长发育、产量形成和营养物质动态，决定着牧草和牧业的地理分布和生产力水平。

光、热、水等基本气候因子相互制约，共同对牧草的生长发育产生直接影响。光照是牧草进行光合作用的主要能源；温度直接影响牧草的生长状况，平均温度低于 0℃时牧草一般停止生长，达到 5℃左右时牧草开始返青，高于 10℃牧草进入生长旺期；牧草进入积极生长期后，降雨是否及时和雨量是否充足直接影响牧草生长速度和产量。风和湿度主要通过影响土壤水分蒸发和牧草叶面蒸腾，而对牧草的生长产生影响。

水、热状况的地区差异和季节分布决定着草原带的分布和生产力。如我国北方从东向西气候逐渐变得干燥，草原也由温带草甸草原逐渐演变为温带典型草原、温带荒漠草原和暖温型草原，草原的草群高度、盖度和产量也随之逐渐下降（图 4-5）。

图 4-5 青海祁连山草原门源花海鸳鸯景观（邱建 摄）

（5）小气候与绿地景观

绿地景观是城市中主要的生态景观，与小气候有着密切的空间关系，小气候与绿地景观的关系是一项复杂的研究工作。图 4-6 表示了成都市几个绿地斑块周边的温度场特征，说明绿地对一定范围内的环境温度具有一定的缓解作用。另一方面，根据城市温度的分布状况可合理规划城市绿地，以便充分发挥绿地的热环境效应，城市小气候从而影响了绿地景观。

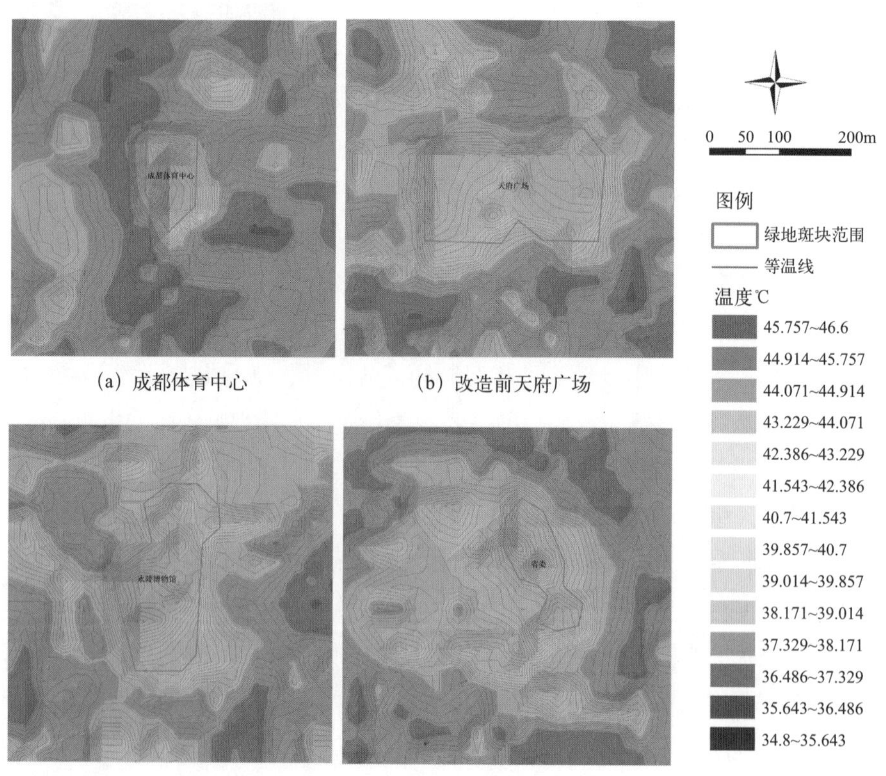

（a）成都体育中心　（b）改造前天府广场

（c）永陵博物馆　（d）省委

图 4-6 成都中心城区典型绿地斑块周边温度场示例（贾刘强 绘制）

（6）气候与生态修复

在生态修复，特别是退化植被恢复过程中，气候的驱动作用是显而易见的。其主要表现在三个方面：一是在消除人为干扰后，群落的物种组成、丰富度、盖度、高度和生物量会自然增加，气候条件的改善可以加速这一过程；二是大部分一年生植物或短命植物都在雨季萌发，较多的降水和较高的气温，有利于其萌发和存活，使土壤种子库的潜在植被转变为现实植被；第三点也是最为重要的一点，大多数退化植被恢复演替的方向都是地带性植被，终点为顶极群落，这是气候驱动机制的最根本体现[①]。

每个生态系统都处于某个气候带下。在进行植被群落结构重建与恢复过程中，气候决定了植被修复的终极状态——顶级群落的组成和结构。如干旱带的生态修复无论如何也无法达到热带雨林植被的物种多样程度和群落结构的层数。

4.2 土地

土地是地球表面的一个特定地区，包含着地面以上和地面以下垂直的生物圈中一切比较稳定或周期循环的要素，其特征是受到自然条件和人类活动的双重影响。人类的发展史就是土地利用的历史，人类占有土地的最终目的就是利用土地。不同的土地利用形式，如耕地、园地、林地、牧草地、居民点及工矿用地、交通用地、水域、未利用土地等，都呈现出各具特色的景观风貌。

4.2.1 概念

土地是人类生存和发展最基本的物质基础，不同学者对土地的概念从不同的角度加以定义。综合来说，“土地是地球陆地表层特定地段的自然经济综合体。不仅是一种珍贵的自然资源，可以不断地为人类社会提供产品和活动场所，而且能产生巨大财富和增值价值的经济资产或生产性资本”[②]。

土地是自然产物，人类劳动可以影响土地，但人类绝不能创造新的土地。在合理利用的前提下，土地可周而复始地使用。同时，土地位置固定，数量有限。总的来说，土地具有自然性、稀缺性、空间性、永续利用等特性，也具有自然和社会的双重属性。

4.2.2 土地与景观

1）土地是景观的载体

第1章在讲述景观的概念时就明确了景观与大地的关系，从某种意义上

---

① 彭少麟等. 恢复生态学 [M]. 北京：科学出版社，2020.

② 杨朝剑. 土地利用规划讲义 [EB/OL]. 网址：http：//ycjgtgx.blog.bokee.net/bloggermodule/blog_viewblog.do?id=526937.

讲，景观设计是“对土地的规划、设计、管理、保护和重建”[①]。也可以讲是关于景观的分析、规划布局、设计、改造、管理、保护和恢复的科学和艺术。人活着的时候需要优美健康的环境，死后也需要一个归属，都跟土地发生关系。因此，景观与土地息息相关，土地是景观的载体[②]。

2）不同地貌类型的土地与自然景观

地球表面是由起伏各异，高低有别的形态单元组成的。大地构造地貌包括大陆上和海洋底下的大陆地貌类型。前者包括山脉、高原、盆地、平原等；后者包括海岭、深海平原和海沟等。在大陆上叠加着山地、丘陵、高原、平原等次一级的形态单元；而在海洋中又有大洋盆地、大洋中脊、海沟和岛弧等，在大陆的山地中，地表起伏又可被分为冲沟，河谷等小级别的形态单元。地球表面上这些各种各样的形态单元就构成了千差万别的地貌，也形成了形色各异的景观风貌。

（1）构造山系和大陆裂谷景观

构造山系和大陆裂谷都是大地构造运动形成的大陆上最显著的两个地貌类型，前者表现为高大隆起的山系，如科迪勒拉山系、阿尔卑斯山、青藏高原等（图 4–7）；后者表现为凹陷的断陷谷地，大陆裂谷是由于大地构造运动形成的断陷谷地，其宽度大多为 30~75km，少数可达几百千米，长度从几十千米到几千千米（图 4–8）。

（2）平原与高原景观

陆地上海拔高度相对比较小的地区称为平原，指广阔而平坦的陆地。它的主要特点是地势低平，起伏和缓，相对高度一般不超过 50m，坡度在 5° 以下（图 4–9）。超过 1000m 的是高原，是大面积构造隆起抬升过程中因外力侵蚀切割微弱的结果，而高原边缘地带则在构造抬升过程中受到强烈侵蚀，常表现为深切割的陡坡。在构造抬升过程中，高原内部的构造活动也不一致，致使高

图 4–7 构造山系：青藏高原南迦巴瓦峰群山景观（左）
（邱建 摄）

图 4–8 大陆裂谷：美国亚利桑那州大峡谷国家公园景观（右）
（邱建 摄）

① 维基百科网.
② 水利工程网.

图 4–9　成都平原农业景观
（邱建 摄）

图 4–10　西藏米林雅鲁藏布大峡谷景观
（邱建 摄）

原上地形复杂化，如青藏高原上形成几条近东西走向的深切割山脉所形成的大峡谷景观（图 4–10）。

（3）盆地景观

盆地是低于周围山地的相对负向地形，四周隆起、中央低凹成盆状的地貌体（图 4–11）。强烈的升降差异运动，使周围山地抬升迅速并同时受到强烈侵蚀，导致盆地内部堆积巨厚的粗粒沉积物；相反，升降差异运动不甚强烈，则盆地内部接受堆积的沉积物较薄、较细。如果一个盆地经过一段堆积期之后发生构造反转，上升转变为侵蚀切割地区，就会结束盆地演化历史。

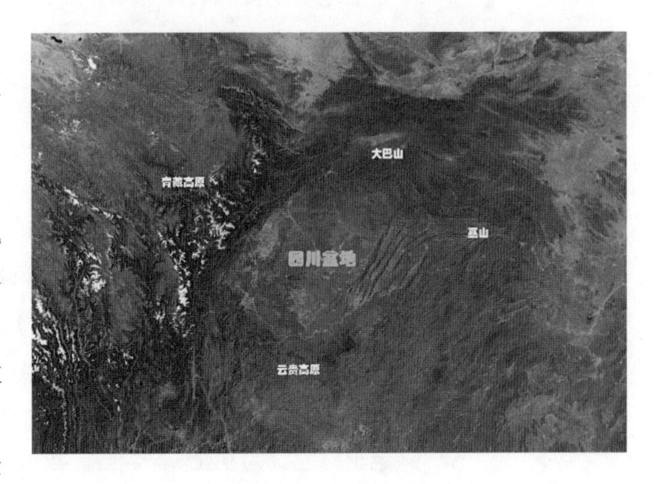

图 4–11　四川盆地地形[①]

4.2.3　土地资源的保护

第 3 章提及：与自然共生是人的基本需求，生态文明是现代文明的重要组成部分。景观的保护自然环境、维护自然过程是利用自然和改造自然的前提，是体现生态文明的物质载体。但是，在快速城市化进程中，高速扩张的城市使我国大面积的农田、林地、草地等变成建设用地，土地景观发生着前所未有的变化。土地上原有的生态平衡正在被打破，因此，要大力倡导景观规划设计的生态意识，保护土地资源。

景观保护是土地资源开发利用的前提。开发建设是社会发展的要求，然而，人文历史景观和自然景观却是社会的宝贵财富，是历史的丰富积淀。如果开发过程中疏于管理，不加节制地过度过滥开发，那么必然导致生态的破坏和历史延续的断裂。土地利用与景观保护必须有机协调，才能在发展革新中凸显

① 底图截屏自北斗卫星地图.

自然景观的天然和谐与人文景观的高雅浑厚。

保护土地景观，绝不仅仅是节约土地，还要与包括道路系统、城市基础设施、城市保护地段、重要地段、居住区域的规划和建筑设计在内的城市建设和环境建设相结合，将景观设计早期融入，并一直持续到后期的建设和管理。保护土地景观，就要协调人与土地的关系，在城市建设中处理好经济指标与遵循土地上各种自然状态和生物多样性要求的关系，与山脉、河流、本土动植物和谐相处。

要把有限的、不可再生的土地景观资源，用在保护与开发并重的最佳结合点上，既注重近期利益，更不能忽视长远利益，决不过度过滥开发建设，以确保土地景观资源的可持续发展利用和土地开发与景观保护的和谐统一，这样才能让土地产生最大效益。

4.3 水体

人类文明依附着水，自然中的水体带给人丰富多彩的感受，成为人们美的世界中不可或缺的资源。从涓涓的溪流、漫漫的沼泽、奔腾的江河、宁静的湖泊，到浩渺的海洋，地球上的水不停歇地流淌着，一路滋润着大地，滋养着万物，让地球绿色长青，生机勃勃。它有时清新悦目，有时激烈澎湃，有时柔媚宁静，有时威猛暴烈；它给人带来无尽的感受，甚至引发哲人对生命的思考，老子对它叹为观止——“上善若水”[①]，孔子对它发出感慨——“逝者如斯乎”[②]。

我国是历史悠久的文明古国，孔子说过“智者乐水、仁者乐山”[②]，祖国的大好河山，冰川、瀑布、江河、海洋等，都会引起人们无限的遐想和赞美。在我国造园史中，不论是皇家苑囿的沧浪湖泊，还是民间园林、庭院的一池一泓，都具有独特的民族风格和地方文化特色，它们饱含着诗情画意，体现了我国传统的理水技法，展现了东方文化的独特魅力。在外国造园史中，法国古典主义园林、意大利台地园、伊斯兰园林中的水景则以规整的几何美征服了大众。此外，水作为现代景观设计的重要因素，与建筑设计互为补充，构成了许多优美的景观环境并衬托出宜人的和谐气氛（图 4-12）。

图 4-12　四川黑水一民宿建筑水体景观设计（邱建 摄）

① 老子 . 道德经 [M]. 北京：光明日报出版社，2012.

② 孔子 . 论语 [M]. 刘胜利，译 . 北京：中华书局出版社，2006.

4.3.1 概念

1）水与水资源

水是万物生长的基础，是人类及一切生物赖以生存的不可缺少的重要物质，也是提供工农业生产、经济发展和环境改善等极为宝贵的自然资源。广义的水资源是指地球上水的总体。我们常说的水资源可以理解为人类生存、生活、生产中所需要的各种水。水的存在类型繁多，以固体、液体和气体的形式存在于地球表面和地球岩石圈、大气圈、生物圈之中。地球上自然聚集存在的水称之为天然水体，一般指地球地表水与地下水的总称。而地表水是指河水、湖水、海洋水等。

海洋是地球生命的摇篮。从外太空看地球，她是一个美丽的蓝色星球，蓝色的海洋几乎覆盖了地球 3/4 的表面，容纳了地球上 97% 的水，而其余的 3% 是供给全世界的全部淡水。淡水资源与人类生产活动和生活、社会进步息息相关，具有直接的使用价值和经济价值。在淡水中，有接近 75% 的水被禁锢在地球南、北两极和高山的冰川之中，有 24.6% 的水存在于地下水中，只有 0.4% 的淡水存在于大气中以及我们平常所看到的溪流、江河、湖泊和各种各样的沼泽地中（表 4-1）。

淡水的构成[①] **表 4-1**

存在方式	近似百分比（%）
冰层和冰河	75
深层地下水	14
浅层地下水	10.6
湖泊和水体	0.29
河流和小溪	0.05
土壤含水	0.03
大气含水	0.03

水滋养万物、哺育生命、创造文明。人类四大文明古国分别沿着四条大河诞生和繁衍开来。古埃及与尼罗河、古巴比伦与幼法拉底河、底格里斯河，古印度与恒河，中国与黄河、长江，河流孕育着文明的古国，诞生了悠久的文明，世界上大多数城市也是依水而建，并因水而发展壮大。可以说，水与人类的发展、生存密不可分，水资源伴随着人类的文明进程，维持着我们的生命，影响着人们的生活，丰富了我们的精神世界。

2）水的形态与循环

水是自然界的重要组成物质，是地球自然环境中最活跃的要素，水资源

① 王淑莹，高春娣 . 环境导论 [M]. 北京：中国建筑工业出版社 . 2004.

在不断地开采、补给、消耗、恢复的循环之中成为一种动态资源，属于可更新的自然资源，积极参与自然环境中的一系列的物理、化学和生物过程，以各种各样的形态和方式运动变化着，提供给人类使用和满足生态平衡的需要。同时，它不断地改变自身的物理与化学特征，由此呈现出一系列的独特景观特性。

水循环系统是一个庞大的天然水资源系统，水系统本身的特点决定了它的循环是非常复杂的，为了简单地说明，我们不妨把水循环的过程看作一个封闭的系统。在这个系统中，水以雨、雪、霜、露等形式降落到地面，或被土地、植被吸收，或被储存于地表的水体中，然后又通过蒸发的方式返回到大气中，当水蒸气到了高空冷却成云，继而以降雨等形式再次返回地面，就基本完成了一次简单的水循环过程。在这个过程中，蒸发的总量和降落的总量是基本平衡的，但受多种因素的影响，其降落分布是不确定的，敏感而恣意。水的不断循环和更新为淡水资源的不断再生提供条件，为人类和生物的生存提供基本的物质基础，直接影响着地球上动植物的生长和人类的生存。

4.3.2 特征和作用

1）特征

（1）可恢复性与有限性

地球上存在着复杂的、基本以年为周期的水循环，当年水资源的耗用或流逝，又可被来年的大气降水所补给，形成资源消耗和补给间的循环性，使得水资源不同于其他资源（如矿产资源），而具有可恢复性，属于一种再生性自然资源。虽然水资源具有可恢复性，但其可利用的总量却是有限的，过度的利用会导致水循环的破坏，从而影响人类的生产和生活乃至生存。

（2）时空变化的不均匀性

水资源时间变化上的不均匀性，表现为水资源数量年际、年内变化幅度较大，由于受多种因素影响，水资源变化有一定随机性，使得丰水、枯水年水资源量相差悬殊，或产生连旱、连涝的可能。另外，水资源量和地表蒸发存在地理性变化，而表现出空间分布的不均匀性。

（3）开发利用多功能性

水可用于饮用、灌溉、发电、航运、养殖、采矿、工业、旅游、环境等各个方面，水的广泛用途决定了水资源开发利用的多功能特点，在水资源利用上往往表现为一水多用和综合利用。

（4）利、害两重性

水资源对人类生产、生活提供了宝贵的物质基础，产生了多种功能的使用。但由于时空变化分布不均匀，汛期水量过度集中造成洪涝灾害，枯期水量枯竭造成旱灾，造成水资源的开发利用存在利、害两种性的重要特征。

（5）可塑型性

水资源具有极强的可塑型。水在地球上以液态存在时，或自由流动，或静态聚集，或以丰富多变的点、线（网）、面形态存在；当水以固体存在时，或堆积成为冰山，或形成面积不等冰面，甚至塑造成为冰雕等等。水的可塑型性可在景观设计中得到充分体现和应用。

2）作用

（1）维系生物生存

生命的形成离不开水，水是生物的主体，生物体内含水量占体重的 60%~80%，甚至 90% 以上。水与生物以各种各样方式相互作用，水是决定植被群落生产力的关键因素之一，还可以决定动物群落的类型、动物行为等。

水与人类的关系非常密切，水既是人体的重要组成部分，又是新陈代谢的介质，人体的水含量占体重的 2/3，而维持每人每天正常生理代谢至少需要 2~3L 水。工业生产、农业灌溉、城市生活都需要大量的水。

（2）调节气候

水是大气的主要组成部分，大气和水之间相互循环运动帮助调节全球能量平衡，水循环运动起着不同地区间能量传输的作用，并由此作用影响全球及局部地区气候变化。

（3）塑造地表形态

流动的水开创和推动地表形态，如形成河网、湿地、湖区以及三角洲等。水还是形成土壤的关键因素，也在岩石的物理风化中起着重要作用。

（4）交通运输

水上运输是与路上运输、空中运输并列的三大交通方式之一，在部分地区对发展地方经济，促进文化交流方面具有陆运和空运不可替代的作用（图 4-13），特别是国际海运物流已成为当前重要的国际贸易运输方式。

（5）观赏和游憩

水除了多种实用价值外，还具有陶冶情操、游憩娱乐等作用。自然界中的水以冰、海、湖、河、溪流以及瀑布、沼泽等多种形态存在，极具观赏性；人类对水的开发和利用，更加充分地展示了水的无穷魅力，提供了更多的亲近水的条件，如：游览江、河、湖、海；垂钓划船、游泳戏水等。

图 4-13　意大利威尼斯水运交通
（傅娅 摄）

4.3.3　水资源面临的问题和水环境的保护

1）水资源面临的问题

人类文明进程与水的利用是密不可分的。城市（镇）依水系而发展，商业贸易随水系而繁荣，进入工业文明时代以后，随着人口数量的增加，以及城市化的迅速发展，对水的需求量越来越大。农业用水、工业用水、城市用水（含景观环境用水）等各种用水需求不断增加，但可供人类使用的水资源却是有限的，甚至会因为人为的污染等因素而使其质量变差，可利用数量减少。加之，世界淡水资源的分布极不均匀，人们居住的地理位置与水的分布又不相称，水资源的供给与需求之间的矛盾日益加大，尤其是在工业和人口集中的城市，这个矛盾更加突出。

作为水系统构成的地表水和地下水本身具有相应补给与相互转化功能，但在水资源开发利用中由于缺乏系统观念，对水流域缺乏统一规划、统一调度、统一分配等有效机制，往往出现地表水和地下水分离，水流域上游下游分离利用的局面；从局部用水来看，由于对水认识上存在的误区，无序地开采地下水，不科学的利用现象十分普遍。

当前水资源短缺、水污染以及相当一部分水环境的灾害安全问题已成为影响水资源持续利用的重大障碍。水资源已成为当前和今后许多地区发展的巨大资源瓶颈，严重制约当地社会经济环境发展，并将可能引发一些地区走向衰败。从总的水储存量和循环量来看，地球上的水资源是较为充沛的，但由于消耗量不断增长和水域的污染等因素，造成了可利用水资源的短缺和危机，其原因主要包括：

a）自然条件影响

地球上淡水资源在时间和空间上分布极不均匀，并受到气候变化的影响，致使许多国家或地区的可用水量缺少。

b）城市与工业区集中发展

自 20 世纪中期以来，城市化进程加快，城市建设规模越来越大，在城市和城市周围又大量建设工业区，因此集中用水量很大，超出了本地水资源的供应能力。

c）水体污染

由于污染物的侵入，使许多水体受到污染，致使其可利用性降低或丧失。

d）用水浪费，缺乏保护资源意识

由于对水资源认识上的习惯性错误，人们对水的恣意利用和浪费，特别是对森林环境的破坏，造成水土流失等环境问题，破坏了水的自然平衡，减少了可利用水源。

e）盲目开发地下水

由于地表径流的减少，水资源的开发由地上转为地下，但由于对地下水的盲目开采，导致地面下沉、海水入侵等一系列的后果。

2）水环境的保护

a）水资源的可持续发展利用

水资源不是单一、局部的资源，而是水流域中一切与之相关联的因素构成的庞大系统，从环境资源系统可持续发展的高度去关注、研究、分配、解决水资源的保护、涵养、利用与循环，才能更加科学的规划，使水流域局部区域与总体相适应，建立更好的发展模式和发展机会，以实现可持续的发展要求。重点应协调好以下两个矛盾：

一是人口发展规模与水资源的矛盾。从生态学的观点，人口与环境密切相关，生态环境作为人类赖以生存和发展的自然基础，制约着人类的发展，而人口的发展又反作用于生态环境，这种作用如果超过生态和环境本身的自然调节限度，将会导致生态环境的破坏。在水资源利用中遇到的水资源严重紧缺，地下水超采，地面下沉，水土流失，河道水库淤积，水质污染，土地沙化等一系列问题，究其原因，根本问题在于人口太多，而且其分布又与环境和资源的分布不相适应。

二是经济发展与水资源开发利用的矛盾。经济发展和环境问题是不可分割的对立统一体，发展经济不可避免地要对环境造成影响，如果这种影响是环境的恶化则必然会削弱经济发展的基础。因此，水的开发利用必须保证环境生态的稳定与改善，才能求得经济的持续发展。

b）水资源保护措施

为实现对水资源的科学保护和有效管理，主要有以下几个方面：建立有效的水资源保护、使用机制；节约用水，提高诸如中水利用的水资源重复利用率；综合开发地下水和地表水资源；强化地下水资源的人工补给；建立有效的水资源防护带；强化水体污染的控制与治理；实施流域水资源的统一管理；运用新的技术手段提高水的使用效能。

近年来，我国在水资源的保护利用中投入巨大，开展了如海绵城市建设等一系列的科学研究与政策引导。在水污染治理方面也严格管理，以地表水质划分为例，一类水主要适用于源头水和国家自然保护区；二类水适用一般集中式生活饮用水水源地一级保护区、珍贵鱼类保护区和鱼虾场；三类水主要适用于集中式生活饮用水源地二级保护区，以及一般工业用水区和人体非直接按触的娱乐用水区；四类、五类水主要适用于农业用水和一般的景观要求水域；而劣五类的水既不能用为水源地，也不能用做工业生产和农用灌溉，就是说，这个等级的水已失去了使用价值。

3）水资源保护利用措施

水资源保护有很多工程措施。与景观设计紧密相关的生态措施来说，可持续雨洪管理（Sustainable Stormwater Management）能系统应对水污染、水资源短缺和雨洪问题，在国际上被越来越多的国家所采用。这个措施系统，在我国被称为海绵城市，日益受到广泛关注。海绵城市是指城市能够像海绵一样，在适应环境变化和应对雨水带来的自然灾害等方面具有良好的弹性，也可称之为“水弹性城市”。在建设内容上以低影响开发建设模式为基础，以防洪排涝体系为支撑，充分发挥绿地、土壤、河湖水系等对雨水径流的自然积存、

图 4-14 澳大利亚墨尔本 NBA 银行前小型雨水湿地
（杨青娟 摄）

渗透、净化和缓释作用，下雨时吸水、蓄水、渗水、净水，需要时将蓄存的水释放并加以利用，使城市像海绵一样，面对自然灾害时具有良好的抵抗力，保护和改善水生态环境。自然水景是城市内降雨径流自然排放的载体，其综合治理是海绵城市建设水利工作的重要内容。结合海绵城市建设评价指标，在对自然水景开发利用的时候应当注重完善城市防洪排涝体系，确保水安全；梳理河湖水系整体网络连接度，优化水环境；保护和修复自然水体生态系统，提升其自我恢复能力，改善水生态；加强雨水循环利用，提高城市水资源环境承载力，保护水资源。

海绵城市以山水林田湖为大海绵，以城市中的植草沟、渗水砖、雨水花园、下沉式绿地等“绿色”措施为小海绵。强调利用“渗、滞、蓄、净、用、排”等多种技术途径实现城市区域的可持续雨水综合利用与管理，而这些海绵措施设计同时也是具有观赏、游憩等多种功能的城乡景观（图 4-14）。

另外，水体景观是景观设计的主要工作之一，这部分内容将在第 10 章进行讲述。

4.4 植物

植物本身具有独特的姿态、色彩、风韵。不同的植物形态各异，变化万千，枝繁叶茂的高大乔木，娇艳欲滴的鲜花，爬满棚架及屋顶的各种藤本植物，铺展于水平地面的整齐的草坪，随着季节、地域的变化表现出不同的特征，春季繁花似锦，夏季绿树成荫，秋季硕果累累，冬季枝干虬劲，这些形象让人产生一种实在的美的感受和联想。

植物本身三维实体是景观设计中组成空间结构的主要成分。孤植展示个体美，抑或按艺术构图表现群体美。它能像建筑、山水等其他景观要素一样，建立空间、分隔空间、变化空间，通过观赏者视点、视线、视域的变化产生“步移景异”的效果。与其他要素不同之处在于：植物是有生命的。随着时间的变化呈现出不同的姿态相貌：从春意盎然到累累金秋；纤弱小苗到参天大树。人们从中深切地感受到了时间的印记。除此之外，植物景观还创造出美的意境，“出淤泥而不染”的莲，“独自凌冰霜”的菊，升华了的美的感受。

4.4.1 原生植被对景观的影响

在整个生物圈中，植被有着特殊的地位，发挥着极其重要的作用。它们是太阳能量的贮藏者。光合作用把简单的无机物制造成有机物并放出氧气的过程，为地球提供生命活动所需的物质和能量，使得人类及其他生物的存在成为可能。它们维持生物多样性，增加生态系统抗干扰的能力，维持生态系统的稳定。它们涵养水源，保持水土；调节气候，增加降水；保护环境，净化空气；防风固沙，保堤护田。

在进行景观设计时，原生植被是大多数场地选择和规划的基本考虑之一。原生植被处在地带性植被阶段是最稳定的，长势良好的原有植被，其存在的事实本身就已证明了它们适合这块场地，保留它们合乎情理。在各地漫长的植物栽培和应用观赏中形成了具有地方特色的植物景观，容易与当地的文化融为一体，甚至有些植物材料逐渐演化为一个国家或地区的象征。在很大程度上，它们是地域特征、历史文化和景观特色的载体。如日本的樱花、荷兰的郁金香、加拿大的枫树、哥伦比亚的安祖花都是极具地方特色的植物景观。在我国，海南岛的以椰子代表的植物景观给南国以特有的植物景观印象；西双版纳的热带雨林景观则给人一种神秘感；北京的国槐、成都的木芙蓉、深圳的叶子花都具有浓郁的地方特色①。

4.4.2 景观植物群落的特征

19世纪中后期，美国等西方国家将生态学原理运用于植物景观设计中。他们模仿自然风景（起伏的地形和丰富的植物群落景观等），出现了以自然式设计、乡土化设计、保护性设计和恢复性设计为基本内容的生态设计思想②。

自然植物群落是一个经过自然选择、不易衰败、相对稳定的植物群体③。无论是自然植物景观的保护与恢复设计，还是人工栽培的植物景观设计，都必须要遵循自然群落的发展规律。设计师应从自然植物群落的组成、结构、外貌中理解种群间的关系。这为设计师设计出健康、稳定的植物景观提供可靠的依据。为此，了解景观植物群落的特征至关重要。

1）群落概念④

自然界中，任何植物都不是单独或随意组合生活的。植物总是以特有的群落形式存在。自然群落是在长期的历史发育过程中，在不同的气候条件下及生境条件下自然形成的群落。各自然群落都有自己独特的种类、外貌、层次、结构。景观设计的实质是改造自然群落和创造栽培（人工）群落。在此过程中，我们必须要遵循当地自然群落的发展规律，并从丰富多彩的自然群落中学习、总结、借鉴。

---

① 卢圣．植物造景 [M]. 北京：气象出版社，2004：19.
② 胡长龙．园林规划设计 [M]. 北京：中国农业出版社，2003：145.
③ 王晓俊．风景园林设计 [M]. 南京：江苏科学技术出版社，2000：291.
④ 苏雪痕．植物造景 [M]. 北京：中国林业出版社，1994：48-50.

在一个植物群落中，各种植物个体的配置状况，主要取决于各种植物的生物学特性、生态学特性和该地段具体的生境特点。植物与植物之间、植物与环境间的相互关系决定了植物群落的基本结构特征，主要表现为群落一定的种类组成、结构、外貌、大小及边界等几方面。

（1）组成

任何一个植物群落总是由一定的植物种类所组成，我们把组成一个群落的全部植物种类称为该群落的种类组成[①]，它是决定群落外貌及结构的基础。植物种类的多寡对群落外貌有很大影响，例如单一树种构成的纯林，常表现出色相相同，高度一致，而多种树木生长在一起，则会表现出较丰富的色彩变化，而且在群落空间轮廓、线条上富于变化[②]。

（2）群落的结构

a）群落的垂直结构与分层现象

各地区各种不同的植物群落常有不同的垂直结构层次，这种层次的形成是依据植物物种的高矮及不同的生态要求形成的（图 4–15）。除了地上部的分层现象外，在地下部各种植物的根系分布深度也是有着分层现象的。通常群落的多层结构可分三个基本层：乔木层、灌木层、草本及地被层。

b）群落的水平结构

群落的水平结构是指群落的配置状况或水平格局，其形成与构成群落的成员之分布状况有关。对由相同植物种构成的种群而言，植物个体的水平分布有 3 种类型：随机型、均匀型和集群型。随机分布是指每一个种在种群中各个点上出现的机会是相等的，并且某一个体的存在不会影响其他个体的分布，随机分布比较少见。均匀型分布是个体间保持一定的均匀间距。均匀分布在自然界不多见，在人工栽培群落中最为常见[③]。

图 4–15　成都浣花溪公园水体旁多层次植物配置的园林景观（邱建 摄）

（3）外貌

群落中数量最多、占据面积最大的植物种（即优势种）最能影响群落的外貌特点。

群落的季相在色彩上最能影响外貌，而优势种的物候变化又最能影响群落的季相变化。夏季的群落一片绿色，秋季的红叶如火如荼（图 4–16）。

除此之外，群落的高度也直接影响外貌。群落中最高一群植物的高度，也就是群落的高度。群落的高度首先与自然环境

① 宋永昌 . 植被生态学 [M]. 上海：华东师范大学出版社，2004：35.
② 刘建斌 . 园林生态学 [M]. 北京：气象出版社，2005：161.
③ 刘建斌 . 园林生态学 [M]. 北京：气象出版社，2005：169.

图 4–16 四川南江光雾山风景名胜区秋季的红叶植物群落景观（左）
（邱建 摄）
图 4–17 四川稻城亚丁高山地带的森林和高山草甸之间通过过渡带分界（右）
（邱建 摄）

中海拔高度、温度及湿度有关。一般说来，在植物生长季节中温暖多湿的地区，群落的高度就大；在植物生长季节中气候寒冷或干燥的地区，群落的高度就小。如热带雨林的高度多在 25~35m，最高可达 45m；山顶矮林的一般高度在 5~10m，甚至只有 2~3m。

（4）边界①

地区有边界，植物群落同样也有边界。有的边界明显（图 4–17），有的两群落相接触时则不是能截然分开的，而是在这两个群落之间形成了一个过渡带，把两个群落连接起来形成一个整体。植物群落的过渡带有宽有窄（宽的可达几千米），有时还被称作群落交错区。

任何一个植物群落都有最适宜的分布区域和过渡带，其表现形式是被限定在一定的地理和生态环境范围之内。就是说，植物群落分布的边界要受到环境条件严格的制约。

（5）大小

由于群落存在边界，所以在空间上植物群落就一定有大小之分。植物群落大小是指具有相同结构和物种组成的群落在空间分布上的大小。相同的群落能够表现出一致的生物学特性。植物群落有大有小，大的像南美洲的亚马逊河谷的热带雨林以及横贯北欧和西伯利亚的针叶林；小的甚至可以小到森林中的一根倒木。

在植物群落中每个物种都会显示出特有的功能和结构，群落中物种不同，受到环境的制约程度也就不同。如果植物群落是由那些对环境适应性强的物种组成的，群落分布的范围就大，这一规律同样适应那些对环境适应性弱的物种组成的群落。

2）群落中物种的种间关系②

自然群落内各种植物之间的关系是极其复杂和矛盾的，其中有竞争，也有互助。

---

① “边界”和“大小”这两部分主要摘编自：陈玮 . 园林构成要素实例解析 植物 [M]. 沈阳：辽宁科学技术出版社，2002：8-9.

② 苏雪痕 . 植物造景 [M]. 北京：中国林业出版社，1994：50-52.

群落中物种的种间关系包括：寄生、附生、共生、生理、生物化学、机械等。菟丝子属是依赖性最强的寄生植物，常寄生在豆科、唇形科，甚至单子叶植物上，我们常可以在绿篱、绿墙、农作物、孤立树上见到它；在寒冷的温带植物群落中，苔藓、地衣常附生在树干、枝丫上，在亚热带，尤其是热带雨林的植物群落中，附生植物有很多种类；蜜环菌常作为天麻营养物质的来源而共生，地衣就是真菌从藻类身上获得养料的共生体；群落中同种或不同种的根系常有连生现象，砍伐后的活树桩就是例证，这些活树桩通过连生的根从相邻的树木取得有机物质，连生的根系不但能增强树木的抗风性，还能发挥根系庞大的吸收作用；生物化学关系在生物界广泛存在，如黑胡桃树下不生长草本植物，因为其根系分泌胡桃酮，使草本植物严重中毒；机械关系主要是植物相互间剧烈的竞争关系，尤其以热带雨林中缠绕藤本与绞杀植物与乔木间的关系最为突出。

3）群落的演替①

一个群落被另一个群落所替代的过程即为群落的演替，主要表现在随着时间的推移，群落优势种发生变化，从而引起群落的种类组成、结构特点等发生变化。演替中不同群落顺序演替的总过程称为演替系列。群落的演替是一种普遍现象，只是多数演替进行得非常缓慢，不易觉察，可以说，任何一个植物群落都处在演替系列的某一阶段上。随着演替的进行，群落结构从简单到复杂，物种从少到多，种间关系从不平衡到平衡，由不稳定向稳定发展，植物群落与生态环境之间的关系也趋向协调、稳定，最后使群落达到一个相对较长的稳定平衡状态，即所谓的群落发展的“顶极阶段”，在这一阶段，植物群落的组成、结构不会发生大的变化，稳定性高，抗干扰能力强，所发挥的生态功能也最强。不同地区的地带性植被是最稳定的，其原生植物群落即处在此阶段。

景观设计师的一项重要任务就是要通过对群落生长发育和演替的逐步了解，掌握其变化的规律，改造自然群落，引导其向有利的方向发展。对于栽培群体，则在规划设计之初，就要能预见其发展过程，在栽培养护过程中保证群体具有较长期的稳定性。如若灌木—乔木紧密结合在一起，并用大、中、小型的灌木，按其高低交错配合，形成茂密的树丛，则既能在景观上增加层次，发挥隔离的作用，又能在防风等生态功能上产生较好效果。

4）植物群落类型②

a）林地

林地是指以乔木或亚乔木为群种组成的植物群落。林地是陆地生态系统中最大的生态系统，其水平分布范围非常广泛，并占据着热带、亚热带、暖温

① 刘建斌．园林生态学 [M]. 北京：气象出版社，2005：173-176.

② 陈玮．园林构成要素实例解析 植物 [M]. 沈阳：辽宁科学技术出版社，2002：43-53.

带、温带、寒温带和寒带的广大地域。由于在不同的生态环境条件下，温度、湿度、降水量、光照等生态环境因素差别很大，形成了许多由具有不同生物学和生态学特性的树种组成的林地群落。

b）疏林草地

疏林草地是指由为数不多、旱生型、低矮分散的乔木或灌木与大量的草本植物生长在一起的植物群落。该植物群落的特点是干旱分明，雨量集中，乔木树种低矮，乔木、灌木和草本均呈旱生型结构特征。

c）灌丛

灌丛具有木本结构、层次多和浓密分枝的特点，是由丛生在一起，并且缺少中央主干的低矮植物组合而成。灌丛中灌木的生长状况主要取决于它们对养分、能量和空间的竞争能力。灌木茎干较多，密集生长，能阻截水分，减少地面径流，增加土壤水分。灌丛中灌木的根系发达，能吸收深层的水分。

d）草地

通常把生长在黑钙土或栗钙土上的多年生丛生、以禾本科草为主的草本植物群落称作草地。最典型的草地是由禾本科、莎草科和豆科等为主组成的夏绿干燥草本植物群落。这种类型的草地植被浓密、低矮，并呈现出暗绿色，具有明显的季相更替。

e）水生植物群落

水生植物群落是指生长在河流、湖泊、海洋等水分超饱和环境中的植物群落。这种群落类型中的不同物种通常会呈现不同的形态。按生活习性和生长特性可将水生植物分为挺水植物、浮叶植物、漂浮植物、沉水植物等类型。

世界各地均有水生植物群落的分布。且只要水生生境条件基本一致，就会出现相近的水生植物群落。

4.4.3 人造植物景观中的园艺学手段

人造景观中的植物群落是服从于人们生产、观赏、改善环境条件等需要而组成的。园艺学手段直接影响植物的成活及生长发育状况，进而影响到局部乃至整体景观效果。需要特别指出的一点是，景观设计师的首要任务是协调人与自然的关系。因此，决不能出现设计的植物找遍苗圃花房寻不见其踪影，只能不惜到自然群落中以破坏原有植被为代价获取的现象。这里增加了景观植物培育方面的内容，以初步了解人工种植植物作为景观设计要素的常识。

1）景观植物的培育

景观植物的培育包括植物繁殖、移植、抚育等环节。由于抚育与植物养护原理基本一致，在这里只对繁殖与移栽做重点阐述。

（1）繁殖

景观植物的繁殖分为有性繁殖和营养繁殖两大类。有性繁殖指用种子培育新个体的过程，又称种子繁殖。其成本低，产苗量大，苗木对外界适应力强。营养繁殖指利用植物营养体（根、茎、叶等）的一部分培育出新个体的过程。营养繁殖可分为扦插、压条、埋条、分株、嫁接等方式。营养繁殖能良好保持母本原有性状，获得早开花结实的苗木[①]。

（2）移植

移植是在一定时期把生长拥挤的较小苗木挖掘起来，在移植区内按一定的株行距栽种下去继续培育的方法[②]。移植是苗圃培养优质苗木和大规格苗木，提高出圃苗木成活率的重要措施之一。

景观植物要求规格全、规格大，且树形姿态完美、根系发达、移植成活率高。对树木特别是常绿树而言，株行距大小直接影响树冠的发育，从而影响树形。株行距太小，树木的营养空间不足，不利于根、杆、冠的生长。株行距大又不经济。最经济有效的办法就是繁殖苗合理密植，长到一定高度时进行移植。苗木移植后，随着株行距的扩大，其营养面积及通风透光条件也得到了改善，为培养出树形匀称、冠丛丰满、树姿美观的优质苗木创造了条件。除此之外，在移植过程中主根被切断，促进了侧根和须根的生长，从而提高移栽成活率。

2）景观植物的栽植

栽植常被狭义地理解为种植。实际上广义的栽植应包括起苗、搬运、定植这样三个基本环节的作业。这三个环节应密切配合，尽量缩短时间，最好是随起、随运、随栽。

（1）起苗

起苗也叫掘苗，是指将苗木连根起出的操作。起苗的质量与原有苗木健康状况、操作技术及认真程度、土壤干湿、工具锋利与否、带土状况及包装材料等有直接关系。按所起苗木带土与否，分为裸根起苗和带土球起苗。

（2）搬运

将起出的苗木用人力、机械或车辆等运送到指定种植地点的操作叫搬运或运苗。运苗过程特别是长途运苗时，常易引起苗木根系吹干和磨损枝干、根皮，因此应注意保护。

（3）定植

定植即栽植后无特殊情况下，以后不再移动的栽植方式。

从降低栽植成本和提高栽植效果角度考虑，我国多数地区定植的季节集中在秋、春。具体的栽植季节和时间，各地应从当地实际情况出发。根据树木栽植成活的原理，最适合的栽植季节和时间，首先应有适合于保湿和树木愈合生

---

① 中华人民共和国建设部．城市园林苗圃育苗技术规程 CJ/T 23-1999. 北京：中国标准出版社，2004.

② 王庆菊，孙新政．园林苗木繁育技术 [M]. 北京：中国农业大学出版社，2007：107.

根的气象条件，特别是温度与水分条件；其次是树木具有较强的发根和吸水能力，其生理活动的特点与外界环境条件相协调，有利于维持树体水分代谢的相对平衡①。

定植过程包括定点放线、挖穴、栽植。定植成活的关键取决于定植后苗木地上部分和地下部分能否及时恢复正常的水分代谢平衡。因此，树木栽植后要浇透水，使泥土充分吸收水分并与根系密切结合，以利于根发育。

3）养护管理②

俗话说“三分栽，七分管”，说明景观植物栽植后养护管理的重要性。根据设计配置的植物是为了创造各种优美的景观，所以栽植的植物不但要成活、生长，而且还要通过养护管理充分发挥其姿态美、色彩美、群体美，使游人赏心悦目，最大限度地得到美的享受。

养护管理必须依据造景植物的生物学特性，了解其生长发育规律并结合栽植地的环境生态条件，制定出一套切实可行的技术措施，来进行经常性的、不间断地工作，以保证造景植物的健壮生长。

（1）灌水与排水

水对于树木的成活和生长至关重要，所以灌水与排水是树木养护管理的重要技术措施。

灌水要结合树木的生长状况进行，分为生长期灌水和休眠期灌水。树木在生长期内的早春要及时灌水，以补充春旱少雨土壤中的水分不足。在树木展叶和花前、花后都要结合气候状况，除雨季外要进行多次灌水，以便为树木提供足够的水分，使其花繁叶茂、枝干健壮、硕果累累。在树木进入休眠期以前也要灌水，即秋末冬初时要灌一次封冻水，这对于北方地区尤为重要。冬灌可防止翌春干旱，同时对当地引入的边缘树种、越冬困难的树种和幼树等提高越冬能力十分有利。

灌水常用的方法是沟灌、穴灌等。沟灌是挖沟将水导入树木根部；穴灌是用人工将水通过胶管注入树木根部圆盘内。穴灌比较省水有效，又不破坏地面，机动灵活；但缺点是需要较长胶管，费人工。比较先进的灌水方法是滴灌，这种方法节水有效，不费人工，但需要设备投入和布置管道。

在灌水的同时还要考虑排水，主要方法有明沟排水、暗沟排水和地面排水。

（2）施肥

- 土壤施肥

要与树木的根系分布特点相适应，以发挥肥料的肥效作用。一般把肥料施

---

① 郭学望，包满珠．园林树木栽植养护学 [M]. 2 版．北京：中国林业出版社，2004：181.

② 王玉晶，杨绍福，王洪力，陶延江．城市公园植物造景 [M]. 沈阳：辽宁科学技术出版社，2003：116-119.

在距根系集中分布层稍深、稍远的地方，以利于根系向纵深扩展、形成强大的根系，扩大吸收面积，提高吸收能力。具体施肥的深度和范围与树种、树龄等有关，如油松、银杏、国槐等树木，根系大而深，施肥宜深，范围要大。而刺槐、京桃、杨等浅根性树木，施肥要浅。幼树、花灌木等根系浅、范围也小，施肥要浅而小。施肥的种类主要有基肥和追肥。基肥宜深施，追肥宜浅施。

- 根外追肥

也叫叶面喷肥。这种施肥法比土壤施肥省工省肥，发挥肥力快，可满足树木的急需，但不能代替土壤施肥。因为施肥量小，又不能改良土壤和促进根系生长，所以只是土壤施肥的补充。主要做法是用配制好的可溶于水的化学肥料，用喷灌设备喷在叶子表面，通过叶片吸收利用。

（3）中耕除草

为防止土壤板结和增加其透气性，可结合施肥每年中耕一次。时间最好选择在早春、深秋季节，深度以 20cm 左右不伤害根系为宜。结合中耕清除杂草和缠绕类藤蔓，为树木创造良好的生长环境。小乔木和花灌木类树木，每年可中耕 1 次，大乔木可 2~3 年进行 1 次。

在草坪覆盖的地方，可结合草坪打洞来对土壤进行疏松透气和施入有机肥。打洞次数每年 1~2 次即可。

（4）整形修剪

树木通过修剪和整形可以均衡树势、促进生长、培养树形、减少病虫害、提高树木的成活率和延长树龄。并以此满足观赏要求，达到美的效果。

a）修剪形式

①规则式：将树冠修剪成各种特定的几何形状，如圆头形、伞形、圆柱形、圆锥形、螺旋形及动物造型。适宜的树种有五角枫、龙爪槐、桧柏等（图 4–18）。

②自然式：保持树木原有的自然形态，只是对多余的枝干进行修剪的一种形式。如垂柳、国槐、水杉、油松等（图 4–19）。

图 4–18 美国洛杉矶比弗利山庄行公路旁规则式修剪植物（左）
（邱建 摄）

图 4–19 加拿大卡尔加里一居住区自然式修剪植物（右）
（邱建 摄）

③人工式：为符合人们观赏需要和树木生长要求，在自然形的基础上按人的意图进行形状修剪加工的一种方法。这种方法适合于主干弱或无主干的一些树种。如红瑞木、丁香、连翘等。具体有杯状形、开心形、丛生形、棚架形（图 4–20）、匍匐形等。

图 4–20 成都郊外一农家乐人工式修剪棚架植物（邱建 摄）

b）修剪时期及注意事项

对于乔木类树种宜在休眠期内以整形为主的重修剪，在生长期内以调整树势为主的轻修剪。而花灌木和萌蘖力强的树种可在生长期内进行整形或调整树势的修剪。主要注急事项有：

①修剪用的剪刀、锯等工具一定要锋利，修剪的剪口要平滑整齐，防止劈裂。

② 修剪的剪口直径超过 2cm 时，要涂抹防腐剂或蜡，以防病菌侵入。

③ 修剪下来的病枯枝要集中焚烧，防止病菌蔓延。

（5）病虫害防治

a）虫害

①食叶性害虫包括：槐尺蠖、卫矛尺蠖、刺蛾类、粘虫、油松毛虫、舞毒蛾、黄褐天幕毛虫、美国白蛾、松大蚜、吹绵蚧、花蓟马、榆牡蛎蚧等。

②蛀食性害虫包括：光肩星天牛、臭椿沟眶象、木蠹蛾、松梢螟、白杨透翅蛾、杨干象、青杨天牛等。

b）病害：

①叶部病害：毛白杨锈病、苹桧锈病、杨树黑斑病、黄栌白粉病等。

②干部病害：杨树腐烂病、杨树溃疡病。

防治方法包括药物防治、生物防治（以虫治虫、以鸟治虫）、物理防治（诱蛾灯、烟雾、熏蒸等）、人工防治及综合防治等。

（6）其他养护技术

a）防风

在多风地区的树木，要防风大折断枝干。方法是在休眠期疏枝修剪减少阻力。还可以设保护架支撑树干不被刮倒。

b）防压

一些大树枝叶茂密，极易枝干下垂，遇风遇雪时容易折断，特别是雪压给常绿树造成的损失更大。为此，对一些观赏价值高的大树要采取顶枝和吊枝的办法保护枝条；在大雪压枝时要用人工将雪除掉，以防压折。

c）防冻

对一些观赏价值较高的边缘树种，初栽的几年要在其北部设防风障，并对其干部缠草绳，根部铺草。

植物是景观设计的主要内容之一，这部分内容将在第 9、10 章具体讲解。

第 5 章

场地景观设计

在土地利用与其场地环境相适应的地方，农场，道路，社区显得处处协调。沿着宜人的道路驱车，穿过森林、草地、溪流，井然有序的田野、果园和丰饶的山谷，畅游于景观之中，人们留恋那些自然的花朵盛开于山中的小镇，陶醉于沿海滨或河岸层层分布的幽雅城市。然而，那些不恰当的规划和一些不合理的土地利用都能使大家的视觉和知觉都感到不适。

景观设计如同服装设计，第一件事情就是量体裁衣，选择合适质地的布料。其实任何一块土地都是有质感的，有的静、有的闹，有的远、有的近，有的雅、有的俗，有的大、有的小，而所有的需求都是有个性的，每种需求都对场地的属性有严格的要求。

尊重场地、因地制宜，寻求与场地和周边环境密切联系，形成整体的设计理念，已成为现代景观设计的基本原则。因此，景观设计师在规划设计时，首先要分析场地自然形成的过程、周围的山水格局、植被现状以及地下水等诸多方面的因素，进行系统的背景分析后，再整体设计分析这块场地的适应性，结合规划设计目标开展工作。

5.1 场地概念与资源系统

5.1.1 概念

景观设计的场地不应该狭隘地理解为可以看到或者感觉到的那块物质性场地。就其整体意义而言，场地指基地中各种要素所组成的整体，包含方方面面的内容，建筑物、广场、道路、植物、水体、标识导引、照明和小品等视觉可及的环境设施是场地的构成要素，而场地以及其所处地区的历史沿革，社会人文，包括今后的地区发展可能会带来的各种影响等非视觉可及的信息，也是场地的构成要素，都会成为场地设计必须考虑的问题。总体来讲场地包含自然资源系统和社会资源系统。

5.1.2 自然资源系统

第 4 章讲述了景观设计的自然要素，主要包括气候、土地、水体、植物。针对场地的自然资源系统而言，气候资源是能为人类合理利用的气候条件（如光能、热量、水分、风等），是影响场地环境的重要因素；土地是景观设计的载体，不同的土地有不同的地形地貌，可能是平原、丘陵或是山地；场地中的水起着非常重要的作用：调节场地气候，增加空气湿度，湖岸等湿地形成鸟类昆虫等栖息地，具有亲水性，形成人们休憩活动的场所，提高风景观赏的价值；植物是场地活力的象征，植物具有美化场地环境的作用，同时具有生态价值，改善场地的小气候。另外，场地内的生态物种，是维持场地区域生态环境的重要因素。

5.1.3 社会资源系统

场地的社会资源系统包括建筑物、构筑物、交通系统、城市基础设施、历史文脉、社会经济等。在一般的场地中建筑物、构筑物都必不可少，建筑物、构筑物的存在形态，决定了场地利用的基本模式，影响着整个场地的基本形态。道路、广场等组成的交通系统将场地的各个部分联系起来，同时也使它们同外部取得联系，所以场地中的交通系统起着连接体和纽带的作用。场地设计应同城市基础设施相联系，研究城市基础设施能否满足项目的需要，如饮用水源、卫生排污、电力、通信、煤气、供暖、雨污排放系统等，保证与城市功能系统连接的完整性，以使景观场地内部功能系统的正常运转。此外，历史的沿革与变迁，在基地上沉积了一部已被人们认同的“文脉史”，文脉是场地丰富的文化内涵，成为人们集体回归的精神场所。与场地相关的社会经济结构和历史文化成因的深入研究，对于确定一个项目的可行性是非常重要的，可以并且需要据此获得关于土地使用开发潜在价值的信息。

如法国维米岭（Vimy Ridg）是第一次世界大战时加拿大军队击败德国军队的决战场地，战时留下的作战场景成为历史的见证，也是场地珍贵的历史资源。在加拿大战争纪念馆景观设计场地分析时，景观设计师充分尊重历史，精心呵护遗存，将诸如堑壕等战时场地予以保留，运用景观设计手段，不仅营造出具有历史原真性的景观作品，而且挖掘了场地的历史价值，具有警示后人的教育作用（图 5-1）。

维米岭加拿大战争纪念馆

维米岭加拿大战争纪念馆景观设计保留的堑壕

图 5-1 法国维米岭加拿大战争纪念馆景观设计（邱建 摄）

5.2 场地分类及其特点

不同的场地都蕴含着不同的内在特点，每一个场地都有巨大的潜能，要善于发现。好的设计并非留下强烈的设计痕迹，而是对场地景观资源的充分发掘、利用。场地的分类有多种方式，可主要从地理位置、地形、环境特征和使用性质四个方面进行分类。

5.2.1 地理位置

从地理位置方面可将场地分为城市场地和乡村场地两类。

1）城市场地

城市场地有如下特点：

a）城市场地承载的历史信息厚重、积淀的文化资源丰富，因此，城市景观场地设计受到人们的特殊关注。

b）城市用地紧张，功能复杂，对场地的空间营造和利用要考虑多种因素，具有较强的挑战性。

c）城市景观场地尺度较小，空间设计与人的行为方式有直接联系，应基于人性化的尺度进行设计，注重细部处理。

d）城市景观场地视觉空间大多相对封闭，视线可及范围通常只能感受到城市的局部片段，难以形成较大规模的景观场景，需要通过景观的塑造来打破空间的压抑感觉。

e）城市形态是一个完整的整体，景观场地具有内聚性特征，在分析具体场地时，需要从城市空间布局切入，将城市肌理有机引入场地设计。

图 5-2 是成都市老城区拥挤的城市用地及布局肌理。

此外，城市环境总体上是一个人工环境，开放空间主体被硬质化，应注重更多自然元素的引入，有利于减少城市交通、噪声污染和视线混乱等对人们生活的影响。

城市是人类文明高度积聚的区域，是一定区域内经济社会发展的主要空间载体。面对一块城市场地，首先要确定土地的使用用途。在城市更新项目中，要认真分析土地以前受到过的影响，如废弃的工业用地，需要检查土地受到的污染情况，结合适当的场地清理，再制定整体再开发计划；对以前没有直接承载过建设项目、但被城市建设用地包围的场地，往往优先考虑将其作为城市建设用地，当然其中也包括城市绿地用地。从城市生态建设的角度讲，要高度重视为城市服务的栖息地、基本农田等重要土地资源的划定。

图 5-2 城市场地：成都市老城区拥挤的城市用地及布局肌理（邱建 摄）

2）乡村场地

乡村场地有如下特点：

a）土地充足，所以规划可以更为自由，巧于因借。

b）外围自然环境开放，将自然融入设计的目的和主题，体现最佳景观特征。

图 5-3　乡村场地：四川米易农村农业生产用地
（邱建 摄）

c）建筑不是景观设计主体，在景观中起辅助作用，往往与起伏变化的地形结合，形成资源条件丰沛，场地寓意明确的景观系统。

d）气象丰富，阴晴雨雾，声光云风，宜保持景观的自然性，建筑材料的质朴性，不宜过多装饰。

乡村土地主要的是为人们提供农业产品，同时对保持大地生态格局具有重要作用。在乡村场地的使用上，应该努力减少对自然区域的破坏、防止服务设施的无限扩张，使场地受到的影响最小，并保护自然排水通道和其他重要的自然资源，以及对当地气候条件做出反应。致力于保留乡土植物和动物，保护重要的栖息地斑块以及有利于物种在景观中迁移和基因交换的栖息地廊道（图 5-3）。

5.2.2 地形类型

从地形类型方面可将场地分为坡地和平地两大类。

1）坡地

坡地有如下特点：

a）等高线起主导作用，通常平行于等高线进行规划设计。

b）坡度分析非常重要，用于识别场地上可用来建造的建筑物、道路、停车场或游戏场等设施。

c）地面起伏较大，需进行场地平整和土方量计算，控制雨水排泄。

d）具有动态的景观特征，为景观增添了变化和情趣。

此类场地首先要做好现状地形特征分析，包括最高点、最低点和坡度等级，并确定相应的排水模式。注意那些可能会限制项目开发的现状内容：用地的朝向、阳光照射的变化、山谷风的运动、表层岩石、土壤承载力、水位等等。确定固定的控制点，包括现状建筑、边界、植被、地形和地下状况，避免受到项目开发的干扰。然后进行场地平整、竖向设计等（图 5-4）。

图 5-4　坡地：美国旧金山利用坡地设计的城市绿地景观
（邱建 摄）

2）平地

平地有如下特点：

a）限制条件少，场地可塑性强。

b）视觉宽阔，场地上元素既可作为主景又可作为背景。

c）有天穹和地平线，场地缺少第三维的竖向元素。

图 5-5 比利时鲁文一城市广场：平地的单调性因建筑物而得以改善（左）
（邱建 摄）
图 5-6 加拿大卡尔加里一绿地公园：局部地形造坡以避免平地景观的单调（右）
（邱建 摄）

d）景观趣味相对较少，缺乏私密感。

e）道路受地形限制少，可形成多种交通方式。

平地场地限制条件少，但规划难于形成特色，设计不当易流于单调，所以要充分利用现有资源，关注文化过程、经济过程和生态过程，适当引入外来要素，利用垂直形体如建筑物和构筑物与横向空间的对比，创造尺度宜人的观赏与交流场所（图 5-5）。在大面积的平地场地设计时，一般根据空间塑造的具体需要，在接近人的活动区域进行局部地形造坡处理，以丰富景观效果（图 5-6）。

5.2.3 使用性质

相对于乡村场地而言，城市场地用地性质更加多样、复杂，一般要满足居民的居住、工作、游憩和交通等基本功能需求，为此，场地使用性质可分为居住区、公共管理和公共服务区、工业区、商业区、道路与交通设施、度假区、绿地与广场等用地类型，每类场地都有不同特点，下面以居住区、工业区、商业区、度假区为例简要讲解其场地景观特点。

1）居住区场地景观有如下特点：

a）建筑密度通常较大，城市场地多向高层发展。

b）出现高视点景观，即由高点向下观景的位置。

c）存在垂直方面的景观序列和特有的视觉效果。

d）广场、健身场、游乐场所等是居住区中重要的交往空间，是居民户外活动的集散点，既有开放性，又有遮蔽性。

e）建筑与环境形成整体印象，并体现地域特征和文化氛围。

一座城市大约有三分之一左右的用地是居住场地，人的一生绝大部分时间都与居住环境产生关系，居住景观要求功能性、观赏性和经济性和谐并重，让人们把居住理想构筑在居住环境的绿色、优美与健康上，自然与人工的景观融出一片诗意的栖居场地（图 5-7）。

图 5-7 居住区场地：成都某居住小区景观（左）（致澜景观公司 提供）
图 5-8 工业区场地：四川宜宾五粮液酒厂工业景观（右）（邱建 摄）

2）工业区场地景观有如下特点：

a）工业建筑为主，景观相对单一。对景观设计的要求突出表现在体现工业文化和环境改善方面（图 5-8）。

b）与建设道路、电力、供水、雨污水排放、天然气、电信与宽带等基础设施结合紧密。

c）区位选择充分考虑工业对场地环境可能产生的影响。

从主导风向上看，严重污染大气的工厂应该在城市主导风向的下风向选择厂址，或者在主导风向的垂直两侧选择厂址；在季风区，工厂应该布置在当地最小风频的风向的上风向。从水源上看，有废水排放的工厂应该布局在远离水源地或远离河流上游地区，而自来水厂宜布局在居民区的水源地上游或河流上游地区。从距居民区的远近上看，占地面积不大而没有污染的工业，宜布局在城区；用地规模较大、污染较轻的工业可布局在城市边缘或近郊地区；严重污染的大型企业，宜布局在远离市区的远郊和郊外。

3）商业区场地景观有如下特点：

a）表现出各类建筑物的高度密集，中心商业区建筑向高层发展。

b）绿地容易遭到高利润产业的排挤，景观环境相对硬质化，公共开放空间紧张。

c）常住人口和流动人口相叠加，造成中心区人口高度拥挤。

d）中心商业区商务设施、人流的高度密集，带来车流的高度密集。场地交通组织难度较大。

城市中心商业区是一个城市中最具活力的部分。作为聚集城市中的商业、娱乐、文化等多种活动的公共活动区域，它不但是城市经济活动的核心，而且往往在城市的旧城区。在进行景观设计时，首先要减少建筑密度，在容积率允许的情况下适当增加建筑层数，同时可考虑适当向地下发展，从地下争取空间，此外，要把握机会如新城区建设等迁出一部分项目与人口，对用地进行调整，这样才能腾出一部分用地作为开放空间、绿化空间，从根本上改变中心商业区环境不佳的面貌（图 5-9）。

图 5-9 商业区场地：成都太古里商业街区景观（邱建 摄）

4）度假区场地有如下特点：

a）受自然生态影响，景观特色明显。

b）受气候、季节影响大，不同的时间景观不同。

c）反应地方的地理、历史、文化、风格等文化景观内涵。

d）场地的肌理明显，地形地貌丰富。

e）游客的参与性活动与环境质量密切相关。

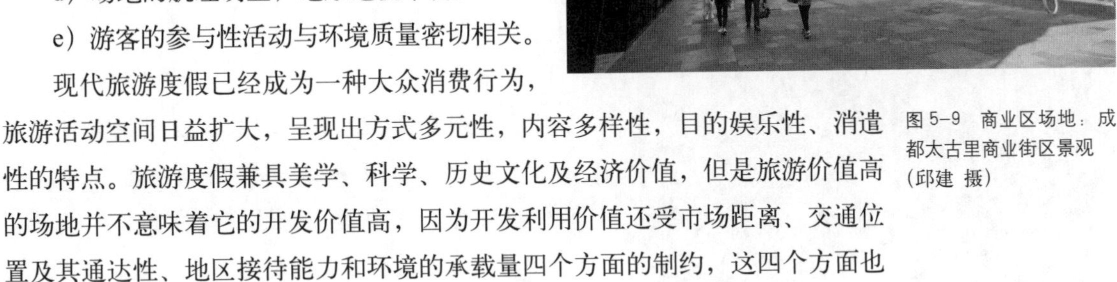

现代旅游度假已经成为一种大众消费行为，旅游活动空间日益扩大，呈现出方式多元性，内容多样性，目的娱乐性、消遣性的特点。旅游度假兼具美学、科学、历史文化及经济价值，但是旅游价值高的场地并不意味着它的开发价值高，因为开发利用价值还受市场距离、交通位置及其通达性、地区接待能力和环境的承载量四个方面的制约，这四个方面也是度假区景观规划设计需重点考虑的因素（图 5-10）。

图 5-10 度假区场地：云南抚仙湖度假区景观（邱建 摄）

5.3 场地空间分析

在二维场地规划中，关注的是如何确定用地区域以及区域间、区域和整个场地间的相互关系。场地空间设计之目的是功能化的使用，从前期的二维平面转为后期的三维空间，考虑每一空间的尺度、形态、材料、色彩、质感等特性，最终营造良好表达用途的场地。通过设计可以界定空间界限的事物，如重要的节点、地标、道路和边界，以及与场地自然特征的结合，如地形、植被和气候等，营造出被人们接受的“场地的领域感”。

5.3.1 空间界定

关于场所空间的结构分析模式有两种，一个是点——结——线——面模式，最典型的是凯文·林奇（1969）的“节点——标志——路径——边

图 5-11 空间的界定：瑞士 MFO 公园基地界面、顶界面和垂直界面（钱丽源 摄）

界——区域”模式[①]，另一个是“内——外”（Inside—Outside）模式。可以通过底面、顶面、垂直面、围合、豁口、边界等元素来分析，并通过向心性、指向和节奏来强化空间感。在中国人的景观认知模式中，场所现象更像“盒子中的盒子”，头顶一片蓝天、脚踏一方沃土，中国古代“形势宗”环境认知模式、国画中的空间构图、神话中的洞天福地，都体现了这些空间模式的存在。

1）基地

对于建筑来说，地板、墙壁以及天花板三要素限定了建筑的空间。那么延伸到场地这个外部环境，也对应存在三要素：基地、垂直界面和顶界面（图 5-11）。基地最重要的是起地面的作用，经常是场地的自然表面，有不同的土壤、养分、植物，是各种生物的栖息地，基地和用地的安排紧密相关，所以应该最有效合理地使用土地，保护自然地貌，有针对性地锦上添花。对于有特质的基地，最能体现设计者的驾驭能力，是设计者有意识的再创造过程。城市中的基地被大量的道路和硬质铺地填充，对生态系统是一种破坏，可以通过有效的设计，减少城市场地的硬质化。基地还具有承载功能，是人们情感的场所空间，基地的形状和模式如果处理得好，可以巧妙有力地表达情感，创造交往的室外空间。此外基地的路径设计尤为重要，路径的形式是曲还是直，色彩是明快还是灰暗，质地是坚硬还是柔软，都制约着空间的感受。对于整个场地，宜统一设计统一实施。

2）顶界面

对外部环境来说，顶界面是自由的，一直延伸到与树冠或天空相接，天气阴晴、光影变化、虚实动静，这种开阔的空间本身是一种美丽的风景。顶界面覆盖的形式、特点、高度及范围对它们所限定的空间特征同样产生明显的影响。可运用植物材料进行顶平面上的界定，围合空间。通常顶平面与自由的天空相连接，然而覆盖形成其空间的顶平面就是绿色植物。园林里最常见的亭子、楼阁、大棚、廊架是一种利用构筑物形成覆盖的方法，而植物材料的覆盖一方面可以选择攀缘性的植物借助廊架和木构架来形成，另外一方面可以选择具有较大的树冠和遮荫面积的大乔木群植、丛植来形成，甚至一棵巨大的伞形遮荫树也是营造覆盖空间的极好材料，这时的植物犹如室内空间中的天花板限制了伸向天空的视线，但不同的是可营造富于变化和充满想

---

① 凯文·林奇．城市意象 [M]. 方益萍，何晓军，译．北京：华夏出版社．2017.

图 5-12 广东广州华南国家植物园运用植物材料进行顶平面空间的界定（左）
（邱建 摄）
图 5-13 加拿大温尼伯格一公园利用植物垂直界面形成的围合空间（右）
（邱建 摄）

象的顶界面（图 5-12）。

3）垂直界面

垂直界面起空间的分隔、屏蔽和背景作用，它与建筑围合有许多不同之处，垂直界面具有包容性、导引性和渗透性。建筑、环境设施、植物在空间的垂直面上进行围合，而围合材料的质地、色彩、形态及规格等特性决定了被围合空间的特征。比如根据植物材料的选择和种植的密度也可以形成植物虚空间和实空间，虚空间的围合种植密度较低，树叶稀疏，空间半透半合；实空间树木紧凑，叶丛繁茂，视线被局限在小空间里。围合的程度决定了创造出的是1/4 围合空间、半围合空间、3/4 围合空间还是全围合空间。然而，无论创造的是怎么样的围合空间，这种类型的空间总是能够给人带来一定的安定感和神秘感，而且只有在一定功能的支配下，营造的围合空间才会有意义（图 5-13）。

5.3.2 空间特征

相对于建筑内部空间大小确定、材料单一、围合强度高、界定方式单一并具有向心性而言，外部场地空间具有松散、发散、多元材料围合、围合强度低、界定方式复杂多元、空间感受多元的特性，按照芦原义信先生的观点，外部环境有的是向心的，有的是离心的：具有向心秩序的外部环境为积极空间，具有无限延伸的离心作用的环境为消极空间①。

场地空间按功能要求分为人的领域以及除人之外包括交通工具在内的领域。要获得舒适的人的停留空间，就需要以限定空间的手法创造一定的封闭感，即芦原义信所谓的积极空间，利用标高的变化及墙的运用均可以得到不同程度的封闭感。同时，作为外部空间，还应该具有开敞、流动的特点，意念空间的设计也是限定区域的重要手段。独特的空间布局强调了不同的功能

① 芦原义信 . 外部空间设计 [M]. 尹培桐，译 . 北京：中国建筑工业出版社，1985.

分区：①边界区：即与邻近土地相连的界区；②停车场道路系统区；③步行区；④建筑群中的开敞空间（图 5-14）；⑤广场及庭院。

5.3.3 空间构成

场地的空间构成要素可分为基本构成要素和辅助构成要素。基本构成要素是指限定基本空间的建筑物、高大乔木和其他较大尺度的构筑物（如墙体、柱或柱廊、高大的自然地形等）。辅助构成要素是指用来形成附属空间以丰富基本空间的尺度和层次的较小尺度的三维实体，如矮墙、雕塑、台阶、水景、灌木和起伏的地形等（图 5-15、图 5-16）。

图 5-14 俄罗斯莫斯科克里姆林宫建筑群中的一开敞空间（左）
（邱建 摄）
图 5-16 俄罗斯圣彼得堡冬宫内庭院建筑物限定的基本空间和台阶限定的附属空间（右）
（邱建 摄）

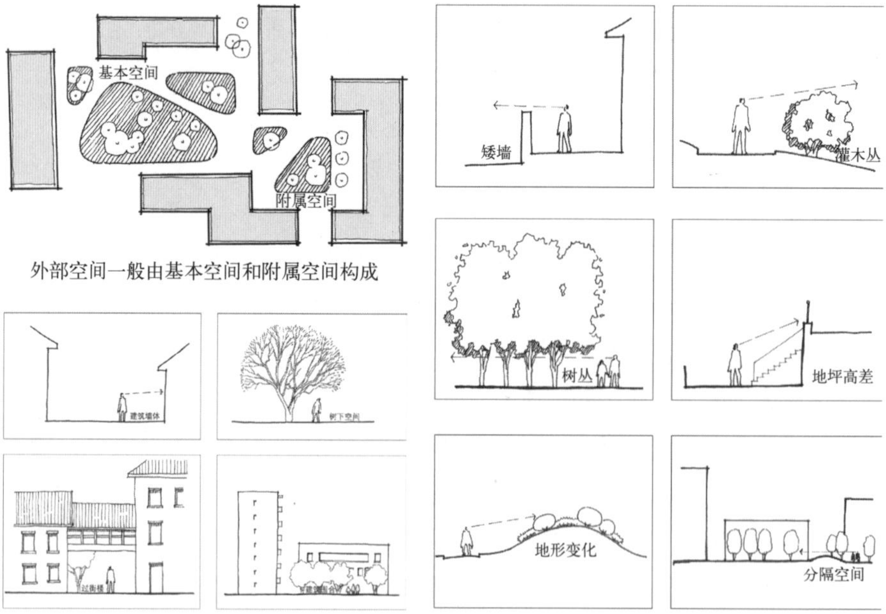

基本空间
附属空间
外部空间一般由基本空间和附属空间构成
矮墙
灌木丛
树丛
地坪高差
地形变化
分隔空间
基本空间示意
附属空间

图 5-15 外部空间一般由基本空间和附属空间示意[①]

① 李翔根据国家级精品课程电子资源改绘.

5.3.4　空间尺度

场地的空间规模与尺度受城市规划、日照及不同的生活习惯所影响。芦原义信对尺度提出“十分之一”理论，即“外部空间可以采用内部空间尺寸8~10倍的尺度”①，他认为这正好包含着可以互相看清脸部距离的广度，有助于创造舒适亲密的外部空间。还提出具体的“外部模数理论”，即“外部空间可采用一行程为20~25m的模数”②。空间尺度的不同给人以不同的感受，大尺度给人扩散、远离的感受，小尺度给人内敛、近迫的感受，景观设计师可以利用这种尺度的差异来创造不同的空间形态，也可以弥补原有空间的先天不足（图5–17）。

图5–17　按照比例把人画到剖面图上比较就能形象地得到外部空间尺度上的概念
（李翔 绘制）

5.3.5　空间色彩

一个场地的空间色彩，应体现该空间的历史、传统、文化、风土人情及其发展状况。空间色彩是建立在人们的视觉生理和视觉心理基础之上的，是一种视觉环境，是人对色彩环境的认识，其中有共性，也有个性。在景观环境色彩中，建筑及其他室外环境设施都要置于一个特定的自然环境或人工环境之中，都要以自身的色彩组合与周围环境色彩进行对比与协调，以展现共性或个性的风貌（图5–18）。因此，色彩也是体现场地环境景观整体风格的要素之一。譬如向阳面的空间，可以凭借阴影产生奇妙的变化，相对背阳面，空间的色彩较为丰富温暖。

图5–18　捷克布拉格场地景观色彩的对比与协调
（邱建 摄）

5.3.6　空间类型

按照人的活动特点，场地空间大致可分为活动型、休憩型、穿越型三种类型。

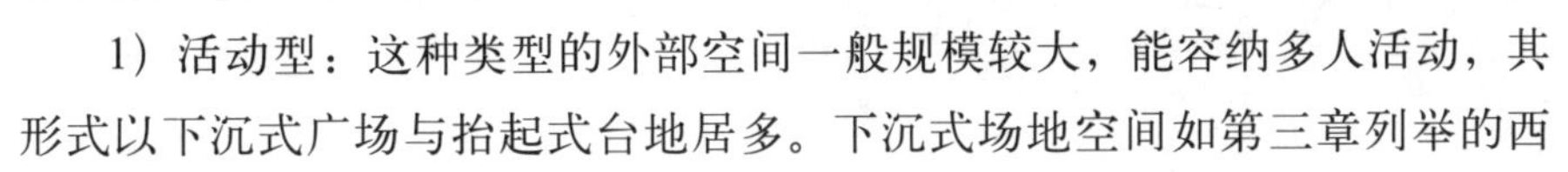

1）活动型：这种类型的外部空间一般规模较大，能容纳多人活动，其形式以下沉式广场与抬起式台地居多。下沉式场地空间如第三章列举的西

①、②　芦原义信.外部空间设计[M].尹培桐，译.北京：中国建筑工业出版社，1985.

图 5-19　下沉式活动型场地空间：西安大雁塔北广场
（邱建 摄）

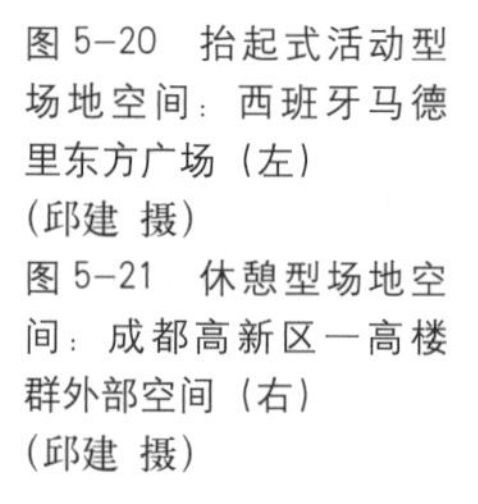

图 5-20　抬起式活动型场地空间：西班牙马德里东方广场（左）
（邱建 摄）
图 5-21　休憩型场地空间：成都高新区一高楼群外部空间（右）
（邱建 摄）

安大雁塔北广场（图 3-29、图 5-19），抬起式如西班牙马德里的东方广场（图 5-20）。不同的围合给人以不同的感受。

2）休憩型：这种类型的空间以高楼群或者小区内住宅中的外部空间为多，一般规模不大，尺度也较小（图 5-21）。

3）穿越型：城市干道边的建筑及一些大型的观演、体育建筑常有穿越型的外部空间，或者是城市里的步行通道或步行商业街。如四川北川新县城中心的巴拿恰商业步行街区，其间点缀绿化、小品等，既可穿越，也可休息，或可活动，可以说是多功能的外部空间（图 5-22）。

5.3.7　空间节点

各层次空间衔接点（即空间节点）是否经过处理在很大程度上影响着各空间层次是否真正存在、发挥其应起到的实际作用。两个空间层次的空间节点必须经过处理，不论采用何种方式，如过渡、转折或对比，目的均在于暗示某种空间的特征和空间的界限，使该空间本身与其他空间之间发生改变，让人有“进与出”的感觉变化，从而保证各空间层次的相对完整和独立性，满足各种活动对空间的领域感、归属感和安全感的要求，使人们在其中自然、舒适和安定地生活与活动（图 5-23、图 5-24）。

图 5-22　穿越型场地空间：四川北川新县城中心的巴拿恰商业步行街区
（邱建 摄）

5.4 场地设计方法

场地设计就是在对场地本身资源进行全面调查研究、分析综合后，结合项目设计目标进行设计的工作，其目的是保证项目在建设实施后，功能能够得以有效发挥，并与环境和区域的发展相适应。

场地设计的基本程序为：调查—分析—综合。

5.4.1 调查

每一个场地都有它的特殊性，呈现出与其他的场地不同的方方面面。对场地的调查应该建立在全面和客观的基础之上。所谓全面是指对与场地相关联的全部资源进行调查收集，尽量不遗漏；所谓客观是指准确翔实，不回避问题、不夸大优势。

在进行调查的同时，应结合项目目的，加强寻找现状场地与项目实施之间的关联想象，寻觅项目前期的设计灵感。

根据设计项目本身的规模、区位、性质、功能，对调查范围应该有所不同。一般来讲，项目的规模越大、区位越中心、性质越复杂、功能越多样，调查的外延就应该越宽、调查的内容越复杂，反之则越简单（图 5-25）。

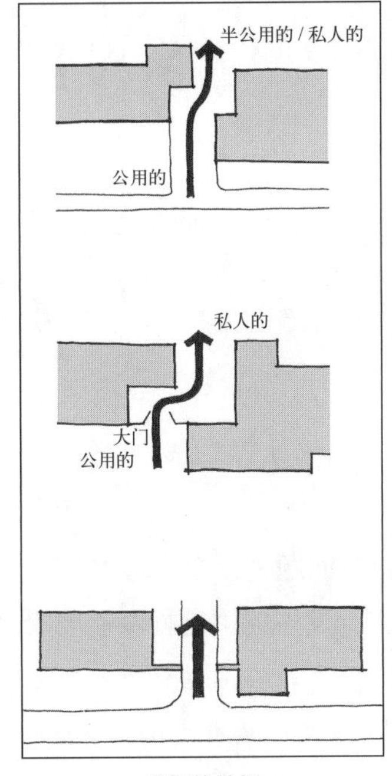

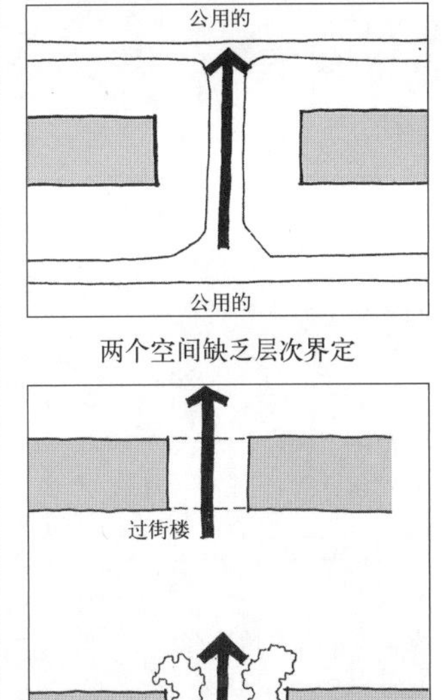

图 5-23 空间节点的影响示意图[①]

图 5-24 西班牙巴塞罗那一街巷转折节点通过过街楼自然过渡（邱建 摄）

5.4.2 分析

对搜集的调查资料进行系统、全面的分析，对场地的资源条件进行准确的评价，提出对于项目的实施发展所可能带来和产生的有利作用或不利影响，积极的作用如何有效利用，不利的影响如何化解或减少，因势利导，扬长避短，为下一步的设计综合提供依据。

① 李翔根据国家级精品课程电子资源改绘.

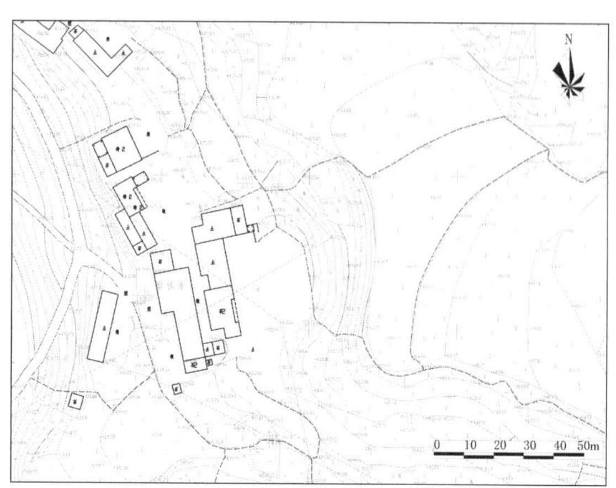

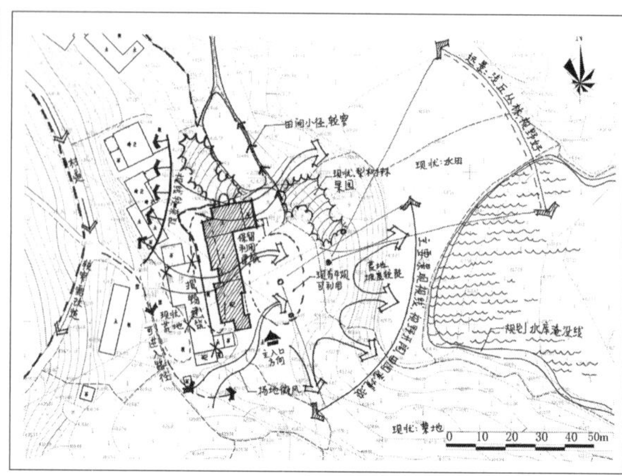

图 5-25　地形测量图（左）
（李翔 绘制）
图 5-26　场地分析图（右）
（李翔 绘制）

在分析问题过程中，对主要不利因素应当重点关注研究，因为其很可能成为项目本身发展的决定性限制要素，也就是所谓的“发展瓶颈”。比如一个大型居住区，计划居住规模为 3 万人，如果用地安排时对外联系的主要道路仅布置一条 20m 宽的城市支路，那这个项目今后的发展必然会产生大量的交通问题，在设计中必须予以解决。如图 5-26 所示为场地分析图。

5.4.3 综合

综合是在调查分析的基础之上开展的设计主体阶段，一般包括构思草图、多方案比较、方案综合、设计总平面、施工（包括施工图设计和场地施工）几个基本时序。

1）构思草图

在比例适中、准确的场地地形图图底上，依据调查分析的结论，根据项目的设计目标，进行快速的总体构思。重点是场地的主要支撑系统，比如场地的平整利用和改造、道路交通系统布局、主要的建筑设施的选址、必须保证的功能用地（区）的安排、重要的景观区（点）和视线通道的保持、需要保护（保留）的资源等；在考虑场地内部资源的有效利用的同时，应当注意与场地关联的外部环境的衔接、协调，比如场地内部与外部交通的衔接、主要建筑物与周边建筑的空间尺度关系是否协调、通风采光能否有效解决、是否对外能形成良好的景观和视线。处理好这两方面的问题，是在构思阶段很重要的工作（图 5-27）。

2）多方案比较

构思的方案草图，应该提出多样的思路，形成不同框架下的结果，无论什么样的结果，都应该是围绕设计目标，和依据分析研究的结论来展开的。多样的方案放在一起进行比选，互为补充，进一步明确设计思路和采用的方法，然后将多方案进行集中，进行 2~3 个方案的发展深化。

3）方案综合

在对深化的 2~3 个方案进行综合研究，最终确定设计方案，将之前所有

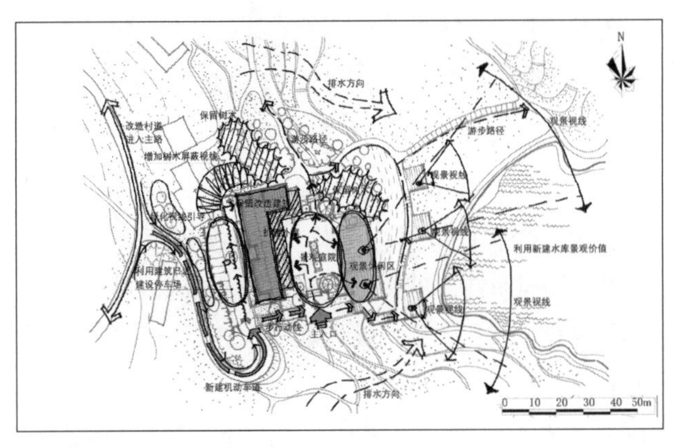

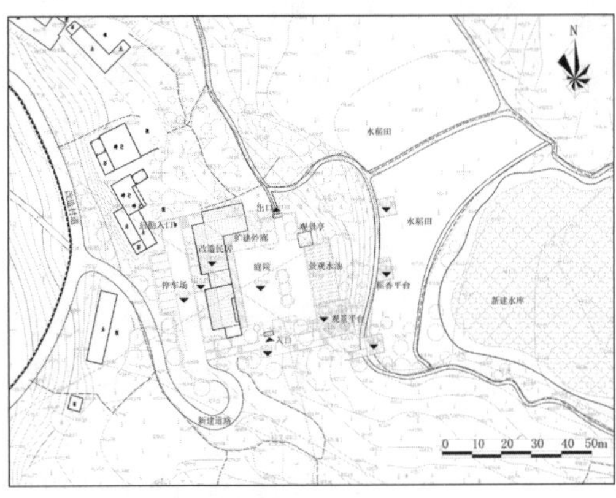

图 5-27 规划草图（左）
（李翔 绘制）
图 5-28 场地规划图（概念）（右）
（李翔 绘制）

的与确定方案有关联的分析研究结果、设计要素运用方法和表达手段集中使用（图 5-28）。

4）设计总平面

这一阶段与阶段 3（方案综合）也可以合并，总平面要求全面、准确、清晰地表达图纸上的设计技术信息，比如场地不同的设计高程，道路规划的路径、高程、坐标点、平曲转弯半径，建筑物的位置、高度、层数，重要用地的安排，基本种植的方式、类型的选择，还包括指北针、比例尺等。设计总平面图是后期场地工程设计的基础，方案通过后，就可以进行工程概算，准备开始详细的施工图设计阶段。

5）施工

该阶段包括施工图设计和场地施工两个方面，其内容将在第 11、12 章相关部分详细介绍。

5.5 场地与周边环境

场地设计的目标是努力把场地的各种现状进行联系与系统梳理，将场地的重要特征加以收集、转移和处理，以利于形成场地新的用途。场地不仅仅是一种界面、一种载体，在场地上根据需要还可以布置很个性化、很主观的景物，但不能将主观意愿与场地随意重叠，因为场地并不仅仅适合承载人们的某种意图或固有的思想体系，也不是孤立的实体，更需要与周围环境发生联系，进行系统的考虑与设计。

在城市之中，场地和场地之间是紧密相联的，每一个场地都不是孤立存在的，而是城市整体的一部分，城市是一个有机整体，是变化而连续的，因此，场地的设计仅仅只了解基地内的状况远远不够，相邻场地的布局模式、基本形态、环境特征对该场地的影响也最为直接，关系到场地能否与周边环境形成良好的协调关系。

5.5.1 区域

第1章在讲述景观设计的职业范围时，将“区域景观评估与规划”作为景观设计师的执业范围之一。实际上，区域景观也可以理解为在更大范围内，从普遍联系的自然、社会、经济条件出发，研究某一点（譬如城市作为一个点）与周围的环境的关系，以及周围环境条件对城市的影响，即从区域的基本特征和属性出发，基于场地所在区域的整体性、系统性和连续性进行设计，从而使场地设计更加科学、严谨和系统。

区域景观规划以区内的自然资源、社会资源和现有的技术经济构成为依据，考虑地区发展的潜力和优势，在掌握工农业、交通运输、水利、能源和城镇等物质要素现状的基础上，研究确定经济的发展方向、规模和结构，合理配置工业和城镇居民点，统一安排为工农业、城镇服务的区域性交通运输、能源供应、水利建设、建筑基地和环境保护等设施，以及城郊农业基地等，使之各得其所，协调发展，获得最佳的经济效益、社会效益和生态效益，为生产和生活创造最有利的环境。区域能够让人有意识进入其中的地区。人们用“区域”的概念在精神上组织景观布局并把规模过大的场地分解成比较容易控制的小块。例如滨水地段的仓储区、城市中心的商业区、特定阶层的大规模居住区，每一个都有不同的规模、结构和用途。

区域内各种自然环境条件和社会经济条件都是相互联系的整体，“牵一发而动全身”，是“唇亡齿寒”的关系。景观作为一个生态系统，其景观结构和格局是相互联系的整体，其内在联系正如食物链一样，是不能破坏、割裂开的。在区域景观规划的环境规划中，应该注重这种关系，不要只重视城市本身的环境规划与整治，而疏于对整个相关区域的环境规划与整治；只重视城市中心区的景观改造和建设，而疏于城市郊野景观的建设和城市绿化生态防护林的建设；只重视本地区的河段的污染整治，而疏于从源头以及整个流域的污染整治。

区域景观设计应对原有场地上有价值的空间、物体及文脉，特别是那些特有的地域性文化、继承过去和联系未来的因素予以充分的研究、发掘、维护和利用。能在现代城市户外环境的设计中，充分体现选择和包容的现代意识，通过现代科技和生态的手段，让那些无碍于生活，尤其是行将消失的物化因素及文化内涵重新勃发生机，使场地焕发自身的生命力，为日益贫乏的都市生活提供多样的户外场所。

总之，区域景观规划应通过调查研究，搜集有关地区经济和社会发展长期计划以及各项基础技术资料。在搜集整理资料过程中，必须对本地区的自然资源和社会资源作较全面分析与评价，以便进一步确定区域专业化和综合发展的内容与途径。在区域内保留一系列的自然原生的景观要素。把自然的基本元素与城市的基本元素集合起来，在城市空间的塑造中保持这些即使很细小但是非常有趣的自然人文景观部分。通过规划一系列开放的缓冲性城市公共空间，来区别和独立繁忙的城市空间和自然休闲空间。同时吸收独特的地区文化，塑造一个协调的多样性场地层次空间。

5.5.2 社区

社区是指人们在某一限定地域内的集中居住区。人们在这里可以通过一系列的相互作用使自己的许多日常需要得到满足。社区还是一个具有自我意识的单位，居住在同一社区中的人们有一种归属感，而这种感受并不是单凭着血缘关系建立起来的。一个好的社区应该提供满足各种物流、人流、信息流的工具，在保证住户健康、安全、舒适的前提下，尽可能地提供便于住户交流的机会，符合未来发展的需要，给人留下整体感的印象。

社区建设用地应选择在适宜健康生活的地区，具有适宜建设的工程地质和水文地质的条件，远离污染源，有效控制水污染、大气污染、噪声、电磁辐射、土壤氡浓度超标等的影响。社区环境质量要从源头抓起，除工程地质和水文地质条件外，还应查清建设用地的环境状况，做出量化评估，以便在规划设计中采取相应的技术措施，满足社区环境质量标准的要求。它不一定被限定在城市范围内，分布在开阔郊野之中的，有高速公路和快速公共交通为之服务的卫星城镇或较大的新城镇也具有许多优点。

社区内的景观场地应考虑与社区内部动静交通的关系，防止机动车造成的环境污染和安全隐患。场地与步行通道和无障碍设施形成连续贯通的系统，利于步行健身，以及老年人和残疾人行走。为照顾行动不便的老人和残疾人，在场地中步行道路出现高差时设缓坡，变坡点给予提示，并宜在坡度较大处设扶手。

交往是形成社区凝聚力的一个重要因素，在住区内应创造不同层次的交往空间。社区交通影响着和制约着使用者的活动和行为，通过景观场地的布局和设置，为居民增加相互之间接触、熟悉和交往的机会。社区入口场地是人们共同停留的小环境。场地设计应使其具有一定的领域感，为交往提供亲切的环境条件。利用户外空间和绿地成为居住者方便、安静的休闲、健身交往的场地，这些场地空间要开畅与围合相结合，既与路径相连，又有绿篱等适当分隔，还有适宜的座椅可供休息。公共活动场地应使其与使用者发生积极的功能联系，具有对附近人群的吸引力。公共活动场地是社区交往中心，需考虑其位置和环境的容量。

社区景观场地建设应与周边环境相融合、与社区色彩相协调，其中的标志牌位置恰当，统一清晰。色彩应综合考虑构筑物、地面、植物的色彩的配合，提倡简约，视野舒适，增强社区感染力和个性特征（图 5-29）。

图 5-29 杭州某居住社区景观环境
（佳联设计公司张樟 提供）

5.5.3 邻里

我们所关注的不仅仅是场地空间本身，而是该空间与周边空间之间的联系。每个空间以某种方式转换到邻里空间，再以某种方式转换到下一个邻里空间，这就是说景观元素固然重要，但更重要的还是景观元素所具有的扩散能力，它们以某种方式与邻里空间共同存在、同被欣赏，就像与邻里空间签订了某种协约一样（图 5-30）。

邻里尺度的场地设计与大多数土地利用和设计开发项目有关。特定的土地利用类型、行人和机动车环路的设置是该尺度关注的焦点。形成邻里单位的以下原则也是进行场地设计需重点考虑的：①城市交通不穿越邻里单位，内部车行、人行道路分开设置；②保证充分的绿化，使各类住宅都有充分的日照、通风和庭院；③设置日常生活必须的服务设施，每个邻里单位有一所小学；④保持原有地形地貌和自然景色，建筑物自由布置。

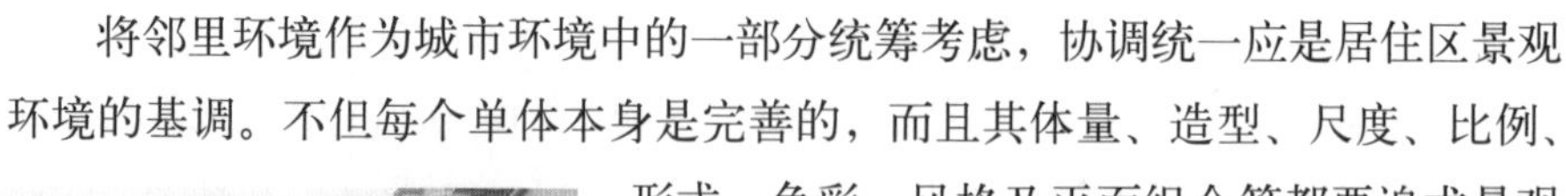

将邻里环境作为城市环境中的一部分统筹考虑，协调统一应是居住区景观环境的基调。不但每个单体本身是完善的，而且其体量、造型、尺度、比例、形式、色彩、风格及平面组合等都要追求景观环境的完整性和协调性。建筑景观、空间组织、绿化小品等都可采用多样化设计手法，在统一中求变化，既谐调又多样，能使室外环境呈现出更加生动活泼的气氛。

图 5-30 成都某居住区邻里景观
（邱建 摄）

景观环境应符合居民的审美观及行为心理。应在满足居民对美的需求的基础上，满足居民行为心理的需求。居民的行为不仅对活动场所的布置有要求，同时还希望各处的景观能提供恰当的环境气氛。封闭的空间宁静、安逸、适合于半私密性的家庭室外活动和近邻交往；开敞的空间活跃，令人兴奋，适合居民的室外漫步，游逛和观赏。再有，景观环境在居住区规划设计中应创造出一些吸引居民的景点，供其休息、交往和观赏。景点包括中心绿地，小区主入口，主要道路转折点等，在景点的突出部位安排对景建筑或对景小品能起到画龙点睛的作用。除了创造一些景点作为吸引居民的中心场所外，尽量把人流集中的主路设计成连续的景观空间。景点的设置要考虑到人的视觉效果，景点距离以不超过200m为宜，也就是人在100m以内能认清它的形象。景点的形象和造型要美观并具有特色，给人以鲜明的印象。

绿化要有利于社区服务。老北京的居民几户人家同住在一个大院里，相互频频往来，串门聊天是邻里间交往的常俗。而当人们搬进单元楼房里，则各成格局，很难像住平房那样自如来往了。如果在居住区的绿化布局上，特别是在集中绿地或小区公园里，适当增加一些林荫下铺装广场，设置一些坐凳或可供人坐下休息的矮墙，让居民走出家门，可以在林间花前得以相聚，或闲谈，或散步，或于早晚锻炼身体，成为社区邻里之间相会相识，相互交往的活动场地，便可弥补人们住进单元楼房后在交往方面的缺憾（图5-31）。

图5-31　西安某住区内交流活动场地景观（致澜景观公司 提供）

第 6 章

建筑与构筑物景观设计

6.1　概述

建筑作为人类社会文明的物化成果，构成了城市的空间主体，形成了城市主要意象。英国伦敦议会大厦及大笨钟成为城市标志；俄罗斯莫斯科红场建筑群承载了城市形象功能；拉萨布达拉宫甚至是整个西藏的象征（图 6-1）。建筑作为构成城市的细胞，在城市景观的形成上既是一种构成要素，也是一种景观主体。建筑与构筑物通过其单体造型、群体组合关系、细部处理、材料质感对比、色彩变化以及良好的环境关系，从视觉和心理上给人以艺术享受，所以，建筑也被认为是一种重要的视觉艺术而被赋予较高的景观期望值。特别是在城市景观中，建筑往往因为其历史地位、地理位置和独特造型而成为景观核心，影响甚至主导着景观构成：平面上，具有统一风格或性质的建筑群形成了城市主要景观区域。

构筑物是为完善城市功能而建设的各种工程类设施，是基于地形改造、场地设计、安全防护、空间围合等需要而进行的建设，包括交通设施（如桥梁、台阶、坡道、坡阶）、防护设施（如挡土墙、护坡、驳岸）、围护或拦阻设施（如墙体、围栏、大门）、礼制性设施（如牌坊、华表、图腾柱）等。

在建筑外部空间，构筑物可以在功能或形态上对建筑物进行必要外延及补充，二者常常围合成广场、街道等开放空间的界面和轮廓线，决定了场地主要景观特征；在景观系统中，建筑、构筑物与场地结合设计可用作景观控制点，从而成为视觉中心，或者强化景观意象（图 6-2）。

议会大厦、大笨钟成为英国伦敦城市标志
（邱建 摄）

红场建筑群承载了俄罗斯莫斯科城市形象功能
（邱建 摄）

拉萨布达拉宫是整个西藏的象征
（邱建 摄）

图 6-1　城市意象：英国议会大厦和大笨钟、莫斯科红场建筑群及拉萨布达拉宫

北京颐和园十七孔桥与南湖岛场地建筑形成景观视觉中心
（朱宗亮 摄）

木质构筑物外包建筑成为四川
新津农业博览园场地的景观意象
（崔愷 提供）

图 6-2 构筑物景观

6.2 建筑物

6.2.1 建筑景观特点

建筑景观主要是以建筑为主体的城市景观或聚落景观，包括：居住建筑、商业建筑、文化建筑、办公建筑等。不同的建筑类型具有不同的景观特点。

居住建筑数量大且分布广泛，对城市景观而言，它们是形成景观区域、影响城市风格的重要因素，不同地理特征、不同文化背景、不同气候条件的居住建筑表现出丰富多彩的景观效果。图 6-3 是在干旱河谷修建的极具羌族地域文化特征的山地建筑景观；图 6-4 则是海洋式气候条件下的英格兰贝克韦尔小镇居住建筑形态。

文化类建筑由于其功能所赋予的文化内涵，造型上具有特定的风格，其体量以及它在城市空间中的区位易于对城市空间产生较大的影响，易于形成城市景观标志性节点（图 6-5）。同时，文化建筑往往还具有综合性的使用功能，同时配套建设一定规模的绿地、广场，是景观设计的重要部分。

商业建筑由于自身功能需要，在造型上具有富丽、醒目的特点，在构图上多采用自由式体型，色彩上强调对比效果，以达到视觉上强化作用（图 6-6）。统一规划设计的商业街区、经保护性改造而形成的历史街区等具有统一风貌的大规模商业建筑群形成景观区域，其中大体量的综合商业建筑，结合商业广场、街道、绿化，形成景观节点。

行政办公建筑造型上庄严典雅、细部上简练大方，色彩上雅致，材质高

图 6-3 居住建筑：高山峡谷里极具地域文化特征的四川理县羌寨山地建筑景观（左）
（邱建 摄）
图 6-4 居住建筑：海洋式气候条件下的英格兰贝克韦尔小镇建筑景观（右）
（邱建 摄）

档，它们的附属广场及庭院在景观设计上，也相应地以烘托建筑气氛为目标，简洁大方、庄重，也提供可参与性的环境设施，但以休息设施为主，以观赏性雕塑、小品、绿雕、水景、石景为常用元素，景观格调端庄大气（图 6-7）。

除此之外的其他建筑类型及构筑物均具有不同的形态特征和文化内涵，所产生的景观效果也不尽相同，需要在景观设计时加以体会和协调。

图 6-5 文化建筑：北京国家大剧院
（邱建 摄）

6.2.2 建筑景观环境

建筑物所处的外部环境是建筑设计的重要依据。建筑物景观设计应首先分析其所处的自然环境和人文环境，使建筑物适应环境，与环境共生。建筑设计的构思阶段，就应对环境的气候特征、地形特点、水文、地质等自然条件进行调查分析。好的景观环境是创作建筑作品的良好基础，而建筑作品反过来也成为环境景观的一个有机组成部分。当建筑所处在诸如风景区、度假村、河边湖畔、林间、公园环境这样的自然环境时，与自然环境的协调、共生问题就更加突出，需要对建筑进行正确定位，设计手法上往往是建筑造型让位于自然环境，尽量尊重原始地貌特征、维持原生景观特质及原生生物生境，通过对所在环境特点的提炼，设计出与之适应的建筑形式。如赖特（F. L. Wright）设计的流水别墅即是建筑与自然环境相协调的优秀范例（图 6-8）。

图 6-6 商业建筑：成都来福士广场
（邱建 摄）

图 6-7 行政办公建筑：造型庄严典雅的捷克布拉格市政厅
（邱建 摄）

人文环境是社会本体中隐藏的无形环境，专指由于人类活动产生的周围环境，是人为的、社会的，非自然的[①]，如建筑

① 百度百科。

图 6-8　与自然环境相协调的范例建筑：美国宾夕法尼亚州流水别墅
（陈小四 摄）

所处的城市背景、文化特点等均属于人文环境。建筑设计应按照文化性原则，充分体现地域文化、尊重地方文脉，避免千城一面的建筑形式。

6.2.3　建筑景观设计

要在一个特定的景观环境中做好建筑设计，除了建筑学的基本知识以外，还必须遵循第三章所述的景观设计基本原则，按照景观构图要素分析方法并结合景观构图组织方式进行设计。在此以对比、协调和过渡三个具体空间处理方法为例加以说明。

1）对比

对比是建筑设计中常用的方法，即把具有明显差异、矛盾和对立的双方安排在一起，进行对照比较①，以形成强烈的视觉冲击，常常使人留下深刻印象。如新旧建筑的对比，新建筑按现时建筑的技术、形式而设计，并不完全将就、模仿旧建筑，如实反映时代历史特征。如华裔美籍建筑师贝聿铭（I. M. Pei）设计的巴黎卢浮宫玻璃金字塔（图 6-9），通过新旧、简洁与繁复的造型对比，取得了具有强烈的视觉对比效果；又如英国著名建筑师诺曼·福斯特（Norman Foster）按照节能新理念设计的英国伦敦新建市政厅，其造型超出了常规的形态，在建筑材料、建筑造型、建筑色彩、建筑风格等方面都与历史悠久、享誉世界的伦敦塔桥形成鲜明对比（图 6-10）。

2）协调

协调是指建筑物与建筑物、建筑物与周边环境相协调，包括建筑与地形相协调、建筑与周边建筑形态、色彩等方面的协调。如图 6-11 所示为四川九寨沟县藏族木瓦民居聚落，建筑物的造型特征、材料构成、体量色彩等都协调一致，并与

图 6-9　法国巴黎玻璃金字塔与卢浮宫形成的强烈视觉对比效果（左）
（邱建 摄）

图 6-10　英国伦敦新建市政厅与伦敦塔桥形成鲜明对比（右）
（李杨 摄）

① 百度百科。

图 6-11 与周边环境融为一体的四川九寨沟县藏族木瓦民居聚落（上左）
（邱建 摄）

图 6-12 上海新天地两座旧建筑的过渡空间（上右）
（邱建 摄）

图 6-13 汶川地震灾后恢复重建的重灾区四川崇州街子古镇字库广场景观（下左）
（邱建 摄）

图 6-14 天津大学新校区图书馆内庭水景景观（下右）
（邱建 摄）

周边环境相互渗透、融为一体，建筑本身已成为优美环境中必不可少的组成部分。

3）过渡

过渡是为了缓冲新建筑与老建筑之间过于强烈、生硬的对比而采取的一种空间设计方法，可以通过“连接体”的形式，如轻钢玻璃连接体光洁、轻巧、通透的感觉适宜于多种材质间的过渡，协调不同时代建筑的文脉，上海新天地的更新改造即是通过此法，一方面满足结构需求，另一方面其通透的特点也成为新旧建筑的过渡空间（图 6-12）；也可以将传统建筑符号提炼运用于现代建筑中，使两者建立文脉传承，如图 6-13 所示是汶川地震灾后恢复重建的重灾区崇州市街子古镇字库广场景观，图右边局部升高加建的新建筑设计提取周边民居建筑形态和符号，既具现代感又与环境风貌相协调，并成为将游人由广场导入古镇入口的景观标志。除此之外，还可以在建筑设计时结合水景，通过水池形成的倒影使建筑产生景观交融（图 6-14）。

6.3 构筑物

6.3.1 桥梁

“逢山开路，遇水搭桥”。桥梁是为跨越天然或人工障碍物而修建的构筑物，是交通设施系统的重要组成部分。桥梁可以是联系粤港澳不同区域的港珠

图 6-15　武汉长江大桥景观（左）
（邱建　摄）
图 6-16　加拿大卡尔加里和平桥（右）
（邱建　摄）

澳大桥、横跨杭州湾的东海大桥这样的巨型设施，也可以是跨大江大河连接城市不同地区的大型工程，如武汉长江大桥（图 6-15）。当然，在日常的景观设计实践中，这样的设施并不多见，所涉及的桥梁更多是在城市和乡村范围，尺度远不及港珠澳大桥、东海大桥、武汉长江大桥，但作用十分突显，是景观的重要构景元素，常因结构、造型、色彩的千变万化而成为人们欣赏的对象。如建筑师圣地亚哥·卡拉特拉瓦（Santiago Calatrava）在加拿大卡尔加里弓河（Bow River）上设计和平桥（人行桥）时，没有采用传统的钢梁、拱架、桥墩、线缆等结构形式，而是创造性地通过钢螺旋结构支撑桥身，被评为“世界桥梁工程奇迹”，赢得了公众的喜爱，成为城市的新地标（图 6-16）。

桥梁有不同的分类方式。按照桥梁形式可以分为梁桥、拱桥、栈桥、廊桥、吊桥、浮桥等。其中，梁桥是常见的桥梁形式，一般应用于横跨跨度不大的河渠等障碍，直接联系两岸（图 6-17）；拱桥是为了同时满足桥下行船与桥上行人需要而修建，如始建于隋代的河北赵县洨河之上的赵州桥。历史上在运用砖石拱券结构进行大跨度工程建设时，拱桥形成了丰富的形式，在解决交通的同时实现了独特的造景成效，如水面上产生了“长虹偃卧，倒影成环”的效果（图 6-18）；廊桥是有顶盖的桥，结构类型多种多样，可以保护桥梁，不仅可以满足交通需求，而且具有遮阳避雨、休憩观光、交流聚会等作用，往往还在廊桥上增加餐饮、旅游产品交易等服务功能（图 6-19）。

图 6-17　成都一居住区横跨河渠的梁桥（左）
（邱建　摄）
图 6-18　始建于清道光年间贵州荔波县通往广西的小七孔桥（右）
（邱建　摄）

桥梁按结构方式分可以分为斜拉桥、简支梁桥、拱桥、悬索桥（图 6-20）等；按材料分可以分为钢桥（图 6-21）、混凝土桥、石桥（图 6-22）、木桥等。在具体运用中，要根据不同障碍物类型、交通组织情况及人流量大小选择不同类型的桥。

图 6-19 贵州雷山西江千户苗寨廊桥
（胡月萍 摄）

现代景观工程中为了减少对生态脆弱区域的扰动，常常采取各种栈桥形式来组织景区游览动线和活动场地，穿行于湖泊林泽中的栈道在满足游人亲近自然需求的同时，最大限度地保护了自然界动植物生境，水系不被人类活动所破坏，实现了人与自然和谐共处（图 6-23）。

古老悬索桥：四川都江堰安澜索桥

现代悬索桥：重庆红岩洞大桥

图 6-20 悬索桥景观
（邱建 摄）

图 6-21 法国拉维莱特公园内钢结构桥梁（左）
（邱建 摄）
图 6-22 石桥：建于北宋时期的四川泸县龙桥（右）
（邱建 摄）

值得一提的是，桥梁在我国传统园林中普遍被赋予文化内涵，如第 3 章提及的杭州西湖断桥与白蛇传中爱情故事的联想。另外，我国还有“无桥不成园，有桥景更深”之说，如苏州拙政园的小飞虹，不仅桥梁造型精美，桥名也取自鲍照《白云》诗“飞虹眺秦河，泛雾弄轻弦”，以虹喻桥，意境深邃、浪漫（图 6-24），这需要在桥梁景观设计时提升文化修养。

图 6-23 四川自贡一城市公共绿地水面栈桥（左）
（邱建 摄）
图 6-24 江苏苏州拙政园的小飞虹（右）
（余惠 摄）

6.3.2 台阶

台阶是组织不同高程地坪之间人流交通的主要手段。在场地环境中，它们是富于表现力的空间构成元素，起着引导、划分空间的作用，常被设计为空间变化的起点而加以强调，同时也具有改变场地环境特征的作用，如法国巴黎拉德芳斯（La Defense）的大台阶（图 6-25）。

台阶的设计形式及材质选择非常丰富，这主要决定于其所处的地形条件和环境特征，应以满足使用功能为前提，保持与特定环境氛围的统一，如结合山地地形设计的四川雅安望鱼古镇入口台阶与古镇环境风貌融为一体（图 6-26）。台阶的设计还应注意：较长的踏步之间应设休息平台；台阶较长、台体较高时注意使用护栏（或其他防护）；除在建筑、构筑物平台上，室外一般不设一级台阶；为安全起见，踏面应根据实际情况采用防滑条或纹理粗糙的材质；作为地面铺装的一部分，台阶坡道在铺装材质选择，方案设计上尽量与地面铺装相一致，以利于提高不同高程空间之间的整体性和流动性（图 6-27）。

6.3.3 坡道

作为底界面间的联结体，坡道比台阶更加安全、更趋人性化；更方便行走、有利于车辆通行。坡道分为无障碍坡道和行走坡道。在场地设计中，应满

图 6-25 法国巴黎拉德芳斯大台阶（左）
（邱建 摄）
图 6-26 四川雅安望鱼古镇入口台阶（中）
（邱建 摄）
图 6-27 武汉大学宿舍区台阶产生了生动的垂直景观效果（右）
（胡月萍 摄）

足无障碍设计要求，保证无障碍坡道具有合理的位置和尺度（图 6–28）。

坡道常与踏步组成坡阶，比简单的坡道，踏步更能适应场地，且具有人情味，可以创造生动的坡面景观。为了吸引行人按设计意图行进，就必须减少人们攀登时的单调感、吃力感，变乏味的上下攀登为一次愉快的经历，设计中常与跌水、花坛座椅、雕塑、石景等装饰性设施相结合（图 6–29）。

图 6–28 加拿大温哥华一建筑前无障碍坡道（左）
（邱建 摄）
图 6–29 加拿大卡尔加里无障碍坡道与台阶组成坡阶（右）
（邱建 摄）

6.3.4 挡土墙及护坡

挡土墙及护坡是为了防止坡地滑坡而设置的，主要目的是保障场地安全。但从空间营造的角度讲，坡地具有非常吸引人的动态景观特征，即坡度的明显变化，这种场地有利于形成动态的布局形式。常通过挡土墙、护坡、阶梯的运用，使自然坡度的变化得以强化。挡土墙是对陡坡地进行单台或分台垂直处理（图 6–30），是处理地形高差的重要手段，同时在景观中具重要作用；护坡在景观处理中，常用于各类缓坡、碟形地形的处理，有植物护坡、工程护坡等多种形式（图 6–31）。

6.3.5 墙体及隔断

墙是有力的空间界定物和围合物，具有安全、防卫等基本功能，尺度可长至万千米如军事防御工事万里长城（图 6–32），世界古城一般都沿城修建

图 6–30 成都红石公园：对陡坡地进行分台处理的挡土墙（左）
（胡月萍 摄）
图 6–31 英国爱丁堡城堡护坡（右）
（邱建 摄）

图 6-32 甘肃嘉峪关长城（邱建 摄）

城墙。景观设计涉及较多的墙是配合建筑对空间进行划分、组合，引导人流，同时起到视觉屏障、遮蔽阳光的作用。

墙的常见材质有水泥、砖、石、竹、木、泥沙、卵石、金属、玻璃等。墙的形式按平面分有直线段、折线、L 形、自由曲线，按立面形式分有实墙、漏墙、墙栏。

墙是重要的景观造景元素。传统园林中墙体的作用很重要，是园林中空间分隔、过渡、装饰、引导、造景的主要手段，一方面墙体造型可以形成照壁、云墙、游墙等东方色彩的景致；另一方面，与门窗洞口结合可营造出漏景、障景、框景、对景等极具传统韵味的视觉效果，如图 3-36、图 6-33。现代景观设计中，由于现代材料的应用及建造技术的进步，极大拓展了墙体的造景手段。通过对墙体面材的肌理、色彩作各种艺术化处理，各种材料的组合，与浮雕、壁画、水景、装饰照明、廊架、植物等环境元素结合，统一环境语汇、丰富环境元素，成为环境中的视觉焦点（图 6-34）。

外部空间中除墙体外，还常根据环境条件灵活应用构筑物、花架等形成隔断，满足空间界定和围合功能需要（图 6-35）。

图 6-33 与门洞结合的江苏无锡寄畅园墙体（左）
（胡月萍 摄）
图 6-34 回收的旧砖墙体结合金属材料形成的成都宽窄巷子浮雕艺术墙（右上）
（胡月萍 摄）
图 6-35 成都街头绿地空间的构筑物隔断（右下）
（邱建 摄）

6.3.6 入口

入口即传统中的门阙，与墙垣同步而生，是空间转换点，也是形象的代言。传统的入口形式有城门（图 6–36)、门楼（图 6–37)、牌楼、牌坊、阙、鸟居、院门、屋门等。入口按照功能上分为主入口、次要入口、混合入口等。除去建筑和构筑物形式的实体门，还有暗示性入口、领域性大门，一般通过石、碑、标牌，配合地形、环境处理，营造出明确的领域分界线的氛围（图 6–38)。入口的设计应注意处理好与建筑、道路、围墙的关系，保证顺畅的通行功能、满足消防限高、在材质与色彩上与建筑及围墙相协调。

图 6–36 四川松潘古城城门（左）
（邱建 摄）
图 6–37 山西祁县乔家大院一门楼（右）
（邱建 摄）

图 6–38 山东泰安泰山景区入口
（胡月萍 摄）

第7章

道路与广场景观设计

7.1 概述

道路与广场是城市重要的开放空间，是城市规划建设的重要内容，是社会公共生活开展的舞台，也是展示城市风貌的走廊和橱窗。道路与广场在构成城市景观意向中有着极其重要的作用。

道路的设置是为了满足交通需要，其环境景观质量也十分重要。随着人们对环境品质要求的日益提高，对道路景观也提出更高的要求。因此在道路景观设计时，需要综合考虑人、车、物流、设施等多方面的因素，需要协调效率、安全、与环境品质之间的关系，需要采取灵活的设计手法及策略，以营造满足不同层级需求的道路景观。

不同类型的道路会产生不同的景观形式，即使是同一类型的道路在不同的情况下所形成的景观形态也不尽相同。景观设计过程中，应在满足道路交通安全及效率的前提下，针对不同的道路类型、不同的环境条件、不同的地理位置、不同的使用对象，创造出适宜的视觉感受通道，借助于物化的景观环境形态，在人们的行为心理上引起共鸣，进而形成美好的道路景观意向（图 7–1）。

广场是指城市中由建筑、道路、绿地、水体等围合或限定形成的永久性城市公共活动空间，是城市空间环境中最能反映城市文化特征和艺术魅力的开放空间，具有强烈的公共性和市民性，被形象地称为“城市客厅”。

广场是城市中人们进行政治、经济、文化等社会活动或交通活动的场所，通常是城市道路集散的空间节点，在广场中或其周围一般布置着重要建筑物，往往能集中表现城市的艺术面貌和特点，有的重要广场甚至成为一座城市的标志性景观，如第 3 章所述华盛顿国家广场（图 3–71），又如北京天安门广场、伦敦特拉法加广场（Trafalgar Square，亦称鸽子广场）、巴黎协和广场（Concord Square）、威尼斯圣马可广场（Piazza San Marco）（图 7–2）。

图 7–1 长安大街：北京东西大道
（邱建 摄）

图 7–2 圣马可广场：意大利威尼斯的标志性景观
（胡月萍 摄）

7.2 道路

7.2.1 功能

（1）道路连接城市与城市、城市与乡村、乡村与乡村，是区域空间系统运转的血脉。由此，首要功能是交通功能。道路在城市中承担交通运输和疏导功能，具有城市不同区域之间人流、车流、物流的流通作用，是保障城市正常运转的“血管”。所以，道路设计及管理的安全及高效是其基本要求。

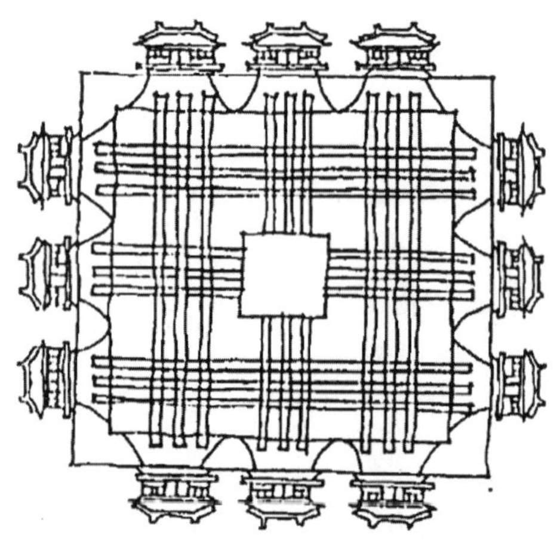

图 7-3 《周礼·考工记·匠人》中道路结构与形制[②]

（2）从城市空间结构看，道路空间是城市外部空间的主要构成部分，其结构“骨架”对形成城市布局形态具有举足轻重的作用；城市的功能区域往往通过道路来划分，沿街建筑一般也围绕道路来组织。在中国最早的城市建设文献《周礼·考工记·匠人》中，就有“匠人营国，方九里，旁三门。国中九经九纬，经涂九轨……门阿之制，以为都城之制。宫隅之制，以为诸侯之城制。环涂以为诸侯经涂，野涂以为都经涂”[①]。由此可见道路不仅是控制城市结构的要素，还是规范城市等级的控制性指标（图 7-3）。

（3）从生态环境看，道路绿地是城市绿地的重要组成部分，对城市绿量的增加与生态环境的改善贡献十分突出，道路两侧的绿地还可以形成动物的栖息地和迁徙廊道。另外，道路通过引入阳光、植物、土壤、风等自然元素影响城市的物理环境，街道即是建筑采光通风的通道，良好组织还可以形成“通风廊道”，对缓解城市热岛效应十分明显。

（4）从景观设计看，道路是构成城市景观的重要要素。城市景观沿道路线性展开构成城市意象；在公园、风景旅游区中，道路是串联景点的主线，主要景点由道路组织并沿路展开；而街头广场绿地则是景观系统的节点和控制点，是景观发展的高潮。当然，城市道路的类型多，构成要素及构成模式各不同，其景观特征也呈多样化。

（5）从防灾避难角度看，道路是主要的逃生疏散通道，也是救灾资源能够进入灾区、避免灾区形成“孤岛”的生命线。

7.2.2 类型

作为区域联系和城市内部运转的“骨架”，道路功能复杂，分类也多样化。

---

①、② 贺业钜．中国古代城市规划史 [M]．北京：中国建筑工业出版社，1996.

交通功能很大程度上决定了道路的类型和景观处理手段的选择。在城市内部，根据不同范围和职能的空间联系，道路分为主干道、次干道、支路三个等级，另外，居住用地、工业用地等还有内部道路；根据其结构特点有高速公路、快速通道、城市干道、居住区街道、园林大道、滨河路、园路、商业步行街等多种类型。不同的道路类型有不同的线形、路面结构、道路铺装、绿化和设施要求，在景观设计时都要充分考虑使用对象的运动特征和欣赏方式，植物配置、设施安排及小品设计等应采取不同组合方式和处理方式。

如以交通功能为主的高速公路、快速干道等道路，安全快速是主要目的，要求线形平直而流畅、路面结构和铺装安全耐用、绿化设计应满足快速运动下的视觉特点（图 7-4）。人车共存的道路系统在线形、铺装、道路设施和绿化的设计中，应综合考虑人车共行的安全性和舒适性（图 7-5）。景观性道路如园林大道、园路、滨河路等则可以适当考虑变化的曲线以达到步移景异的效果，在满足车行、人行的前提下尽量增加绿化，并应设置一定的活动场地和设施（图 7-6）。商业步行街则要求精致华丽的铺装、其设施和绿化应有人性化的细节处理（图 7-7）。

图 7-4　高速公路：以快速交通功能为主的道路（上左）
（邱建　摄）
图 7-5　法国巴黎香榭丽舍大道：人车共存的道路（上右）
（易明珠　摄）
图 7-6　山东青岛八大关内公路：景观性道路（下左）
（邱建　摄）
图 7-7　四川成都太古里商业街区内道路：步行道路（下右）
（邱建　摄）

图 7-8　英国某历史文化名城街区：以硬质铺装的道路景观
（邱建　摄）

7.2.3　景观构成

道路景观设计主要由路面、边界、节点和道路两边的景物所构成。

1）路面

道路路面是构成道路空间的二维平面、是形成道路景观的主体。路面的铺装方式主要有整体式铺装和块材式铺装。车行的道路采取沥青材料的柔性路面或混凝土刚性路面；老城区特别是历史文化街区大都保留或沿用了石材路面（图 7-8）。人行的路面则多采取块材式铺装，材料的选取、铺装设计和细节处理等，主要考虑行人的尺度、安全性、舒适性和美观性。

2）边界

边界可以理解为两个不同空间之间的交接线。道路边界是道路与建筑及构筑物、广场、公园、山体、水体、农田、森林、草地等相交接后形成的线状景观带。

城市的道路边界是实体性质的，主要由建筑及构筑物构成，所以临街建筑的立面风格、尺度、材质、色彩、细部处理以及建筑立面的连续性共同构成道路的立面特征，如图 7-8 所示建筑实体性的立面与道路路面一起构成“管状”的三维道路空间。

城市以外的道路边界可以是断断续续出现的小体量建筑或构筑物，更多时候是山体、水体、农田、森林、草地等自然元素，且向远方无限伸展，所以道路边界景观是多层次的并具有无限景深，这时道路基本表现为二维空间特征（图 7-4、图 7-9）。

图 7-9　美国加利福尼亚州城市外公路：以自然元素为边界的道路景观
（邱建　摄）

3）节点

各类道路交叉口、交通路线上的转折点、建筑后退空间、具有空间特征的视觉焦点（如广场、绿地），在道路景观系统中作为主要控制点和转折点，构成了道路的特征性景观节点。这些景观节点具有变化丰富的空间形态，是外部

空间系统中的精彩所在。如图 7-10 所示是西班牙马德里市中心道路交通节点形成的哥伦布广场，其中，哥伦布纪念碑成为马德里市的标志景观。

图 7-10 西班牙马德里哥伦布广场：市中心道路交通节点形成的城市景观（左）
（邱建 摄）

图 7-11 从美国圣地亚哥高速公路上瞭望海湾近景、中景、远景区域景观（右）
（张治文 摄）

4）景观区域

道路景观区域是由道路两边不同景观层次所构成的具有背景特征的空间场所。一条道路可以具有不同特征的背景性景观区域，根据距离远近可以分为近景、中景、远景区域。一般而言，近景区域由建筑、构筑物、路面、设施、种植、车辆、人流、店面招牌等构成，景观特征表现在建筑风格、规模、质感、色彩、植物、边界轮廓线的连续性等方面；远景区域主要由山体、森林、农田、河流、湖海、云、天等自然元素，以及村落、高楼、城墙、塔、城市轮廓线等人工要素构成；而中景区域介于两者之间（图 7-11）。

近景处理宜简洁、规律，有一定的丰富性，并注意细节的处理，过于纷繁杂乱，则会干扰行车者和行人的视线，影响其情绪①；远景越丰富，道路的景观层次越多、景观质量越高。

7.2.4 景观特征

道路景观属于线性景观，设计时应把握道路的连续性、方向性和动态性特征。

1）连续性

道路的功能决定了道路景观的线性属性，线性元素构成了道路景观中最主要的部分，并使道路景观保持连续性。道路的连续性通过两侧的建筑立面和围墙、统一的绿化形式、连续的天际线和空间特征等得到体现；道路基面、路沿石、交通护栏、行道树及绿化分隔带等共同强化了道路的线性特征，保证了道路的连续性（图 7-12）。

图 7-12 荷兰一高速公路：线性景观要素强化了道路的线性特征，保证了道路的连续性
（邱建 摄）

2）方向性

道路的功能同时决定了道路景观必须有明显

① 刘滨谊. 城市道路景观规划设计 [M]. 南京：东南大学出版社，2002.

图 7-13　日本一街景：道路节点醒目的亭子有助于人们对方向进行正确的判别（左）
（田文 摄）
图 7-14　四川广元剑门蜀道金牛道：曲折幽深的道路加强了景观的丰富性（右）
（邱建 摄）

的方向性。在复杂的城市系统中，道路的方向感有利于司机和行人进行距离判断和区位定位，而在道路节点或在路侧设置醒目的诸如建筑物、构筑物、雕塑或广场绿地等标志性景观元素作为标识物，则有助于方向感的产生并进行正确的方位判别（图 7-2、图 7-10、图 7-13）。在自然景观中的道路则强调不同的效果，通过曲折迂回的线路、突然转换的场景来加强景观的幽深及布局的丰富性，满足游人对景观高潮的预期和渴望（图 7-14）。

3）动态性

道路景观本身是静态的，但对其体验一般通过运动过程来完成，因此，道路景观具有流动性和运动感，是一种动态性景观。

道路景观的体验方式主要有步行和车行两类，人在这两种运动状态下的感受是不同的。在步行运动状态下，人对于质感、细部处理、线条处理是比较敏感的。景观设计重点应放在对“形”的刻画与处理上，如建筑风格和立面细部处理、植物的配置和造型、街道设施的设计、地面铺装等。

图 7-15　车行状态下的西班牙马德里城市动态景观视觉效果
（邱建 摄）

在车行的运动状态下尤其可以强化道路景观的动态感，此时人的视觉感知产生如下变化：“视线聚焦远方，视野缩小，视觉迟钝，前景细部变模糊”。人们关注的是大尺度、大体量的景物，景观设计重点应放在对“势”的营造上，需要强调的是两侧建筑群、植物种植的整体关系和外轮廓线，以适应快速运动时的视觉要求①（图 7-15）。

7.2.5　景观设计

道路景观设计对象涉及很多方面，这里以道路的线形、节点和绿化为例进行简要介绍。

---

① 刘滨谊. 城市道路景观规划设计 [M]. 南京：东南大学出版社，2002.

1）线形

道路线形主要指路面的平面线形形式，既包括机动车专用道路、人车混行道路，也包括人行为主的园路、步行街等。根据道路的不同功能要求，道路线形有直线、曲线、折线等，竖向方面有上坡下坡，要根据不同的道路线形采取有针对性的景观设计方法。

直线形：道路设计首先必须满足快速便捷的交通功能要求，其方法往往是截弯取直。交通型道路采取直线形，其特点是视线较好、方向感强，利于高速、快捷、安全地行驶（图 7-4、图 7-9、图 7-12）。城市干道采取直线形，可以增强方向感、景深感等，从而产生景观的序列感和秩序感，如图 7-16 所示西班牙巴塞罗那格拉西亚大道景观。

曲线形：随着在曲线型道路上的运动，视差使道路景观产生动态的视觉效果，从而表达了道路所具有的整体性景观序列特征，沿街景观沿道路依次展开如一系列的画卷，使人充满期待感并产生愉悦的体验。曲线形道路上可以适当设置视线引导性元素，如系列性标志性的建筑物、景观小品和行道树等，使人前进时感受丰富的景观变化。另外，如果道路界面过于连续，则可以适当增加一些通透感，利用街边绿地、水面等自然景观元素介入，或引入自然地形变化，打破道路空间的过于封闭性，增加景观的丰富性（图 7-17）。

与曲线形道路相比，转弯半径较小的急转弯道或折线形道路，其视线较封闭，更易出现戏剧性场景变换。

2）节点

两条或两条以上城市道路交汇形成城市道路节点，从交通的角度讲主要有平交和立交两种方式。平交口包括普通交叉路口和交通岛路口，交通岛路口一般采用环形，也有结合城市功能采用其他形式。城市道路节点景观设计需要考虑不能有任何的建筑物和树木等遮挡司机视线，道路交叉口的植物应以耐修剪的低矮灌木、草坪为主。此外，在重要交通岛路口进行景观设计时要考虑相应主题，并采取一定的形式突出主题（图 7-18）。

图 7-16　西班牙巴塞罗那格拉西亚大道：具有序列感和秩序感的直线形城市干道景观（左）（邱建 摄）

图 7-17　英格兰贝克韦尔小镇：丰富的曲线形道路景观（右）（邱建 摄）

图 7-18　英国约克结合城市功能的交通岛路口（左）
（邱建　摄）
图 7-19　成都人民南路立交桥景观（右）
（邱建　摄）

立交道路节点采用立交桥形式，在道路中不仅以其显著的交通功能备受关注，而且“以其巨大的体量急剧地改变着城市环境，深刻地影响着城市风貌”①。应以宏伟或精巧的优美造型、合理完美的结构、艺术的桥面装饰、多变的色彩及栏杆造型作为道路景观的节点。在立体交叉范围内，由匝道与正线或匝道与匝道之间所围成的封闭区域，一般采用植物栽植来美化环境。但立交的绿化要特别注意其交通安全要求，为司机留出足够的视距空间，并注重对行车的引导性，同时从司机驾车心理出发配置相应的植物品种进行规划布局（图 7-19）。

3）绿化

道路绿地系统是城市绿地系统的重要组成部分，通过道路绿化可达到美化环境、丰富空间、调节微气候、减少污染、提高交通效率等效果。道路绿化形式有行道树绿带、人行道绿地或路侧绿带、分车绿带等。

行道树绿带是人行道与车行道之间，以种植行道树为主的绿带，主要目的是为行人和非机动车遮荫避风，宽度不小于 1.5m。其种植方式分为树带式和树池式。树带式指人行道与车行道之间设置一条宽度不小于 1.5m 的种植带，根据宽度可种植乔木、灌木、地被植物以加强绿化效果（图 7-20）；树池式行道树绿带形式可方便行人活动（图 7-21）。

图 7-20　加拿大温哥华一街道树带式行道树绿带景观（左）
（邱建　摄）
图 7-21　美国洛杉矶一街道树池式行道树绿带景观（右）
（邱建　摄）

① 何贤芬，邱建 . 城市高架道路景观尺度的层级控制探讨 [J]. 规划师，2008（7）.

图 7-22　香港一人行道边开放式绿地（左）（邱建 摄）
图 7-23　成都一分隔机动车道与非机动车道的分车绿带（右）（邱建 摄）

人行道绿地是人行道与建筑红线之间的绿地，又称路侧绿地。当路侧绿地宽度较大，如大于 8m 时，可设计成街边开放式绿地，内部铺设漫步道和小广场，布置景观小品、休闲设施、健身器械，提高街景艺术效果。为了增加绿地使用功能，绿化用地面积比例不宜太小（图 7-22）。

分车绿带是用来分隔机动车道与非机动车道、机动车道的快慢车道、上下车道的绿化隔离带，起着疏导交通、安全隔离的作用（图 7-23）。分车绿带宽度不小于 1.5m，多为 2.5~8m，当大于 8m 时可作为林荫路设计，其中考虑休憩设施供行人漫步休息使用，成为园林景观大道。

总之，应根据道路的类型来确定绿化形式和具体的植物配置，交通型道路应加强分车绿带宽度以达到减少汽车眩光、防噪、吸收废气的功效；生活型道路应加强其行道树绿带；路侧绿带、街头休息绿地等的设计，为行人提供舒适的步行、休憩环境；园林大道绿化设计应强调其整体性和立体效果，植物配置宜注意"形、色、势"的整体效果；步行街绿化设计则多采用一些装饰性的如花坛、花池、树池、爬藤植物等，结合休息设施进行立体绿化、整体设计。

值得注意的是，现代城市道路也是城市基础设施、公用设施管网管线布置的主要廊道，包括交通指示、照明、广告信息、卫生服务、电力电信、供暖供气、给水排水等等，它们分布于道路空间的地面、地下以及空中，维持着城市的基本运转，影响着道路的交通、安全、秩序。在道路景观设计时，必须结合这些设施进行整合，整体设计。

7.3　广场

7.3.1　功能

广场主要是基于城市功能的要求而设置：或是城市空间结构的要求，或是城市交通疏散，或是防灾避难的要求，或是提供各类功能性活动空间的需求，所以广场相应地具有多种社会功能：

（1）广场可以是重要的交通枢纽，具有组织人流、车流、物流集散的作用，尤其是交通型广场更是为解决交通问题而设置的。

（2）从城市结构关系来看，广场往往结合城市重要建筑和构筑物，是建筑功能在外部空间的延展。作为城市外部空间节点，广场具有大面积的开阔空间以及绿化、水体，可以改善城市景观形象、提升城市空间品质。

（3）广场是提供居民户外休闲、社会交往的公共场所，为居民参与社会公共生活创造条件。

（4）作为城市防灾避难系统中的重要场所，广场还具有紧急疏散、避难、临时安置的社会功能。例如，“5.12”汶川地震发生后中，都江堰市水文化广场等公共活动空间立即成为居民安身立命、应急避难的“生命绿洲”[①]。所以，广场景观设计时，其安全性、无障碍功能以及城市服务设施的配备都是必须考虑的。

7.3.2 类型

由于多方面的功能要求，广场具有多种类型，从使用功能上和景观设计的角度划分，主要有交通集散广场、文化休闲广场、市政广场、商业广场、纪念广场及宗教广场等类型[②]。

1）交通集散广场

交通集散广场是城市公共空间交通系统的主要组成部分，是提供车流汇集、物流集散、人流换乘的场地，包括各类交通枢纽站前广场、主要道路汇集的集散广场。有的交通广场如民用机场及车站的站前广场等往往是城市的关键节点，是一个城市的“门户”，这些广场与建筑物一道，对人们形成城市景观意象起到十分重要的作用（图 7-24）。另外，供人流疏散、物流集散、交通换乘等功能使用的运动场馆、影剧院等大型公建或建筑群的出入口疏散场地，也属于集散广场（图 7-25）。

图 7-24 荷兰阿姆斯特丹火车站及其广场是城市的重要标志之一（左）
（邱建 摄）

图 7-25 具有人流疏散、交通换乘功能的原美国纽约世贸大厦出入口集散广场（右）
（邱建 摄）

① 邱建，江俊浩，贾刘强．汶川地震对我国公园防灾减灾系统建设的启示 [J]. 城市规划．2008（11）．

② 这里没有完全按照城市规划原理的分类方法进行划分。

2）文化休闲广场

文化休闲广场包括各类主题的文化广场、绿地广场、居住区中心广场以及各类附属广场等，主要功能是提供城市公共生活场所，展示城市文化，进行公共教育等（图 7-26）。在欧洲历史文化名城，往往是结合历史建筑围合的公共空间形成休闲广场，供人们聚集、交流，是深受人们喜爱的空间场所（图 7-27）。

图 7-26　西班牙马德里东方广场（左）
（邱建 摄）
图 7-27　比利时鲁汶市中心：结合历史建筑围合的休闲广场深受人们喜爱（右）
（邱建 摄）

3）商业广场

商业广场往往附属于大型商业建筑或作为商业街的组成部分，是集购物、展示、餐饮、休闲娱乐、交往于一体的功能性公共空间。如著名的美国纽约时代广场就是时尚商品、时尚电影和时尚活动的集中展示场所（图 7-28）。

4）市政广场

欧洲历史城市中的市政厅前广场，现代城市行政中心建筑的前广场，都属于市政广场。在空间结构上往往统领着城市轴线，与建筑一起成为城市形象象征。市政广场设计以塑造庄严、庄重环境氛围为主兼顾市民活动需求，多采取轴线控制、对称、场地层层抬高等设计手法以实现其设计目标（图 7-29）。

5）纪念广场

纪念广场一般是为纪念历史重大事件或历史人物并结合城市功能而设置的

图 7-28　美国纽约时代广场（左）
（邱建 摄）
图 7-29　美国旧金山议会大厦前广场（右）
（邱建 摄）

图 7-30 四川大邑建川博物馆抗日壮士纪念广场
（胡月萍 摄）

广场，是传承历史遗存和弘扬历史文化的物质载体与空间场所。在这类广场中，具有历史意义的建筑及构筑物、纪念碑、雕塑、植物配置等景观元素在空间上成为控制主体、是景观营造的关键（图 7-30）。

有的历史重大事件或历史人物与城市有紧密的关联度并有机地融入广场的景观元素，将使城市更富有地域特色，极大地丰富城市的内涵、提升城市的品质。图 7-31（上）所示是比利时布鲁塞尔大广场（Brussels Grand Place），始建于公元 12 世纪，四周的建筑物都是建筑艺术精品，并与许多历史重大事件高度关联而闻名于世。如图 7-31（下）为广场的一咖啡厅，因门上有一只振翅欲飞的白天鹅而取名为白天鹅咖啡厅，马克思和恩格斯就曾在此居住和工作，并写出《哲学的贫困》《共产党宣言》。这些历史元素使广场精神性的纪念意义超过其物质的功能意义。历史价值的独特性使布鲁塞尔大广场于 1998 年被联合国教科文组织列入《世界遗产名录》（图 7-31）。

布鲁塞尔广场
（邱建 摄）

布鲁塞尔广场白天鹅咖啡厅
（邱建 摄）

图 7-31 比利时布鲁塞尔广场及其白天鹅咖啡厅

6）宗教广场

宗教广场包括各类教堂、寺庙、祠堂的附属广场，是举行宗教仪式、集会以及参观游览的场所。这类广场上的宗教建筑往往是整个广场空间营造的主体，多为历史遗存场所（图 7-32）。

不同性质的广场，其功能不同、周边建筑性质不同，都需要进行有针对性的空间组织及景观要素设计。

实际上，许多广场难以进行严格意义上的分类，它们往往是具有多种功能的综合性广场。如图 7-33（上）所示是世界最大的城市广场北京天安门广场局部，整个广场由天安门、人民大会堂、国家博物馆、正阳门（前门）等建筑物围合而成，其间包括金水桥、长安街、人民英雄纪念碑、毛主席纪念堂等建筑物、构筑物以及其他景观元素。近代以来，众多重大历史事件及历史人物活动都发生于此，目前仍然承载着中国最重要的政治活动和纪念活动。历史在此留下浓墨重彩，现代又不断为她增光添色，天安门城楼的形象成为国家的象征，天安门广场也成为中国的政治活动中心，纪念意义极其突出。同时，天安门广场汇集了十几条公交、地铁线路，成为市民的集散和休闲活动场所，每天游人如织，是中外游客在北京的旅游目的地。天安门广场既是纪念广场，也是集散广场和休闲广场 7-33（下）。

图 7-32 芬兰赫尔辛基大教堂构成广场的主体（邱建 摄）

天安门广场及其周边环境鸟瞰[①]

天安门广场局部（邱建 摄）

图 7-33 北京天安门广场

7.3.3 设计原则

芦原义信在其著作《外部空间设计》中对广场的空间特征进行了描述，从景观设计的角度出发可以归纳为限定性、领域性、互补性和协调性，景观设计

① 截屏自街景地图.

师应针对这些特征进行广场空间设计，即是设计应遵循的基本原则。

1）限定性

广场景观设计要进行明确的边界限定。“广场的边界线清楚，能成为‘图形’，此边界线最好是建筑的外墙，而不是单纯遮挡视线的围墙”①。建筑是最有力的界定元素，其次是地形的高差处理，构筑物、绿化、水体、设施小品、场地铺装等也有一定的领域界定作用。

2）领域性

广场景观设计要创造特定的空间领域。“具有良好的封闭空间的‘阴角’，容易构成‘图’”②而让人具有领域感。和其他外部空间一样，L形、袋形空间由于其良好的空间感，更利于形成特定的空间领域，以满足使用者对各种空间场所的不同需求。

3）互补性

广场景观设计要塑造良好的图底关系。广场地面与围合的建筑物及其广场中的建筑物、构筑物等实体竖向景观元素在空间上形成“虚、实”互补，要特别关注地面铺装，“铺装面直到边界，空间领域明确，容易构成‘图形’”③。硬质铺装及其草坪植物配置对于其他三维空间要素而言，可视为图底，具有补充、完善图形以构成良好的图底关系的作用。

4）协调性

广场景观设计要把握协调的竖向尺度。“周围的建筑具有某种统一和协调，高度与视距有良好的比例（H/D）”④，即竖向视角。也就是说，为了让人们在广场上产生适宜的视觉感受，广场的尺度、规模应与界定它的建筑高度和体量具有协调的比例关系，特别要注重竖向视角的控制。

7.3.4 空间组织

根据上述广场的空间特征所确立的设计原则，景观设计要在把握整体空间关系的基础上，进行有效的空间组织，特别要处理好下面三方面的关系：

1）功能与艺术的关系

广场的功能是其存在的根本，广场的空间组织必须具有实用性，满足城市所赋予的特定使用功能要求，有的广场功能较为单一，有的广场则功能多样化。同时，广场承载人们的户外活动，是人们直接感知环境、获得景观意象的重要场所，也是人们通过广场艺术来培养艺术修养、提高审美能力的重要载体，特别是受到展示地方文化的广场艺术潜移默化的教育后，人们还能更好地了解一个城市、认识一个城市，进而更深地热爱一个城市。因此，广场的空间组织要在满足各种功能的前提下，达到艺术性的要求。

---

①~④ 芦原义信．外部空间设计 [M]. 尹培桐，译．北京：中国建筑工业出版社，1985.

2）围合与开放的关系

广场的围合与开放要适度。完全缺乏围合感，则导致广场空间的涣散、空旷，从而使人产生不安定感，降低了广场的空间品质。这时可通过地坪的立体化处理，或采取建筑物、构筑物、雕塑以及绿化设计的手法加以局部围合，以改善人的空间尺度感觉（图 7-34）。反之，广场的围合度过高、开放性不足，广场空间较封闭，也不利于空间的流动以及人们对广场的使用。

3）秩序与层次的关系

广场并不需要一味地追求大而全，合理的尺度和空间秩序、丰富的景观层次才是使用者的真正需求。根据人们的环境行为需求，广场需要一定的空间划分以形成不同层次的空间领域，并以此为依据设计出丰富的景观序列。图 7-35 所示是西南交通大学峨眉校区校前区广场，主体广场后顺应自然地形标高，在台地上设计出满足不同功能需要的辅助广场和交往空间，同时通过主轴线转换建立起既层次丰富又秩序井然的景观空间序列。

图 7-34 美国纽约哥伦比亚大学广场：雕塑和绿化改善人的活动空间尺度感觉（左）
（邱建 摄）
图 7-35 西南交通大学峨眉校区校前区广场（右）
（邱建 摄）

7.3.5 要素设计

1）建筑及构筑物

建筑无论在平面和立面上都是围合、限定广场的重要元素，其建筑类型、建筑风格、体量、尺度、细部处理、功能流线处理等都对广场起着至关重要的影响。在平面上，围绕一个广场的建筑应构成一个连续的表面，并为观察者呈现出风格统一的建筑立面，才能有助于广场建筑风格的形成；反之，建筑三维形体越大、建筑单体越独立，建筑风格越多样化，广场的完整性越差，其景观意象越难形成。

对于作为边际界面的建筑，阿尔伯蒂（L.B. Leon Battista Alberti 1404~1472）在关于广场规模与建筑关系的分析中提出："一个广场上适宜的建筑高

图 7-36　广场规模与建筑的关系：梵蒂冈圣彼得大教堂广场
（胡月萍 摄）

度，是开敞空间宽度的三分之一，或者最小是六分之一"[①]，说明广场的规模应该与界定它的建筑高度相匹配，这样才能获得合理的空间尺度。

作为广场空间主体的建筑及构筑物，首先在构图上应对景观序列具有控制作用或均衡作用，成为景观主体，并且在建筑体量、尺度、建筑风格及细节处理，材料选择等方面对广场景观设计产生重要影响，如梵蒂冈圣彼得大教堂广场（Piazza San Pietro）（图 7-36）。

2）道路

现代城市广场中，道路是广场空间界定的主要元素之一，道路与广场的关系决定广场空间的开放度。广场的平面形态千变万化、因时而异，其基本形态有：矩形、梯形、不规则多边形、圆形、椭圆形以及它们的各种组合，就其与道路的关系，我们简化其形态，主要有如图 7-37 所示的几种形态：

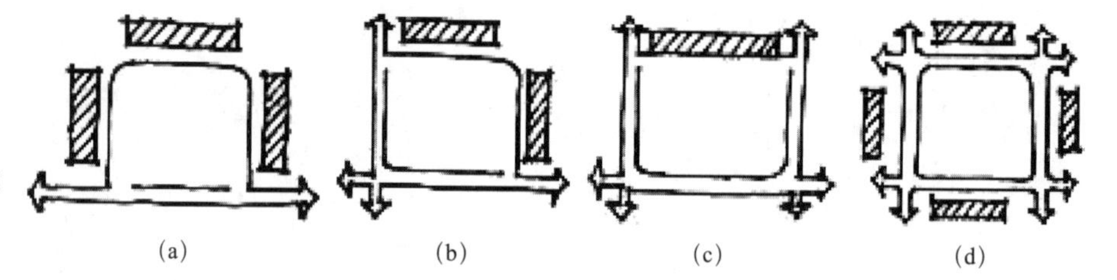

图 7-37　广场与道路的关系
（胡月萍 绘制）

其中（a）广场形态是标准的袋状空间，广场界面完整，广场空间整合独立，易于进行景观处理；（d）为四角开敞的广场，其缺陷是道路将广场与城市其他部分割裂开来，从而使广场变成一个"岛状"空间，割断了与周边建筑的空间渗透、人流流动，在这种情况下，广场景观设计中应利用建筑及构筑物手法，或通过地形处理，或是绿化水体、设施小品的设置，在完成造景目的的同时，对交通关系和结构进行合理化调整。

广场作为人活动的空间，应与道路既保持便捷的联系，同时又要避免受到交通的干扰，在具体的设计中，应根据交通状况作出合理的布局。如日本横滨开港广场（图 7-38），虽然位于十字交叉路口，但是却通过旋转，使交通岛与广场各占一隅，活动区与交通区分离，形成独立领域[②]。

3）场地标高及场地铺装

许多广场都是平面型的，但在越来越多的现代城市广场设计中，为了解

① 芦原义信．外部空间 [M]．尹培桐，译．北京：中国建筑工业出版社，1985.
② 刘永德等．建筑外环境设计 [M]．北京：中国建筑工业出版社，1996.

决立体交通问题，或综合利用建筑屋顶或地下空间等目的，广场在场地设计上常常采用立体化空间处理手法，即立体型广场，包括下沉广场、上升广场。立体型广场通过垂直交通系统将广场不同水平层面串联成一个变化丰富的整体空间，以上升、下沉和地面层相互穿插组合，配之以绿化、小品等，构成一个既有仰视、又可俯览的垂直景观系统，增加了广场景观的层次性和趣味性，同时提高了土地集约化利用效率（图 7-39）。

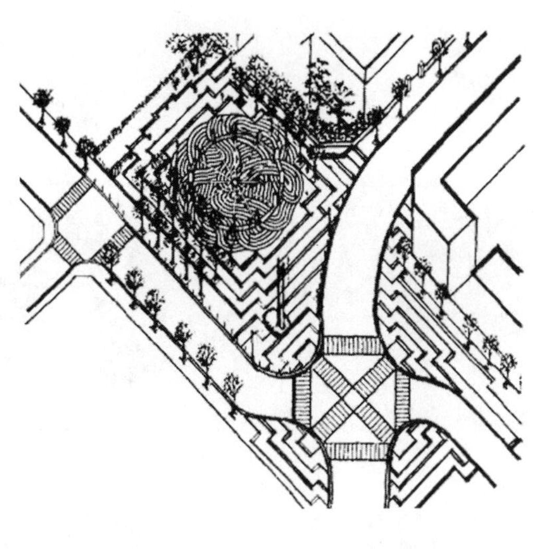

图 7-38　日本横滨开港广场[①]

广场铺装首先应注意铺装的整体性与细节性处理：广场铺装应视为一个具有空间属性的整体，铺装图案应有与整个广场空间主题相配合的主题风格，并保证地面的均质性。

其次，广场应注意地面铺装与场地环境的协调，在形状、色彩、材质等方面都要与所处的环境协调一致，而不是片面追求材料的档次。铺装材料的规格及图案的尺度与空间场地大小有密切的关系，有明确的尺度感与方向性、提示性。

作为公共活动场所及防灾避难场所，广场的无障碍设施建设也是设计考虑的重要内容。

4）绿化及水体

城市广场主要是提供社会活动的场所，同时兼顾休闲功能，所以广场应以硬质铺装为主，绿化及水面的设置不应超过广场面积的 35%。广场绿化宜采取多层次、立体化种植，如使用树阵、树列以及爬藤植物等，广场绿化应具有装饰性（图 7-40），同时草坪面积要适度；当然，在一些大型广场，往往根据需要设置如雕塑、喷泉、水面等，成为广场景观的精彩组成部分（图 7-41）。

图 7-39　四川成都天府广场的下沉式广场（左）
（邱建 摄）
图 7-40　西班牙托莱多（Toledo）——广场绿化（右）
（邱建 摄）

① 刘永德等．建筑外环境设计 [M]．北京：中国建筑工业出版社，1996.

图 7-41 作为法国巴黎德方斯广场组成部分的水体（左）
（邱建 摄）
图 7-42 捷克民族英雄杨·胡斯（Jan Hus）纪念碑雕塑与布拉格老城广场（右）
（邱建 摄）

5）设施及小品

作为社会活动的场所，广场应为使用者提供充足、优质的休息、卫生、信息、交流等设施；作为文化展示和市民教化的场所，广场在保证各类设施的实用性安全性的同时，应赋予它们一定的艺术品质；另外，雕塑与环境小品也是广场空间中必不可少的、极具表现力和装饰性的元素，而广场也为雕塑与环境小品提供了适合的展示场景（图 7-42）。

第 8 章

景观小品设计

8.1 概述

8.1.1 概念

与景观小品相关的概念有园林建筑小品、园林小品、景观设施、园林建筑装饰小品等，每种概念均有所侧重和局限，如园林建筑小品侧重于建筑配件（栏杆、窗、门等）的艺术性；园林小品难以表达现代景观中出现的新的小品设施；而景观设施的表达又过于宽泛；园林建筑装饰小品过于强调小品的装饰性。本书将这些概念统称景观小品，可理解为在景观环境中提供装饰欣赏或具有实用功能的设施。

8.1.2 分类

景观小品种类繁多，涵盖面广，按不同概念表述分类总结如表 8-1 所示。

不同概念表述下的景观小品分类[①] 表 8-1

概念表述	分类	
园林建筑小品	分类 1	门窗洞口、花窗、装饰隔断、墙面、铺地、花架、雕塑小品、花池、栏杆边饰、梯级与蹬道、小桥与汀步、庭院凳、庭院灯和喷水池
	分类 2	园门、景墙与景窗、花架、园林雕塑、梯级与蹬道、园路与铺地、园桥与汀步、园桌与园凳、花坛、水池、置石和其他
	分类 3	门窗洞口、花架、梯级与蹬道、园路铺地、园桥与汀步、园桌与园凳、雕塑小品、花坛和其他
园林小品	分类 1	水景工程、园桥工程、园路工程、假山工程和其他小品（花坛、景墙、路标）
	分类 2	园桌园椅园凳、园门园墙、雕塑和其他（园灯、栏杆、宣传牌宣传廊、公用类建筑设施）
	分类 3	供休息的小品、装饰性小品、结合照明的小品、展示性和服务性小品
景观设施	分类	休息设施（如园椅、凉亭等）、服务设施（如园路、园桥等）、解说设施（标志、指示牌）、管理设施（园门、园灯）、卫生设施（如洗手设施、垃圾桶、公厕等）、饰景设施（水景、石景等）、运动设施、游乐设施
园林建筑装饰小品	分类	园椅、园灯、园林墙垣与门洞漏窗、园林展示小品、园林小桥、园林栏杆、园林雕塑和花格

虽然不同的分类各有特点，但通过表 8-1 可获得景观小品设计的主要对象，对理解景观小品设计的方法具有一定作用。

8.1.3 功能

景观小品的主要功能包括：

(1) 景观构成。景观小品是构成景观环境的主要内容之一（图 8-1），既

① 陈祺，陈忠明. 景观小品图解与施工 [M]. 北京：化学工业出版社，2008.

图 8-1 英国伦敦街头雕塑景观小品成为人们在公共空间交流、活动的有机组成部分（左）
（李杨 摄）

图 8-2 英国伦敦街头抽象的景观雕塑小品衬托了主体建筑并形成均衡构图（右）
（李杨 摄）

可作为景观主景，独立形成观赏目标，又可作为配景，烘托主景或与其他景观共同构成新的景观，同时在景观视觉上起到均衡作用（图 8-2）。

（2）空间组织。通过景观小品可以对景观总体空间进行功能划分和流线组织，以满足景观的整体功能要求（图 8-3）。

（3）意境诠释。造型优美、生动的景观小品不仅可丰富视觉层次、美化景观环境，给人以美的享受，而且有助于诠释景观设计意境、深化景观设计内涵。如四川成都浣花溪湿地公园毗邻杜甫草堂，结合杜甫草堂的历史文化背景设计造型独特的茅舍亭等景观小品，形象演绎出诗圣杜甫的诗意韵味（图 8-4）。

（4）主题强化。景观设计师一般需要结合场地特征构思出景观作品主题，雕塑、文化墙等小品对展示地域特色、弘扬历史文化有着重要作用，如美

图 8-3 荷兰海牙街头景观小品（含垃圾箱）清晰地界定出交通空间和人行空间（左）
（邱建 摄）

图 8-4 四川成都浣花溪湿地公园景观小品（右）
（邱建 摄）

图 8-5 美国亚特兰大可口可乐总部基地景观的彭伯顿医生雕像
（邱建 摄）

国亚特兰大可口可乐总部基地广场景观中，可口可乐发明人彭伯顿医生（Dr. John.S. Pemberton）的雕像强化了景观场地的历史信息（图 8-5）。另外，在公园、广场和景区中，作为景观小品的标识牌、宣传牌等具有诸如普及知识、信息交流、交通引导的功能的同时，给人以美好或独特的感官印象。

（5）实用功能。景观小品具有许多实用功能，如亭子、坐凳可供人休息，入口、路灯等是景观管理不可或缺的部分，垃圾桶、洗手池等小品是为人们提供卫生条件的必备设施（图 8-6）。

加拿大卡尔加里一小广场为游人提供休息的景观坐凳
（邱建 摄）

美国凤凰城某居住区整齐划一的垃圾箱是居民生活的必备设施
（李星 摄）

图 8-6 景观小品的实用功能

8.2 设计原则

景观小品设计在坚持景观设计原则的同时，结合自身特点，特别要遵循以下原则：

8.2.1 功能合理

景观小品的设计要满足人们的行为需求，把握好布局和尺度关系；满足人们心理的需求，考虑人的私密性、舒适性和归属性等的心理需求；满足人们的审美要求及文化认同感，符合美学原理，应通过其外部表现形式和内涵体现其艺术魅力。如加拿大卡尔加里最高建筑天弓大厦（The Bow）门前景观小品：巨大的新人头像雕塑“仙境”（Wonderland），由西班牙著名雕塑家乔玛·帕兰萨（Jaume Plensa）设计，通过一根根钢管勾勒出流畅的人脸线条，有两个小门入口供游客穿越，从雕塑内可以欣赏到另外一幅人像图景（图 8-7）。

人头雕塑“仙境”外观
（邱建 摄）

人头雕塑“仙境”内景
（邱建 摄）

图 8-7 加拿大卡尔加里景观小品巨大的新人头像雕塑“仙境”

8.2.2 环境协调

景观小品是与周围环境作为一个系统来被人们认知和感受的，因此必须保证小品与周围环境之间的和谐与统一，避免在风格、色彩及空间关系上发生冲突（图 8-8）。

8.2.3 艺术品质

景观设计的艺术性能通过某些景观小品如雕塑作品得到集中体现，设计应塑造艺术品质，实现其艺术形象个性化，使其作为提升景观可识别性的重要途径，体现地域特色，彰显艺术魅力。如图 8-9 所示为古老的比利时鲁尔市行政办公大楼局部，外装饰极其华丽繁缛，但是整个人物雕塑与建筑装饰尺度统一，整体风格协调一致，内在秩序清晰可辨，具有极高的艺术价值。

8.2.4 经济适用

景观小品设计在保证功能使用和艺术品质的前提下，应尊重经济适用性原则，如尽量选用本土材料以节约成本；科学选择施工工艺以缩短施工周期。

图 8-8 法国巴黎拉维莱特公园科技馆前和谐统一的景观小品和科技馆天穹（左）
（邱建 摄）
图 8-9 具有极高艺术价值的比利时鲁尔市行政办公大楼古老建筑局部（右）
（邱建 摄）

8.3 设计方法

8.3.1 立意构思

立意构思是针对景观小品的功能，所处的空间环境及社会环境，综合产生出来的设计意图和想法，是景观小品设计的灵魂所在，任何没有立意的构图和设计都是苍白的。立意构思的基本方法是对景观小品的功能和环境进行分析和提炼。

8.3.2 选址布局

选址是景观小品设计的基础，如选址不当就会对景观整体产生破坏性作用，好的选址应在对场地环境充分调查和了解的基础上进行，注意场地的安全性，周边建筑、构筑物和其他景观小品的色彩、尺度和形式，同时尽量利用自然地形，达到选址安全与协调，并提升景观整体形象的目的。

布局是景观设计要解决的中心问题，布置凌乱、毫无章法的小品布局绝非好的作品。布局要从宏观上把握景观小品单体间的关系，寻找单体间的逻辑关系和内在联系，只有这样才能创造出美的作品来。最基本的布局方式有：自由式和规则式：自由式常用于自然要素占主导地位的景观中，如地质公园、植物园等；规则式常用于具有庄重、纪念性的场所中，如陵园、寺观、庙宇（图 8-10）等环境。根据场地条件的不同，可因地制宜，两者混合使用。

8.3.3 单体设计

1）协调与对比

景观小品既要考虑到与所处建筑环境、外部空间环境保持协调，以强化整体环境意象，又要适当采用对比手法，实现一定的艺术效果。借景是景观小品与环境达到合理的协调与对比的重要方法，常用的有远借、临借、仰借、俯借等。此外，尺度、色彩和质感是需要特别注意和重点关注的问题，人体尺度和观景效果（视角）是决定尺度的主要依据，色彩和材料的选择上要注意它们带给人的不同心理感受，如红色代表热情，蓝色代表冷静，原木为自然的质感，而钢铁为坚硬的质感。

如图 8-11 所示为华裔美籍建筑师贝聿铭（I. M. Pei）设计的美国国家美术馆新馆及其馆前雕塑，坐落在绿色草坪的深色基象雕塑，在浅色调的新馆衬

图 8-10 对称、规则布局的四川富顺文庙（邱建 摄）

图 8-11 美国华盛顿国家美术馆新馆及其馆前雕塑（左）
（邱建 摄）
图 8-12 荷兰某国家公园简洁大方的景观艺术小品（中）
（邱建 摄）
图 8-13 德国某城市景观雕塑小品：真实的柏林片墙让人铭记国家分分合合的历史（右）
（邱建 摄）

托下显得十分突出，其尺度也形成对比，但雕塑的形态却与主体建筑形态保持一致，不仅自身具有艺术价值，而且与美术馆新馆高度协调。

2）简洁与丰富

景观小品细节刻画要通过统一规划设计，提炼、净化基本语汇，控制数量和规模来达到净化视觉的效果；在需要表达丰富的细节时，也要利用基本语汇，通过一定的次序和条理来组织，避免造成杂乱的感觉（图 8-12）。

3）具象与抽象

景观小品设计时，既通过具象、写实的处理手法，满足人体工程学原理和行为心理学原则，对小品本身的功用和环境空间尺度起着明确的指导作用；同时通过抽象的艺术手法处理，使小品具有一定的审美价值，给人留有一定的想象空间（图 8-13）。

8.4 设计要点

8.4.1 城市雕塑小品

（1）作用：雕塑是景观小品设计的重要内容之一，许多景观的主题就是雕塑，而雕塑往往成为一个城市甚至一个国家的标志，如第 1 章所示“自由女神”塑像成为美国的象征（图 1-6）。雕塑作为一门艺术，其艺术手法及形式是复杂而多样的，对雕塑的理解也可以是多层次的，在景观设计中关键是准确选择雕塑题材，正确处理雕塑与环境的关系，使雕塑对环境起到画龙点睛之功效。如图 8-14 所示为“布鲁塞尔第一公民”——小于连的雕像，由于题材见证民族沧桑历史，仅有 61cm 高、憨态可掬的撒尿男童雕塑，成为比利时富于爱国主义教育意义的珍贵历史文物。

（2）类型：景观雕塑小品可分为纪念性雕塑（图 8-15）、主题性雕塑（图 8-16）、装饰性雕塑（图 8-17）和陈列性雕塑（图 8-18）等类型。

图 8-14　比利时布鲁塞尔“小于连”雕塑（上左）（邱建 摄）

图 8-15　台湾地区台南纪念性雕塑（下左）（邱建 摄）

图 8-16　西班牙广场上以世界名著《唐·吉诃德》的作者格尔－德－塞万提斯－萨维德拉（Miguelde Cervantes Saavedra）、主人翁唐·吉诃德（Don Quixote）及仆人桑丘·潘萨（Sancho Panza）为主题的雕塑（下中）（邱建 摄）

图 8-17　法国巴黎凯旋门上的装饰性雕塑（下右）（邱建 摄）

图 8-18　法国巴黎卢浮宫陈列性雕塑《萨莫色雷斯的胜利女神》（上右）（邱建 摄）

（3）平面布局：雕塑小品的平面布局方式有中心式、T字式、通过式、对位式、自由式和综合式等，其特点见表 8-2。

常用雕塑小品平面构图方式及其特点[①]　　**表 8-2**

构图方式	特点
中心式	雕塑处于环境中央位置、具有全方位的观察视角，在平面设计时注意人流特点（图 8-19）
T字式	景观雕塑在环境一端，有明显的方向性，视角为 180°，气势宏伟、庄重（图 8-20）
通过式	景观雕塑在处于人流线路一侧，虽然也有 180° 观察视角方位，但不如T字式显得庄重。比较适合用于小型装饰性景观雕塑的布置（图 8-21）
对位式	景观雕塑从属于环境的空间组合需要，并运用环境平面的轴线控制景观雕塑的平面布置，一般采用对称结构。这种布置方式比较严谨，多用于纪念性环境（图 8-22）
自由式	景观雕塑处于不规则环境，一般采用自由式的布置形式（图 8-23）
综合式	景观雕塑处于较为复杂的环境空间结构之中，环境平面、高差变化较大时，可采用多样的组合布置方式

① 衣学慧 . 园林艺术 [M]. 北京：中国农业出版社 . 2006.

图 8-19 美国洛杉矶环球影城（Universal Studiosp）入口雕塑：中心式布局方式（上左）
（邱建 摄）

图 8-20 美国纽约华尔街联邦国家纪念堂华盛顿雕像：T字式布局方式（下左）
（邱建 摄）

图 8-21 加拿大卡尔加里市中心一公共绿地雕塑小品：通过式布局方式（上右）
（邱建 摄）

图 8-22 荷兰某园林雕塑小品：对位式布局方式（下中）
（邱建 摄）

图 8-23 荷兰海牙海滨雕塑小品：自由式布局方式（下右）
（邱建 摄）

8.4.2 卫生设施小品

城市公共设施是由政府提供给公众享用或使用的公共物品或设备，对城市景观塑造影响巨大，如城市污水处理系统、城市垃圾处理系统（图 8-24）、城市道路（见第 7 章）、城市桥梁（见第 6 章）、城市广场（见第 7 章）、城市绿化（见第 9 章）等。就景观设计小品而言，主要涉及人们日常生活经常接触并对城市公共环境产生重要影响的那部分公共设施，也被称为“街道家具”，主要包括卫生设施小品和服务设施小品等。

在传统印象中，卫生设施就只有形象丑陋、躲躲藏藏的垃圾箱、公厕。而现在，它们作为景观元素的一部分，以丰富的造型、色彩、考究的材质、完善的功能出现在街巷及风景区，另外，饮水台、洗手台等新式卫生设施也越来越多地出现在公共场所。下面分别讲述几个常用卫生设施小品的设计要点。

1）垃圾箱

设置地点为大量人流滞留、漫步、休息或有室外用餐的公共场所，如：广场、步行街、人行道、公园、绿地、游乐场等，其设计要点为方便使用，造型色彩和材质上尽量与整体环境协调一致，宜简洁并方便使用，注意与人行道、休息设施及周边环境的关系（图 8-25），注意主导风向，地面材料密实性，地面排水坡度等问题，避免造成环境污染。

图 8-24 浙江宁波洞桥生活垃圾焚烧综合处理设施（左）
（邱建 摄）
图 8-25 美国费城独立广场内设置的垃圾箱（右）
（邱建 摄）

2）公厕

设置于广场、步行街、城市公园、风景旅游区等处，不同场所有不同类型的公厕与之适应，如独立式、附属性和临时性等。设计要点：公厕设计首先要功能合理、设施完善，其次要提供一定的附属设施如垃圾箱、照明、休息等候设施等；公厕设计在材料和外观上应充分反映地域特色并与环境相协调，与环境关系的处理关键在于“藏、露”结合上，即对于景观系统而言宜“藏”，对于人流动线而言宜“露”。如图 8-26 所示台湾地区著名的水里蛇窑遗址，公厕位于左侧小门是，既隐蔽又易找到，厕所设施也使用具有古窑特色的陶瓷材料（图 8-27）。

3）饮水台、洗手台

饮水台、洗手台等卫生设施具有实用与装饰的双重功能，其构造形式多样，造型活泼、丰富，兼具景观小品的装饰添景功效（图 8-28），多设于广场、游乐场中心，运动场及园路旁便于利用之处。设计要点：宜与休息设施综合考虑。须注意卫生及排水问题，如地表应有一定坡度以利排水，地面铺装材料要有一定渗水功能。

图 8-26 台湾水里蛇窑遗址，左侧小门是公厕位置（左）
（邱建 摄）
图 8-27 台湾水里蛇窑遗址公厕内使用的陶瓷材料设施（右）
（邱建 摄）

8.4.3 服务设施小品

座椅、电话亭、售卖亭、书报亭、候车亭等服务设施，在为人们的户外活动提供便利的同时，也构成了城市街道广场景观中的一部分。

1）座椅

座椅是为了满足人们休息的基本生理需求，在室外环境中分布广、使用频率高的公用设施，有长椅（图 8-29）、桌椅、坐凳之分。座椅设计应遵循人体工程学及行为心理学的原则，同时考虑其造型效果（图 8-30）。座椅根据结构不同又可分为独立式和附属式两种类型。附属式座椅多与花坛、树池、水池、棚架亭台等结合设置，结构附属功能也附属环境（图 8-31）；独立式座椅则应注意其造型，材质及色彩的选择。室外座椅同室内座椅一样，高度大约在 425~450mm。应根据环境特点确定座椅相应的造型、材质；座椅宜与卫生设施、照明设施、花坛树木等配套设置；座椅的配置应与场所中人们的活动特点相适应（图 8-32）。

图 8-28 上海世博园的饮水台
（邱建 摄）

图 8-29 加拿大卡尔加里一城市绿地设置的长椅（上左）
（邱建 摄）
图 8-30 成都街头根据人体工程学造型设计的坐凳（上右）
（邱建 摄）
图 8-31 西班牙巴塞罗那附属于树池的座椅（下左）
（邱建 摄）
图 8-32 俄罗斯莫斯科公共空间与环境特点相适应的座椅（下右）
（邱建 摄）

图 8-33　西班牙马德里市中心一书报亭
（邱建 摄）

图 8-34　加拿大温尼伯格一候车亭
（邱建 摄）

图 8-35　西班牙巴塞罗那街边一售货亭
（邱建 摄）

2）书报亭、候车亭、售卖亭

书报亭、候车亭、售卖亭及手机普及之前的电话亭等服务设施实质上已属于公共场所中的“建筑小品”范畴，它们体量小，分布广、服务内容较单一，设置上灵活机动（图 8-33~ 图 8-35），是景观环境的活跃元素，造型上应与环境相协调，做到既便于利用又不过分突出；在设置上应考虑到其与人行道（尤其是盲道）的关系，避免造成人流冲突、交通阻塞。

3）标识、标志、告示牌

标识、标志、告示牌是一种重要的信息传播设施，是人们生活中不可缺少的内容。多置于街道、广场、路口、建筑和公共场所入口（图 8-36），用作引导、警示、解释说明，同时，在城市环境中具有装饰、导向与提示、划分空间的功能。设计要点是选择合理的地点位置；瞬间识别性强，给予明确信息；统一的外观和位置；运用一致的符号、颜色和印刷格式；无论尺度还是材料都应该与环境相适应，有的标志牌甚至直接设置在建筑、构筑物上面（图 8-37）。

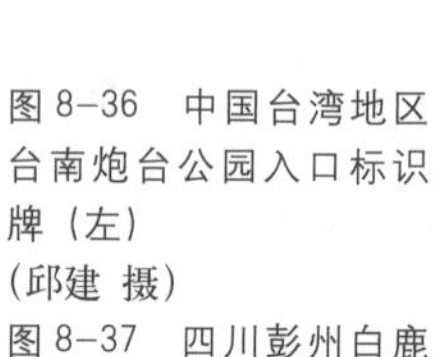

图 8-36　中国台湾地区台南炮台公园入口标识牌（左）
（邱建 摄）
图 8-37　四川彭州白鹿镇入口：标志牌设置在构筑物上（右）
（邱建 摄）

8.4.4　其他景观小品

值得一提的是，除了雕塑小品和城市公用设施小品以外，景观小品设计还涉及很多类型，体现在人们生产和生活环境的方方面面、各个细节，如路灯设计、招牌设计（图 8-38）、门牌设计（图 8-39）等，景观设计师应细心体会、深入发掘并精心设计。例如，重要部位的地面铺装就能让人感受到一个地方的地域特色或历史底蕴（图 8-40、图 8-41）。另外，景观小品特别是城市设施常常具有复合功能，好的设计师往往会统筹考虑。

图 8-38　福建厦门商业街区一招牌设计（左）（邱建 摄）
图 8-39　上海一老街区门牌设计（右）（邱建 摄）

美国洛杉矶一街头地面：刻有电影明星姓名标志的铺装让人感受到街区好莱坞的氛围

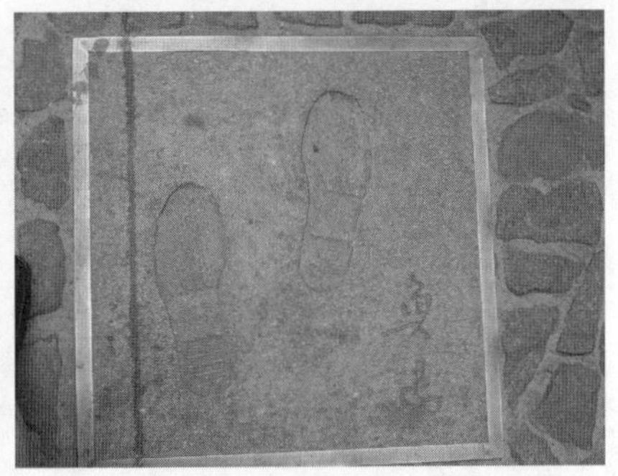

上海虹口一街头地面：刻有鲁迅脚印标志的铺装让人感受到历史文化街区的底蕴

图 8-40　具有地域特色或历史底蕴的地面铺装（左，右上）（邱建 摄）
图 8-41　捷克布拉格街头雕塑与座椅融为一体的景观小品（右下）（邱建 摄）

第 9 章

植物景观设计

9.1 概述

植物造景历史悠久。在现代城市景观设计中，以植物为主体的绿地是形成城市格局的重要组成部分，不仅美化了城市环境，还为城市居民提供了娱乐、健身、游憩等空间场所，是人们喜爱的城市“软质景观”(图 9-1)，是景观设计体现城市品质的重要物质载体。

广州华南国家植物园绿地景观
(邱建 摄)

西班牙马德里丽池公园绿地
(邱建 摄)

图 9-1 软质景观

由于物质和精神条件不同，中外人造植物景观形成了不同的体系，各自有着鲜明的特点。中国传统园林中植物造景强调人文与自然整体环境的协调，讲求师法自然，寓情于景。借助楹联、匾额、题咏、石刻等手段，将花草树木与文学艺术同园林主人或观赏者的思想感情联系起来，达到托物言志、借景抒怀、触景生情、情景交融的艺术境界。设计中采用空间组景、主从置景、巧于因借、四时造景、色香染景等方法，“先藏后露，欲扬先抑”“俗则屏之，嘉则收之”，并与建筑、水体等一道形成主次分明、四季鲜明、色彩丰富、清香宜人的优美景致 (图 9-2)。

西方古典园林以规整式园林为主，园内的山水树石，出于理性主义哲学的主导而表现“有秩序的自然”。因此，植物景观多为规则式。植物被修剪成各种几何形体和鸟兽图案，体现着一种理性的自然思想。这些规则式的植物与规则式的园林中建筑的线条、外形及体量相协调，有很高的人工艺术价值 (图 9-3)。另有一种自然式的植物景观，以英国自然风景园为典型，常模拟自然界中的森林、草甸、沼泽等不同景观，结合园林中不同的地形、水体、道路

图 9-2 江苏苏州拙政园：植物与建筑、小桥、水体等一道形成的优美景致 (左)
(余惠 摄)
图 9-3 俄罗斯圣彼得堡叶卡捷琳娜花园规则式植物配置 (右)
(邱建 摄)

来组织园林景观，以体现植物个体及群体自然美[①]。

中外传统植物造景经验是全人类共同的宝贵财富，对我们今天的景观植物设计，无论是设计原理、配置方式，还是各种类型植物的具体设计，都有着重要的学习、参考和借鉴价值。

9.2 设计原理

9.2.1 生态学原理[②]

1）环境分析——植物个体生态学原理

环境分析在植物生态学上是指从植物个体的角度去研究植物与环境的关系。

就景观植物而言，其环境就是植物体周围的园林空间，在这个空间中，存在着各种不同的物理和化学因素，如光、温、水、气候、土壤、岩石、人工构筑物以及许多化学物质（如污染物等），可统称为非生物因素；另外还包括其他植物、动物、微生物及人类，可统称为生物因素。这些生物与非生物因素错综复杂地交织在一起，构成了植物生存的环境条件，并直接或间接地影响着植物的生存和发展。

环境因子是组成环境的各种因素，也称生态因子。种植设计运用植物个体生态学原理，就是要尊重植物的生态习性，对各种环境条件与环境因子进行研究和分析，然后选择应用合适的植物种类，使园林中每一种植物都有各自理想的生活环境，或者将环境对植物的不利影响降到最小，使植物能够正常地生长和发育。

2）种群分布与生态位——植物种群生态学原理

种群是物种存在的基本单位。种群的个体都占据着特定的空间，并呈现出特定的个体分布形式或状态，这种种群个体在水平位置上的分布样式，称为种群分布或种群分布格局。种群空间分布的类型一般可概括为三种，即随机分布、均匀分布和集群分布。园林植物种群是园林中同种植物的个体集合，也是园林种植设计的基本内容。园林中多数植物种群往往有许多个体共同存在，如各种树丛、树林、花坛、花境、草坪及水生花卉等。在特定的园林空间里，植物种群同样呈现出以上三种特定的个体分布形式，也就是种植设计的基本形式，即规则式、自然式和混合式。

生态位指生物在群落中所处的地位和作用（J. Crinnel, 1917）[③]。也可理解为群落中某种生物所占的物理空间，所发挥的功能作用，及其在各种环境梯度

① 周武忠，瞿辉等. 园林植物配置 [M]. 北京：中国农业出版社，1999：2.
② 胡长龙. 园林规划设计 [M]. 北京：中国农业出版社，2003：146-148.
③ 王如松. 城市生态位势探讨 [J]. 城市环境与城市生态. 1988：1.

里出现的范围，即群落中每个种是在哪里生活，如何生活及如何受其他生物与环境因子约束等（G. P. Odum，1957）。生态位既是群落种群种间关系（种群之间的相互影响）的结果，又是群落特性发生与发展、种系进化、种间竞争和协同的动力和原因。植物群落种群种间关系包含了种间竞争、互助或共生。

景观植物种植设计，如乔木树种与林下喜阴（或耐阴）灌木和地被植物组成的复层植物景观设计、园林中的密植景观设计，都必须建立种群优势，占据环境资源，排斥非设计性植物（如杂草等），选择竞争性强的植物，采用合理的种植密度。总之，都应遵循生态位原理，以求获得稳定的园林植物种群与群落景观。

3）物种多样性——群落生态学原理

生物多样性是指一定空间范围内多种多样活有机体（包括动物、植物、微生物）有规律地结合在一起的总称（群落）。生物多样性是生物之间和生物与环境之间复杂的相互关系的体现，也是生物资源与自然景观丰富多彩的标志。生物多样性包含有遗传多样性、物种多样性和生态系统多样性。理解和表达一个区域环境物种多样性的特点，一般基于两个方面，即物种丰富度（或称丰富性）和物种的相对密度（或称异质性）。丰富度是指群落所含有的种数的多寡，物种越多，丰富性越大。相对密度是指各个物种在一定区域或一个生态系统中分布多少的程度，即物种的优势和均匀性程度，优势种越不明显，种类分布越均匀，异质性越大。

景观植物种植设计遵循物种多样性的生态学原理，目的是为了实现园林植物群落的稳定性、植物景观的多样性和持续生长性等，并为实现区域环境生物多样性奠定基础。

4）生态系统——生态系统生态学原理

众所周知，就生态功能与效益而言，通常是系统大于群体，群体大于个体。城市绿地系统是由城市中或城市周围各种绿地空间所组成的一个大的自然生态系统，而每一块绿地又是一个子系统。城市绿地系统的建立和保护，可以有效地整体改善和调节城市生态环境。景观植物种植设计不但要较多地利用木本植物，提高绿地的生态功能和效益，同时还要创造多种多样的生境和绿地生态系统，满足各种植物及其他生物的生活需要和整个城市自然生态系统的平衡，促进人居环境的可持续发展。

5）生态因子[①]

对植物有直接或者间接影响的环境因子称之为生态因子（因素）[②]。同其他生物一样，景观植物赖以生存的生态因子主要有温度、水分、光照、土壤等。

---

① 卢圣 . 植物造景 [M]. 北京：气象出版社，2004：27-32.

② 陈有民 . 园林树木学 [M]. 北京：中国林业出版社，1992：60.

不同地区的植物之所以会呈现出不同的景观效果，就是由于植物原生地生态因子不同的结果。

（1）温度

在地理空间上，温度随海拔的升高、纬度的北移而降低，随海拔的降低、纬度的南移而升高。在时间上，四季变换，昼夜变换。温度对植物景观的影响，不仅在于温度是植物生存的必要条件，有时候还是景观形成的主导因素。例如在海拔高、空气湿度大的地方配置秋色叶植物，景观更加明显，特色突出；而在北方常绿与落叶树种的合理搭配效果会更好。

根据树种对温度的要求和适应范围，大致上可分为四类①：

①最喜温树种

即指生长在热带的树种，故又称之热带树种，如：椰子、槟榔、龙血树、朱蕉、橡胶等。

②喜温树种

即指生长在亚热带的树种，如云南山茶、毛竹、香樟、木棉、瑞香、夹竹桃、竹柏等。

③耐寒树种

即生长在温带的树种，又称温带树种。如毛白杨、油松、白皮松、桃、李、梅、杏等。

④最耐寒树种

又称寒带树种。如红松、落叶松、东北绣线菊、水曲柳等。

（2）水分

水分是植物体的重要组成部分，而且植物对营养物质的吸收和运输，以及光合、吸收、蒸腾等生理作用，都必须在有水分的参与下才能进行。水是生命之源，水不仅直接影响植物是否能健康生长，同时也具有特殊的植物景观效果。如“雨打芭蕉”即为描述雨中植物景观的一例。

①土壤湿度

土壤中的水分对于植物景观的影响尤为重要，决定植物的生存、生长发育过程；同时可利用不同植物对土壤水分的要求创造植物景观。不同的植物种类，在长期生活的水分环境中，不仅形成了对水分需求的适应性和生态习性，还产生了特殊的可观赏景观。如仙人掌类植物，由于长期适应沙漠干旱的水分环境，从而形成了各种各样的奇特形态。根据植物对水分的关系，可把植物分为水生、湿生、中生和旱生等生态类型。

水生植物根据其在水中生长的位置又分为沉水植物、浮叶植物和挺水植物等。不同的水生植物其枝叶形状也多种多样，具有不同的景观效果，如金鱼藻

---

① 毛龙生．观赏树木学 [M]. 南京：东南大学出版社，2003：24.

属植物，沉水的叶常为丝状、线状，杏菜、萍蓬等，浮水的叶常很宽，呈盾状口形或卵圆状心形。不少植物，如菱属门有二种叶，沉水叶线形，浮水叶菱形；如挺水植物千屈菜挺拔秀丽，而浮萍却平静如绿波。

湿生植物的根常没于浅水中或潮湿的土壤中，常见于水际边沿地带或热带潮湿、荫蔽的森林中。一般适应性较差，大多数为草本，木本较少。做植物景观时，一些耐湿生植物多被应用，主要有落羽杉、红树、白柳、垂柳、墨西哥落羽松、池杉、水松、水椰、旱柳、黑杨、枫杨、箬竹、乌桕、白蜡、山里红、赤杨、梨、楝、三角枫、红棉木、柽柳、夹竹桃、椿树、千屈菜、黄花鸢尾、驴蹄草、花紫树、箬竹属、沼生海枣、水翁等。

旱生植物生长在黄土高原、荒漠、沙漠等干旱地带的植物大多属于旱生植物。如仙人掌类植物、龙血树、光棍树、木麻黄、猴面包树、瓶子树等。其他具有抗旱性的观赏植物有紫穗槐、桧柏、樟子松、紫藤、合欢、苦储、黄檀、榆、朴、石栎、栓皮栎、白栎、君迁子 、黄连木、槐、杜梨、臭椿、小青杨、小叶杨、胡颓子、小叶锦鸡儿、白柳、旱柳、雪松、柳叶绣线菊、构树、皂荚、柏木、侧柏、夹竹桃等。

②空气湿度

空气湿度对植物生长起着很大作用。生长在高海拔的岩生植物或附生植物如兰花类，主要依靠空气中较高的湿度生长。热带雨林中具有高温高湿的环境，因此常常生长一些附生植物如大型的蕨类，像鸟巢蕨、岩类蕨、书带蕨、星蕨等，这些植物构成了别具一格的景观。设计者掌握和了解哪些植物需要高湿度环境或不需要高湿度空气环境，进行合理搭配，不仅避免盲目性，还能利用其独特性创造景观。例如大型展览温室中，可以利用现代科学技术，模拟热带雨林的高温高湿环境，并引种大量热带植物，获得热带景观效果。

（3）光照

光是植物的能量源。除光合作用外，光对植物的影响还在于光照的强度和光质在很大程度上影响着植物的高矮和花色的深浅，如生长在高山上的植株通常受紫外线照射严重而显得低矮，且花色非常艳丽，不过这受自然条件的限制，设计者不能改变现实环境，但在人工环境下，利用现代科技手段也能达到相似的效果。

通常把植物按光照强度的需求分为三类：

①阳性植物

要求阳光充足条件下才能正常生长，不耐荫蔽。在自然群落中，常为上层乔木，一般需光度为全日照 70% 以上的光强，如大多数松柏类植物（如马尾松、柏、油松等）、桉树、木麻黄、椰子、芒果、柳、桦、槐、桃、梅、木棉、银杏、广玉兰、鹅掌楸、白玉兰、紫玉兰、朴树、榆树、毛白杨、合欢、假俭草、结缕草等。另外还包括许多一二年生及许多多年生草本花卉（如鸢尾等），应用时要布置在阳面。

②阴性植物

此类植物不能忍受过强的光照，一般需光度为全日照的 5% ~20% 左右。在自然群落中常处于中、下层，或者潮湿背阴处，在群落结构中常为相对稳定的主体。如红豆杉、三尖杉、粗榧、可可、咖啡、香榧、肉桂、茶、紫金牛、常春藤、地锦、三七、人参、沙参、黄连、麦冬及吉祥草、铁杉、金粟兰、阴绣球、虎刺、紫金牛、六月雪等可以布置在建筑物在其他设施的阴面。

③中性植物

需光度在阳性和阴性植物之间，对光的适应幅度较大。全日照下生长良好，亦能忍受适当的荫蔽环境，如罗汉松、八角金盘、山楂、竹柏、绣线菊、玉簪、珍珠梅、虎刺、君迁子、桔梗、白笈、棣棠、蝴蝶花、马占相思、红背桂、花柏、云杉、冷杉、甜储、红豆杉、紫杉、山茶、栀子花、南天竹、海桐、珊瑚树、大叶黄杨、蚊母树、迎春、十大功劳、常春藤、玉簪、八仙花、早熟禾、麦冬、沿阶草等等。

(4) 土壤

土壤是植物生存的根本。设计者在选择植物时对土壤应从以下三个方面进行了解，即基岩种类、土壤物理性质、土壤酸碱度。

不同的岩石风化后形成不同性质的土壤，不同性质的土壤上生长不同的植被，从而形成不同的植物景观。例如石灰岩主要由碳酸钙组成，属钙质岩类风化物。风化过程中，碳酸钙可受酸性水溶解，大量随水流失，土壤中缺乏磷和钾，多石灰质，呈中性或碱性，土壤粘实，易干，因此不宜针叶树生长，宜种植喜钙耐旱植物，上层乔木以落叶树为优势种，植物景观常以秋景为佳，秋色叶绚丽夺目。

城市土壤由于特殊的环境，其成分及物理结构有别于一般土壤。城市土壤受基建污水、砖瓦与碴土、踩压等环境影响，一般较紧密，土壤孔隙度很低，植物生长困难。因此，在植物景观设计时，一要选择抗性强的树种，二要在必要的情况下进行土壤改良或使用客土。

在某种程度上，土壤的酸碱度决定着植物的存活。根据植物对酸碱的需求程度可分为酸性土植物、中性土植物和碱性土植物。

①酸性土植物

要求土壤 pH 值在 6.5 以下。酸性土壤植物在碱性土或钙质土上不能生长或生长不良。分布在高温多雨地区，土壤中盐质如钾、钠、钙、镁被淋溶，而铝的浓度增加，土壤呈酸性。在高海拔地区，由于气候冷凉、潮湿，在以针叶树为主的森林区，土壤中形成富里酸，土壤也呈酸性。常见的植物有高山杜鹃、乌饭树、山茶、油茶、马尾松、石楠、油桐、吊钟花、马醉木、栀子花、大多数棕榈科植物、红松、印度橡皮树、柑橘类、白兰、含笑、珠兰、茉莉、檵木、枸骨、八仙花、肉桂、茶、芒箕等。

②中性土植物

要求土壤 pH 值在 6.5~7.5 之间，大部分植物属于此类。

碱性土植物要求土壤 pH 值在 7.5 以上。如柽柳、紫穗槐、沙棘、沙枣、杠柳、文冠果、合欢、黄栌、木槿、油橄榄、木麻黄等。耐盐碱能力比较强。

除了要熟悉各生态因子对景观植物设计及种植的影响外，在实际设计过程中，我们还应注意把握好以下三点：一是生态因子对植物的影响是综合的，每一个因子既有不可替代性又互相影响，不能孤立地去看任何一个因子；二是某一地区的各个因子对于某一种植物起主导作用的一般只有 1~2 个，称为主导因子；三是各种因子不是静止不变的，而是随着条件的变化而变化的[①]。

9.2.2 美学原理[②]

植物景观设计的一个重要目的是满足人们的审美要求。尽管不同时代、民族传统、宗教信仰、经历、社会地位以及教育文化水平的人的审美意识或审美观都会有所不同，但美有一定的共性，人们对美的植物景观总是会认同的。美是植物造景追求的目的之一，所以完美的植物景观设计必须具备科学性与艺术性两个方面的高度统一。既要满足植物与环境在生态适应性上的统一，又要通过艺术构图原理体现出植物个体及群体的形式美及人们在欣赏时所产生的意境美。

自然美是人类面对自然与自然现象如天象、地貌、风景、山岳、河川、植物、动物等所产生的审美意识；生活美是人类面对人类自身的活动或社会现象如生老病死、喜怒哀乐、悲欢离合、家庭、事业、社会关系、命运、经济状况、贡献、成就等所产生的审美意识；艺术美是人类面对人类自身所创作的艺术作品如绘画、雕塑、建筑艺术、园林、音乐、歌曲、诗词、小说、戏剧、电影等所产生的审美意识。园林植物景观的实质是园林植物或由其组成的“景”的刺激，从而引起人们主体舒适快乐、愉悦、敬佩、爱慕等情感反应的功利关系。园林植物本身具有自然美的成分；同时，作为一种实践活动，又具有生活美的因素；另外，园林植物景观是运用艺术的手段而产生的美的组合，它是诗是画，是艺术美的体现。总之，园林植物景观设计需要综合自然美、生活美和艺术美。

景观设计师利用植物造景，可以从视觉角度出发，根据植物的特有观赏性色彩和形状，运用艺术手法来进行景观创造，但更要注重景观细部的色彩与形状的搭配，从色彩美及形式美两方面加以注意。植物景观中艺术性的创造极为

---

① 毛龙生 . 观赏树木学 [M]. 南京：东南大学出版社，2003：26.

② 卢圣：植物造景 [M]. 北京：气象出版社，2004：34.

图 9-4　成都某住区内庭庭院景观设计
（邱建 提供）

细腻又复杂。诗情画意的体现需借鉴于绘画艺术原理及古典文学的运用，巧妙地充分利用植物的形体、线条、色彩、质地进行构图，并通过植物的季相及生命周期的变化，使之成为一幅有生命力的动态构图。图 9-4 是根据植物的美学原理设计的某个住区内庭庭院。

9.2.3　空间建造原理①

绿色植物是一种有生命的构建材料，与建筑材料是截然不同的。植物以其特有的点、线、面、体形式以及个体和群体组合，形成有生命活力的复杂流动性的空间。这种空间具有强烈的可观赏性。同时，这些空间形式给人以不同的感觉，或安全，或平静，或兴奋。这正是人们利用植物形成空间的目的。在设计时植物的建造功能是最先要考虑的，其次才是观赏特性等其他因素的考虑。

由前所述，室外空间是由地平面、垂直面以及顶平面单独或共同组合成的实在的或暗示性的范围围合。植物材料可以在地平面上以不同高度和不同种类的地被植物或矮灌木来暗示空间的边界，从而形成实空间或虚空间。在垂直面上，树干如同室外的柱子，以暗示的方式形成空间的分隔，其空间封闭程度随树干的大小、疏密以及种植形式而不同。树干越多，空间围合感就越强。

植物的叶丛是影响空间围合的第二个因素。叶丛的疏密度和分枝的高度影响着空间的闭合感。阔叶或针叶越浓密、体积越大其围合感越强烈。而落叶植物的封闭程度，随季节的变化而不同。

如同建筑的顶平面一样，植物同样能限制、改变空间的顶平面。植物的枝叶犹如室外空间的天花板、限制了伸向天空的视线，并影响着垂直面上的尺度。季节、枝叶密度以及树木本身的种植形式会影响顶平面的形成效果。当树木树冠相互覆盖、遮蔽了阳光时，其顶面的封闭感尤为强烈（图 9-5）。

图 9-5　山东青岛八大关景区古树树冠覆盖形成封闭感强烈的道路顶面
（邱建 摄）

空间的地平面、垂直面、顶平面在室外环境中，以各种变化方式互相组合，形成各种不同感受的空间形式。空间的封闭度总是随围合植物的高矮大小、株距、密度以及观赏者与周围植物的相对位置而变化的。

借助于植物材料作为空间限制的因素，就能

① 卢圣：植物造景 [M]. 北京：气象出版社，2004：1-6.

图 9-6 陕西延安延河边利用低矮灌木构成的开敞空间植物景观（左）
（邱建 摄）

图 9-7 捷克克鲁姆洛夫城堡花园（Castle Garden）的半开敞空间植物景观（右）
（邱建 摄）

建造出许多类型不同的空间。典型的类型有以下几种。

1）开敞空间

仅用低矮灌木及地被植物作为空间的限制因素。这种空间四周开敞，外向，无隐秘性，并完全暴露于天空和阳光之下（图 9-6）。

2）半开敞空间

这种空间与开敞空间有相似的特性，不过开敞程度较小，其方向性指向封闭较差的开敞面，通常应用高大乔木在需要隐秘性的一面，而另一侧一般种植灌木或低矮树木以获得较为深远的景观面（图 9-7）。

3）覆盖空间

利用具有浓密树冠的遮荫树，构成顶部覆盖而四周开敞的空间（图 9-8）。

4）全封闭空间

这种空间与覆盖空间相似，但其四周均被大中小型植物所封闭。这种空间常见于森林中，它光线较暗，无方向性，具有很强的私密性和隔离感（图 9-9）。

图 9-8 美国旧金山市政广场种植的覆盖空间植物景观（左）
（邱建 摄）

图 9-9 四川广元翠云廊景区密植的全封闭空间植物景观（右）
（邱建 摄）

图 9-10　俄罗斯圣彼得堡林叶卡捷琳娜花园种植的垂直空间植物景观（邱建 摄）

5）垂直空间

运用高而细的植物能构成一个方向直立、朝天开敞的室外空间。设计要求垂直感的强弱，取决于四周开敞的程度。此空间就像哥特式教堂，令人翘首仰望将视线导向空中（图 9-10）。

9.3　设计方法

9.3.1　种植方式[①]

景观植物配置的基本方式有三种，即规则式、自然式和混合式。

1）规则式

规则式又称整形式、几何式、图案式等，是指园林植物成行成列等距离排列种植，或做有规则的简单重复，或具规整形状。多使用植篱、整形树、模纹景观及整形草坪等。花卉布置以图案式为主，花坛多为几何形，或组成大规模的花坛群；草坪平整而具有直线或几何曲线型边缘等。通常运用于规则式或混合式布局的园林环境中。具有整齐、严谨、庄重和人工美的艺术特色（图 9-11）。

图 9-11　荷兰某园林：规则式花坛群（邱建 摄）

规则式又分规则对称式和规则不对称式两种。规则对称式指植物景观的布置具有明显的对称轴线或对称中心，树木形态一致，或人工整形，花卉布置采用规则图案。规则对称式种植常用于纪念性园林，大型建筑物环境、广场等规则式园林绿地中，具有庄严、雄伟、整齐、肃穆的艺术效果，有时也显得压抑和呆板。规则不对称设计没有明显的对称轴线和对称中心，景观布置虽有规律，但也有一定变化，常用于街头绿地、庭园等。

2）自然式

自然式又称风景式、不规则式，是指植物景观的布置没有明显的轴线，各种植物的分布自由变化，没有一定的规律性。树木种植无固定的株行距，形态大小不一，充分发挥树木自然生长的姿态，不求人工造型；充分考虑植物的生

① 胡长龙 . 园林规划设计 [M]. 北京：中国农业出版社，2003：149.

图 9-12 俄罗斯莫斯克里姆林宫科亚历山大花园：自然式植物种植（左）
（邱建 摄）
图 9-13 美国华盛顿白宫园林：混合式植物栽植（右）
（邱建 摄）

态习性，植物种类丰富多样，以自然界植物生态群落为蓝本，创造生动活泼、清幽典雅的自然植被景观。如自然式丛林、疏林草地、自然式花境等。自然式种植设计常用于自然式的园林环境中，如自然式庭园、综合性公园安静休息区、自然式小游园、居住区绿地等（图 9-12）。

3）混合式

混合式是规则式与自然式相结合的形式，通常指群体植物景观（群落景观）。混合式植物造景就是吸取规则式和自然式的优点，既有整洁清新、色彩明快的整体效果，又有丰富多彩、变化无穷的自然景色；既有自然美，又具人工美。

混合式植物造景根据规则式和自然式各占比例的不同，又分三种情形，即自然式为主，结合规则式；规则式为主点缀自然式；规则与自然式并重（图 9-13）。

9.3.2 植物设计

1）树木①

景观设计中树木大致按照规则式和自然式两种方式进行配置。规则式配置可以分为对植、列植、正方形栽植、三角形种植、长方形栽植、环植、花样栽植等方式，每一种方式都有相应的景观特点和配置要求。其中，对植一般在进出口、建筑物前的轴线左右，相对地栽植同种、同形的树木，使之对称相适应（图 9-14）；列植一般将同形同种的树木按一定的株行距单行、双行或者多行排列种植，具有韵律感（图 9-15）。

自然式配置主要有孤植和丛植两种方式。

孤植主要是表现树木的个体美，构图位置应该十分突出，树木体形要巨大，树冠轮廓要富于变化，树姿要优美，如榕树、珊瑚树、苹果树、白皮松、银杏、红枫、雪松、香樟、广玉兰等（图 9-16）。

---

① 毛龙生. 观赏树木学 [M]. 南京：东南大学出版社，2003：31-34.

图 9-14　加拿大温哥华英属哥伦比亚大学一教学楼入口处对植的乔木（左）
（邱建 摄）

图 9-15　法国巴黎凡尔赛宫花园：同一品种树木的列植（右）
（邱建 摄）

丛植由 2~10 株乔木组成，如加入灌木，总数最多可数十株左右。树丛的组合主要考虑群体美，单株植物的选择条件与孤植树相似，其配置形式及要求如下：

①两株配置

两株配置必须既有调和又有对比。首先应采用同一树种（或外形十分相似），使两者统一起来，但同时应有殊相，即在姿态和大小应有差异，才能有对比，一般来说两株树的距离应小于两树冠半径之和（图 9-17）。

②三株配置

三株配合最好采用姿态大小有差异的同一树种，栽植时忌三株在同一线上或成等边三角形，一般最大和最小的要靠近一些成为一组（图 9-18）。如果是采用不同树种，最好同为常绿或同为落叶；或同为乔木，或同为灌木。三株配合是树丛的基本单元，四株以上可按其规律类推。

③群植

群植系由十多株以上，七八十株以下的乔灌木组成的人工群体，主要表现群体美，对单株要求不严格，树种也不宜过多。树群中不允许有园路穿过。其任何方向上的断面，应该是林冠线起伏错落，水平轮廓要有丰富的曲折

图 9-16　孤植的大榕树：四川汶川布瓦寨羌族同胞的“神树”经受“5.12”大地震之后依然傲首挺立（左）
（邱建 摄）

图 9-17　新疆博乐市艾比湖湖岸两株配置的胡杨树（右）
（邱建 摄）

图 9-18 美国旧金山一居住区同为乔木的三株配植（左）
（邱建 摄）

图 9-19 英国爱丁堡皇家植物园（Royal Botanic Garden Edinburgh）围合空间的树群（右）
（程昕 摄）

变化，树木的间距要疏密有致（图 9-19）。

④林植

林植是较大规模成片成带的树林状的种植方式。景观中的林带与片林种植方式上可较整齐，有规则，但比之于真正的森林，仍可略为灵活自然，做到因地制宜，并应在防护功能之外，着重注意在树种选择和搭配时考虑到美观和符合园林的实际需要。

树林可粗略分为密林（郁闭度 0.7~1.0）与疏林（郁闭度 0.4~0.6）。密林又有单纯密林和混交密林之分，前者简洁壮阔，后者华丽多彩，但从生物学的特性来看，混交密林（图 9-20）比单纯密林好。疏林中的树种应具有较高观赏价值，树木种植要三五成群，疏密相间，有断有续，错落有致，构图应生动活泼，还可与草地和花卉结合，形成草地疏林和嵌花草地疏林（图 9-21）。

2）花卉[①]

（1）花坛

花坛是一种古老的花卉应用形式，主要展现群体花卉的色彩和图案美。花

图 9-20 西班牙马德里丽池公园：混交密林（左）
（邱建 摄）

图 9-21 荷兰库肯霍夫公园（Keukenhof Park）：疏林草地搭配郁金香（右）
（程昕 摄）

① 张吉祥．园林植物种植设计 [M]. 北京：中国建筑工业出版社，2001：78-86.

图 9-22 2019 北京世界园艺博览会动漫角色模纹花坛
（黄瑞 摄）

坛是将同期开放的多种花卉，或不同颜色的同种花卉，根据一定的图案设计，栽种于特定规则式或自然式的苗床内，以发挥其群体美的效果。花坛的植物材料要求经常保持鲜艳的色彩与整齐的轮廓，并随季节的变化进行更换，因此一般常选用一二年生花卉[①]。

按照不同的分类标准，花坛可分为不同的类型，如按坛面花纹图案可分为花丛式花坛、模纹花坛、造型花坛（如动物造型等）、造景花坛（如造农家小院景观等）[②]。最为常用的花坛类型是花丛式花坛和模纹花坛，前者又叫盛花花坛，是以观花草本花卉花朵盛开时，花卉本身华丽的群体为表现主题；模纹花坛又被称为“嵌镶花坛”或“毛毯花坛”，其表现主题是应用各种不同色彩花叶兼美的植物来组成华丽的图案纹样（图 9-22）。

（2）花境

花境是以多年生花卉为主组成的带状地段，花卉布置采取自然式块状混交，表现花卉群体的自然景观，是园林从规则式构图到自然式构图的一种过渡的半自然式种植形式，平面轮廓与带状花坛相似，植床两边是平行的直线或是有几何规则的曲线。花境的构图是沿着长轴的方向演进的连续构图，是竖向和水平的组合景观。花境所选植物材料，以能越冬的观花灌木和多年生花卉为主，要求四季美观又能季相交替，一般栽植后 3~5 年不更换。花境表现的主题是观赏植物本身所特有的自然美，以及观赏植物自然组合的群体美，所以构图不着重平面的几何图案，而是植物群落的自然景观（图 9-23）。

花境内布置的花卉应以花期长、色彩鲜艳、栽培管理简便的宿根花卉为主，并可适当配置一二年生草花、球根花卉、观叶花卉，还可以配置小型开花的木本花卉，如杜鹃、月季、珍珠梅、迎春花、日本绣线菊等。品种搭配要匀

（a）花境花色分布

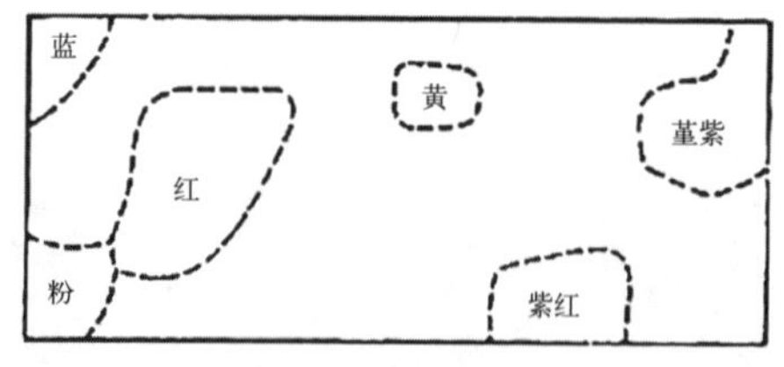

（b）某季节花色分布

图 9-23 花境色彩设计示意图[③]

① 康亮 . 园林花卉学 [M]. 北京：中国建筑工业出版社，2008：254.
② 卢圣 . 植物造景 [M]. 北京：气象出版社，2004：141.
③ 王玉晶，杨绍福，王洪力，陶延江 . 城市公园植物造景 [M]. 沈阳：辽宁科学技术出版社，2003：71.

称，要考虑季相变化，使其一年四季陆续开花，即使在同一季节内开花的植株在分布、色彩、高度、形态都要协调匀称，使整个花境植株饱满，色彩艳丽[①]（图 9-24，图 9-25）。

图 9-24 英国伦敦邱园（The Royal Botanic Gardens, Kew）花境配置（程昕 摄）

（3）花台与花池

花台因抬高了植床、缩短了观赏视距，宜选用适于近距离观赏的花卉。不是观赏其图案花纹，而是观赏园林植物的优美姿态，赏其艳丽的繁花，闻其浓郁的香味。因而宜布置得高低参差、错落有致。牡丹、杜鹃、梅花、五针松、蜡梅、红枫、翠柏等，均为我国花台中传统的观赏植物。也可配以山石、树木做成盆景式花台。位于建筑物出入口两侧的小型花台，宜选用一种花卉布置，不宜用高大的花木。

花池是种植床和地面高程相差不多的园林小品设施，它的边缘也用砖石维护，池中常灵活地种以花木或配置山石，这也是中国庭院一种传统的花卉种植形式（图 9-26）。

（4）花丛

几株至十几株以上花卉种植成丛称花丛。花丛是花卉的自然式布置形成，从平面轮廓到立面构图都是自然的。同一花丛，可以是一种花卉，也可以为数种混交，但种类宜少而精，忌多而杂。花卉种类常选用多年生、生长健壮的花卉，也可以选用野生花卉和自播繁衍的一二年生花卉。混交花丛以块状混交为多，要有大小、疏密、断续的变化，还要有形态、色彩上的变化，使在同一地

加拿大维多利亚布查德花园（The Butchart Gardens）花境（李星 摄）

浙江杭州太子湾公园花境（江俊浩 提供）

图 9-25 植物花境

① 王玉晶，杨绍福，王洪力，等．城市公园植物造景 [M]. 沈阳：辽宁科学技术出版社，2003：71.

图 9-26　江苏苏州留园冠云峰庭院：花池内的植物和山石（左）
（余惠 摄）
图 9-27　四川成都府河边花丛（右）
（邱建 摄）

段连续出现的花丛之间各有特色，以丰富园林景观。

花丛常布置在树林边缘、草坪四周、疏林草坪之中及道路与河流旁边（图 9-27）等处。花丛是花卉诸多配置形式中，配置最为简单、管理最为粗放的一种形式，因此被广泛应用。

3）攀缘植物①

攀缘植物种植又称垂直绿化种植，可形成丰富的立体景观。由于人地关系紧张，攀缘植物被广泛地应用于街道、建筑立面、立交桥、围墙、出入口、挡土墙、花架、游廊、高大古老死树等。

垂直绿化能充分利用土地和空间，并能在短期内达到绿化的效果。人们用它解决城市和某些绿地建筑拥挤，地段狭窄，无法用乔木、灌木绿化的困难。垂直绿化可使植物紧靠建筑物，既丰富了建筑的立面，活泼了生活气氛，同时在遮阳、降温、防尘、隔离等功能方面效果也很显著。垂直攀缘植物附着在具有文物价值的历史建筑上，还能强化建筑物的历史沧桑感（图 9-28）。常用的攀缘植物有紫藤、木香、常春藤、扶芳藤、五叶地锦、三叶地锦、藤本月季、三角梅、牵牛花、凌霄、络实、葛藤、多花蔷薇、金银花、葡萄、猕猴桃、南蛇藤、茑萝、丝瓜、观赏南瓜、观赏菜豆等。

（1）墙壁的装饰

用攀缘植物垂直绿化建筑和墙壁一般有两种情况，一是把攀缘植物作主要欣赏对象，给平淡的墙壁披上绿毯或花毯；另一种是把攀缘植物作为配景以突出建筑物的精细部位。

在种植时，要建立攀缘植物的支架，这是垂直绿化成败的主要因素。对于墙面粗糙或有粗大石缝的墙面、建筑，一般可选用有卷须、吸盘、气生根等天然附墙器官的植物，如常春藤、爬山虎、络石等。对于那些墙面光滑或个别露天部分，可用木块、竹竿、板条建造网架，安置在建筑物墙上，以利于攀缘植

① 刘师汉，胡中华 . 园林植物种植设计及施工 [M]. 北京：中国林业出版社，1988. 12：55-57.

图 9-28 法国一历史建筑的攀缘植物（左）
（卯辉 摄）

图 9-29 法国巴黎圣母院旁住宅区建筑物攀援植物（右）
（程昕 摄）

物生长，有的也可牵上引绳供轻型的一二年生植物生长（图 9-29）。

（2）窗、阳台等装饰

装饰性要求较高的门窗、阳台最适宜用攀缘植物垂直绿化（图 9-30）。门窗、阳台前是泥地，则可利用支架绳索把攀缘植物引到门窗或阳台所要求到达的高度，如门窗、阳台前是水泥地，则可预制种植箱，为确保其牢固性及冬季光照需要，一般采用种植一二年生落叶攀缘植物。

（3）灯柱、棚架、花架等装饰

在园林绿地中，往往利用攀缘植物来美饰灯柱，可使对比强烈的垂直线条与水平线条得到调和。一般灯柱直接建立在草坪和泥地上，可以在附近直接栽种攀缘植物，在灯柱附近拉上引绳或支架，以引导植物枝叶来美饰灯柱基部。如灯柱建立在水泥地上，则可预制种植箱以种植攀缘植物。棚架和花架是园林绿地中较多采用的垂直绿化，常用木材、竹材、钢材、水泥柱等构成单边或双边花架、花廊，采用一种或多种攀缘植物成排种植。采用的植物种类有：葡萄、凌霄、木香、紫藤、常春藤等（图 9-31）。

图 9-30 新加坡唐人街入口某建筑窗台、阳台植物配置（左）
（刘子阅 摄）

图 9-31 法国巴黎塞尚故居前花架（右）
（邱建 摄）

4）绿篱[①]

绿篱是耐修剪的灌木或小乔木，以相等距离的株行距，单行或双行排列而组成的规则绿带，是属于密植行列栽植的类型之一。它在园林绿地中的应用很广泛，形式也较多。绿篱按修剪方式可分为规则式及自然式两种；按高度可分为绿墙、高绿篱、中绿篱、矮绿篱；从观赏和实用价值来讲，又可分为常绿篱、花篱、观果篱、编篱、刺篱、彩叶篱、蔓篱等多种。

（1）常绿篱

常绿篱一般由灌木或小乔木组成，是园林绿地中应用最多的绿篱形式（图 9–32）。该绿篱一般常修剪成规则式。常采用的树种有桧柏、侧柏、大叶黄杨、瓜子黄杨、女贞、珊瑚、冬青、蚊母、小叶女贞、小叶黄杨、胡颓子、月桂、海桐等。

（2）花篱

花篱是由枝密花多的花灌木组成，通常以任其自然生长成为不规则的形式，至多修剪其徒长的枝条（图 9-33）。花篱是园林绿地中比较精美的绿篱形式，一般多用于重点绿化地带，其中常绿芳香花灌木树种有桂花、栀子花等。常绿及半常绿花灌木树种有六月雪、金丝桃、迎春、黄馨等。落叶花灌木树种有溲疏、锦带花、紫荆、郁李、珍珠花、麻叶绣球、锈线菊、金缕梅等。

（3）观果篱

通常由果实色彩鲜艳的灌木组成。一般在秋季果实成熟时，景观别具一格。观果篱常用树种有枸杞、火棘、紫珠、忍冬、胡颓子以及花椒等。观果篱在园林绿地中应用还较少，一般在重点绿化地带才采用，在养护管理上通常不做大的修剪，至多剪除其过长的徒长枝，如修剪过重，则结果率降低，影响其观果效果。

图 9–32　新加坡植物园常绿篱（左）
（刘子阅 摄）
图 9–33　四川成都一办公区的花篱（右）
（邱建 摄）

① 刘师汉，胡中华 . 园林植物种植设计及施工 [M]. 北京：中国林业出版社，1988：51-54.

(4) 编篱

编篱通常由枝条韧性较大的灌木组成，是在这些植物的枝条幼嫩时编结成一定的网状或格栅状的形式（图 9-34）。编篱既可编制成规则式，亦可编成自然式。常用的树种有木槿、枸杞、杞柳、紫穗槐等。

图 9-34 四川成都郊区一农家乐枝条编结成的绿篱
（邱建 摄）

(5) 刺篱

为了防范，用带刺的树种组成的绿篱。常见的树种有枸骨、枸橘、十大功劳、刺叶冬青、小檗、火棘、刺柏、山花椒、黄刺梅、胡颓子等。

(6) 彩叶篱

由彩叶树种组成。常见的树种有金边珊瑚、金叶桧、金叶女贞、金边大叶黄杨、洒金千头柏、金心黄杨、洒金桃叶珊瑚、金边六月雪、变叶木、玉边常春藤、紫叶小檗、红桑等（图 9-35）。

图 9-35 四川米易安宁河河堤绿地彩叶篱
（邱建 摄）

(7) 蔓篱

用攀缘植物组成，需设供攀附的竹篱、木栅等篱架。主要植物可选用地锦、绿萝、常春藤、山荞麦、三角梅、金银花、扶芳藤、凌霄、蛇葡萄、南蛇藤、木通、蔷薇、茑箩、牵牛花、丝瓜等（图 9-36）。

图 9-36 美国洛杉矶比弗利山庄一别墅前规则式修剪的蔓篱
（邱建 摄）

5）草坪和地被[①]

(1) 草坪设计类型

草坪设计类型多种多样。按功能不同草坪可分为观赏草坪、游憩草坪、体育草坪、护坡草坪、飞机场草坪和放牧草坪等；按草坪组成成分有单一草坪、混合草坪和缀花草坪；按草坪季相特征与草坪草生活习性不同分有夏绿型草坪、冬绿型草坪和常绿型草坪；按草坪与树木组合方式不同分空旷草坪、闭锁草坪、开朗草坪、稀树草坪、疏林草坪和林下草坪；按规划设计

① 胡长龙 . 园林规划设计 [M]. 北京：中国农业出版社，2003：174-175.

图 9-37 华盛顿国家广场大草坪城市中心绿地成为开展体育运动的场所
（邱建 摄）

图 9-38 英国剑桥大学一教学楼前的绿茵草坪
（邱建 摄）

图 9-39 加拿大卡尔加里一供市民户外活动的城市公园草坪
（邱建 摄）

的形式不同分为规划式草坪和自然式草坪；按草坪景观形成不同分为天然草坪和人工栽培草坪；按使用期长短不同分为永久性草坪和临时性草坪；按草坪植物科属不同分为禾草草坪和非禾草草坪等。

有的草坪具有多种类型的功能。美国华盛顿国家广场的大草坪不仅形成城市的中心绿地，同时也是人们开展体育运动的公共空间（图 9-37）。值得一提的是：草坪衬托下的竖向建筑物，犹如从大地自然生长而出，与环境格外协调。如英国剑桥大学教学楼前大面积的绿茵草坪，恰似为建筑物庄园铺垫上茸茸的绿色地毯，不仅为人们的户外活动创造出舒适宜人的场所，而且还衬托出古老大学的悠久历史（图 9-38）。

（2）草坪应用环境

草坪在现代各类园林绿地中应用广泛，几乎所有的空地都可设置草坪，进行地面覆盖，防止水土流失和二次飞尘，或创造绿毯般的富有自然气息的游憩活动与运动健身空间。但不同的环境条件和特点，对草坪设计的景观效果和使用功能具有直接的影响。

就空间特性而言，草坪是具有开阔明朗特性的空间景观。因此，草坪最适宜的应用环境是面积较大的集中绿地，尤其是自然式的草坪绿地景观面积不宜过小。对于具有一定面积的花园，草坪常常成为花园的中心，具有开阔的视线和充足的阳光，便于户外活动使用（图 9-39）。许多观赏树木与草花错落布置于草坪四周，可以很好地体现园林植物景观空间功能与审美特性。

对于建筑密度较大的公共庭园，草坪的运用应考虑到其他植物景观设计的形式与内容。比较狭窄的规则式建筑环境绿地，如果采用了边界植篱造景，而且树木较多，则其绿地内一般设计为地被植物草坪（图 9-40），若无植篱，且树木较少而规整排列，则设计低矮的草坪会使环境更为整洁和明朗（图 9-41）。

图 9-40 浙江杭州某居住小区住宅之间地被植物草坪景观（佳联设计公司张樟 提供）

图 9-41 美国波士顿哈佛大学建筑群之间设计的低矮草坪（邱建 摄）

就环境地形而言，观赏与游憩草坪适用于缓坡地和平地，山地多设计树林景观。陡坡设计草坪则以水土保持为主要功能，或作为坡地花坛的绿色基调。水畔设计草坪常常取得良好的空间效果，起伏的草坪可以从山脚一直延伸到水边。

（3）草坪植物选择

草坪植物的选择应依草坪的功能与环境条件而定。游憩活动草坪和体育草坪应选择耐践踏、耐修剪、适应性强的草坪草，如狗牙根、结缕草、马尼拉、早熟禾等；干旱少雨地区则要求草坪草具有抗旱、耐旱、抗病性强等特性，如假俭草、狗牙根、野牛草等，以减少草坪养护费用（图 9-42）；观赏草坪则要求草坪植株低矮，叶片细小美观，叶色翠绿且绿叶期长等，如天鹅绒、早熟禾、马尼拉、紫羊茅等；护坡草坪要求选用适应性强、耐旱、耐瘠薄、根系发达的草种，如结缕草、白三叶、百喜草、假俭草等；湖畔河边或地势低凹处应选择耐湿草种，如剪股颖、细叶苔草、假俭草、两耳草等；树下及建筑阴影

图 9-42 甘肃敦煌月牙泉景区：沙漠里的绿洲草坪（邱建 摄）

图 9-43　美国凤凰城一高尔夫球场草坪
（李雨 摄）

图 9-44　捷克布拉格莱特纳公园（Leitner Park）：自然式游憩草坪
（邱建 摄）

图 9-45　英国伦敦威斯敏斯特教堂（Westminster Abbey）中庭平地观赏草坪
（程昕 摄）

环境选择耐阴草种，如两耳草、细叶苔草、羊胡子草等。

（4）草坪坡度设计

草坪坡度大小因草坪的类型、功能和用地条件不同而异。

● 体育草坪坡度

为了便于开展体育活动，在满足排水的条件下，一般越平越好，自然排水坡度为 0.2%~1%。如果场地具有地下排水系统，则草坪坡度可以更小。

①草地网球场的草坪由中央向四周的坡度为 0.2%~0.8%，纵向坡度大一些，而横向坡度则小一些。

②足球场草坪由中央向四周坡度以小于 1%为宜。

③高尔夫球场草坪因具体使用功能不同而变化较大，如发球区草坪坡度应小于 0.5%，果领（球穴区或称球盘）一般以小于 0.5% 为宜，障碍区则可起伏多变，坡度可达到 15% 或更高（图 9-43）。

④赛马场草坪直道坡度为 1%~2.5%，转弯处坡度 7.5%，弯道坡度 5%~6.5%，中央场地草坪坡度 1% 左右。

● 游憩草坪坡度

规则式游憩草坪的坡度较小，一般自然排水坡度以 0.2%~5% 为宜。而自然式游憩草坪的坡度可大一些，以 5%~10% 为宜，通常不超过 15%（图 9-44）。

● 观赏草坪坡度

观赏草坪可以根据用地条件及景观特点，设计不同的坡度。平地观赏草坪坡度不小于 0.2%（图 9-45），坡地观赏草坪坡度不超过 50%。

另外，水体中的植物景观设计也是景观设计工作的重要内容，将在下一章结合水体景观设计一并讲述。

9.3.3 植物安全及生态系统

景观设计需要进行物种选择，涉及植物生态安全，特别是选择了当地不应该有的外来物种时，物种入侵风险较大，可能会通过在景观场地的定居、自行繁殖和扩散而导致景观自然性和完整性的破坏，甚至摧毁生态系统，损害当地植物多样性，影响植物遗传多样性 。为此，对外来物种的引入应十分谨慎。

另外，本章第 2 节讲述了生态学原理，植物景观设计要应用这些知识，配置时需牢固树立植物稳定设计的生态学观念。

一是以生态学理念为引领，推进植物群落生态系统顺行演替。自然生态系统在没有人工干预条件下，植物群落会由简单到复杂、从低级向高级顺行演替，逐步形成能耗低且稳定的地域性顶级群落。然而工业文明以来，原有的生态系统及植被生存环境发生了全方位的巨大变化，植物群落种类逐渐单一、结构日趋简单，生物多样性和稳定性下降，以及生态系统功能退化、价值降低。在此背景下，以生态学理念为引领，创造和利用有利于自然及人工生态系统顺行演替的条件，对恢复和构建多样地带性植物群落景观至关重要。

二是以生态学理论为指导，保障植物景观生态系统稳定性构建。生态学有生态位、生物多样性等基本理论。生态位是某种生物利用食物、空间等一系列资源的综合状态以及由此与其他物种所产生的相互关系[①]。在一个生态系统中，喜阴的、喜阳的、耐寒的、耐旱的等不同种群植物占据着各自的生态位，在利用自然资源的同时也发挥着各自的作用，共同构建和维护着稳定的植物生态系统。生物多样性主要包含遗传多样性、物种多样性和生态系统多样性三个层面。生物多样性越高则系统中生物种类的组成及营养结构越复杂，生态系统越容易保持稳定。植物景观设计应以生态学原理为指导，树立植物稳定设计的生态观，保障植物景观生态系统稳定性构建。

三是以生态学技术为支撑，助力不同景观场景生态系统修复。自然生态系统有很强的自我恢复能力，但如果受到人为干扰过于强烈，环境自我修复能力就会大大降低[②]，需要判断生态系统退化状态，运用生态性技术方法实施生态修复。对于刚刚开始退化及退化程度较轻的生态系统，应甄别判断干扰因素、终止导致退化的干扰过程，如停止砍伐植被、停止污染物排放等，使自然生态系统不受人为进一步干扰，通过自然强大的恢复力自我修复；对于退化严重的生态系统，则需要应用适宜的生态学技术加以干预，并针对当地气候条件，通过对土壤条件、植被结构及微生物环境等的复原与重建，在人

---

① 李振基，陈小麟，郑海雷 . 生态学 [M]. 4 版 . 北京：科学出版社，2014.

② 金煜 . 园林植物景观设计 [M]. 2 版 . 沈阳：辽宁科学技术出版社，2015.

工辅助的作用下逐步恢复和利用自然修复能力实现生态修复；对于人为干扰强度大的棕地，如工业废弃地、垃圾填埋场等，还需要借助土壤固化 / 稳定、电动力学修复、氧化—还原、化学淋洗修复等物理及化学技术手段更加高效的实现生态修复。

总之，要遵循生态学规律，保证生态安全，运用科学的景观设计方法。植物生态设计是在全面解读和理解自然植物群落组成和结构关系的基础上，模拟自然群落，构建稳定的地域性植物群落景观。一般而言，本土植物是经过长期自然选择、相对稳定而不易衰败的植物群体，设计时应尽量选用，并尽量保留原生植被。为此，还应正确理解本土种群间的关系，对自然植被类型和群落结构进行调查和分析，将其调查结果作为植物种植设计的科学依据①。

---

① 王晓俊 . 风景园林设计 [M]. 3 版 . 南京：江苏科学技术出版社，2009.

第 10 章

水体景观设计

10.1 水体景观及其类型

古人云："石令人古，水令人远""山得水而活，得草木而华"。水景自古以来就是造园的主要要素和手段之一，中国的传统山水园之所以在世界造园史中具有独特地位，成熟的理水方法和实践发挥了不可替代的作用。在现代景观设计中，水体景观更是由于功能的多样化成为重要的景观设计内容之一，从中小尺度的观赏游憩水景到区域尺度的生态系统水景，创造出各种引人入胜且具有重要实用功能的环境空间。

水景按照形成方式划分大致可以分为自然水景和人工水景。自然水景天然形成，与地表的各种要素如平原、山体、岩石等在千百年甚至若干亿年的时间里逐渐融合在一起，并且在顺应不同自然地势中形成了千姿百态、丰富多彩的水体景观，或动或静，或汹涌澎湃或妩媚多姿，或浩瀚千里或娇小玲珑，如江河景观从最初的汩汩溪流，到这些溪流汇成的江河湖泊，直至流入大海的怀抱，在自然景观中扮演着重要的角色。自古以来水对人们有着不可抗拒的吸引力。自然水景主要有海洋、河流、湖泊、瀑布、泉水、池塘等（图 10-1）。

人工水景则是人为构筑，是把自然界中的水引入人工景观环境，与自然水景并没有本质的区别，只是通过人造的方式来形成各种不同的水体形态，并且可以结合喷洒、灯光、音乐等人造手段来使水景产生更多的变化。人工水景是根据场地的功能需要以及设计构思对自然水景的模仿、提炼、概括与升华，提升景观的意境感受，是极富表现力的景观形式。各种形式的人工水景在现代城市景观设计中运用非常广泛，也是景观设计师的主要工作内容。

图 10-1　四川九寨沟海子：自然水体景观
（邱建 摄）

10.2 自然水景设计

10.2.1 设计原则

（1）生态性原则

第 4 章讲述了水是自然环境中最重要的组成部分。水能增加空气湿度，洁净空气，调节气候，改善生态环境；同时，滨水区域也是地理结构和生物结构最为复杂的地带，具有生命繁衍生息的必要条件，在保持生物多样性方面起着关键作用。因此，在对自然水体进行设计的时候，保护其原有的生态环境和生态系统稳定性是最基本的原则，应最大程度发挥滨水区域自身调节与修复能力，创造出人工与自然和谐共存，并能为人所使用的环境空间。

（2）因地制宜原则

自然水景设计应充分尊重场地自然资源条件如地形地貌、水文条件、植被条件、气候特征等，在对水环境最小破坏的基础上加以利用。其次，应充分挖掘当地历史文化资源，结合所属地区建筑、城市风貌特征，形成具有地域性特点的水体景观。此外，设计中还应充分考虑工程施工、植物选择以及后期维护管理相关问题，尽量采用当地材料，增强滨水空间的适宜性。

（3）安全性原则

安全性原则是自然水景设计的底线原则。自然环境的水体往往因气候变化的不稳定因素会造成山洪、泥石流、溃坝、海啸等严重的自然灾害，对滨水地区的环境和生活造成重大安全隐患。自然滨水区域的防洪防汛工程设施的建造以及前期的基础防洪资料调查，水域周边的警戒水位设置、安全防护与警示设置等，都是自然水景设计的首要前提。

10.2.2　设计要素

遵循上述几个设计原则，根据不同设计需求和目的，可以对自然水景加以利用改造，以形成人与自然和谐共存的可持续水景。

在对自然水景进行改造设计时，首先应按照“依势而建，依势而观”的思路，综合考虑水体周围地形地貌、降水径流、洪涝灾害等自然地理特点，保留水体原有的主体形态，抓住其主要景观特征，明确场地功能定位等因素。在有必要的地方，根据交通路径进行局部改造与调整，增设部分人工观景及功能设施，如桥、岛、栈道、平台等。

其次，在自然水景区域的场地总体规划中应当考虑场地内原有自然条件，加强与周围环境的和谐统一。在将自然水景作为具有美学价值的观赏对象的同时，协调好其与周围环境的关系，发挥其生态价值作用，利用河流堤岸和滨水植物群落等稳固土壤，防止水土流失，调节场地周围气候，维护生物多样性。

最后，在水景边缘应确保安全性，设置护栏与护坡，根据河流洪汛情况加高河岸设置护栏与护堤，考虑到生态性与场地原有材料，可采用生态护坡、石笼护坡等，根据水文情况，设置保护措施与警示设施等。

10.2.3　水体形态

自然界中的水体，按空间形式、水的流动特征和水体周围环境特点，可将水体分为海洋、河流、溪流、湖泊、湿地、瀑布（跌水）等类型。

（1）海洋

海洋是地球上最广阔的水体的总称，第四章讲到其水量占地球上总水量

图 10-2　菲律宾长滩海岸线景观
（傅娅 摄）

图 10-3　广西桂林漓江河流山水景观
（邱建 摄）

图 10-4　挪威沃斯小镇河流景观
（傅娅 摄）

的 97%。海洋在与陆地的相互作用中，使海陆相接处的陆地部分作为水体与土地物质与能量交换最为频繁的区域呈现多种不同形态的地貌景观形态。城市滨海区通常以海岸线为界限分为陆地部分、海水部分以及陆地与海域相交形成的缓冲区，不同海岸具有特定的形成因素与历史演变过程，因此形成的景观形态也具有独特性，如砂岸景观、泥岸景观、岩岸景观等（图 10-2）。

（2）河流

河流是地球水系循环的产物，通过降到地表的水在重力作用下汇集后，沿着陆地表面的线状凹地流动，所形成的水系称为河流[①]。河流线形的形态使得其发挥着重要生态功能，如提供物种栖息地、过滤缓冲以及源和汇的作用，同时为城市提供水源和物资运输通道，在景观方面也有着增加城市景观多样性、提供市民活动空间等功能。因此在对河流水景进行设计时，要在确保防洪防汛标准的前提下，充分考虑其生态、文化、景观价值以及对地方经济社会发展的影响（图 10-3、图 10-4）。

（3）溪流

溪流是发源于山区，并从山谷中流出来的小股水流。受流域面积的制约，其长度、水量差异很大，当流域面积较小时，河水水量也较小且河道短促，河床纵比降越大，水流越湍急。山间溪流景观多运用土石堆砌，栽植一些耐水湿的草花以模仿山中自然野趣的溪流，景观设计重点在于其两旁植物的运用，充分利用水的流动、聚散等特点形成动静结合、层次丰富的水景（图 10-5）。

（4）湖泊

湖泊是陆地上面积较大的有水洼地，是湖盆、湖水和水中物质互相作用的自然综合体[②]。其水面或平静或流动缓慢。天然的湖泊

① 伍光和，王乃昂，胡双熙，田连恕，张建明．自然地理学 [M]. 4 版．北京：高等教育出版社，2008.

② 张志全，王艳红，杨立新，李刚．园林构成要素实例解析：水体 [M]. 沈阳：辽宁科学技术出版社，2002.

图 10-5 四川南江光雾山风景名胜区的溪流景观（左）
（邱建 摄）
图 10-6 青海省海西茶卡盐湖湖泊景观（右）
（邱星寓 摄）

水景在我国比较多，分布在不同的自然地带，各有其特点。滨湖景观主要分为水面部分景观以及过渡部分景观，其中水面部分是以其大面积的静水形成的湖面，给人以平静、沉稳的感觉，同时大面积湖面形成的倒影能够形成丰富的景观层次（图 10-6）；过渡部分景观通常通过堤岸的生态化措施形成良好景观，同时与建筑、滨水栈道等人工设施结合形成具有意境的山水景观。

（5）瀑布

瀑布是指河水在流经断层、凹陷等地区时垂直地从高空跌落的现象[①]。瀑布的景观效果由形态与声音两个方面组成，主要由流量、流速以及降落高度等因素决定。瀑布流量大小、水流轨迹形成姿态各不相同的瀑布景观，或气势宏伟，或水花四溅。除此之外，瀑布与其周围自然环境还能协调呼应，瀑布水体下落时在光线照射下能反射出五彩的颜色，具有良好的视觉景观效果，同时水流击打在下方池潭中，产生水体泼溅的声音，充分调动人的感官（图 10-7）。

（6）湿地

湿地系指不问其为天然或人工、长久或暂时之沼泽地、湿原、泥炭地或水域地带，带有或静止的或流动的，或为淡水、微咸水或咸水的水体者，包括低潮时水深不超过 6m 的浅海区域，具有涵养水源、调节气候、调节洪水、促淤造陆、降解污染物的功能，被称为地球之“肾”[②]。湿地兼具丰富的陆生与水生动植物资源，其特殊的水文、土壤、气候条件形成了完整的生态循环系统，微小的改变可能会影响其生物群落结构进而影响其生态系统（图 10-8）。因此在对湿地区域进行利用的时候，应该首先考虑保护其自然资源不被破坏，在湿地核心保护区严禁一切人工设施及活动，在此基础上适

① 百度百科 - 瀑布 .
② 陈克林 .《拉姆萨尔公约》——《湿地公约》介绍 [J]. 生物多样性 . 1995（2）：119.

图 10-7 贵州镇宁黄果树大瀑布景观（左）（邱建 摄）
图 10-8 浙江杭州西溪湿地公园景观（右）（傅娅 摄）

当开展娱乐、休憩、科教活动；同时考虑城市化进程对于湿地的影响，设定短期、中期及长远保护利用规划。

10.3 人工水景设计

10.3.1 设计原则

人工水景的设置需要根据环境条件的要求与限定、场地的功能要求、经济条件的许可、外部水源条件等综合考虑，基地内或附近有天然丰沛水源存在时，是造水景的有利条件。规划设计时，首先根据设计对象的功能需求、安全需求、观赏需求，以及后期的管理成本等因素合理设置水景，有针对性地设计，包括水体布置的位置、水景的形态与尺度等。水是人类的宝贵资源，水景的设置要适量、适度，切不可脱离实际过度过量的滥用水景，浪费水资源。

10.3.2 设计要素

人工水景设计主要包含三个要素：水体的位置、水体的形式、水体的尺度。

首先是确定水体的位置。水体的位置选择要结合水源位置，符合整体景观的设计意图和满足经济合理的原则。假如梦幻的倒影是设计的意图所在，那么就应将水面设置在平坦开阔之处，且需要有一定的观赏距离和避开可能将其他干扰物映入水中的位置；如果希望达到曲径通幽的效果，就可以在僻静、深远之处理水造景，形成较为独立的空间。此外，水体位置的场地条件对水体景观的形成也具有重要影响，例如低洼积水处适宜安排较为宽阔的水景，有自然落差地段可以设置瀑布水景，自然缓坡地段可尽量考虑设置流水景观。

其次是进行水体的形式设计。水体的形式大致可分为规整式和自由式两种。规整式水景的水体采用规整对称的几何形作为水体的形式，为了与其协调和强化风格，其通道、植被、小品的设置通常也采用较为规整的形式，水池边

图 10-9 北京国家大剧院规整式水体景观（上左）
（邱建 摄）
图 10-10 陕西延安学习书院入口处规整式水体景观（上中）
（邱建 摄）
图 10-11 西班牙巴塞罗那博览会德国馆规整式水体景观（上右）
（傅娅 摄）
图 10-12 杭州某居住小区规整式水体景观（下左）
（佳联设计公司张樟 提供）
图 10-13 英国查兹沃思庄园（Chatsworth House）：欧洲古典规整式园林水体景观（下中）
（邱建 摄）
图 10-14 成都天府新区兴隆湖一角：自由式水景驳岸（下右）
（李婧 摄）

缘规整统一、棱角分明。规整式水景适用于城市大型公共空间的水景设计、大型公共建筑物的配景设计等（图 10-9、图 10-10），在常规规模的建筑及住区设计中，如果采用规整式水体，往往尺度相对较小，并与植被绿化充分结合以形成宜人亲近的景观（图 10-11、图 10-12），欧洲古典园林和纪念园林等也常用规整式水体（图 10-13）。

自由式水景的形式则不拘一格，以自由变化、随景而至的手法形成水体的岸线（图 10-14），如曲线形水池、蜿蜒流动的溪流、垂直而泻的瀑布，若再与几块岩石，曲折的小径，浓密的植被相衬，将是一处绝佳的世外桃源，其形式设计技巧是水体忌直求曲、忌宽求窄，窄处收束视野，宽处开阔拓展，节奏富于变化。

规整式水景和自由式水景还可以融合在一起，形成一种折中的风格（图 10-15）。

最后是把握好水体景观的尺度设计。水体景观大有湖光千里，小有一方水池，各有其韵味，但是其尺度设置要因地制宜、因需而定、因景而成，切不可盲目求大。例如，苏州园林面积不大，水面面积更是有限，但是园内掘土成池，四周叠石造亭，水体、山石、建筑物的尺度构成合理，空间安排适当，微小但精致的水体景观成为苏州古典名园的有机组成部分（图 10-16）。对于大型水面，为了形成丰富的空间效果，减小单调乏味的感受，可将其分为大小几处水面，增加层次感及景深感，此外还可设置水口，在窄处架桥（图 10-17、图 10-18），也即《园冶》上讲“疏水若为无尽，断处为桥”[①]。

① 计成．陈植注释．园冶注释 [M]. 2 版．北京：中国建筑工业出版社，1988.

图 10-15 加拿大多伦多一街景：规整式水体和自由式水体相融合（左）
（邱建 摄）
图 10-16 江苏苏州园林留园活泼坡地桥：小型水体景观（右）
（余惠 摄）

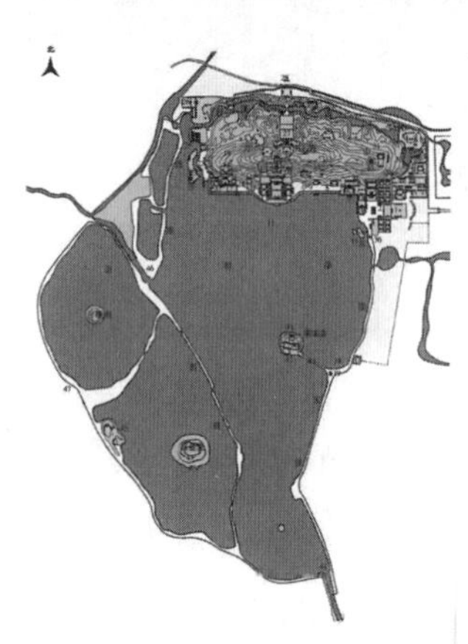

图 10-17 北京颐和园水面被划分为昆明湖、南湖和西湖[①]（左）
图 10-18 北京颐和园昆明湖西堤柳桥（右）
（朱宗亮 摄）

10.3.3 水体形态

在景观空间设计中，水景可以按照设计意图用于空间的灵活划分与有序组织，在不同的位置起到分隔、联系、防御等功能。人工水景主要有静水、流水、跌水、落水、喷泉等形态。从空间特征来讲，静水、流水只能形成二维的平面景观空间，跌水、落水、喷泉等则可以形成具有垂直界面的三维空间，可以形成障景、对景、声景等多样化空间形态。

静水是指不流动的水体景观，大则数顷，小则一席见方，可集中或分散设置，聚则辽阔，散则迂回。静水面或就地势低洼处人工开凿，或在重要位置以主景挖掘（图 10-19）。大型静水面多设置堤、岛、桥、洲等，目的是划分水面，增加层次与景深，小型静水面则可采用集中布置水体的形式。由于水可以反光产生投影，因此静水空间有开朗开阔之感，同时，水中产生的倒影也是静水面极富吸引力的景观特征之一（图 10-20）。静水根据其面积的大小又有湖泊、水池、盆景水之分。

---

① 刘庭风．中国古典园林平面图集 [M]. 北京：中国建筑工业出版社，2008.

图 10-19 成都郊区一农家乐入口水景：静水（左）
（邱建 摄）
图 10-20 四川米易灯会景观：强调倒影效果的水景设计（中）
（邱建 摄）
图 10-21 四川崇州街子古镇反映地方传统活动的流水水景观（右）
（邱建 摄）

流水因水量和流速的不同，有时汹涌澎湃，有时寂静无声，有时欢呼雀跃，有时宁静安详。流水的设计要充分利用水在流动中的形态变化和声响变化来营造流水的特有景观效果，表现空间的气氛和性格。例如自由式园景中的溪涧，水面设置可狭窄而曲长，水流因势回绕，不受拘束，转弯处设置山石，与流水溅出水花，形成自由随意的空间氛围；规整式园景中的流水，则可以整齐布置，水岸平整，水流舒缓，形成有序、稳重的空间氛围。此外，还可以利用流水的走向组织流线，引导人流，起到空间指示与贯通的作用（图 10-21）。在进行流水营造时，需要布置水源、水道、水口和水尾。园内的水源可与瀑布、喷泉或山石缝隙中的泉洼相连，留出水口；园外的水源，可以引至高处，汇聚一体再自然流出或是用山石、植被等掩映，再从水口流出。

跌水是指将水体分成几个不同的标高，自高处向低处跌落的水景形式。落水又称瀑布，是水体在重力作用下，自高向低悬空落下的水景形式（图 10-22）。跌水和落水都是动态的垂直水景，由于水位有高差变化视觉趣味多，常常成为一个组景的视觉焦点。设置跌水、瀑布的位置有很多，流水的汇集处，水池的排水处，水体的入口处等都可以建造。跌水和瀑布除了具有较高观赏价值以外，还有一些功能价值，例如，倾泻而下的水流补充了池中氧气，为水生动植物补充氧气来源，搅起的浮游生物，为观赏鱼提供食物。跌水随着每一级分台高度、宽度的变化，台边处理的不同，造成跌水速度、方向和形态的差异。较大瀑布落下澎湃的冲击水声，水流溅起的水花，能带给人极大的视听享受。瀑布下落处一般都要设置积水潭，汇集瞬间落下的水量，同时保证水花不会溅出。

图 10-22 浙江淳安千岛湖一岛屿人工水景：跌水
（邱建 摄）

喷泉又称“水雕塑”，是利用压力使水自孔中喷向空中再落下的水景形式，不同的喷水高度、喷水式样及声光效果可以产生不同的喷泉造型。喷泉的形式要考虑功能设置、时空关系、使用对象等多种因素进行合理设计。单个设置的高射程喷泉一般可布置于湖心处，也可形成喷泉群，布置成大型

图 10-23　法国伯尔尼广场上的喷泉（左）
（刘晓琦 摄）
图 10-24　西安大雁塔广场音乐喷泉（右）
（王玲川 摄）

喷泉组，观赏性喷泉周围要留出一定的观赏距离。喷泉可与其他景观要素组合成景，如旱喷泉、音乐喷泉与地面铺装相组合，成为供人参与的戏水空间（图 10-23）。喷泉多为景观空间当中的视线焦点，一些现代音乐喷泉还具有动态的表演特征（图 10-24）。

10.3.4　水景设施与构筑物

第 6 章讲述了建筑物和构筑物与景观设计的关系，本节主要叙述与水景设计直接相关的其他主要构筑物。

1）水岸

水为面，岸为域。水岸空间是人近距离欣赏水景的集中区域，也是设置亲水活动的场所。自然水体的水岸一般为植被覆盖，起着稳固土壤，抑制水土流失的作用，同时，水陆衔接之处也是水陆动、植物与微生物进行转换的生态敏感区。水岸空间的设计在水景的规划设计中是非常重要的组成部分。在进行水岸空间设计时，要综合考虑岸边场地的使用功能、亲水性、安全性和生态性等因素而采用不同的形式。在现代景观设计中，水岸的设计大致可以分为两种类型，即人工化驳岸和自然式驳岸。

人工化驳岸是指用人工材料如砖、混凝土、整形石材等砌筑的较为规整的驳岸。人工化驳岸通常用于对防洪要求较高的一些滨水区如城市主河道、陆地标高较低的湖滨、海滨等区域，以及有集中公共活动的水岸、建有邻水建筑的水岸、规整式景观中的各种水池池岸等（图 10-25）。人工化驳岸的岸线一般较为规整，陆地一侧有较大的活动场地，与水面有一定的高差，适合设置栏杆凭栏观景，也可以设置座椅等休息设施。在设置人工化驳岸的陆地一侧，通常可根据场地规模的大小，安排诸如表演、聚会、茶座、休憩等公共活动，增加亲水活动的参与性与丰富性。

自然式驳岸是指完全或局部保留水岸原有的岸线形式及岸边土地、植物，

图 10-25 俄国莫斯科莫斯科河（Moscow River）：作为城市主河道的人工化驳岸（左）
（邱建 摄）
图 10-26 荷兰一旅游小镇：保留原有水生植物的自然式驳岸（右）
（邱建 摄）

或是模仿自然的水岸形态建造的驳岸。自然式驳岸通常用于自然风景园中的一些湖泊、池塘以及一些防洪等级较低的城乡河道，或是自由式布局的一些小型水景。自然式驳岸的岸线一般为自由的曲线，形态生动，不拘一格，地面材料丰富，可以是沙地、砂石、卵石、木头、土面、草地、灌木丛等。另外，自然式驳岸与水面一般不需要有太大的高差，可以设置自然缓坡地从水面过渡到陆地，通过卵石或植被的根系来固土。从生态设计的角度看，自然式驳岸能够保留水生动植物原有生态系统的完整性，更能充分体现一种和谐的水岸关系，自由的水岸形态通常可以和散步道相结合，使人在更贴近大自然的环境当中充分享受身心的松弛（图 10-26）。

2）桥梁

在水景中，架桥的主要功能是起到连接不同水域空间的交通作用，同时，可以增加水景的层次，打破水面单一的水平景观，丰富竖向空间。桥梁本身的造型与风格设计千变万化，使桥梁往往成为水景当中重要的标志和视觉焦点，桥上通常也是欣赏水景的最佳位置（图 10-27），桥体和其他景观要素产生的倒影与水面交相辉映，随着水的流动和光影移动能够产生无穷的变化（图 10-28）。

3）汀步

汀步是一种亲水设施也是一种交通设施，如同桥梁一样，可以将人引入另外一处景致，但它比桥梁更加接近水面。在不适合建桥的地方或空间较小的位

图 10-27 江苏扬州瘦西湖二十四桥单孔拱桥景观（左）
（邱建 摄）
图 10-28 成都五岔子桥立体空间设计形成活力十足的城市公共空间（右）
（傅娅 摄）

图 10–29　四川洪雅柳江古镇的过河汀步
（邱建 摄）

图 10–30　台湾地区南投日月潭可上人岛屿：布置了游人活动的空间和设施
（邱建 摄）

图 10–31　四川简阳三岔湖以植被造景为主的不上人岛屿
（朱勇 摄）

置可以用汀步代替桥梁（图 10–29）。汀步的选材多为石材，有时也可以使用木材或混凝土等。其造型可以是规整的材料构筑，也可以是随意放置的石块。汀步表面宜平整，适宜人的站立和观景。

4）岛屿

岛屿是成片水体中的构景手段，也是极富天然情趣的水景观。设置岛屿可以增加水面边缘面积，种植更多的水生植物，为动物的栖息提供更多的可能。岛屿的设置主要有上人和不上人两种类型：上人的岛屿应适当布置一些人的活动空间，有一定的硬质铺装面，可设高台、亭、塔等观景构筑物（图 10–30），成为观赏景观的制高点；不上人岛屿一般是以植被群落为主的自然景观，往往也是野生鸟类等动物的栖息地，岛屿的设置要特别注意它与水面的比例关系，比例不当的小岛会破坏整体水域的协调感（图 10–31）。

5）亲水平台

在水边观景的最佳位置通常可以设置一些平台来满足观景、休憩、垂钓、游船等功能活动的需要（图 10–32）。小型亲水平台一般可以选择木质材料，用架空的方式置于水边，或修筑栈桥伸入水中。较大的亲水平台可以使用混凝土等更为坚固的材料修筑，满足大量人流的聚集，设置花池、座椅、台阶等多种休息设施。传统造园中的亲水平台往往自然而成，如中国古典园林中的亲水平台称为“矶”，面积一般很小，用一块整石砌于岸边，表面打造粗糙以便防滑（图 10–33）。

图 10-32 广州雕塑公园亲水观景台（左）
（邱建 摄）
图 10-33 江苏苏州拙政园石矶（右）
（傅娅 摄）

10.4 滨水植物景观设计[1]

10.4.1 一般要求

滨水植物是指能够在滨水环境中完成生活周期的植物，包括沿岸的乔灌木、草本、藤本及生长在近岸浅水区域的水生植物。这些植物为了适应水体生态环境，在漫长的进化过程中，逐渐地演变成许多次生性的水生结构，以便进行正常的光合作用、呼吸作用及新陈代谢，植物景观设计具有一定特殊性，一般应满足如下要求。

首先，水生植物占水面比例要适当。在河湖、池塘等水体中进行水生植物种植设计，不宜将整个水面占满，否则会造成水面拥挤，不能产生景观倒影而失去水体特有的景观效果。也不要在较小的水面四周种满一圈，避免单调、呆板。因此，水体种植布局设计总的要求是要留出一定面积的活泼水面，并且植物布置有疏有密，有断有续，富于变化，使水面景色更为生动。较小水面植物占据的面积一般以不超过三分之一为宜（图 10-34）。

图 10-34 四川成都浣花溪公园滨水植物
（黄瑞 摄）

其次，要控制水生植物生长范围。水生植物多生长迅速，如不加以控制，会很快在水面上漫延，影响整个水体景观效果。因此，种植设计时，一定要设计限定植物生长范围的容器或植床设施，以控制挺水植物、浮叶植物的生长范围（图 10-35）。漂浮植物则多选用轻质浮水材料（如竹、木、泡沫草索等）制成一定形

① 胡长龙 . 园林规划设计 [M]. 北京：中国农业出版社，2003. 等文献基础上加以整理。

图 10-35　重庆某居住小区水生植物生长控制范围（左）
（佳联设计公司张樟 提供）
图 10-36　杭州西湖白堤旁大型水体植物配置（右）
（江俊浩 提供）

状的浮框，水生植物在框内生长，框可固定于某一地点，也可在水面上随处漂移，成为水面上漂浮的绿洲或花坛景观。

再次，植物种类选择要结合水体环境条件。景观设计时要根据水体环境条件和特点，因“水”制宜地选择合适的水生植物种类进行种植设计。如大面积的湖泊、池沼设计时，观赏结合生产，种植莲藕、芡实、芦苇等（图 10-36）；较小的花园水体，则点缀种植水生观赏花卉，如荷花、睡莲、王莲、香蒲、水葱等（图 10-37）。

另外，植物要合理选择配置。水生植物配置应考虑水面环境特点，可以布置一种植物，但更多情况下是配置多种植物。在植物搭配时，既要满足生态要求，又要注意主次分明，高低错落，形态、叶色、花色等搭配协调，取得优美的景观构图，形成既有高低姿态对比，又能相互映衬、协调生长的景观效果（图 10-38）。

最后，要重视水边植物种植布置。在水体岸边，一般选用姿态优美的耐水湿植物如柳树、木芙蓉、池杉、素馨、迎春、水杉、水松等进行种植设计，美化河岸、池畔环境，丰富水体空间景观。种植低矮的灌木，可以遮挡河池驳岸，使池岸含蓄、自然、多变，并创造丰富的花木景观；种植高大乔木，主要创造水岸立面景色和水体空间景观对比构图效果，同时获得生动的倒影景观。也可适当点缀亭、榭、桥、架等建筑小品，进一步增加水体空间景观内容和游憩功能（图 10-39）。

图 10-37　法国巴黎塞尚故居前小型水体植物配置（左）
（邱建 摄）
图 10-38　广东广州华南国家植物园中水生植物配置（右）
（邱建 摄）

图 10-39　德国慕尼黑宁芬堡宫（Schlosspark Nymphenburg）滨水植物点缀亭子和休息椅（左）（程昕 摄）

图 10-40　杭州西湖曲院风荷浮叶植物（右）（江俊浩 提供）

水生植物有不同的分类方式，一般可分为浮叶植物、挺水植物、沉水植物、岸际陆生植物四类，应有针对性地进行景观设计。下面分别加以简要介绍。

10.4.2　浮叶植物

浮叶植物能适应水面上的漂浮生活，不固定生长于某一地点，主要在于它们形成了与其相适应的形态结构，如植物体内贮存大量的气体，或具有特殊的贮气机构等。这类水生植物生长繁殖速度快，极易培养，并能有效净化水体，吸收有害物质，可设计运用于各种水深的水体植物造景，其茎叶不能直立挺出水面，而是浮于水面之上，花朵也是开在水面上，具有点缀水面景色的效果（图 10-40）。水景设计中常见的浮叶植物有睡莲、王莲、芡实、萍蓬、菱、莼菜、水浮莲、凤眼莲、满江红、金银莲花、荇菜、两栖蓼等。

10.4.3　挺水植物

挺水植物根生于泥土中，基叶挺出水面之上，通常只能适宜生长于水深 1m 左右的浅水中。在滨水植物景观营造中，挺水植物是重要的植物材料，一般配置在较浅的池塘或深水湖、河近岸边与岛缘浅水区（图 10-41）。常见的

图 10-41　四川西昌邛海湿地挺水植物（邱建 摄）

挺水植物有荷花、菖蒲、泽泻、水芋、香蒲、水芹、雨久花、水葱、芦苇、千屈菜、慈姑、再力花、马蹄莲、水仙、鸢尾、美人蕉等。

10.4.4 沉水植物

沉水植物根基生于泥中，整个植株沉入水中，具有发达的通气组织，利于气体交换（图 10-42）。常见的沉水植物有金鱼藻、黑藻、小茨藻、苦草、狐尾藻、眼子菜等。

10.4.5 岸际陆生植物

岸际陆生植物包含多种岸边的乔灌木，它们主要衬托园林水景的背景，给人产生良好的视觉效果（图 10-43）。这些园林植物应具有一定的耐水湿能力，常见的有落羽杉、池杉、水松、竹类、垂柳、构树、松树、槐树、蔷薇、木芙蓉、迎春花、垂榕、小叶榕、高山榕、水蒲桃、羊蹄甲、蒲葵、夹竹桃、棕榈等。

图 10-42 四川成都浣花溪公园沉水植物（左）（邱建 摄）
图 10-43 加拿大维多利亚布查德花园岸际陆生植物（右）（李星 摄）

10.5 水体景观的维护和管理

水景的维护和管理是保证水景效果的必要环节，很多精彩的水体景观因为缺乏良好的维护和管理而减弱甚至失去了最佳的面貌。对水景实施维护和管理主要应从下列几个方面来进行，即水质、水量的保证，水底、水岸的定期维护，水生动、植物的养护，季节性保养，池中设施的检修，管理制度、管理人员的落实等。

水体本身有容易变质和遭到污染的特点，例如水可以融解多种物体包括污染物，如有害的化学元素、矿物质、油污、杀虫剂、园林除草剂、油漆颜料等，水池底部会逐渐积累腐败的落叶、鱼类排泄物以及尸体，这些东西长时间的停留在水中不仅会影响水质，还会严重的影响水生动、植物的生长，因此需要定期对水质进行检测与清理。保证水质一般可以采取喷洒消毒粉末，过滤，部分甚至彻底地更换池水等措施。

第 11 章

景观工程技术

景观项目从方案构思到付诸实施都需要工程技术的支撑，前述各章节列举的景观作品案例都是通过工程技术得以最终实现的。景观工程技术解决从场地工程施工、景观元素构造方案到景观元素节点细部构造形式的综合性问题。设计中需要根据环境特点和景观工程项目特点，制定合理的场地处理方式和景观元素构造方式、设备设施的布置方案，满足景观工程项目在设计的适用性、坚固性、耐用性、生态性、艺术性、经济性等各方面的要求，并将这些景观元素结合成有机的景观工程体系。景观工程技术涉及景观设计的场地竖向设计及土石方工程、硬质景观、水景工程、景观建筑小品、景观小品设施、植物栽植、灌溉及照明以及给排水和电气工程等一系列与景观实施相关的工程内容。如果说景观方案设计解决景观设计中“做什么”的问题，景观工程技术则是解决景观设计中“怎样做”的问题。

11.1 常用景观工程材料

景观项目，特别是景观项目中的人工建设的硬质景观等土木构建元素，如地面、景墙、花池、挡墙、亭廊、景观小品设施等，需要利用景观工程材料来进行建设。常用景观材料按照化学成分不同，可以分为无机材料、有机材料，以及以上两种结合利用形成的复合材料。这三种材料应用于不同的景观部位，发挥不同的功能作用，又可以归类为具有结构支撑作用的结构材料；用于表面保护、装饰或空间划分的围护材料；用于粘贴、防水防潮、绝热隔声的功能材料。同一种材料可以用于不同的功能，例如木材既可以用于结构支撑，又能用于表面围护；水泥砂浆既是常用的粘贴功能材料，又能够通过工艺措施形成具有表面肌理的围护材料。由于大多数时候，景观工程长期暴露于室外环境，所以在选用景观工程材料时，在材料的耐候性、耐磨性、抗弯抗压的受力性能等方面需作更多考虑。

11.1.1 无机材料

无机材料，顾名思义，即景观工程材料的化学成分为无机物构成。最常见的无机类景观工程材料有水泥、水泥混凝土、砖石、砂浆、金属等，也往往是比较传统的景观工程材料。按其成分特点，可以划分为水泥、石灰、建筑石膏等无机胶凝材料；水泥混凝土等混凝土材料；建筑砂浆；砖砌体；金属；石材；烧结类材料；玻璃等。

胶凝材料是在物理、化学作用下，能从浆体变成坚固的石状体，并能胶结其他物料，制成有一定机械强度的复合固体的物质。最常见的水硬性胶凝材料是水泥。水泥往往与水和砂石混合，制成景观建设中最常使用的水泥砂浆或是混凝土。另一种常见的气硬性胶凝材料石灰的主要成分是 CaO，常见的成品有生石灰块、磨细生石灰粉、消石灰粉、石灰膏等，因易获取、成本低，是传统的胶凝材料，特别在乡建材料中较广泛使用，如拌制地面三合土、用作强度要求不高的抹灰材料、加强软土地基等。此外，以硫酸钙为主要成分的建筑石膏也是一种常用的气硬性胶凝材料，因为其特性表现为凝结硬化快、体积微膨胀、孔隙率高、防火性好等特点，往往用于室内抹灰粉刷、石膏板和石膏艺术制品等室内工程。

水泥混凝土是最常用的景观工程结构材料之一，具有抗压强度高、经济性好、可塑性强、耐久性好等特点。它是由胶凝材料、颗粒状集料（也称为骨料）、水、以及必要时加入的外加剂和掺合料按一定比例配制，经均匀搅拌，密实成型，养护硬化而成的一种人工石材。景观中常用的是普通混凝土，用于建造景观构筑物的地面铺装垫层、基础、墙体、水池等受力部位。改变水泥混凝土的骨料配比，增大孔隙率，即可以生成透水混凝土，广泛用于海绵城市的地面铺装；此外，轻骨料混凝土、多孔混凝土和大孔混凝土也常用于减轻结构荷载、增强景观工程的保温或透光效果。利用混凝土的可塑性，通过改变和控制混凝土的表面肌理，还可以塑造具有艺术效果的装饰混凝土和清水混凝土。

建筑砂浆也是景观工程中非常常用的粘贴和装饰材料。根据用途，建筑砂浆可以分为砌筑砂浆、抹面砂浆、防水砂浆、装饰砂浆等；根据配比材料不同，可以分为水泥砂浆、石灰砂浆、水泥石灰混合砂浆等。砌筑砂浆主要作用是将分散的块状材料联结为一个整体，使荷载均匀传播，提高砌体的强度、整体性和稳定性，同时提高防潮、保温、隔声性能。砌筑砂浆通常由水泥和砂加水拌和而成，用于砌筑砖墙，石墙的景观材料。此外，在景观建筑的外饰面工程中，也常采用混合砂浆或石灰砂浆。抹面砂浆表面经过拉毛、甩毛、搓毛、扫毛、拉条、喷涂、模压等工艺，或掺入石粒石屑经水磨、干粘、水刷、刻痕等工艺，可以塑造出不同肌理的装饰质感。

砖石砌体是景观工程中的重要材料，主要作为结构材料，也能作为围护材料和空间分隔、表面装饰材料。常见的砖材有墙体砖材、墙体砌块和墙用板材三大类。墙体砖材一般按照生产工艺分为经焙烧而成的烧结砖和不经焙烧非烧结砖。烧结砖按照形态特征又可以分为普通砖和多孔砖、空心砖。其中普通砖是比较传统的实心砖，其规格尺寸一般为240mm×115mm×53mm，经组合砌筑，就产生了业内常说的单砖墙、一二砖墙、二四砖墙、三七砖墙等砖墙厚度。为降低材料自重，节约生产成本，目前较广泛应用于墙体砌筑的还有砖体留设多个蜂窝煤型圆孔的烧结多孔砖和留设较大方空的烧结空心砖。非烧结砖应用较广的是蒸压砖，主要品种有灰砂砖、粉煤灰砖、煤渣砖等。随着大开间大空间框架结构发展和装配式建筑的普及，墙用板材也逐渐在大型景观建筑中推广应用。墙板厚度薄、占用空间少，施工周期快。景观建筑可能用到的墙用板材有水泥类的预应力混凝土空心墙板、纤维增强低碱度水泥建筑平板，以及复合类墙板如混凝土夹心板、泰柏板、轻型夹芯板等。并且随着建筑产业发展，各种墙用材料也在不断发展，推陈出新。

景观中应用的金属材料可以分为主要成分是钢铁的黑色金属和钢铁以外的铜、铝、锌、钛合金等。景观工程中的金属材料应用广泛，有用于结构支撑的框架材料、用于围护装饰的表面材料、用于节点部位的收边材料，以及用于艺术展示的装饰材料等。

钢材可用于景观构造的结构受力材料，经处理的钢材也可用于面层装饰。钢材按产品形态可分为型材、板材、线材、管材等类型；按制成工艺一般可分为热轧型材和冷弯型材。热轧型材强度较好规格较大用于结构体系较多，按照断面形状可分为工字钢、槽钢、U 型钢、H 型钢、T 型钢、角钢、扁钢、圆钢等。冷弯型材壁厚较薄可塑性较强，用于构造和装饰部位较多，如吊顶、龙骨等，断面有 U 形、C 形、T 形、L 形等。此外还有广泛应用于钢筋混凝土结构的钢筋和钢丝。除用于结构构造部位的钢材外，钢板类的材料还广泛应用于景观工程节点的表面装饰和收边处理。例如利用表面为印花、镂空、拉丝、喷漆或抛光面的不锈钢作艺术表现的景观小品，用耐候钢板作的景观墙皮或挡土构造，镀锌钢管或铸铁件制作的格栅或围栏，作为边界使用的不锈钢草石隔离带，景观小品边缘的包边钢板等等。

有色金属在装饰性景观节点中较广泛应用，其中铝合金材料最为常见。除常用于门窗构件外，彩色铝合金格栅，铝合金花纹板、浅纹板、波纹板、穿孔板等更是常用于墙体表面和隔断构件。此外，铝合金龙骨因质量轻易加工，也普遍用于各种吊顶构造中。铜（紫铜）及其合金延展性好，光泽柔和，在景观工程中主要用作高级装饰面层材料，铜锌合金黄铜和铜锡合金青铜，因其表面色彩高贵并有历史感，往往作为特别的艺术表现材料。近年来钛合金以其表面平整、光泽度好的特点，在景观工程中也较普遍应用于特色水景、高级门窗和建筑、构筑物边缘的收边处理。

石材是在景观工程中应用最为广泛的表面材料，一些石材也作为结构材料使用。石材多数具有较好强度、耐候性好，抗压耐磨，耐水抗冻。天然石材按其成因可分为岩浆岩、变质岩、沉积岩。其中广泛使用的花岗石属于岩浆岩，花岗石类的石材还有其他色彩肌理丰富的深成岩、喷出岩。花岗石品类繁多，通常用花岗石的肌理色彩特点或结合产地给花岗石命名。如常见的芝麻灰、芝麻白、芝麻黑、山东白麻、中国黑、中国红、邮政绿、蓝钻、黄金麻、黄锈板、黑金沙、棕钻等等，即使同一种色彩命名，其产地不同，色系和质感差别也较大；常见的大理石、石英石、页岩属于变质岩。花岗岩一般比大理石具有更好的耐候性和强度，因此在室外景观中应用更为广泛，有别于大理石的块面状或网状肌理，其肌理多以点状纹理表现。砂岩、石灰岩属于沉积岩类，特点是质感柔和易加工，但往往强度稍弱，易风化剥落，多用于使用频度相对低的环境，侧重利用其质感和色彩效果。天然石材的表面肌理根据粗糙度可以有多种表现，如抛光面、机切面、哑光面、火烧面、荔枝面、微自然面、手打面、斧剁面等。

除天然石材外，还有利用天然石材的石渣石屑，混合树脂或水泥等胶结材料生产的人造石材，如水泥型人造石材、聚酯型人造石材、复合型人造石材和烧结型人造石材等。目前PC砖等水泥型和烧结型人造石材，因物理性能稳定、性价比更高、材料表现力好等特点，日益得到广泛应用。

烧结类材料主要有釉面砖、墙地砖、陶瓷锦砖、琉璃制品、陶瓷壁画等。其中釉面砖在近年的发展中逐渐与烧结型石材在工艺上融合，形成耐磨性、强度和质感表现效果更好的墙地面铺装材料。陶瓷锦砖、陶瓷马赛克等多用于景墙、水池的景观元素。陶瓷壁画和琉璃制品则应用在特殊的艺术表现节点。

玻璃以其特有的透明、轻盈、光洁的材料特点，常用于景观的护栏、隔断、围墙、顶棚、架空地面等部位。景观中使用的玻璃，考虑到安全性一般采用钢化玻璃，或者钢化夹胶安全玻璃。根据玻璃的视觉表现效果，有磨砂玻璃、浮雕玻璃、夹丝玻璃、冰纹玻璃、彩色玻璃等。一些特殊部位可选用具有特殊防火隔热效果的隔热玻璃或LOW-E玻璃，镀膜玻璃等。

11.1.2 有机材料

景观中常用的有机材料有天然的竹木材料、人工合成的塑料等高分子材料以及防水材料等功能性材料。

木材表面亲和、易加工、易获得、具有一定强度和韧性，热传导性表现温和，因此在景观中往往广泛用于地板、建筑、栏杆、墙面装饰、坐凳小品等部位。但是因为是天然有机材料，木材的耐久性、防腐防火防水性能也是其弱项。景观工程中使用的木材一般要求经过防腐防虫处理，以增强其耐久性。对一些有防火要求的部位，还要用防火材料作表面处理。木材按其加工状态，可分为原木、方木和板材、枋料。原木是木材砍伐后的粗加工状态，方木一般可用于结构材料，进一步加工的板材和枋料一般可用于木地板、木龙骨、木门窗、装饰木框、装饰格栅、木质家具以及装饰构件等部位。

木材按照树种不同可分为针叶类树木和阔叶类树木两类。针叶类树种木材主要有红松、落叶松、云杉、冷杉、水杉等；阔叶类树种木材有水曲柳、柞木、榆木、杨木、桦木等。景观中常用的木材有樟子松、花旗松、柏木、冷杉、云杉等针叶类木材，以及樟木、水曲柳、楠木、桦木等木材，质感和耐久性更好的菠萝格、巴旦木等材料，则往往用于标准较高的项目中。木材经过加工，还可以制成木材制品。一般是将木条、木皮、木屑、木片、木块等经高压胶合，形成纤维板、胶合板、细木工板、刨花板、木丝板、蜂巢板等人造板材。

竹材具有和木材相类似的特性，因竹材生产周期短、易加工、分布广等特点，应用日益普及，通过构造工艺加工为亭廊、栏杆、围墙、地面等材料。另外，竹材的人工合成材料如竹木、竹钢、重竹等，其物理特性更为出色，也在逐步得到推广应用。

有机防水材料主要有沥青防水卷材、高聚物改性沥青防水卷材和合成高分子防水卷材。主要用于水池、建筑屋面、卫生间等防水防潮部位。除防水卷材外，防水涂料因工艺简便，也较广泛应用，常见的有沥青基防水涂料、高聚物改性沥青防水涂料和合成高分子防水涂料等。在较高标准要求的防水部位，往往利用钢筋混凝土的刚性防水结构结合防水卷材和防水涂料形成多层次的防水体系。

建筑塑料的基本组成是合成树脂及外加剂。景观中塑料制品常用于建筑儿童活动及健身器材、塑胶地面、室外家具小品和装置小品、塑钢门窗以及一些景观设施等部位。建筑塑料成本低、易加工、色彩鲜艳具有装饰性、保温隔热效果好、质量轻，但其缺点也很明显，易老化、易褪色、易变形，并且对材料的生产环保无毒条件要求较高。建筑塑料常用品种有：聚乙烯塑料（PE）、聚氯乙烯塑料（PVC）、聚苯乙烯塑料（PS）、聚丙烯塑料（PP）、聚甲基丙烯塑料（PMMA）、聚酯树脂（PR）、酚醛树脂（PF）、有机硅树脂（Si）等。

景观工程的复合材料是指有机材料和无机材料结合形成的材料，一般会侧重利用其中一种材料的物理特性并进行弥补提高。例如最常见的钢筋混凝土就是一种复合材料，利用钢筋的韧性提升混凝土的抗拉强度。类似的组合还有市政路面常用的沥青混凝土、生态种植混凝土、纤维混凝土等材料。

在景观材料的应用中，一方面传统的乡土材料日渐发挥出其环保生态、文化特征明显等特点，如对传统地方石材、竹、木、夯土、垒墙的材料和工艺的挖掘提升，创造了大量具有地方文化特质的优秀景观；另一方面，更多的新型建设材料，特别是再生型建材的研发推广，使景观创作有了更丰富的材料和画笔。

常用的景观工程材料如图 11-1 所示。

11.2 景观场地竖向设计及土石方工程

场地竖向设计需要确定场地的坡度、控制高程和土石方平衡等。场地是景观工程的载体，因为空间特征、使用特点、排水需要等原因，场地不可能是绝对平直的平面，会有各种形式的高差和坡度存在，因此，景观工程中场地垂直于水平面的竖向就需要有周密的设计考虑。由于场地竖向的高差变化产生的场地中土方、石方的调整就会带来场地的土石方工程（图 11-2）。

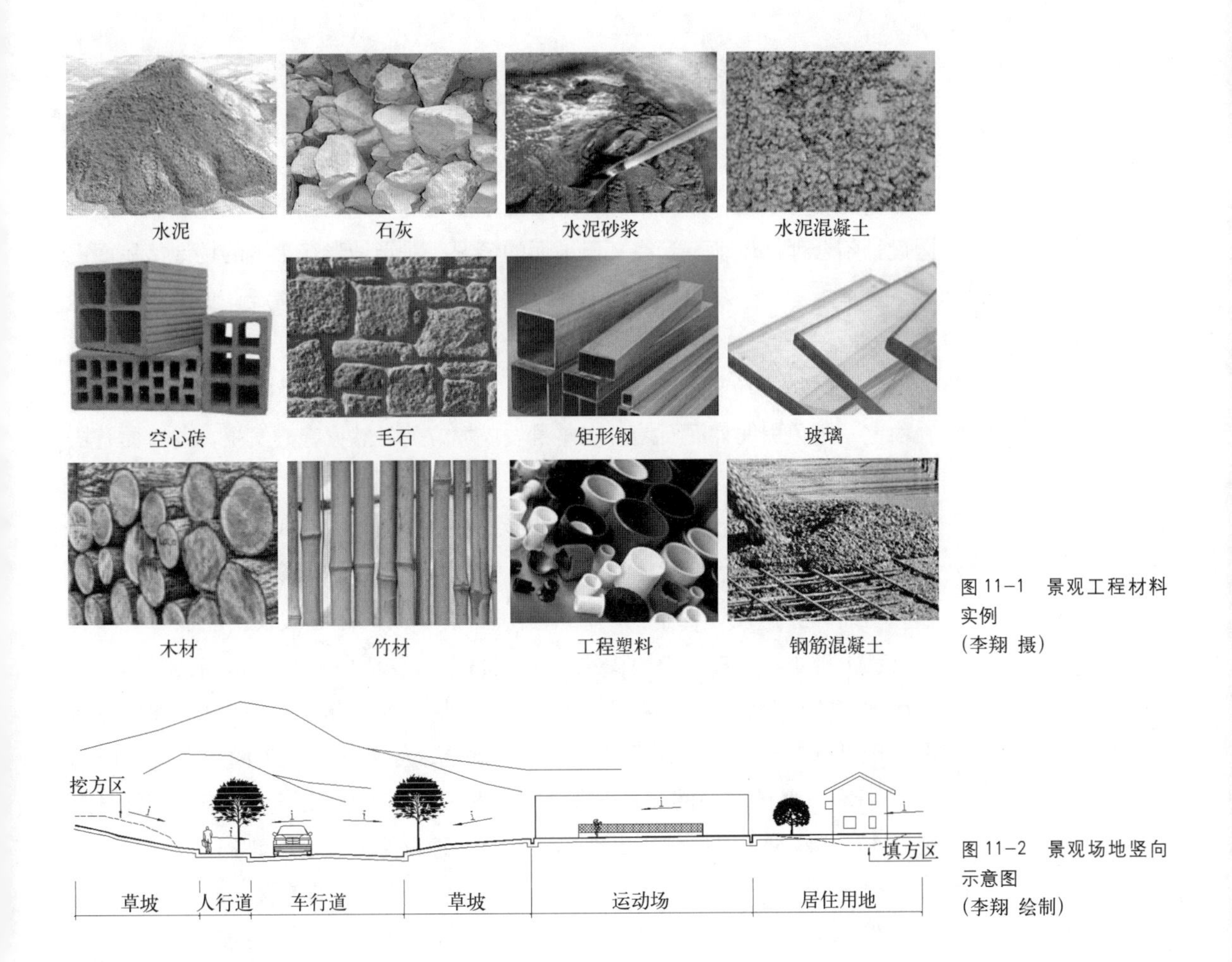

图 11-1 景观工程材料实例
（李翔 摄）

图 11-2 景观场地竖向示意图
（李翔 绘制）

11.2.1 场地竖向设计

场地的竖向设计应该“创造出场地现有景观要素与规划设计布局之间的地形契合”；在设计时“获得设计的视觉和文化目标，同时将整体景观的干扰最小化”①。为达到上述目标，在场地竖向设计时，应主要考虑到以下几个方面的影响：

1）场地原有的地形地貌特征。应尽量对场地现状合理利用，场地原有的地形地貌特征直接影响到对场地的利用效果，如是否符合使用要求、空间特征、排水需要等，一般情况下都需要对场地进行一定程度的整治。

2）景观设计目标。如前所述，场地竖向设计一方面需要满足使用需求，如道路坡度、停车场或运动场坡度等；另一方面，需要满足视觉和文化方面的精神需求。

3）场地暴雨管理要求。任何室外场地都必须考虑到对雨水，特别是暴雨排放的组织，即使是平地，也需要有一定的排水坡度组织地表雨水排放。良好

---

① 丹尼斯等．景观设计师便携手册 [M]. 俞孔坚，等，译．北京：中国建筑工业出版社，2002.

的场地暴雨管理可以有效排放雨水，避免场地淤塞和水土流失，有利于塑造生态化的景观环境。

4）场地地下管线走向。一些地下管线，如污水管、雨水管等，在敷设时有一定的坡度坡向，竖向设计时需要使地面坡度与这些地下管线相协调，避免因设计不合理产生地下管线高于地面的情况。对于地形较平整的场地、屋面或地下室顶板上的景观以及场地上建筑物间地面高差较大等情况，更需要预先考虑场地地下管线走向对场地竖向设计的影响。

5）自然灾害的破坏。对于山地和丘陵地形，场地的竖向设计要有利于场地稳定，避免引发如泥石流、山体滑坡或塌方等自然灾害的发生，并对原有场地上的灾害隐患进行整治。

场地的高程设计可以依据原始地形地貌特征、景观空间需要等较为明确的影响因素，通过对场地坡度和一些场地控制点的高度的计算来调整和确定。

场地的竖向设计在不同的使用要求下有不同的适宜坡度。一般来讲，若要有利于排水，地形坡度至少不小于 0.2%，当坡度小于 1% 时，有排水条件，但场地需较平整，否则易积水。1%~5% 是平坦场地的坡度，在这个坡度范围内场地排水较理想，并能适合广场、运动场、停车场等较大面积使用空间的需要；5%~10% 的场地坡度易于排水，但不适于大范围的活动场地[①]。用地自然坡度小于 5% 时，宜规划为平坡式地形；用地自然坡度大于 8% 时，宜规划为台阶式地形。台阶式用地的台阶之间应用护坡或挡土墙连接，以保证场地安全。城市中心区用地应自然坡度应小于 15%；居住用地自然坡度应小于 25%[②]（图 11–3）。

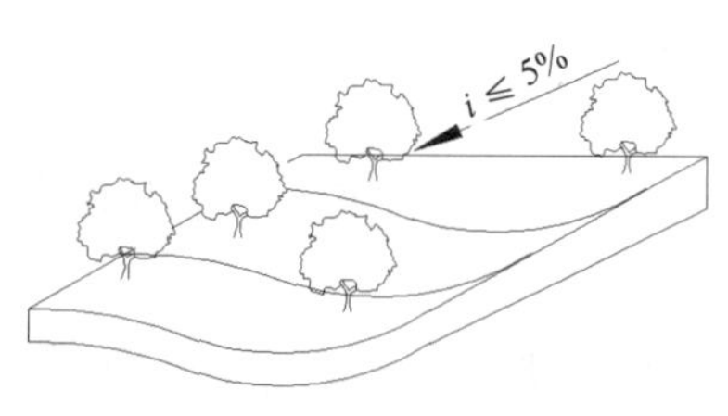

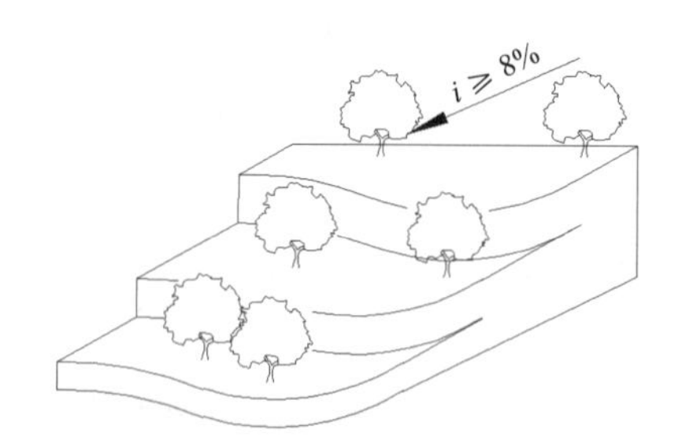

图 11–3 场地自然坡度处理示意图
（李翔 绘制）

地面排水是场地排除天然降水的主要方式。地表径流系数能够反映场地地表径流状况，地表径流系数越高，则场地滤水保水能力越低。一般来讲，地表需要保证有 0.3%~0.8% 的纵向排水坡度和 1.5%~3.5% 的横向排水坡度，以保证场地排水通畅；同时，也需要控制纵向坡度，降低地表径流系数，以减弱雨水对地表的冲刷，减少水土流失。水流经过的地方应当尽量利用有植物的沼

① 王晓俊 . 风景园林设计 [M]. 江苏：江苏科学技术出版社 . 2000.

② 四川省城乡规划设计研究院 . 城市建设用地竖向规划规范 CJJ 83—2016[S]. 北京：中国建筑工业出版社，2016.

泽地和渗透设施，以降低流速，提高水质。铺装地面上的雨水应流入草地，将雨水减速和过滤。城市道路的雨水可流入两侧雨水沟渠，或直接流入附近有植被的沼泽。道路和铺装附近应有汇水设施（雨水口、排水管等），以免造成积水。

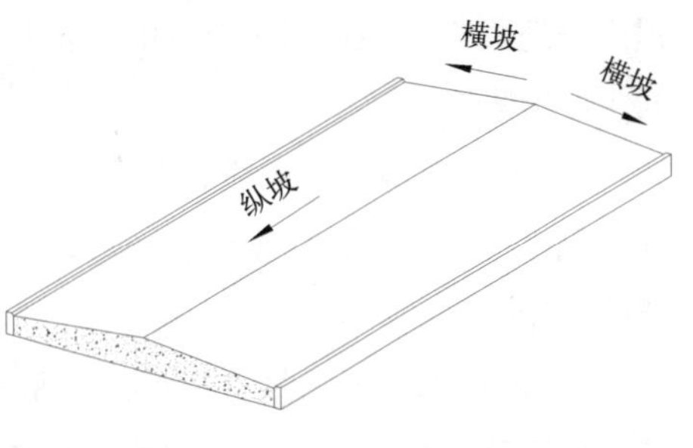

图 11-4 道路纵横坡示意图
（李翔 绘制）

道路在场地竖向设计中是一种比较特殊的线性元素。道路的竖向设计需要考虑到道路的纵坡和横坡坡度。纵坡是指平行于道路延伸方向的纵向坡度，横坡是指平行于道路延伸方向的横向坡度（图 11-4）。为保证有效排出路面积水，道路最小纵坡度应大于或等于 0.5%；横坡设计根据路面材料和使用性质不同，一般坡度在 1%~2%。道路在进行纵坡设计时，还要考虑到不同的场地条件、使用性质对道路的最大纵坡坡度和坡长有一定的限制。如对于机动车道，在城市中，道路最小坡度一般不小于 0.3%，且不大于 8%[①]；居住区内道路纵坡度小于 8%[②]；对于公园园路，次路纵坡宜，支路和小路，纵坡宜小于 18%[③]。对于道路纵坡及横坡的具体设计要求应满足相关的设计规范。因此，在地形图上设计道路时，应控制道路的最大坡度，当道路顺应于等高线时，可以获得较缓的坡度；当道路方向垂直于等高线时则坡度较陡。在道路设计过程中，同时要充分考虑坡度稳定性、人群使用的通用性等安全原则。

场地竖向设计需要考虑有效的暴雨管理问题。例如，场地要有足够的排水坡度排放雨水，但是需要通过控制排水坡度、排放长度、地表透水率等方面来降低水流速度和流量，减少雨水对地面的冲刷造成的水土流失；让排水方向绕开建筑物或硬质地面，让雨水离开场地；在适宜的位置和高程设置一些排洪设施，如湿地，滞洪设施（干池或湿池），渗透设施（渗水池、渗水沟槽等）；让硬质铺装上的雨水排向草地，降低雨水流速，避免地面的淤泥沉积等。

11.2.2 场地土石方工程[④]

场地土石方工程包括用地的场地平整、道路及室外工程等的土石方估算与平衡。土石方平衡应遵循“就近合理平衡”的原则，根据规划建设时序，分工

① 住房和城乡建设部．城市道路工程设计规范 CJJ 37—2012[S]. 北京：中国建筑工业出版社，2016.
② 住房和城乡建设部．城市居住区规划设计标准 GB 50180—2018[S]. 北京：中国建筑工业出版社，2018.
③ 住房和城乡建设部．公园设计规范 GB 51192—2016[S]. 北京：中国建筑工业出版社．2016.
④ 本节内容主要参考和引用自：宋希强．风景园林绿化规划设计与施工新技术实用手册 [M]. 北京：中国环境科学出版社，2002.

程或分地段充分利用周围有利的取土和弃土条件进行平衡[①]。影响土方工程量的主要因素有：

1）整个场地的竖向设计是否遵循“因地制宜”这一至关重要的原则。场地规划设计时应尽量尊重现有地形，减少土石方工程量，减少对使用场地不必要的改造。

2）建筑和地形的结合情况。特别在山地中，设计时需对坡地进行局部挖填以保证建筑地面的平整，挖填量的多少取决于建筑与基地的契合关系。

3）道路选线对土方工程量的影响。道路尽量顺应等高线方向延伸，则可以在满足道路坡度的情况下减少土方挖填。

4）多搞小地形，少搞或不搞大规模的挖湖堆山。小地形可以在小范围内即实现挖填平衡，不需复杂的大规模施工。

5）缩短土方调配运距，减少搬运。场地内的挖方区和填方区尽量靠近，可以减少土石方的搬运距离。

6）合理的管道布线和埋深。规划中使地表坡度与地下管线埋设坡度相协调，也可以有意识减少不必要的土方回填量。

在场地竖向设计中，在满足使用需要和景观艺术品质的同时，通过有意识的计算土石方工程量进行预先的土石方工程控制，可以有效减少施工过程中的土石方工程造价。土方工程量的计算可以通过体积公式法、断面法进行估算，也可以通过方格网法等方法进行较准确的计算，还可以在基础资料齐备的情况下用专业的计算机软件进行计算（图 11-5）。

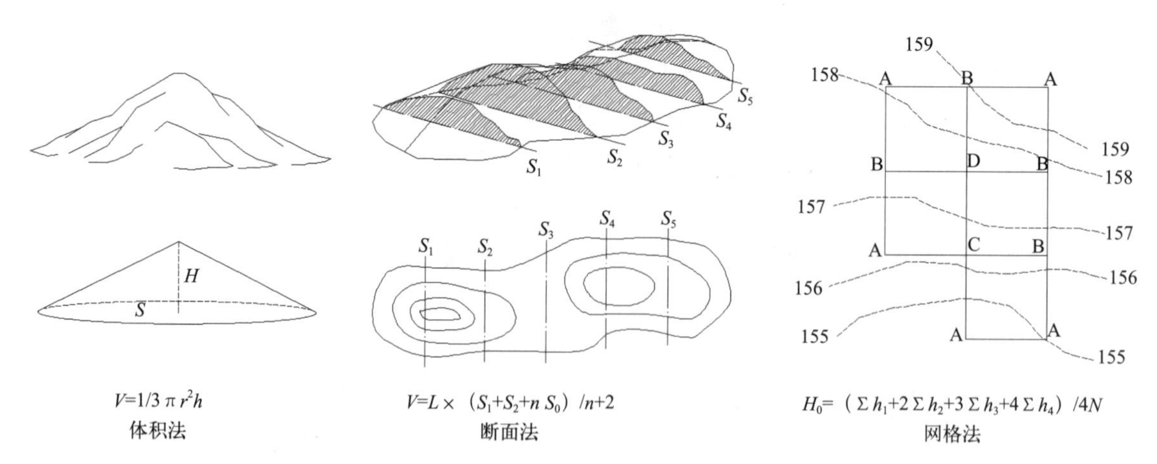

图 11-5　土石方工程量计算方法
（李翔 绘制）

在施工过程中，土石方工程往往是景观工程中最先开始的项目。土石方工程分为临时性工程和永久性工程。临时性工程指为景观施工而进行的管沟挖掘、基础挖掘、土方转运等，这部分工程在工程竣工后即不再体现；永久性工

① 四川省城乡规划设计研究院 . 城市建设用地竖向规划规范 CJJ 83—2016[S]. 北京：中国建筑工业出版社，2016.

程是指在景观工程竣工后仍保留展现的人工造坡、微地形塑造、挖湖堆山等土石方工程。

按照施工方式划分，土石方工程可以有人工施工和机械施工两种形式（图 11-6）。人工施工是利用人工机具如锹、镐、锄、斗车等对土石方挖掘转运；机械施工是指利用挖掘机、推土机、装载车、破碎机、压路机等对土石方进行挖填、转运、平整。这两种方式往往综合运用，对于小场地和土石方量小的区域利用人工施工，对于面积大、硬度高、土石方量大的区域则多运用机械施工。对于大型的土方回填区域，还需要合理安排施工方式，采用分层夯筑、台阶状回填、运土推山等方式进行施工（图 11-7）。

图 11-6　土石方工程的人工施工（左）与机械施工（右）
（李翔 摄）

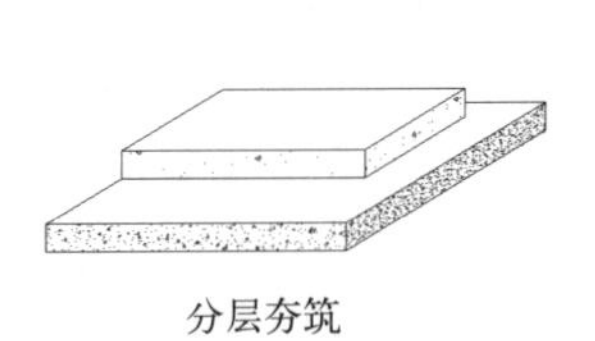

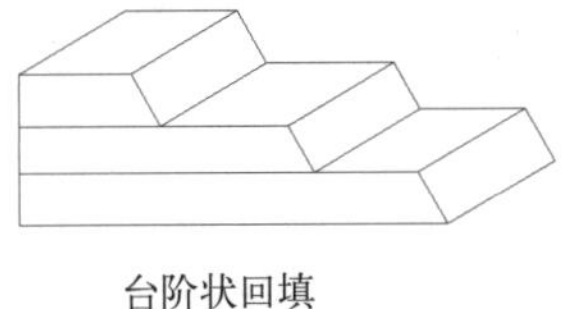

图 11-7　大型土石方工程施工方式示意图
（李翔 绘制）

11.3　景观建设细部

景观设计是由各种景观元素组成的，只有对各种景观元素形式和构造有足够的了解，才能保证设计意图的充分实现。景观设计的品质往往体现在细部之中。“成功设计的完成依赖于良好的细部和督导。缺少良好的细部可能会将本可能完好的设计变成表面看来很劣等的设计”①。

景观建设细部涉及景观元素的各种形式，如防护工程设施（护坡、挡土墙等）和各种景观墙、花台花池、硬质地面、水景工程、景观建筑小品（亭、廊、架等）、景观小品设施等。这些细部设计需要从材料选择到构造方式上满

① 哈维·M·鲁本斯坦. 建筑场地规划与景观建设指南 [M]. 李家坤，译. 大连：大连理工大学出版社，2001.

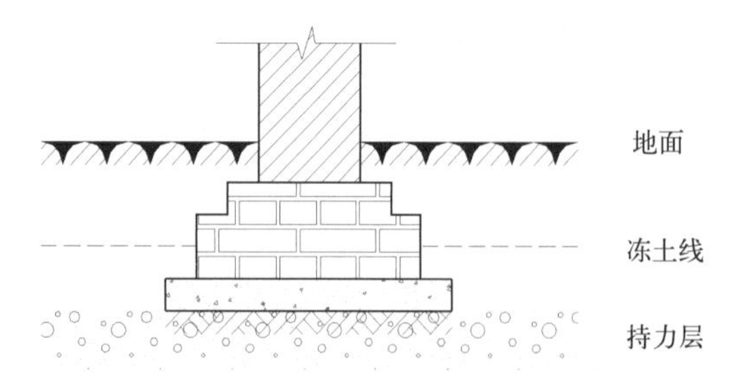

图 11-8　刚性基础示意图
（李翔 绘制）

足适用性、安全性、坚固性、耐用性、艺术性、经济性、可行性、生态性等各方面的要求。

从构造节点来看，这些景观元素又可以分为基础和主体两部分。

基础主要起到承载主体荷载并将荷载传递到地基的功能。基础的主要形式有刚性基础和柔性基础。刚性基础是指砖砌基础、毛石混凝土基础、素混凝土基础等刚度较大的基础形式，但抗弯抗剪性能稍差（图 11-8）；柔性基础指以钢筋混凝土基础为代表的，具有较强抗弯剪能力的基础，适于用在地基容易出现不均匀沉陷的地带。影响基础设计的主要土壤因素有渗透性、承载力、缩胀性、霜冻及解冻周期等。不管什么形式的基础，都要求基础置于具有承载能力的持力层之上，并有一定的埋深，且在寒冷地区埋深应深于冻土线，以免因冻胀而破坏基础。

景观元素的主体部分主要要考虑各组成部分相互之间的连接方式及其坚固、耐用、美观、安全、经济等方面的要求。连接方式可以归纳为粘结、刚性连接和铰接几种形式。粘结主要是砖石等材料之间通过水泥砂浆、石材胶等方式互相叠加附着的形式；刚性连接有混凝土现浇和金属焊接等方式，连接点刚度较大，整体性较好；铰接的形式主要有木材之间的榫卯连接、金属或木材等材料通过连接件和螺栓、铆钉进行的连接，甚至是竹木等材料绑扎形式的连接。铰接的连接方式可以允许材料和构件有一定的变形量，适于材料变形系数较大的构件，也有一定的抗震能力（图 11-9）。

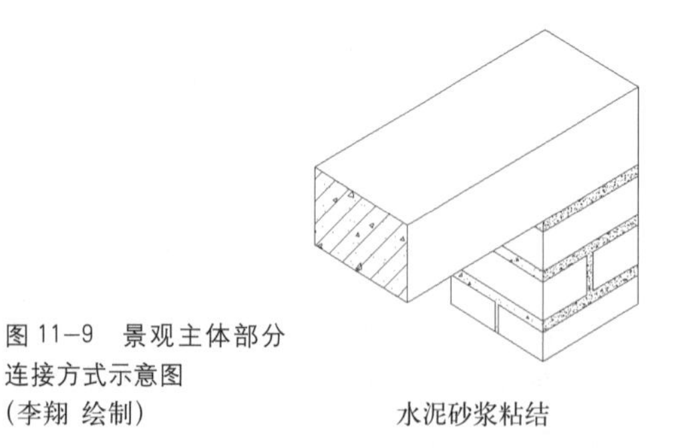
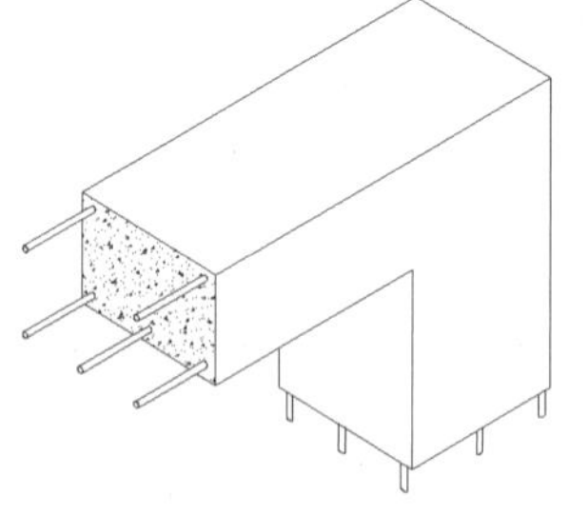
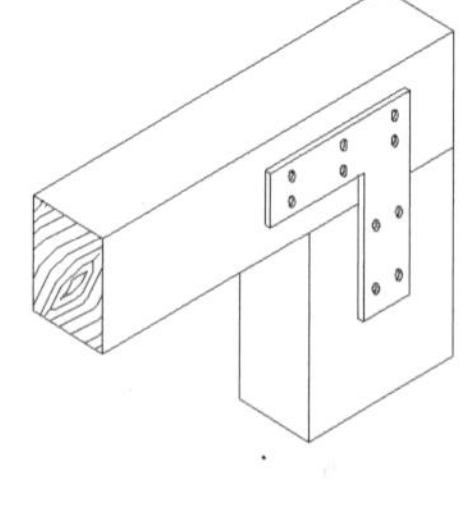

水泥砂浆粘结　　钢筋混凝土现浇　　连接件连接

图 11-9　景观主体部分连接方式示意图
（李翔 绘制）

11.3.1　防护工程设施

防护工程设施用在土壤坡度超过自然安息角（土壤自身能够保持稳定的自然倾斜角，通常为 30°~37°）的高差突然变化处，包括护坡和挡土墙，是保持坡地稳定性重要的安全设施之一。

护坡的形式有土质护坡、砌筑型（砖砌或石砌）护坡、混凝土护坡等形式。坡比值小于或等于 0.5 时可用土质护坡，土质护坡常结合种草和造林形成生态型护坡；坡比值在 0.5~1.0 时宜采用砌筑型护坡。

在建（构）筑物密集、用地紧张区域及有装卸作用要求的台阶应采用挡土墙防护①。挡土墙的形式有重力式挡土墙、悬臂式挡土墙、衡重式挡土墙、扶壁式挡土墙，还有锚杆式和锚定板式、加筋土挡土墙等类型（图 11–10）。其中重力式挡土墙最常见。

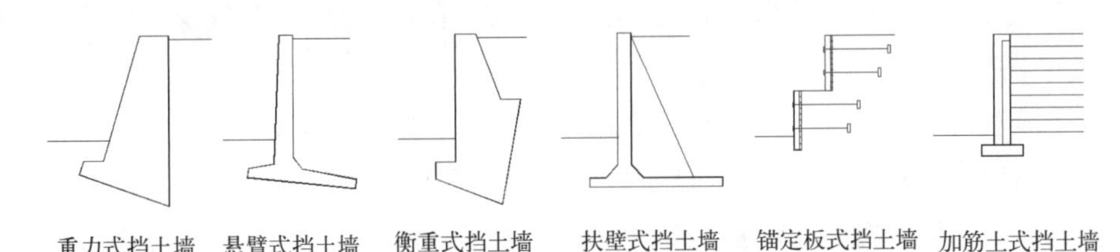

图 11–10 挡土墙类型断面示意图（李翔 绘制）

重力式挡土墙主要依靠自身重量维持挡土墙在土压力作用下的稳定，以毛石混凝土挡墙和混凝土重力式挡土墙为代表，此外还有预制混凝土箱式，垛式挡土墙，石笼式挡墙，预制混凝土砌块挡墙等形式，挡土墙的高度宜为 1.5~3.0m，超过 6.0m 时宜退台处理，在条件许可时，挡土墙宜以 1.5m 左右高度退台。

挡土墙设计的安全性是首要原则，需要进行结构计算，必须能经受来自土壤的水平和竖向压力，同时不会倒塌、墙脚沉降、水平滑动。为保证挡土墙的稳定性和耐久性，在构造措施上还为挡土墙设置排水措施：在顶部设置排水沟，背部换填渗透性骨料，墙体设置泄水孔。使这些区域减少水的渗入和让水尽快流走，特别是在易膨胀的土壤和有冻胀的情况下（图 11–11）。

在景观设计中，还常将挡土墙与立体绿化、立面浮雕等装饰手法相结合以美化环境，或直接通过构造手段将绿化与挡土墙设置相结合，达到稳定、环保和美观之目的（图 11–12）。

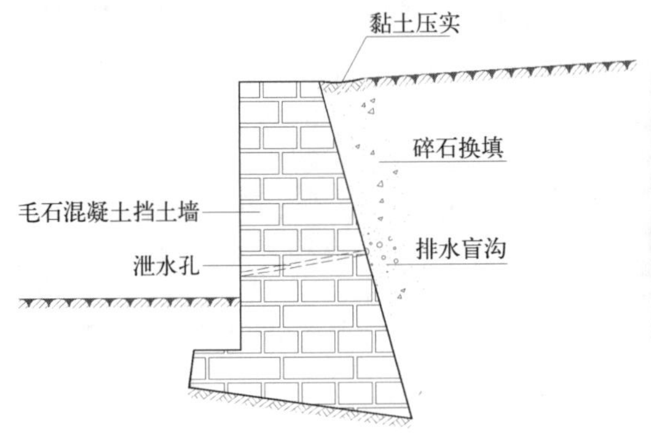

图 11–11 重力式挡土墙构造示意图（左）（李翔 绘制）
图 11–12 重力式挡土墙立面浮雕装饰（右）（邱建 摄）

① 四川省城乡规划设计研究院. 城市建设用地竖向规划规范 CJJ 83—2016[S]. 北京：中国建筑工业出版社，2016.

11.3.2 景观墙和花台花池

景观墙和花台花池都主要以砌体结构为主要结构形式。基本构造形式都是在基础之上构筑墙体，再进行外立面装饰。基础形式根据场地的地基条件、造价、可行性、安全性等要素来确定；砌体结构以砖砌、石砌或预制混凝土块砌筑为主要形式。墙体顶部一般设置压顶以增强墙体整体性，保护墙身，改善立面效果。

景观墙根据功能可以分为景观围墙、隔断墙、装饰墙等类型。根据材料不同，可以分为砖墙、石墙、金属栅栏围墙、混凝土砌块墙、玻璃墙、木 / 竹栅栏围墙等类型，也可以是这些类型的混合。景观围墙高度一般在 2.2~2.7m，也可根据实际需要确定。多数围墙形式是在砖砌墙体的基本形式上衍变而来的。砖砌墙体厚度一般为 240mm，并且应该每隔 3.9m 左右设置一道构造柱，增强砖砌体稳定性。隔断墙、装饰墙等根据设计确定高度和厚度，高度越高，相应墙体厚度也应增加（图 11–13）。

花台花池需要满足种植需要，因此其墙体一侧须能够平衡土压力。花台（池）越高则墙体越厚，如 300mm 高的花台需砌 120mm 厚墙体，300~600mm 高的花台需砌 240mm 厚墙体，600~900mm 高的花台需砌 360mm 厚墙体，高于 900mm 高的花台墙体就可以考虑采用挡土墙形式。对于高度适宜（如 350~450mm）的花台，往往结合室外座凳进行设计，将墙体压顶结合座凳坐面使用。在冬季霜冻地区，还要在花台（池）内侧做防水层，以防水渗入墙体对墙体造成冻胀破坏（图 11–14）。

砌体结构的景观墙和花台花池，一般都要在表面进行装饰处理。表面装饰的构造方式从内到外分别是基层—粘贴层—（找平层）—面层。基层即是砌体结构，可以是水泥砂浆砌筑的砖、石或混凝土砌块以及现浇混凝土墙体；粘贴层附着于基层之上，起到初步找平的作用，并将面层粘贴在基层上；如果面层作涂料类面层，则需通过找平层将墙体表面找平；如果作粘贴

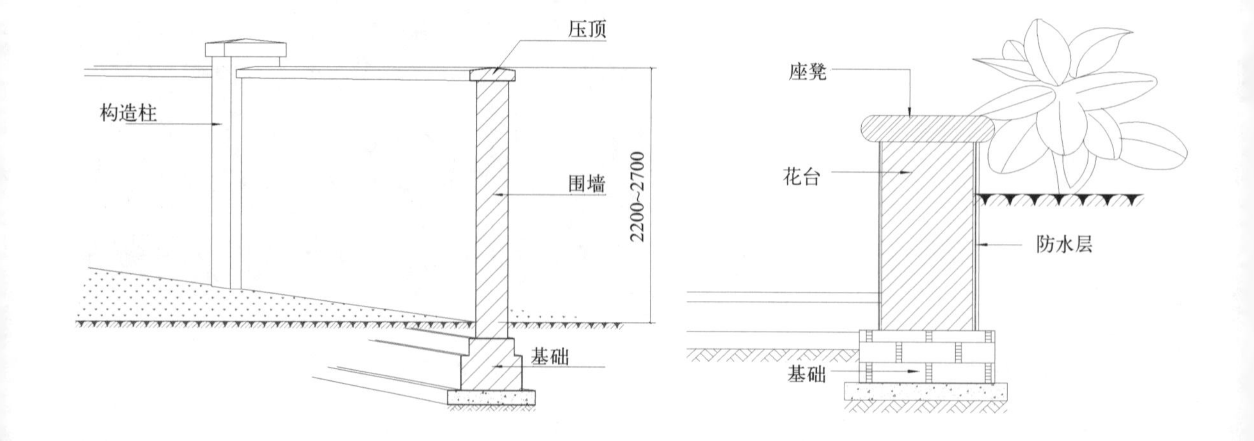

图 11–13 景观墙断面示意图（左）
（李翔 绘制）
图 11–14 花台断面示意图（右）
（李翔 绘制）

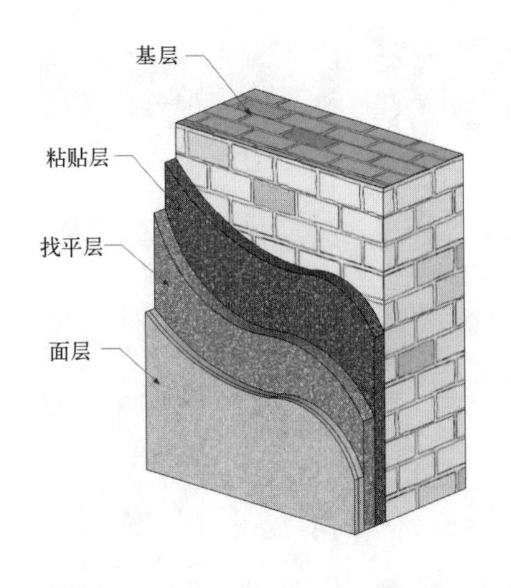

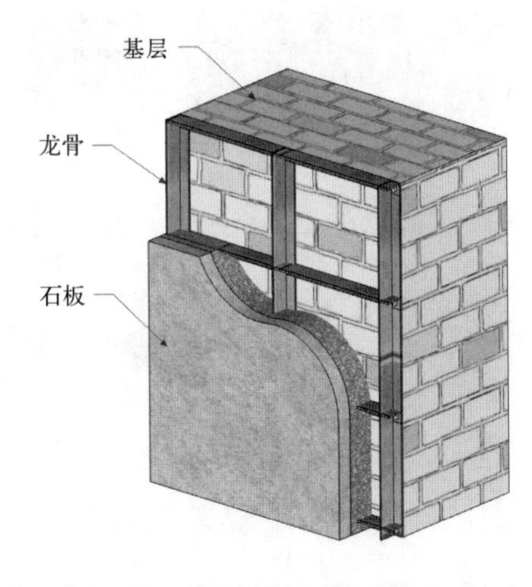

图 11-15 砌体饰面示意图
(李翔 绘制)

类材料面层，就可以直接将表面材料作粘贴。作为面层的表面装饰材料有外墙涂料、外墙面砖、天然石材、金属板材、玻璃等材料。其中对于高度较高的天然石材面层以及金属板材、玻璃等材料，则需要将面材干挂在基层的龙骨之上（图 11-15）。

11.3.3 硬质地面

硬质地面广泛应用于道路、广场、各种活动空间、运动场等场地中，其作法受场地地质气候条件、荷载情况、使用特点、经济条件、施工条件等因素影响，有不同的类型。按表面材料材质分类，常见的有以下一些类型（图 11-16）：

1）石材：如各种花岗岩、砂岩、页岩的板材、料石。

2）陶瓷材料：如各种广场釉面砖、通体砖、劈开砖、烧结砖等。

3）混凝土材料：如现浇混凝土地面、彩色混凝土地面、预制混凝土块地面等。

4）沥青材料：如沥青混凝土地面，彩色沥青混凝土地面等。

5）土石材料：如各种卵石、雨花石、海峡石、豆石、碎石、沙土地面等。

6）高分子材料：如丙烯酸酯地面、环氧树脂地面、聚氨酯、氯乙烯地面等。

7）木材：如木板地面、木屑地面等。

8）其他材料：如金属、玻璃地面等。

按施工工艺分类，可以分为现场施工型和预制型。现场施工型中有现浇型的混凝土、彩色混凝土地面、水磨石等，压实型的卵石、豆石、彩色混凝土压印地面等，喷涂性的丙烯酸酯压型地面等；预制型中有砌块铺装型的各种石材、陶瓷材料、预制混凝土块等，还有苫布铺装型的人造草坪、运动地垫、橡胶地垫等。木板地面的构造形式相对特别，需要预先在具备强度的地面上架设龙骨，再铺置木地板，并注意地面排水顺畅。

图 11-16　硬质地面材料实例
（李翔 摄）

此外，还可以将硬质地面按排水性分为透水地面和不透水地面，按防滑性分为易滑性和不滑性地面，按表面材料弹性分为硬性材料和软性材料。在室外硬质场地的设计中，有条件的地方尽量采用透水地面以减少水土流失，维护生态环境。应该尽量采用不滑性的材料增加场地使用安全性，并根据活动特点确定材料弹性。

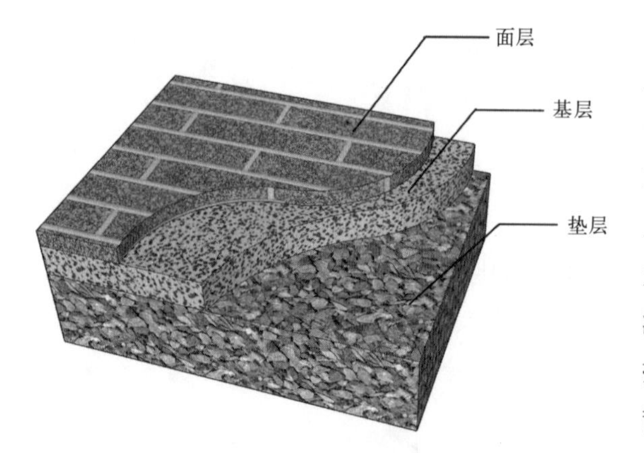

图 11-17　硬质地面构造示意
（李翔 绘制）

硬质地面构造一般由面层、基层和垫层组成，面层为直接承受地面荷载的作用力和自然因素影响的结构层，由一层或数层组成。基层为地面的主要承重部分，和面层一起把荷载作用力传至地基。基层由一层或数层组成，垫层为介于基层与地基之间的结构层，在地基水、温状况不良时，用以改善地基的水、温状况，提高地面结构的水稳性和抗冻胀能力，并可扩散荷载，以减小地基变形（图 11-17）。

硬质地面的地面构造设计和面层选择，需要综合各种影响因素进行确定。例如是否有机动车通行以及机动车的吨位将影响地面强度和厚度，地面的活动方式影响对面层防滑性和弹性的要求，整体色彩和风格影响对面层色彩和质感的把握，项目定位和投资影响对材料品质的选用，施工条件影响材料规格和加工方式的确定，耐候性和耐久性影响对可能风化和变形材料的取舍等等。

道路的路边一般要设置缘石以保护路面边缘，引导路面排水，标定车行范围（图 11-18）。缘石采用预制混凝土、砖、石料和合成树脂等材料，高度为100~150mm，根据高度不同有平缘石（顶面与路面平齐）和立缘石（顶面高出路面），以及铺砌在路面与立缘石之间的平石。平缘石多用于人行步道，道路标高变化衔接处，无障碍坡道口等处。机动车道立缘石的顶面往往同相邻的人行道顶面相平，有时立缘石与平石或铺装路面形成街沟排除路面积水。

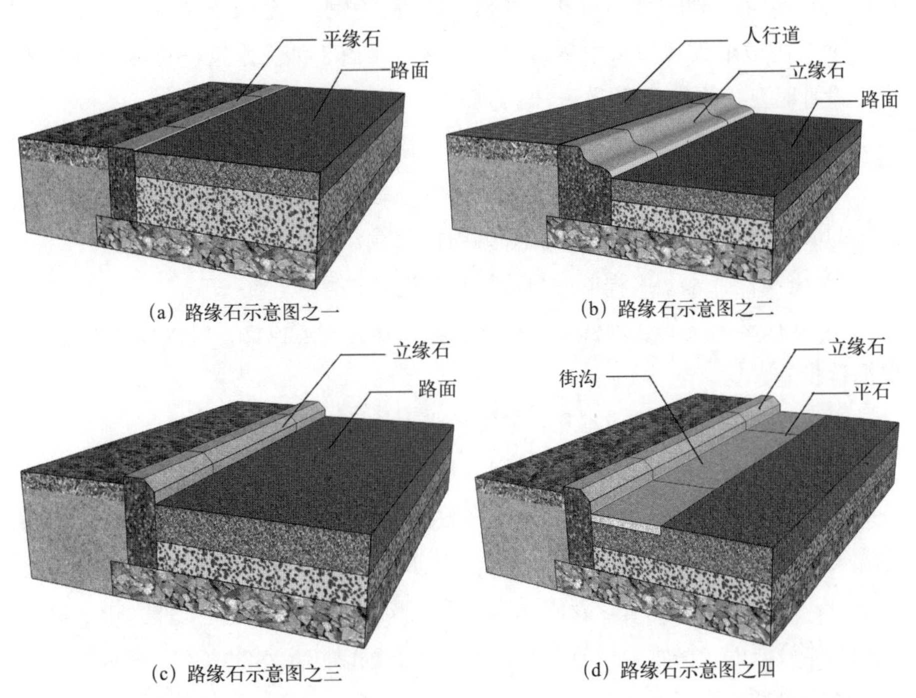

(a) 路缘石示意图之一

(b) 路缘石示意图之二

(c) 路缘石示意图之三

(d) 路缘石示意图之四

图 11-18　路缘石示意图
(李翔 绘制)

中国传统园林的地面铺装在材料选择和铺砌形式上有一定形式要求，并往往具有暗喻的意向。例如厅堂用磨砖而小径用乱铺；花前吟诗，以瓦条铺地拟作铺席，月下饮酒，用石版地面形似铺毡；卵石嵌作花形，似步步莲花，碎石拼出冰纹，喻梅花傲雪。常用的铺装方式为乱石路、鹅子地、冰裂地、诸砖地等地面。砖石铺纹样又有一封书、口字面、连环锦、丹廊，以及条砖铺地的席纹、间方纹等形式。这种地面构造将地面夯实后，以灰土铺垫，灰浆粘贴，面层构造石板、青瓦、青砖或卵石，配合场景意蕴塑造园林氛围。现代景观构造材料中，也用雨花石、海峡石，专用铺地青砖条和青瓦条等，作铺装表现。

11.3.4 水体山石景观工程

水体和山石是景观中常用和重要的空间形态塑造元素。水体和山石往往结合在一起应用来造景，也可以单独应用。当水体和山石结合在一起进行景观形态塑造的时候，能够塑造千变万化的瀑布、跌水、溪流、叠水、漫水等等模仿自然山水意境的景观形态。

自然水景景观的利用重点在于尊重原有景观特点，在空间、视觉、生态等方面充分发挥自然条件。在景观建设的细部设计中，水景工程更多涉及人造水景，其规模按大小可分为：人工湖和大型池塘；大型观赏水池和游泳池；小型水池和观赏池塘和水景小品等。按其形态水景可分为：水池和观赏池塘、瀑布和跌水、溪流、喷水、水盘以及旱喷等。按水景的动势可将水景分为静水（池、塘、湖等）和动水（瀑布、叠水、溪流、喷水等）。

水景在一个景观项目中常常是点睛之笔，由于涉及水这一特殊的物质形态，设计时更应重点关注以下一些方面的问题：

1）防渗漏：注意对水体边缘、池底、接缝等处的处理。

2）安全性：水池深度、池岸及池底的稳定性、水体防触电等。

3）可靠性：水池池壁、池底等的结构承载合理和不变形。

4）美观性：水景工程的材料选择和构造方式。

5）水循环系统的合理性：给排水方案选择、管道设计、保水和补水设计、保温等措施。

6）经济性：一次性成本和长期维护成本的综合考虑。

水景设计需要依据水景效果对用水量进行计算，并在此基础上确定管线设备的大小、布置方式。为节约用水，多数人造水景利用循环水作为水景的供水方式。水的循环系统应该包括进水口、补水口、吸水口、循环水泵、排水口、溢水口、给水管、排水管以及浮球塞、电磁阀、给排水阀门等配件。排水口设置在水体最底部，溢水口设置在预定的水面高度以防止水的溢出。在水体中或水体旁需要预先设置水泵井、配电箱、控制箱等。如需保持水体清洁，还应该配置过滤装置（图 11-19）。

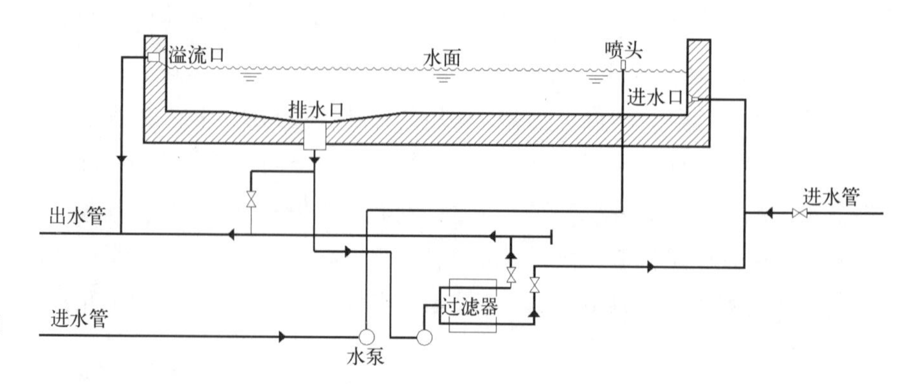

图 11-19 水系统示意图（李翔 绘制）

水景的池底和池壁是水的载体，在构造措施中需重点处理，作好防水层，以防渗漏。防水层的作法有刚性防水、柔性防水和刚柔性相结合的混合防水。刚性防水层主要以防水砂浆或带钢筋网片的混凝土为防水层；柔性防水以灰土层、防水卷材、防水油膏、防水毯、土工膜等作为防水材料；混合防水则是在刚性防水层基础上再作柔性防水，以保证防水质量。池壁的防水层高度要高于设计水位，在水池池底池壁穿管处还应增加防水措施、设置止水环以防渗水（图 11–20）。

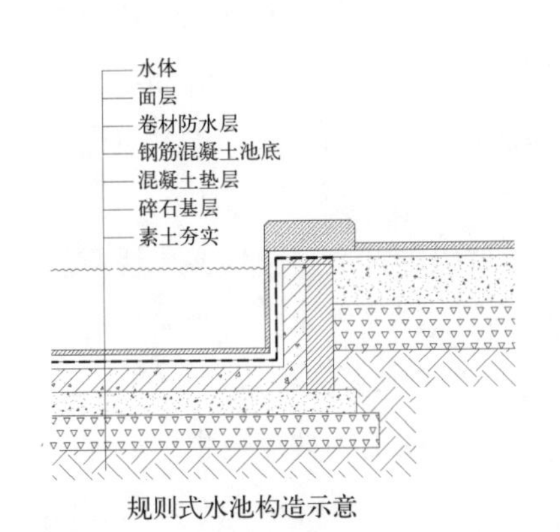

规则式水池构造示意

水体
面层
卷材防水层
钢筋混凝土池底
混凝土垫层
素土夯实
景石

自然驳岸构造示意

图 11–20 水景构造示意图
（李翔 绘制）

水景驳岸按其作法可分为自然式、规则式和混合式。自然式驳岸模仿自然形态，有以草坡、卵石、水生植物等构成的缓坡驳岸和自然叠石、假山等形成的置石驳岸。自然式驳岸的构造作法往往是在预先完成必要的池底和池壁构造的基础上以艺术化的手法塑造岸边的自然形态。规则式驳岸形式以几何化的直线、弧线、折线等形式构成简洁明确的驳岸线条，常结合池底和池壁的构造方式一次成型再作面层处理。有时也把自然式驳岸和规则式驳岸混合运用于同一水景的不同部位，形成富有变化的岸际效果。出于安全原因，硬底人工水体的近岸 2.0m 范围内的水深，不得大于 0.7m，达不到此要求的应设护栏[①]。

对于静水水体，主要是观赏水面的倒影、涟漪以及天光的反射，因此可考虑设计深色池底，增强反射效果；具有一定野趣的生态水池的面积和深度应根据饲养鱼的种类、数量和水草在水下生存的深度而确定，一般在 0.3~1.5m。池底与池畔宜设隔水层，池底隔水层上覆盖 0.3~0.5m 厚土，种植水草。

对于动态水体，因以观赏水的动势为主，则要注重对水体本身的流速、流量、流向的控制。

瀑布是一种典型的动水形式。根据其形态有直瀑、分瀑、跌瀑、滑瀑、带瀑等形式。瀑布的水势又可分为泪落、布落、丝落、披落、对落、乱落、风雨落等等。这些形态和水势的形成主要同瀑布景石的布置方式和水量有关。瀑布

① 住房和城乡建设部．公园设计规范 GB 51192—2016[S]. 北京：中国建筑工业出版社，2016.

的置石方法和假山类似，其形态则通过组成瀑布景观石的镜石、分流石、破滚石、承瀑石等来塑造。瀑布的制作有运用太湖石、灵璧石、昆石、英石以及黄石、黄蜡石、青石、河石、千层石等堆置的自然叠石方式；也有钢筋混凝土塑石、FRP（玻璃纤维强化塑胶，Fiber Glass Reinforced Plastics 的缩写）塑石、GRC（玻璃纤维强化水泥，Glass Fiber Reinforced Cement 的缩写）塑石、CFRC（Carbon Fiber Reinforced Cement or Concrete 的缩写）塑石等人工塑石方式。瀑布的水量应预先进行计算，获得适当的设计效果。一般来讲，沿墙滑落的瀑布水膜厚 3~5mm；普通瀑布水膜厚 10mm；气势宏大的瀑布水膜水厚 20mm 以上[①]。在瀑布的承水滩处要保证一定的深度和宽度防止水花四溅。

叠水的造景方式和瀑布类似，但由于是多级落水，增加了在时间和空间上水的动感。

溪流是在动水中一种比较柔和的形态，通过线形、宽窄、快慢、缓急的变化，使场地更富灵性与活力。溪流的驳岸形式以自然式为主，当采用规则式时，则可以形成水渠或水道。溪流的置石方式有迎水石、抱水石、劈水石、送水石等，形成水流的各种变化方式（图 11–21）。溪流的坡度应根据地理条件及排水要求而定。普通溪流的坡度宜为 0.5%，急流处为 3% 左右，缓流处不超过 1%。溪流宽度宜在 1~2m，水深一般为 0.3~1m，超过 0.4m 时，应在溪流边采取防护措施（如石栏、木栏、矮墙等）。可涉入式溪流的水深应小于 0.3m，以防止儿童溺水，同时水底应做防滑处理。可供儿童嬉水的溪流，应安装水循环和过滤装置。不可涉入式溪流宜种养适应当地气候条件的水生动植物，增强观赏性和趣味性。居住区内景观设计中，为了使水面在视觉上更为开阔，可适当增大宽度或使溪流蜿蜒曲折，在溪流水岸配置适量散石和块石，但应与水生或湿地植物相结合，以增强溪流景观的生态性（图 11–21）。

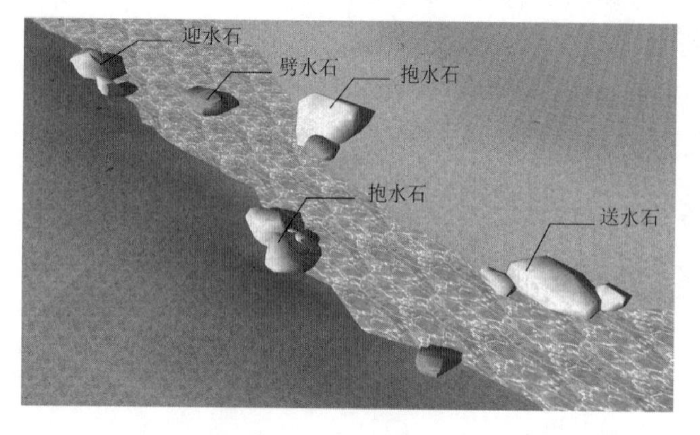

图 11–21　溪流置石示意图
（李翔 绘制）

喷水是在竖直方向运动的水体，因而喷水在景观中作为一种动感元素更具活力。喷水利用自然水压或泵送水压，通过手工控制或专业的程控设备进行控制。不同的喷头表现出不同的喷水形态，常见的喷头形式有万向直射喷头、喷雾喷头、涌泉喷头、球形蒲公英喷头、旋转喷头、牵牛花喷头等，也常通过这些喷头的相互组合配置出别具一格的组合喷水效果（图 11–22）。喷水中还有一种特殊的形式——旱喷。旱喷的全部供水排水系统和设备都布置在硬质地面之下，并依据安全用电原则注意采用低压保护措施，仅将喷

① 丰田幸夫 . 风景建筑小品设计图集 [M]. 黎雪梅，译 . 北京：中国建筑工业出版社，1999.

图 11-22 喷泉喷头种类实例
(李翔 摄)

水喷出地面，因参与性很强，故常在广场等活动场所中作为一种活跃气氛的情趣元素。

掇山置石是中国传统园林特色鲜明的空间构建方法和景观元素体现。传统景观中掇山，就是通常说的造假山，是以造景游览为主要目的，充分地结合其他地形改造、路径引导、空间分隔多方面的功能作用，以土、石等为材料，以自然山水为蓝本并加以艺术的提炼和夸张，用人工再造的山水景物的通称。置石是以自然石为材料作独立性或附属性的造景布置，主要表现园林景石的个体美或局部的组合而不具备完整的山形。一般地说，假山的体量大而集中，可观可游，使人有置身于自然山林之感。置石则主要以观赏为主，结合一些空间划分、高差处理等功能方面的作用，体量较小而分散。假山因材料不同可分为土山、石山和土石相间的山。置石则有特置、散置和群置等形式。我国岭南的园林中早有灰塑假山的工艺，后来又逐渐发展成为用水泥塑的置石和假山。

传统园林中，掇山置石追求以自然而又奇异的方式进行空间营造。假山可以作为自然山水园的主景观和地形骨架，运用山石小品作为点缀园林空间和陪衬建筑、植物的手段，也可以借由山石作驳岸、挡墙、护坡、花台等，或将山石借用作为室外自然的家具或器设。

掇山应先作空间规划和形态设计。遵循一定的空间设计原则，在大的空间格局布置合宜的情况下，应用一些局部理法，来塑造奇巧活跃的山石形态。结合空间形态和功能特点，主要的掇山手法有立峰、理崖岩、造洞府、辟谷壑、塑坡矶、建蹬道、筑驳岸等方式。在《园冶》中，将假山与建筑的空间关系归纳为园山、厅山、楼山、阁山、书房山、池山、内室山、峭壁山等形态，各种

(a) 艺圃

(b) 留园

(c) 沧浪亭

(d) 狮子林

(e) 拙政园

图 11−23 苏州园林的掇山置石实例
(余惠 摄)

形态自有其高低大小以及组合原则。此外通过峰、峦、岩、洞、涧、曲水、瀑布等形态构件，塑造丰富多变的景观体验（图 11−23）。

掇山的构造起于基础，然后在规划区域搭建底层山石称为拉低、其后塑造中层，再至收顶。在山石结构的搭接上，通过安、连、接、斗、拼、悬、剑、卡、挑、戗十字诀，或是江南叠石的叠、竖、垫、拼、挑、压、钩、挂、撑的手法，利用石头间的受力平衡或是外加的金属构件，塑造奇峰异岭的掇山效果。

置石的方式有特置、对置、散置、群置等方式，并结合建筑布局，设置山石踏跺和蹲配、抱角镶隅粉壁理石以及对景框景置石等。

常用的著名掇山置石的山石品类，有太湖石、黄石、青石、房山石、黄蜡石、英石、灵璧石、宣石、石笋、石蛋、钟乳石、慧剑等石料。各地方也常根据当地所产石材因地制宜地因循造园法则进行假山置石的景观塑造。

11.3.5 景观建筑小品

景观建筑小品一般作为场地中的活动节点和驻留场所存在，也往往是一个区域的视觉中心，因此景观小品在设计中更要注重其艺术形式和功能性的结合。能够用于景观小品的材料较多，例如砖、石、混凝土、木、竹、金属（钢、铸铁、铝合金等）、玻璃等。这些材料可以根据设计需要和外部条件的限制单独运用，也常常综合利用，创造出变化丰富的各种小品形式（图 11−24）。

木亭（有顶）　木亭（无顶）　混凝土亭

圆亭（铁艺顶）　圆亭（玻璃顶）　木廊

钢/木廊　混凝土/木廊　茅草/木廊

木架　钢/木架　钢架

图 11-24　亭廊架的种类实例[①]

亭、廊、棚架等景观小品形式各有特点，但在构造方式上有许多相似之处。它们基本上都是由基础、立柱和顶部组成。

基础有砖砌基础、石砌基础、现浇混凝土基础、钢筋混凝土基础等形式。立柱除可采用上述材料外，还可以采用木柱、金属柱、竹柱等。顶部可以是有屋面的，也可以是开敞无屋面的。作为屋面的材料有小青瓦、筒瓦、彩釉瓦、彩色沥青油毡、金属瓦、玻璃、木板甚或是树皮、茅草等材料，使亭、廊、棚

① 部分图片引自：刑日瀚 . 景观黑皮书 [M]. 香港：香港科文出版公司，2006. 1；部分图片：李翔拍摄 .

架成为可以遮风挡雨的庇护场所。没有屋面的亭、廊、棚架其顶部主要起到空间限定和造型的作用，顶部的受力也主要承受自重，形式较为灵活。

基础和立柱的连接，对于砖石和钢筋混凝土形式的，基础与立柱可直接砌筑或浇注；对于木柱、金属柱等立柱，可以将立柱直接埋置在基础里，或放置在柱础上，或用螺栓固定在预埋的支架上；也可以用螺栓将预埋在基础中的铁件与立柱固定在一起（图 11–25）。

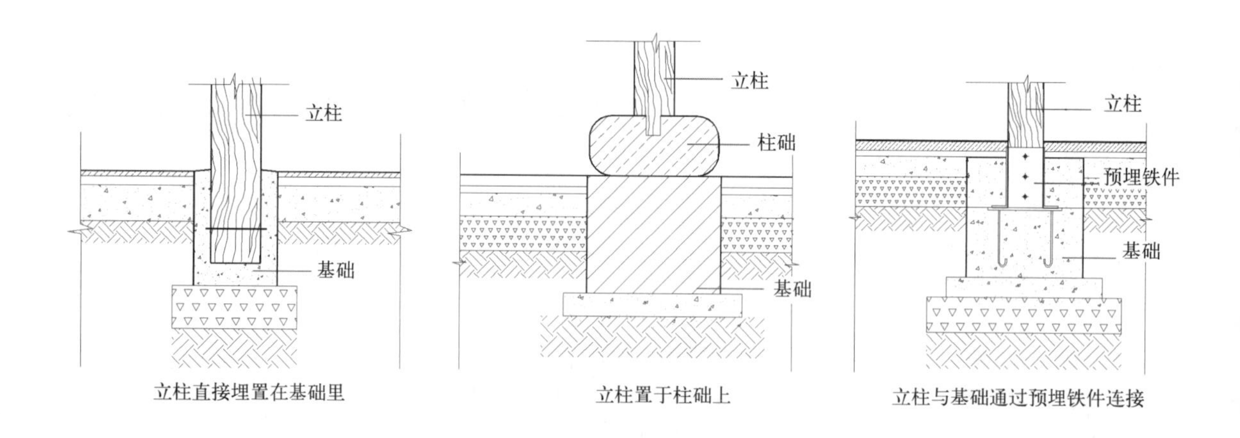

图 11–25 基础和立柱的连接形式剖面示意图（李翔 绘制）

立柱和顶部，以及顶部各部分之间的连接，有现浇屋架或屋顶、榫卯连接、焊接、螺栓连接等形式。现浇钢筋混凝土的亭、廊、架的顶部，可利用其塑性进行一定的艺术造型；榫卯连接常用于木结构，也是传统的中式亭廊架最常用的连接形式；焊接基本用于金属结构；木结构、钢结构、钢木结构以及钢材和玻璃等，则常用螺栓连接（图 11–26）。

榫卯连接

螺栓连接

焊接

图 11–26 立柱与顶部的连接形式实例（李翔 摄）

亭是用于休息、眺望、避暑等用途的开敞的小型建筑，高度宜在 2.4~3m，宽度宜在2.4~3.6m，立柱间距宜在3m左右；廊是从一个空间进入另一个空间、具有指向性的开敞的建筑物，一般高度宜在2.2~2.5m之间，宽度宜在1.8~2.5m之间；架是用于休息、避暑等用途的具有线性空间特征的开敞的建筑物，是

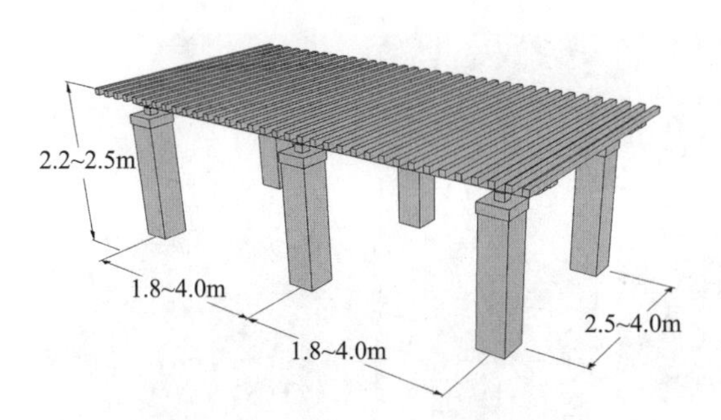

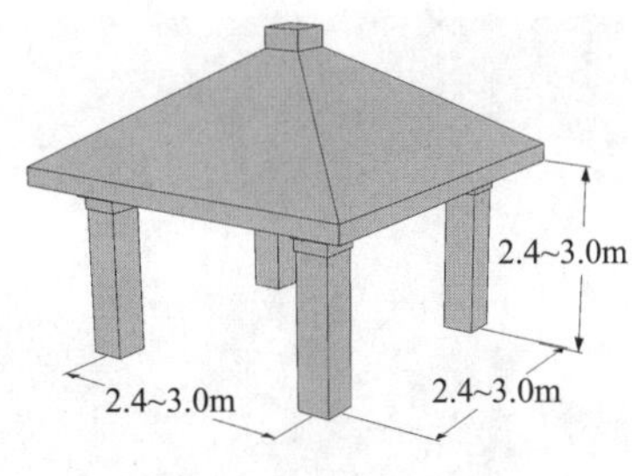

图 11–27　亭廊架的常规尺寸
（李翔 绘制）

一种静态场所，其形式可分为门式、悬臂式和组合式。棚架高宜 2.2~2.5m，宽宜 2.5~4m，长度宜 5~10m，立柱间距 2.4~2.7m（图 11–27）①。

亭、廊、架等建筑小品，都是在景观中供人休息的场所，因此必须在结构及构造设计方面保证足够的安全性，同时在其中设置一定的凳、椅满足使用需要。地面形式除需要和环境和谐，还要考虑防滑、耐久、经济等因素，常用的材料有地砖、石材、木材等。

图 11–28　张拉式膜结构的休息廊架
（李翔 摄）

还有一种膜结构的建筑小品形式，因其外观轻盈活跃，可识别性强，在景观中也常用到。膜结构是用高强度柔性薄膜材料与支撑体系相结合形成具有一定刚度的稳定曲面，能承受一定外荷载的空间结构形式。景观中常见骨架式膜结构和张拉式膜结构。膜结构的支撑体系常用钢结构，膜则是在极细的玻璃纤维基布上编织成的表面涂有高分子材料（如聚四氟乙烯）的复合材料（图 11–28）。

在中国传统园林中，小品建筑也是重要的构成要素，往往用于构建园林的空间重心和视线焦点，根据使用功能、环境位置、开敞程度、体量大小等，有着丰富的形态制式。常见的小品建筑形式有楼、房、斋、室，堂、馆、台、阁，轩、榭、亭、廊等。

传统小品建筑一般由屋基、基座、梁柱、屋架和屋面围护结构组成，屋面形式有传统悬山、硬山、庑殿、卷棚、攒尖、歇山、重檐等形式。结构空间一般由五、七、九架梁构成，在开间进深，尺度体系，构件彩绘等等方面都有一定形制约束。在构造形式上，官式园林建筑比较讲究遵循营造法式，其构成元素包括栏杆、天花望板、驼峰伏梁、雀替垂花、挂落花罩等，往往都有礼序讲究与制式要求。而民间园林的小品建筑样式则更为自由多变，往往就地取材，甚至融合了本地乡土的构造工艺和建筑符号（图 11–29）。

① 住房和城乡建设部住宅产业化促进中心．居住区环境景观设计导则 [S]. 北京：中国建筑工业出版社，2009.

图 11–29　传统园林建筑小品实例
（李翔 摄）

11.3.6　景观小品设施

景观小品设施在这里主要指场地中为满足一定功能需求而设置的器具、器械等。如休息类的座椅座凳，卫生类的洗手池、饮水台、垃圾桶、果皮箱、烟灰缸等，解说类的标示牌、解说牌、引导牌、警示牌等，以及游戏运动类的儿童游乐设施和健身运动设施等。景观小品设施在设计中应更加注意适应人的行为尺度和坚固耐久性，并结合所应用的场所特征设计或选择适当的小品造型。景观小品设施的设计布置往往反映出景观设计的细节品质，所以在设计实施中要认真对待，将景观小品的功能性、安全性和艺术性紧密结合。

座椅座凳可根据场地特点进行设计，也可选择成品。制作材料有木材、石材、混凝土、金属、GRC 和高分子复合材料等。木材材质较亲和，便于加工，且热传导性不强，触感较好，不会因气温变化而感觉骤冷骤热。但即使经过干燥防腐处理的木材在长期使用后也会有变形开裂现象，因此以木材作为座椅材料对应用的环境需有一定考虑，也应有一定后续维护管理条件。为避免木材座椅的缺点，目前也有应用高分子仿木复合材料（如塑木等）来达到类似木材的质感。石材、混凝土和 GRC 材料的材质硬度和耐久性较好，不宜损毁，常用于使用频度高的场所，混凝土还可利用其可塑性进行造型设计。缺点是材质质感坚硬，亲和力不如木材，且热传导性较强，有冬冷夏热的感觉。金属材料有铸铁、普通钢管、不锈钢管等，相对更易进行弯曲、切割等形式的加工，热传导性强，在较冷或暴晒的场所触感不够舒适。铸铁和普通钢管因容易生锈，需要作好防锈处理并及时维护（图 11–30）。在设计尺度上，普通座椅的高度为 380~450mm，单人椅长度为 600mm 左右，双人椅 1200mm 左右，三人

图 11-30 座椅小品实例
(李翔 摄)

椅 1800mm 左右，靠背倾角为 100°~110°（图 11-31）[①]。

洗手池、饮水台的设置一般是在活动场地或游憩设施的附近，分为开闭式和常流式两种。池体或台体可以采用石材、混凝土或不锈钢等牢固耐腐蚀的材料。针对儿童的洗手池高度在 500~550mm，成人在 700~800mm；饮水台高度在 500~900mm 之间。洗手池、饮水台的设计均应充分考虑保证给排水设施配置的合理性、隐蔽性，保证池边或台边干燥、卫生、安全。

图 11-31 双人长椅尺寸
(李翔 绘制)

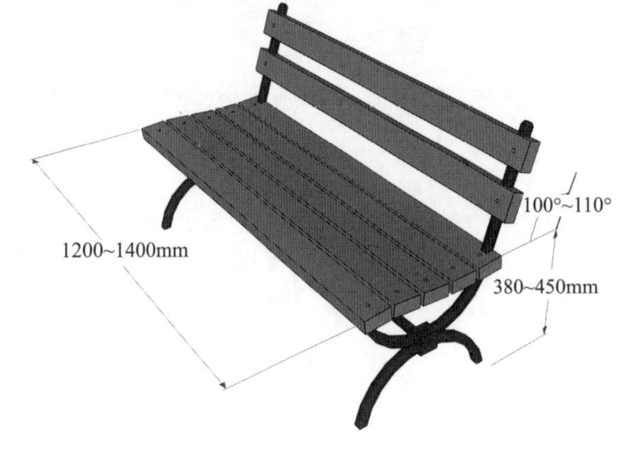

垃圾桶、果皮箱、烟灰缸的制作材料有塑料、玻璃钢、石材、不锈钢、铝材、混凝土、GRC 等。垃圾桶主要用于场地内垃圾的集中收集，容积从 120L、240L 到 4800L 不等，按固定方法分类有固定式和移动式，按位置高低又可分为地面式和地埋式。为便于管理和清运，垃圾桶

① 住房和城乡建设部住宅产业化促进中心．居住区环境景观设计导则（试行稿）[S]，网址：http：//www.chinahouse. gov.cn/sfgc2/z00118.htm.

常直接选用适宜的移动式成品。烟灰缸可单独设置为站立式和坐式，置于路边或座椅旁，也常结合果皮箱一起设计。果皮箱容积比垃圾桶稍小，根据人流量和使用频率不同，可以有不同的容积，通常有 23L、35L、42L、50L、58L 等，安放间距一般在 50~80m，位置应当方便而不突出。果皮箱根据收集方式不同可分为混合式和分类式，出于环保目的，分类式垃圾箱至少有两个垃圾收集箱，将可回收和不可回收的垃圾分类收集，便于对可回收垃圾有效回收和利用。果皮箱高度一般为 600~800mm，并可设计成石块、树桩、动物以及抽象造型，成为点缀于环境中的艺术小品（图 11-32）。

公共饮水台

公共洗手池

金属室外果皮箱

钢木室外果皮箱

塑料室外垃圾桶

图 11-32 饮水台、洗手池、果皮箱、垃圾桶景观小品实例（李翔 摄）

解说类小品的在场地中的设计布局应当在景观规划的同时系统进行，其制作材料也较多样化，可以是石材、混凝土、竹木、不锈钢、铁、铜、铝、玻璃、塑料、丙烯板等等，文字标识的制作方式有雕刻、镶嵌、粘贴、印刷等。标示牌、解说牌、引导牌、警示牌等有其各自特点，用于表示场所名称、说明景点特点、指引道路方向、提醒注意事项等，小品尺寸和位置高低也会因为不同的解说功能而不同，但都应该处于显眼而不影响整体景观品质的位置，色彩明确，内容简明。小品的形式应当与整体景观风格相协调，如在风景区可设计以天然材料为主的解说小品系统，在城市广场中则可结合广场风格设计人工化

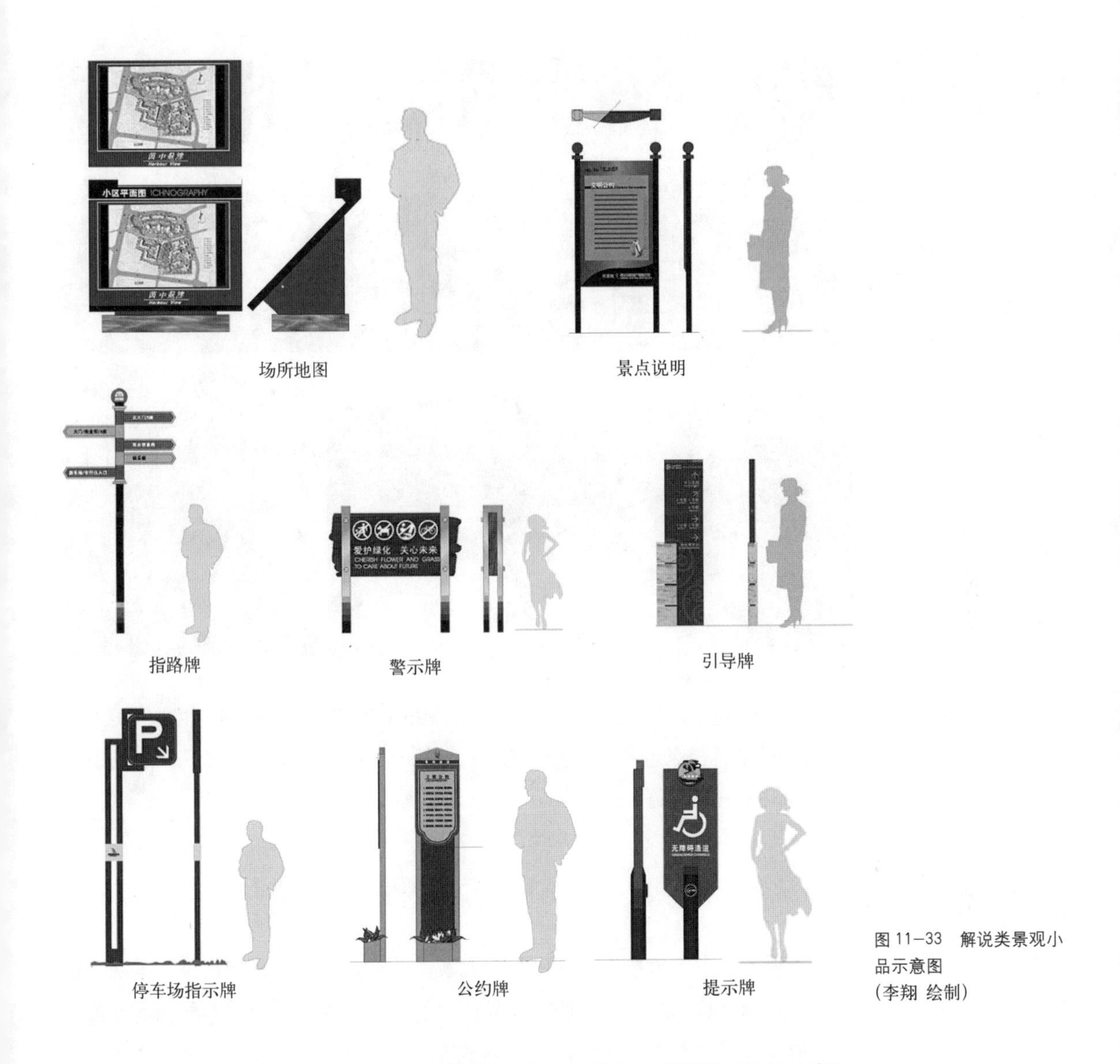

图 11-33 解说类景观小品示意图
(李翔 绘制)

的解说小品。小品也可充分结合景观雕塑、地面、墙面、照明灯景观元素设置，使解说小品在场地中有机融入（图 11-33）。

11.3.7 儿童游乐设施和健身设施

在一些城市开放空间，如公园、广场、街心花园、居住区公共空间等空间，都需要配备儿童游乐设施和健身设施。儿童游乐设施有沙坑、滑梯、秋千、攀登架、跷跷板等，制作材料有木材、铁管、不锈钢、增强塑料、玻璃纤维等；健身设施有平步机、跑步机、健骑机、滑雪器、扭腰器、腰腹训练机、单杠、双杠、攀梯、大转轮、太极揉推器等，制作材料主要有铁管、增强塑料等，且多为成品安装。

儿童游乐设施的设计和成品选用首先应该考虑安全性，根据儿童的行为尺度和特点决定尺寸和构造材料，并兼顾舒适性与美观。儿童游乐设施要避

图 11–34　儿童游乐设施景观小品实例（李翔 摄）

免尖锐的棱角，注意控制设施高度，设施的地面及周边应采用砂地、土地或弹性橡胶地面，以避免儿童坠地跌伤。设施周围还应留有成人看护的场所和座椅（图 11–34）。

11.4　植物种植[①]

景观工程中，植物作为软质景观元素，其种植与维护影响到整个景观工程的实施效果。植物的种植一般按照先种大乔木，再种中、小乔木和灌木，最后种植地被和草坪的顺序实施。植物的种植应该综合考虑日照、温度、降水、湿度、种植密度和土壤的干湿度、酸碱度、土质等因素，并结合实际的施工、养护条件和经济条件，制定合理可行的种植方案。

11.4.1　乔木种植与大树移植

乔木种植前应根据设计对场地进行整治，清除杂物、建筑垃圾，将土壤平整耙细，对不适于种植的土壤还应进行局部改良或更换。

种植时先需要将设计图纸上的乔木位置在场地中进行定位。定位的方法可以利用场地中一些永久参照点（如道路中心，建筑墙角等）引出定位，也可以先在场地中根据设计坐标放出施工网格，再根据这些网格引测出乔木定位点。后者多用于自然式的乔木种植（图 11–35）。

① 陈祺，周永学 . 植物景观工程图解与施工 [M]. 北京：化学工业出版社，2008.

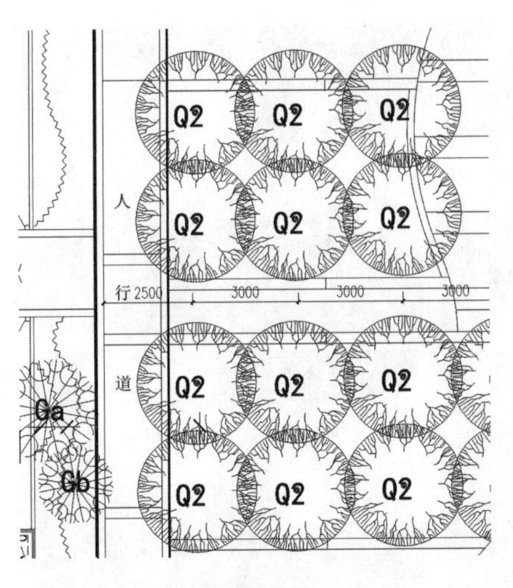

参照点定位

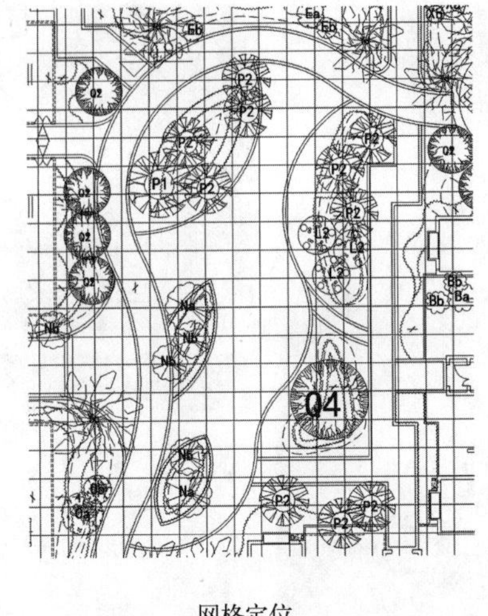

网格定位

图 11–35 乔木种植定位方式示意图
（李翔 绘制）

乔木定位后，就可以挖掘种植穴。种植穴直径一般是根茎直径的 6~8 倍；深度比苗木根茎以下土球高度更深。在土质条件不佳的场地上，还需要换好土种树。

常规乔木的苗木多从苗圃中选择，要求树干通直、树皮颜色鲜艳、树势健旺、无病虫害，并在育苗期经过 1~3 次翻栽，以提高移植后的成活率。挖掘时要尽量带根团土球，并对根叶进行一定修建，减少苗木的水分散失。将苗木在场地上进行永久性的定植最好选择在春季或秋季，定植时先将苗木根团土球放入种植穴中，将树干立直、扶正，再分层回填种植土，然后绕根茎一周培土、作拦水围堰、灌水，最后检查、扶正。

相对常规乔木而言，大树一般指植株高大、胸径粗壮的乔木，可以分为伟乔（树高 >30m）、大乔（20m< 树高 <30m）、中乔（10m< 树高 <20m）和小乔（6m< 树高 <10m）。大树在景观中往往在功能和视觉上具有较重要的作用，而在移植时因根系受损或水分散失等原因有一定移植难度，所以大树移植有一些不同于常规乔木的技术要求。

大树在移植前应当对根部进行处理，提高移植成活率。处理的方法有多次移植法、预先断根法和根部环状剥皮发。通常对于较大胸径的树木，在移植前 2~3 年即可将树根沿周边一定范围分段分批进行挖掘，以促进吸收根的生成。挖掘前还要进行树冠修剪，一般疏枝为主、短剪为辅，并剪摘掉一部分树叶。大树的移植包括起挖、吊装、运输、卸车、栽植等环节。树木起挖要根据根部土球的包装方式开展工作。胸径 10~15cm 的大树，可用软材包装移植；胸径 15~30cm 的大树，则要应用木箱包装移植，以保证在吊装运输过程中土球不散。树木起挖时要保证足够的土球大小，一般土球的直径为树木胸径的 8~10 倍。大树因重量大，在起运时需要收拢树冠，用吊车进行吊装，然后根朝前冠向后顺卧在货车或拖车上，固定和保护好土球和根茎。卸车时用吊车起吊，控制好树木平衡后慢慢树立在种植穴中。大树的种植穴应有适宜的深度和直径，

图 11–36 大树种植过程实例[①]

在栽植前即在底层回填部分肥沃土壤，施入基肥。栽植时，注意控制植株方向，保持直立，并在栽植前对运输过程中损伤部位或影响今后生长的根、枝、冠进一步修剪。栽植基本完成后，要在种植穴外缘筑土堰并分 2~3 次将水灌透。在浇水之前，对大树设立支柱，以防树木歪斜或倾倒（图 11–36）。

11.4.2 灌木种植

灌木高度介于乔木和草花、地被之间，是植物配置中的中间层次。灌木种类繁多、形态各异，可以观花、叶、果、形，在景观形态塑造中既可以单独或

① 网址 http：//www.lcyl.cn.

成组地修剪成型，也可以与乔木地被自然搭配，还可以有视线遮挡、动线阻隔、场地围合等空间限定功能。灌木在生长过程中一般都要对其进行修剪，这种修剪一方面为促使其更良好地生长，另一方面是为配合造型需要有目的地修剪。经修剪的灌木在景观中可作绿篱，也可以作平面造型或立体造型。

作为绿篱的灌木选苗要规格统一，长势健旺，植株排列方式有矩形和三角形两种形式，株距视苗木大小而定，一般在15~60cm。绿篱位置若靠近铺装边缘，则种植沟的挖掘线要与边缘留出20~35cm的距离，保证绿篱的生长空间。绿篱在植入种植沟后，要在根部均匀地覆盖细土，并用锄把插实，将苗木扶正，一次浇定根水。绿篱栽好后，就要进行修剪。绿篱可以修剪成直线型、波浪型、折线型、锯齿型等不同立面形式，横断面则可修剪成矩形、正梯形、半球形等形式。若不定型修剪，可以只将枯枝杂枝剪掉作自然式修剪。

平面式灌木造型有点式、线式、面式三种类型。造型步骤包括整地、放样种植与植株的整形修剪四个步骤。整地时根据设计要求作出场地坡度，并要注意避免场地积水。放样方式有网格法或是利用麻绳、铁丝摆出图案，用纸板放样。种植时按照“先中心后四周，先上后下”的顺序进行（图11-37）。

点式灌木造型

线式灌木造型

直式灌木造型

图11-37 平面灌木造型实例
（李翔 摄）

立体式灌木造型可以塑造出几何造型、建筑造型、人物造型、动物造型等形式，也可以是多种造型的组合。造型步骤包括整地、施基肥，将设计平面放样，利用竹、木、钢筋等材料绑扎骨架，将灌木按由内而外、由上而下的顺序定植，最后清场浇水（图11-38）。

图11-38 立体灌木动物造型实例
（邱建 摄）

11.4.3 草坪栽植

草坪在景观设计中可以被用作大面积的底色，也可以和乔、灌木搭配造景，还可以与地被植物配置在一起创造自然活跃的地面效果。

草坪栽植的方法有铺置草皮块、铺置草坪

草营养体、播种法三种方式，栽植前应给床土施入基肥和土壤改良剂，进行粗平整。

铺置草皮块的方式见效快，但成本较高。草皮的铺子方式有密铺法、间铺法和点铺法。草皮铺置的间隔越大，投资越经济，但成坪时间也越长。草皮铺置完成后，将草皮与地坪拍紧，撒入一层细土再最后浇水灌溉（图 11-39）。

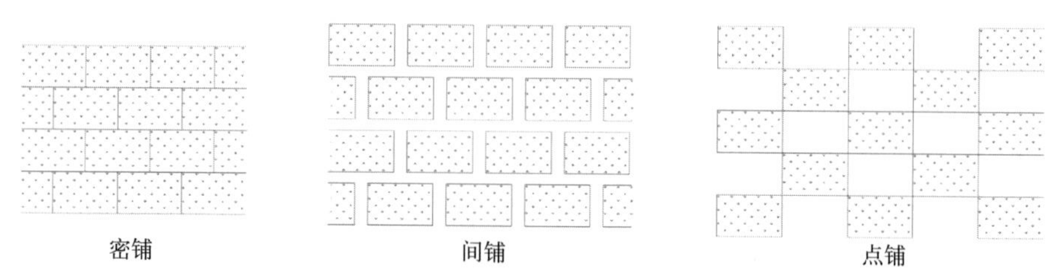

图 11-39 草坪铺置方式示意图
（李翔 绘制）

铺置草坪草营养体是选择速生草种，将已培育好的草皮取下撕成小片，以10~15cm 的间距种植，1~2 个月后即可形成成片的草坪。

播种法一般用于结籽量大而且种子容易采集的草种。草种播种方法有条播和撒播两种方式。条播是在场地上间隔 15cm 左右开浅沟将沙土和种子撒入沟内。撒播是直接将种子撒在种植床上，播种后轻轻压土将种子压入土内0.2~1cm。撒播的线路有回纹式或纵横向后退撒播（图 11-40）。

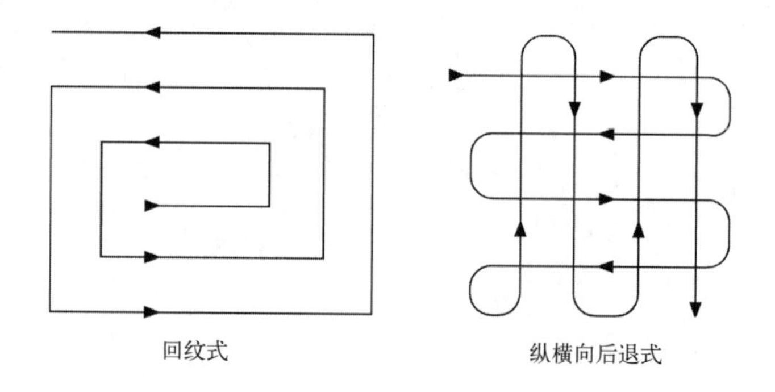

图 11-40 草坪撒播线路示意图
（李翔 绘制）

草坪栽植完成后，要定期进行灌水、施肥、修建、除杂草、对草坪扎孔打洞通气等养护管理工作，以保证草坪生长良好。

11.4.4 花卉种植

花卉在景观中的应用或是由多种花卉组成花坛，或是与乔、灌木以及地被植物搭配组成丰富的绿化层次。花卉的种植需先处理好种植床。经过翻土、耙细、清除杂物、改良土质后的种植土，要先填进一层肥效较长的有机肥料作为基肥，然后填进栽培土，栽培土土面高度一般应填至栽植边路缘石顶面以下2~3cm，经沉降后顶面就会达到路缘石顶面以下 7~10cm，适于花卉高度。

作为花坛的花卉种植床在处理好后，要按照设计图将图案放大到花坛图面上。花坛的形式有花丛式花坛、模纹式花坛、标题式花坛和立体模型式花坛四种形式。放样时可以等分花坛表面后依据等分线为基础放样，也可以设定坐标网格后放样，对小面积的花卉形式还可以利用硬纸板放样。

花卉栽植季节在春秋冬三季基本没有限制，夏季也可栽植，但要避开中午时段的暴晒。从苗圃中起苗时，要灌水浸湿圃地，这样花卉根土才不宜松散。栽植顺序是从中央到四周，或从图形文字再到底面植物，并通过调整植株埋深来统一花卉顶面高度。花卉栽植完成后，要立即浇一次透水，使花苗根系与土壤密切结合。

11.4.5　水生植物栽植

水生植物的栽植，根据类型不同，有不同的技术措施。例如浮叶植物、挺水植物，可以用种植盆、种植台、种植池的形式，将植物根系沉于水中，观赏花、叶、茎；漂浮植物，可以用造型浮圈将植物圈在水面上观赏；沉水植物可直接将其根系栽植在水中或至于水下花盆中；岸边植物可结合自然式驳岸在水际栽植。

水生植物施工时，要先确定其设计范围、高度并作标记。施工前将池塘水抽干，将基地处理好后再栽入植物放水。水生植物的栽植面积一般不大于水面的一半，也不要将水面周边全部填满（图 11-41）。

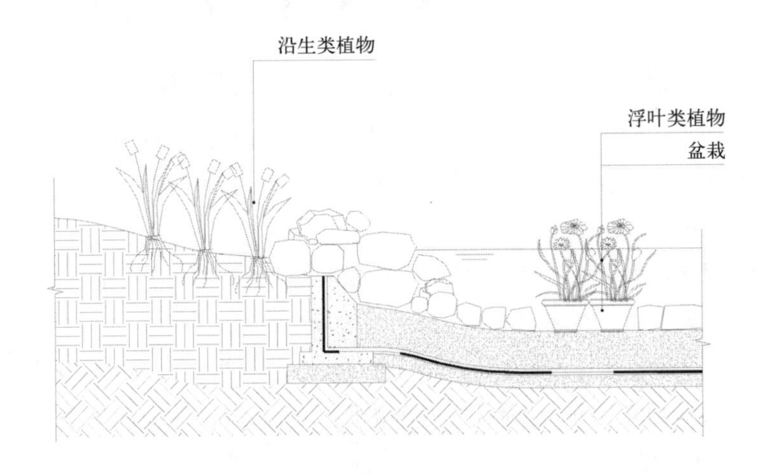

图 11-41　水生植物栽培示意图
（李翔 绘制）

11.5　景观给水排水及电气工程设计[①]

景观给水排水及电气工程设计是景观设计中不可缺少的内容，包括为满足景观使用需求而设置的给水、排水、供电、安防等工程设施的设计。许多景观工程设施往往作为隐蔽工程掩埋在地下或是隐藏在不显眼处，如同掩盖在皮肤下的血管和神经系统，然而却是维持整个景观区域正常使用的前提和保障。

① 宋希强 . 风景园林绿化规划设计与施工新技术实用手册 [M]. 北京：中国环境科学出版社，2002.

因此，景观给水排水及电气工程设施的设计需要在整个景观设计之初就纳入进行系统考虑。景观给水排水及电气工程设施的设计需要景观设计师与给水排水工程师、电气工程师等其他各专业紧密配合，确定合理的设计和实施方案，保证整个景观设计项目在功能、使用和投资上的合理性以及美观性。

11.5.1 景观给水工程

1）景观给水工程特点

景观给水工程主要任务就是要经济、可靠、安全、合理地提供符合水质标准的水源，以满足景区内各种用水供给需求，这些需求主要来自以下一些方面：

（1）造景用水：人工瀑布、溪流、喷泉、喷水池、池塘等以水为造景元素的景观节点的给水和补水。

（2）养护用水：用于灌溉、清洁等景区维护养护工作。

（3）游乐用水：景区内的公共游乐设施、儿童游乐设施等的供水。

（4）生活用水：景区内各种建筑如管理、餐饮、卫生等，以及饮水点、洗手池等的用水。

（5）消防用水：景区内各种建筑内部及其周边，以及场地内的喷淋设施、消火栓、消防水池等的供水。

与其他类型的民用建设项目相比，景观给水工程的供水特点主要表现在以下几个方面：

（1）生活用水较少，其他用水较多。景观区域内主要用水方式还是养护用水、造景用水、游乐用水等，而用于餐饮、卫生方面的水相对较少。

（2）用水点分散，给水管线长。特别对于大型的园林景观，多数功能点相隔较远且养护用水范围大。

（3）用水点水头变化大。如喷泉、喷灌水头要求就不同于普通生活用水头。

（4）可调整用水高峰。由于生活用水水量少，因此可以人为调整水量的使用时间，避免造成水量不足。

（5）水质要求不同。生活用水和养护用水可以采用不同的水质标准。

2）给水工程组成

按照设备设施组成情况来看，景观给水工程由一系列构筑物和管道系统构成，基本组成部分为水源、给水管线和用水终端。给水工程中水的输送是依靠给水管道中通过泵房、泵站或利用地形高差产生的压力差作为动力的，所以给水管道属于压力管道。

从景观给水工程的工艺流程来看，可以分成以下三个部分：

（1）取水工程：从天然水源或城市给水系统中取水的工程。

（2）净水工程：通过净水工序使水质净化，达到用水标准。

（3）输配水工程：将净化后的水输送到各用水点的工程。

在一个景观设计项目中，并不是这三个部分总是同时存在，例如对于市政基础设施条件较好的地区，在供水量和水质标准已经满足使用要求的情况下，就只需要输配水工程。

3）水源选择及其设计原则

景观工程中水的来源可以分为市政供水系统水源、地表水源和地下水源。

市政供水系统水源来源于城市供水管网，其水质已经按照使用标准经过处理，一般可直接使用。地表水源指直接暴露于地面的水源，如江河湖泊、山溪、水库水等，这些水源取水方便，水量充沛，但由于露天，易受污染和自然灾害干扰，因此在设计取水点时需要注意选择取水点位置，并保护水源不受污染。在使用时，需要对水采取澄清、过滤、消毒等处理措施。

地下水源来自存在于透水土层或岩层中的地下水，一般水质相对较好，但在使用前也应当经过一定净化处理，并对取水点周边加以保护，防止地下水污染。选择水源时，应当选择水质好、水量充沛、便于防护的水源。恰当的给水方式选择要综合考虑水源的可获得性、水质和造价。一般应注意以下几点：

（1）生活用水应首先选用市政给水系统水源，其次是地下水源。

（2）维护用水优先选用河流、湖泊中满足使用标准的水源。

（3）风景区需筑坝取水时，要尽可能结合水力发电、防洪蓄洪、林地灌溉等多种用水需求。

（4）有条件的地区，应使用对生活用水经过净化后的二次水源（中水）作为维护用水。

（5）各种水源取水标准应满足相关规范要求。

（6）对水源的利用，应符合相关部门对水源使用的管理规定，维护当地水资源平衡，杜绝滥采滥用。

4）给水方式

根据给水性质和给水系统的构成不同，景观给水方式一般有以下三种：

（1）引用式：给水系统直接到市政给水管网系统上取水；

（2）自给式：在野外或郊区，在没有市政给水管网可利用的情况下，就近取用地下水或地表水；

（3）兼用式：以上两种方式结合使用，引用式主要用于用水标准较高的生活用水等，自给式主要用于用水标准较低的维护、生产、造景用水等。

5）给水管网设计步骤

景观给水管网在设计前，应先了解相关技术资料、区域总体规划条件和场地现有的地形地貌特征、周边水源状况等信息，在此基础上，合理确定水源和给水方式，具体步骤如下：

（1）根据现有资源条件，确定水源及给水方式。

（2）协调相关管理和使用单位，根据现场条件，确定水源接入点。

（3）根据用水特点，各用水点用水量，计算总用水量。

（4）结合场地特点，用水方式和特点，供水条件等因素确定给水管网布置形式。

（5）选用合适的水管管径，布置完整的管网系统。

6）给水管网布置方式

确定给水管网布置方式，应能够在技术上保证各用水点有足够的水量和水压，在经济上选择最短的管线长度，在使用上保证管网发生故障或维修时能够继续供给一定的水量。

管网的布置形式分为树枝形和环形两种（图 11-42）。

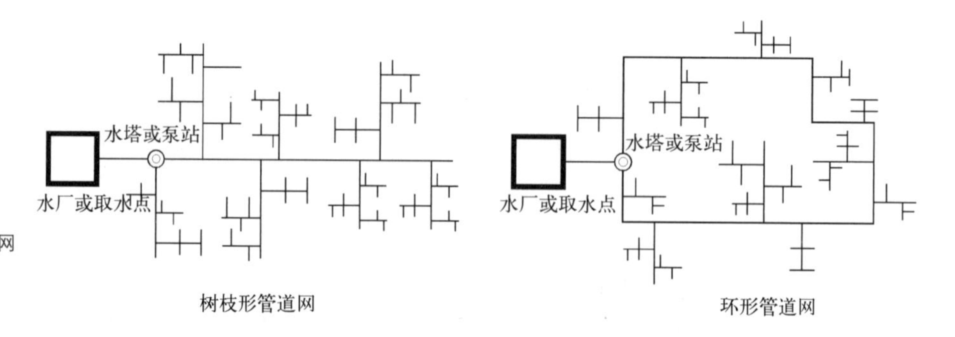

图 11-42 景观给水管网的布置形式
（李翔 绘制）

（1）树枝形管道网

以一条或少数几条主干管为骨干，从主管上分出多条配水支管连接到各用水点。这种形式经济性较好，但安全性较差，一旦主干管出现故障，整个给水系统就可能断水。

（2）环形管道网

主干管道布置成一个闭合的大环形，再从环形主管上分出配水支管向各用水点供水。这种管网形式所用管线较长，造价稍高，但管网安全性较好，即使主干管上某一点出故障，其他管段仍能通水。

实际使用时，两种方式经常结合使用。

7）灌溉系统

灌溉系统包括给水管网和灌溉机具两部分。常用的灌溉系统有喷灌和滴灌两种形式。喷灌系统采用压力喷头作为喷灌机具，有移动式、固定式、半固定式三种形式。移动式喷灌系统，其喷灌机具（如发电机、水泵、干管支管等）可以移动，使用灵活，可节约用水。

固定式喷灌系统灌溉机具不能移动，但操作方便、节约人工，并可实现自动化控制，是一种高效低耗的喷灌系统，常用于草坪、花圃等大面积灌溉；半固定式喷灌系统的泵站、干管固定，支管和喷头可移动，使用面也较广。

喷灌系统中，喷头的布置有矩形、正方形、正三角形和等腰三角形四种形式（图 11-43），其中三角形布置最高效，方形布置更多用于避免喷洒到人行

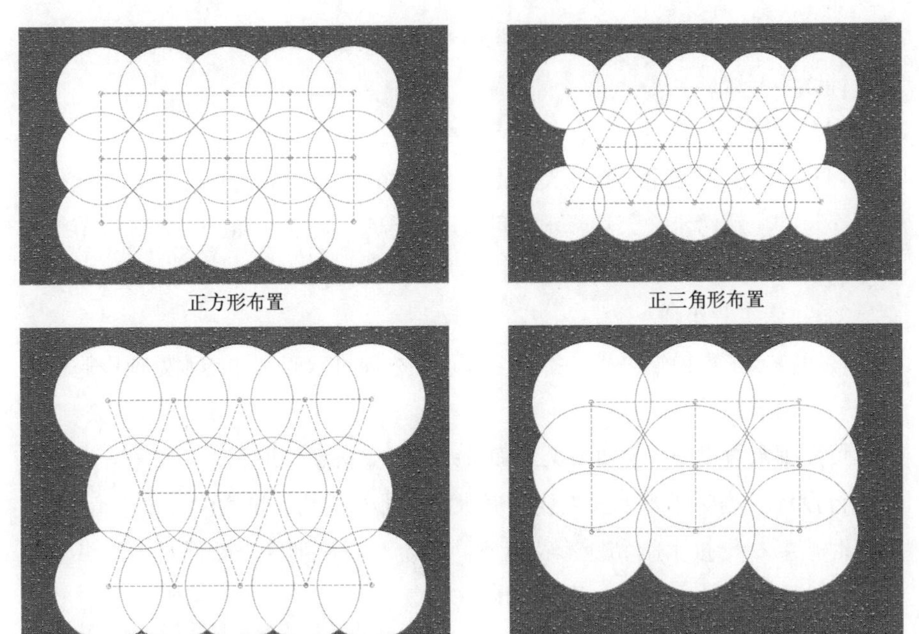

图 11–43 喷灌喷头的布置形式示意图
（李翔 绘制）

道和建筑的小面积区域。具体采用哪种喷头布置方式，主要取决于喷头的性能和拟灌溉的地段情况。

滴灌系统主要使用滴灌器直接向植物根部供水。滴灌适用于气候干热缺水地区，能够减少水分挥发，使植物根部充分吸收水分，但吸收速度较慢。

灌溉方式的选择，应当综合季候条件、土壤吸水特点、植被对水的要求等多种因素，便于设备维护和节约用水。

11.5.2 景观排水工程

景观设计中，排水工程主要指将场地中的雨水、污水收集起来，经过一定处理，达到排放标准后排除或重复利用的工程。景观工程中的排水主要指雨水和污水的排放。

排水工程对于景观工程非常重要，没有良好的排水状况，各种雨、污水淤积场地内，就会严重影响各个功能区域的使用，影响植物生长，滋生蚊虫，传播疾病。

1）排水工程特点

景观工程中需要排除的雨污水一般有以下一些类型：天然降水、游乐废水、生活污水，一些特定的环境整治项目也会涉及一定量的工业废水排放。其主要排水特点如下：

(1) 适宜利用地形排水。景观工程中一般都会有地形变化设计，可以合理利用这种地形特点进行场地排水。

（2）管网集中。排水管网主要集中布置在人流活动频繁、建筑集中、功能综合性强的区域。

（3）管网系统中雨水管多，污水管少。

（4）排水重复使用可能性大。由于场地内的给水使用标准不同，经过一定处理净化的生活污水、天然降水也可以用于场地、植物的维护用水，以节约利用水资源。

2）排水工程组成

按照排水工程设施分类，排水工程可以分为排水管渠和污水处理设施（如水池、泵房等）。

按照排水方式分类，可分为地面排水和沟渠排水。地面排水常结合场地规划进行设计；沟渠排水形式主要有截水沟、排水明沟、排洪沟、排水盲沟等，设计时需要根据排水量和地形特点不同确定其断面形式、断面尺寸和纵坡坡度。此外还有两种方式综合采用的排水方式。

按照排水水质分类，排水工程可以分为雨水排水系统和污水排水系统。

雨水排水系统基本构成部分包括：(1）汇水坡地、集水浅沟和建筑物屋面、天沟、雨水斗、竖管、散水等；(2）排水明渠、暗沟、截水沟、排洪沟等；(3）雨水口、雨水井、雨水排水管网、出水口等；(4）雨水排水泵站。

污水排水系统主要排除生活污水，包括室内和室外部分。其主要有：(1）室内污水排放设施如厨房、下水管、房屋卫生设备等；(2）除油池、化粪池、污水集水口等；(3）污水排水干管、支管组成的管道网等；(4）管网附属构筑物如检查井、连接井、跌水井等；(5）污水处理站，包括污水泵房、澄清池、过滤池、消毒池、清水池等；(6）出水口，是排水管网系统的终端出口。

此外，在排放标准满足的情况下，可只设一套排水管网，将雨污水合流排放，成为合流制排水系统。

3）排水系统的布置形式

排水管网的布置形式主要有以下几种（图 11-44）：

（1）正交式布置：指排水管网的干管总走向与地形等高线或水体方向大致成正交的管网布置方式。这种布置方式管线长度短、管径较小、埋深小、造价较低。

（2）截流式布置：在正交式布置的管网较低处，沿水体方向增设一条截留干管，将污水截留并集中引导到污水处理站。这种布置形式可减少污水对园林水体的污染。

（3）扇形（平行式）布置：在地势向河流湖泊方向倾斜较大的场地上，为避免正交式布置造成的流速过快对管道产生的冲刷，可将排水主干管平行与等高线布置，或只设计很小夹角等管道布置方式。

（4）分区式布置：当规划设计的景观场地地形高低差别很大时，可分别在

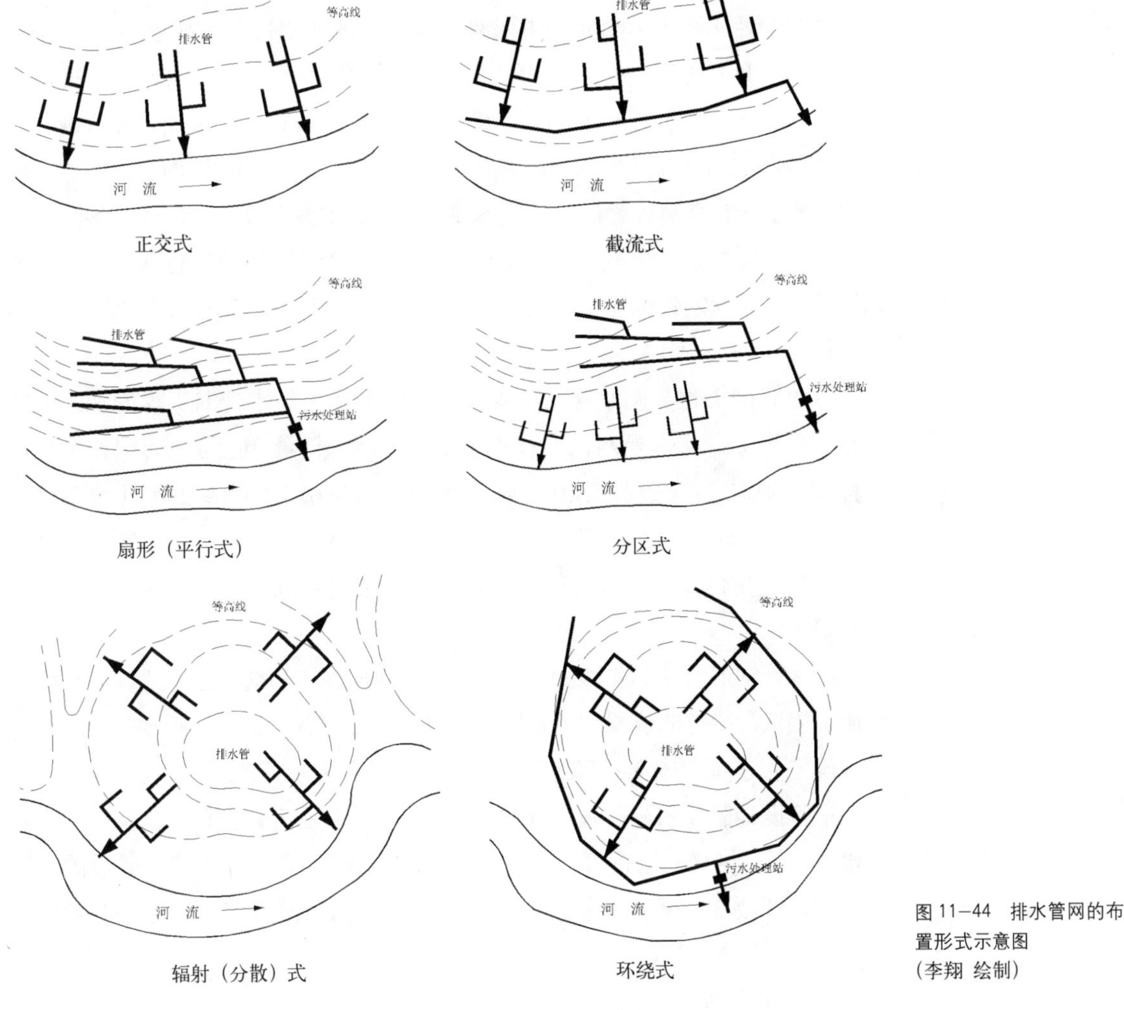

图 11-44　排水管网的布置形式示意图
（李翔 绘制）

高地形区和低地形区各自设置独立的、布置形式各异的排水管网系统。

（5）辐射式布置：当场地向四周倾斜，用地分散且排水范围较大时，可将排水管网沿地形倾斜方向向四周辐射布置，这种形式又称为分散式布置。

（6）环绕式布置：在辐射式布置的基础上，沿用地周边用一根主干管将各分散出水口串联，集中排放到最低点的布置方式。这种方式便于污水的集中处理和再利用。

4）排水管网水力计算原则和管网设计

场地中的生活污水、游乐废水等，都是通过排水管渠排入处理设施。排水管网的水力计算是保证管网系统正确设计的基本依据，计算出的管网系统在使用时应保证管道不溢流、不堵塞，避免高速冲刷，能够通风排气。

雨水管网的设计，要尽量利用地形条件，就近排水。结合地形变化，尽量采用重力直流式布置雨水管道以最近的线路排放至就近水体，雨水管道出水口可分散布置，降低造价。

雨水管道的埋设可以稍深，一般在 0.5~0.7m 以下，一定要处于冻土层以下，最小管径不小于 100mm。其坡度、流速应满足相关规范规定。

雨水管网的设计方法和步骤如下：(1) 根据相关资料，推求雨水排放总量；(2) 根据规划平面图，绘出地形分水线、集水线，表明地面自然坡度和标高，初步确定雨水管道出水口，并注明控制标高；(3) 确定管网布置方式和出水口位置；(4) 计算各管段设计流水量；(5) 确定各管段设计流速、坡度、管径等；(6) 根据标准图集，选定检查口、雨水口形式，以及管道接口形式和基础形式；(7) 确定管渠埋深，进行管网高程计算；(8) 绘制设计图纸，编制相关文件。

污水管网工程与雨水管网工程最大的区别在于污水管网工程增加了一些污水处理设施。污水管网设计首先也要确定污水用量，这可以参照相关用水量标准来确定，在景观工程中，污水量一般总是小于雨水量的。污水量确定后，可以进行管网平面布置，其任务和内容主要有：确定排水区界；划分排水区域；确定污水处理设施的位置及出水口位置；以及污水干管、总干管的定线等等。

污水管网的方法和步骤如下：(1) 利用地形界线和地形分水线，划分排水流域；确认污水源的位置和污水处理设施的布置位置。(2) 对污水管网进行选线、确定管道位置走向、确定出水口；(3) 确定污水管道支线，连接污水源；(4) 进行设计管段划分，确定设计流量；(5) 绘制水力计算草图，编制污水管网水力计算表；(6) 进行管网水力计算与高程计算；(7) 确定设计管段的设计管径、设计坡度、设计流速及设计充满度，确定各管段断面位置；(8) 绘制管道平面图与纵剖面图。

5）污水处理

景观工程中污水处理常用的方式有以下几种：

(1) 以除油池除污。这种方式主要用于处理餐厅、厨房排出的污水。

(2) 用化粪池化污。这种方式主要用于对公厕粪便的处理。

(3) 利用沉淀池。在重力作用下，水中物质可以与水分离沉淀，多用于含颗粒杂质较多的污水。

(4) 利用过滤池。使污水通过滤料或多孔介质得到过滤。

(5) 好氧分解塘。在温暖的气候条件下，建造 600~1500mm 深的水塘，依靠自然过程来处理污水。其基本原理是在池中进行固体废弃物的厌氧分解，微生物排放出来的营养物质可以促进藻类或湿地植物生长，引入好氧菌分解以减轻臭味。

(6) 人工湿地。在固化池中经过厌氧分解的固体废弃物，其有机质和氮通过生物机制被除去。同时大量磷被土壤介质吸收，为进一步的污水处理创造了条件。

11.5.3 景观电气工程

景观电气工程可以分为强电工程和弱电工程两部分。

强电工程指景观工程中涉及的照明、动力（如灌溉、游乐设施等）工程。这部分工程需要 220V 或 380V 的低压交流电源，采取三相四线制供电。

弱电工程主要是指电话、网络光纤、有线广播、智能化系统、安全防范系统、公共显示系统等内容。

1）强电工程

送电与配电的过程是电能从电厂以高压方式输送出来后，经过电缆传输，在变电所降压至中压电，再输送到各电力使用区域，经变压器降至低压电后，由配电箱输送到各用电点。其过程如图 11-45 所示。

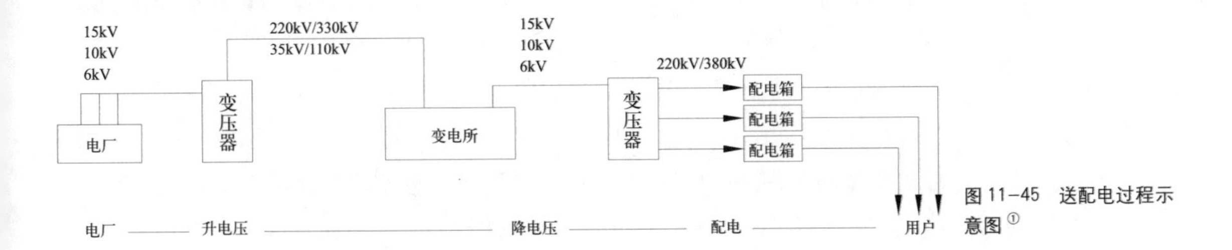

图 11-45 送配电过程示意图[①]

到达用电点之前的低压配电线路布置有以下一些方式（图 11-46）：

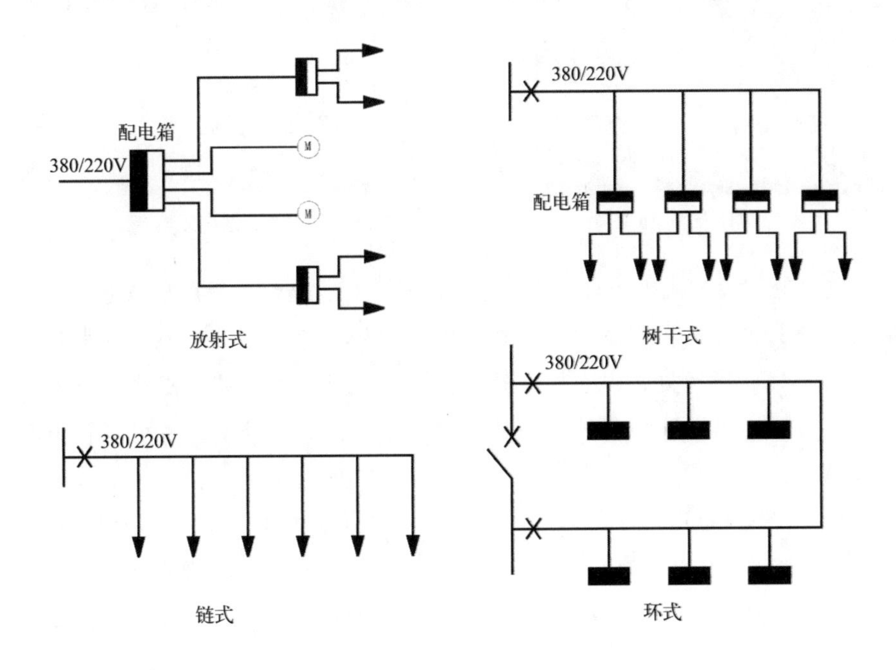

图 11-46 低压配电线路的布置方式示意图（李翔 绘制）

① 宋希强 . 风景园林绿化规划设计与施工新技术实用手册 [M]. 北京：中国环境科学出版社，2002.

（1）放射式线路：供电可靠性高，但投资较大，用于用电要求较高，用电量较大的区域。

（2）树干式线路：用电可靠性较差，投资较少。

（3）链式线路：适宜在配电箱设备不超过 5 个的较短配电干线上采用。

（4）环式线路：用电可靠性较高，系统不会因局部故障而断电，但投资较高。

（5）混合式线路：综合运用上述方式的线路，可根据不同用电区域特点配合。

供电设计的主要任务，是确定景观工程用电量，合理选用配电变压器，布置低压配电线路系统和确定配电导线的截面面积，以及绘制配电线路系统的平面布置图等。

景观工程中，不同的使用功能对照明设备有不同的要求。对于大型高速路、露天体育场和停车场，一般选用 18~30m 的大型照明设备；居住区街道、城市步行道和建筑照明，可选用标准高度为 6~9m 的中型照明设备；公共花园和小型花园照明，可选用 3.5~4m 的中小型照明灯具。

照明设备的平面布置既要保证路面有足够的照度，又要讲究一定的装饰性。中型路灯间距一般在 10~20m，且要保证有连续不断的行人照明。当道路宽度在 7m 以上时，可以在道路两侧布置路灯；当道路宽度小于 7m 时，可以单边布置路灯（图 11-47）。

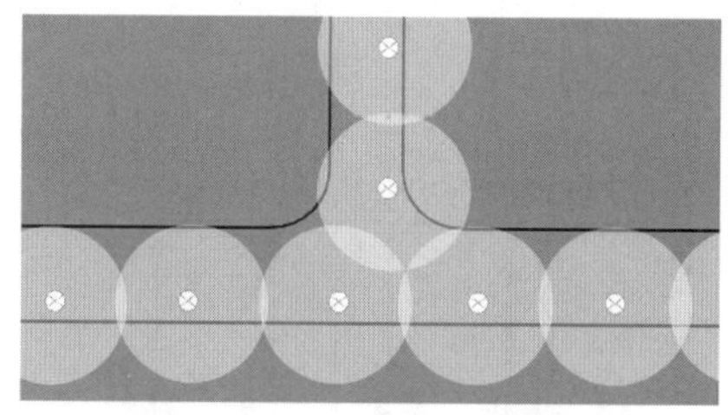
路灯沿道路单侧布置

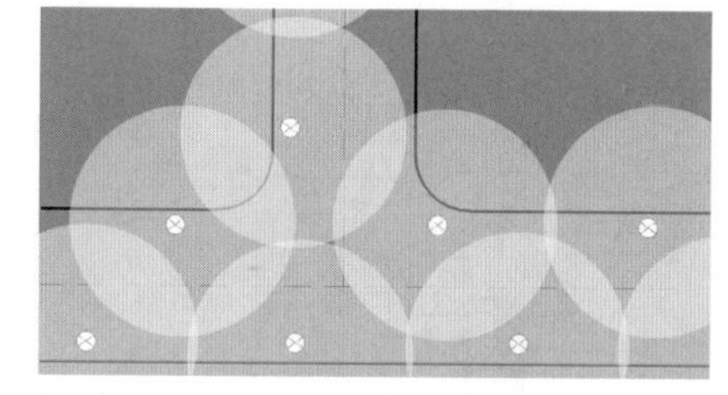
路灯沿道路双侧布置

图 11-47　路灯的布置形式示意图
（李翔 绘制）

路灯的架设方式主要有杆式和柱式两种。杆式路灯一般用在场地出入口内外主路和通车的主园路中；柱式路灯主要用于小游园散步道、滨水游览道、游息林荫道等处，以石柱、砖柱、混凝土柱、钢管柱、铝柱等作为灯柱，柱较矮，可设计为 0.9~2.5m 高；在隔墙边的园路路灯，也可以利用墙柱作灯柱。

灯具的装置位置和方式不同，照明的效果会有多种形式：向上照明由安置在地面上或埋置在地下的投射灯向上照明，重点将被照射物下部照亮，增强景观夜间的表现力；月光式照明由隐匿光源在树上投射出斑驳的类似于月光照耀的效果；侧光照明常用于将建筑物的侧面照亮，结合光线的褪韵效果形成面状的光线变化；射灯照明用隐蔽很好的射灯重点照射表现雕塑、小品或特殊植物；泛光灯照明利用散布光线产生的圆形光来削弱阴影形成均匀的照明效果；

小径照明作中对步行道的地面进行照明[①]（图 11-48）。

2）弱电工程

景观工程中的弱电工程主要用于公众服务和区域管理。公众服务方面包括公用电话系统、公众显示装置、有线广播系统等；区域管理方面包括管理用通信系统、信息网络系统和安全防卫系统、停车场（库）管理系统等。

公用电话系统与城市公用电话网络连接，有 IP 磁卡电话、投币电话，结合各种电话亭的独特造型，往往是景观设计中重要的小品内容，其位置应布置在景区主要道路或交通节点附近，便于寻找使用。

公众显示装置是由显示器件阵列组成的显示屏幕和配套设施，以低压交流电为电源。通过计算机控制，在公共场合显示文字、文本、图形、图像、动画、行情等各种公众信息以及电视、录像信号。常用显示器件类型有 LED 发光二极管、LCD 液晶、CRT 电子束。显示屏幕有大型显示屏或小型触摸屏幕等，用以提供公示信息或视频播放，其位置宜设置在主要出入口附近或重要交通节点处，有特殊指导、演示功能的显示屏幕可在其服务的功能区显眼处设置。

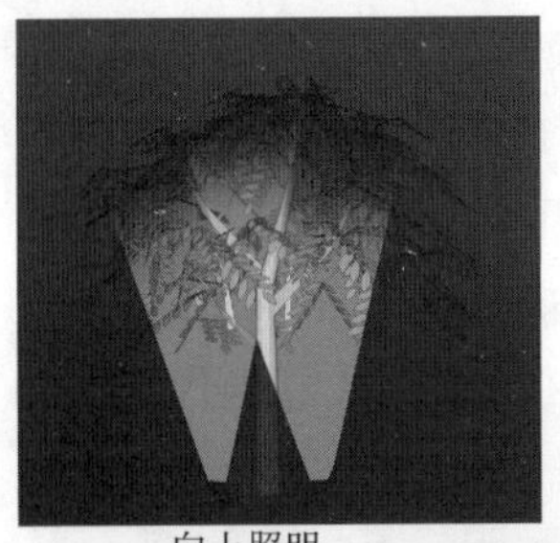
向上照明

月光式照明

侧光照明

射灯照明

泛光灯照明

小径照明

图 11-48 灯具照明效果示意图
（李翔 绘制）

有线广播系统有业务性广播系统（播放语言为主）和服务性广播系统（播放背景音乐）。景观工程中主要应用的是后者。有线广播系统的控制室一般设置在管理用房中，扬声器一般经过外部装饰（如外形设计为景石、蘑菇等形式）作为小品点缀在环境中，同时也可避免风吹日晒。在公共集会地方，扬声器安装在电杆或墙上，高度一般为 4~5m。

景观工程中作为管理功能的通信系统、信息网络系统一般设置在管理用房内，停车场（库）管理系统设置在停车场（库）的出入口处。

安全防卫系统的内容包括入侵报警系统、视频监控系统、出入口控制系统、访客对将系统、巡更系统等内容。安全防卫系统在住宅小区内应用更为广

① 丹尼斯．景观设计师便携手册 [M]. 俞孔坚，等，译．北京：中国建筑工业出版社，2002.

泛，在景观规划设计中，应根据安全防卫系统的布置和安装要求，结合景观工程其他内容统一，例如在采用主动红外入侵探测器时，红外光路中应避免出现可能的阻挡物（如室外树木晃动）。对于需要全面了解、勘察防护范围及其特点，包括对地形、气候、各种干扰源的了解，以及发生入侵的可能性。

3）线路敷设

电气线路敷设应结合其他管路敷设综合考虑，但其自身也有一定要求，例如暗敷设于地下的管路不宜穿越设备基础，如必须穿越需加套管保护；室外地下埋设管路不宜采用绝缘电线穿金属管的布置方式；电缆埋在易受损伤的区域时应加套管保护；电缆在室外埋设深度不应小于700mm；当直埋在农田时不应小于1m；在寒冷地区，电缆应埋设于冻土层以下。线路敷设的平面线路可以平行于道路设计，一半埋置在绿化用地中，且尽可能减少管线长度，节约投资。

11.5.4 工程管线综合

各种管线在景观工程的设计过程中往往会因各自的选线、埋深等原因产生矛盾，因此在设计中就应该将各种管线的设计要求作一个全面的分析和研究，制定协调解决办法，使整个景观设计能够顺利按照设计实施。

1）管线类别

在景观工程中的各种管线根据其管线性质与用途，可以分为以下几种类别：

（1）排水管线：包括灌溉给水、造景给水、消防给水、生活给水、游乐给水等给水管线和雨水管沟、污水管等排水管线。

（2）电气缆线：包括照明、动力等电力缆线和电话、广播、光纤、网络等电信缆线。

（3）气体管道：包括各种煤气、天然气管道和蒸汽、热力管道等。

（4）其他管线：包括有可能穿过场地的道路涵管、电车轨道线、热水管道、石油管、氧气管、压缩空气管、酒精输送管、乙炔管、灰渣排放管等等。

2）管线的敷设方式

景观工程中管线的敷设方式有架空敷设和地下埋设两种方式。

架空敷设以支架或支柱将管线架离地面，在工程投资上较为节约，但在景观工程中却会对整个环境在视线和人的活动安全性上带来很大的负面影响，因此在景观设计中要尽量避免将管线架空敷设。如确实需要架空敷设，则应将管线沿场地边沿设计，并保证足够的高度，以确保管线的安全性和不受损害。

埋地敷设可以将管线掩埋在地下敷设，因此不会影响景观的视觉效果。进行埋地敷设设计时，需要着重考虑管线的埋设深度。当埋设深度大于1.5m时，称为深埋；当埋设深度小于1.5m时，称为浅埋。在设计埋设深度时，要结合管线类型、荷载情况、冻土层深度、相邻管线埋深等多方面因素综合考虑。例如，热力管道直埋在土中，深度为1.0m，但若埋在管道中，深度就可以是0.8m；排水管道深度要求不小于0.7m，给水管道深度要求在冰冻线以下。

埋地敷设对管线水平方向外皮间的净距也有一定要求，如给水管和排水管间的净距要不小于1.5m，热力管和排水管间的净距不小于1.0m。

各种地下管线交差或平行设置时，在垂直方向上也有净距要求，例如煤气管道和排水管之间至少需要0.1m的垂直距离。

3）管线综合布置原则

管线综合布置设计满足对场地内各种管线的布置的基本要求，掌握工程管线综合的一般原则。例如，跟踪管线所采用的定位系统和高程系统应该一致；对已有管线应该尽量利用；管线布置线路应该最短，并尽量沿边缘地带敷设在绿化用地中，并与道路或场地边缘平行；靠近建筑物的管道综合布置时，可燃、易燃和可能损害建筑物基础的管道应该尽量远离建筑物。

管线布置时，各种管道自上而下的布置顺序一般依次是：电力电缆——电信电缆或电信管道——燃气管道——热力管道——给水管道——雨水管道——污水管道。各种管线间的垂直和水平净距应满足相关规范要求。

管线发生冲突时，一般应遵循以下原则：临时管线让永久管线：小管道让大管道；可弯曲的管线让不可弯曲的管线；压力管道让重力自流管道；还未敷设的管道让已经敷设的管道。

4）管线规划综合与管线设计综合

管线工程综合可以分为两个阶段：第一个阶段是管线的规划综合，第二个阶段是管线的设计综合。规划综合是景观总体规划工作的一部分，需要根据景观总体规划已确定的地形、水体、园路广场及需要使用工程管线的所有景观设施的布置情况来决定景观工程中主干管线的基本走向，解决管线系统的问题和矛盾，确定主要控制点和布线原则。

管线综合设计是对管线工程的详细规划。进行管线工程综合设计时，要根据各类管线具体的设计资料和景观规划所确定的管线的使用情况来进行综合，不但要确定各项管线具体的平面位置，而且要检查管线在垂直方向的相互关系，保证管线敷设符合规范要求，并且经济适用。

管线综合与管线设计综合都需要参与景观工程设计的各个专业设计人员相互间充分协调，合理安排设计程序，并在设计过程中不断优化设计方案，将施工中发生问题的可能性降到最低。

第 12 章

景观设计的表现与表达

图 12-1 景观设计表现[①]

景观设计表现是设计师在进行景观设计的过程中，借助纸张、模型、计算机等媒介，运用各种技法和手段，以二维或三维的形式对设计构想进行形象、逼真的视觉化说明，从而使设计信息得以有效传达的一种创造性活动，如图 12-1 所示。

根据各阶段达成目标和受众人群不同，景观设计表现有所区别，在方案设计阶段，设计目标为阐述方案形成的分析研究过程、设计方向研判、设计构思形成、设计空间形态成果的展示，该阶段主要受众为非专业人士，适合采用形象化的方式较准确反映设计意图。在方案设计阶段，主要的表现手段有设计文本、模型、展板、PPT、多媒体、VR 展示等；初步设计及施工图设计阶段进入了设计的工程实施阶段，主要成果面向相关专业人员，主要以专业技术图纸为阶段成果，成果的表达应该符合技术表达规定，设计成果表达强调准确性、完整性、规范性、明确性。

12.1 景观方案设计成果表达

12.1.1 方案设计表现概述

景观设计表现是设计师体现设计技能、表达设计意图并据此与用户沟通的重要工具，是做好景观设计的基础，实践性较强。学好设计表现应该做到以下几点：

首先要认真掌握基本的理论基础，包括造型、色彩、构图、透视等理论。有了这些基础之后，才有可能正确地表达设计意图并被大家所接受。

其次要善于学习和借鉴。初学者较实用的方法是临摹，但在临摹过程中，不能盲目地为了临摹而临摹，而是要在这一过程中找到适合自己的技法，达到提高分析能力和动手能力的目的。模仿是在临摹学习阶段上又前进了一步，把学到的或其他作品中有价值的部分综合地运用在方案设计的表现过程中。

此外，实践应用是学习别人表现经验的最终阶段。它标志着在设计表现的经验、理论、技巧、实践能力等方面进入了一个新的层次。设计者根据设计作品的文脉、内涵、形式、构成等因素，在表现过程中通过一些手法的应用，使设计作品本身更加突出、更加完美地表现出来。

① 奇普·沙利文. 景观绘画 [M]. 马宝昌，译. 大连：大连理工大学出版社，2001.

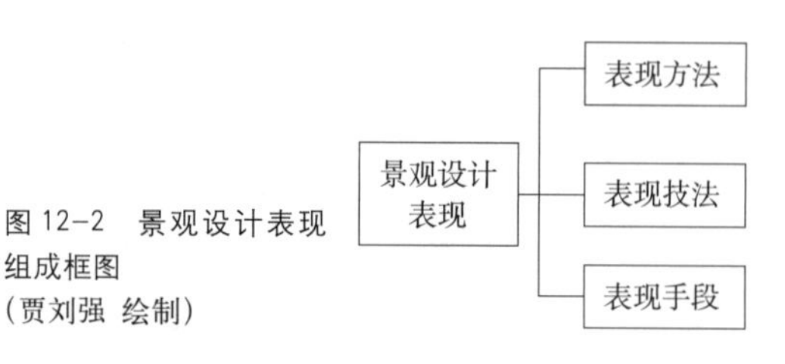

图 12-2 景观设计表现组成框图
（贾刘强 绘制）

1）概念

所有有利于景观设计信息传达的形式都属于设计表现的范畴，包括效果图、模型、照片、图表、说明书、多媒体等等。景观设计表现由三部分组成，即表现方法、表现技法和表现手段（图 12-2）。表现方法是表现的途径，可以是图表表现法，也可以是多媒体表现法，也可以是数学函数、矩阵等表现方法，是景观设计表现的第一步。确定了表现方法后，设计师要选择表现方式，如确定了用平面的图像来表现后，需要确定具体的表现技法，是用水彩技法还是马克笔技法等等，这取决于设计意图的需要以及设计师的主观判断。之后就是如何落实表现内容的问题，这涉及表现手段的问题，有的时候表现技法确定后表现手段也基本确定，但有的时候是有选择的余地的，比如在制作效果图的时候，有可能用传统的手工绘图实现，也有可能用计算机来实现。总之，这三个部分是有机的整体，任何一部分的缺少都不能完成设计表现的任务。

设计表现是设计师的表达语言。学习景观设计的学生要掌握景观设计表现的手段和方法，如画好表现图，做好模型等。这如同一个作家或诗人所必备的文字、词句的基础知识一样。设计师的表现图是由意到图的生成结果，是设计思想的具体化、图示化，其表达的形、色、质以及透视、比例、尺寸、空间的效果贴近设计实现后人的直观印象。由此设计表现在景观设计学中有着三项重要作用：其一是快速表达构想，通过合理、高效的设计表现，可以使我们快速地记录和表达设计构思，在设计实践中，这是一个极为关键和重要的技能与步骤；其二是方案选择、深化、提高的设计过程，也是同行交流、非同行之间进行沟通的语言，进而最终产生一套相对完善的设计方案；其三是实现设计的重要依据，依照景观设计表现图，施工人员可以更加高效、准确地完成施工。

我国在 20 世纪 80 年代初期的时候，主要是运用水粉渲染、水彩渲染等等传统的手绘技法表现；到了 20 世纪 80 年代中期，则开始与空气压缩机和喷枪为工具的喷绘技法相结合；20 世纪 90 年代初期，多色马克笔、便携式小喷泵与喷笔被大量应用；同时，计算机表现开始进入设计表现领域，并得到迅速而广泛的应用。今天，丰富、实用、灵活的手绘表现与直观、准确的计算机表现正协同发展。总之，当前景观设计表现的手段呈现出多样性（传统图纸，多媒体，数学描述等），多学科交叉渗透性的特点。随着生产技术的提高、科技的发展，设计和与它相连的表现手法都将会迎来一个全新的发展态势。无论未来的具体发展趋势如何，设计表现都会向着更精确、更方便、更高效、更有助于表现设计意图的方向发展。

2）原则

设计表现的最终成果除了符合国家相关行业规范的规定要求，还应遵循以下原则：

（1）真实性

设计的景观作品最终是要为人所服务的，所以设计出来的景观要真实可行，以传达设计信息为目的的设计表现，需要真实可靠。因此，我们的设计表现，首先要做到的就是真实，完整地提供景观的各种信息，从而让人能直观并一目了然地领会你的设计意图与景观的最终面貌，以便进行准确的选择和决策，可以说真实性是设计表现的生命线。

（2）科学性

景观设计是科学、技术、艺术的融合。对景观设计表现而言，科学就是对设计进行的理性、客观的真实反映。为了保证表现效果的真实性，特别是伴随着设计与表现方法的进步与完备，我们的设计表现作为设计整体的一部分，已经越来越多地本着科学性的原则，融入了透视学、光学、色彩学、材料学、心理学以及计算机学等基本的原理与规律，成为一种科学性的表现形式。

（3）艺术性

美的、有个性的、通过艺术处理的设计表现，会具有更强大的视觉冲击力和感染力，使作品突出特点，体现特色，更容易被理解和接受。同时，设计表现本身也是一种艺术创造活动，是一种感性与情感的审美活动，设计师艺术灵感和素养的高低程度，往往会直接地决定设计表现的水平。

（4）创造性

设计表现是一种创造性活动。每一张表现图从无到有的过程无不渗透着设计师的创造性思维，合理、独到的表现可推动设计的不断更新、深化与完善。

（5）实用性

设计表现绝不仅仅是为了表现而表现。所有的表现都要与设计创意和意图密切结合，有明确的传达信息的目的性，设计表现必须具有实用性。

3）特征

设计表现具有以下特征：表现性、美观性、直观性、独创性和启示性。

（1）表现性

设计表现的最重要的意义在于传达正确、无歧义的信息。通过构图、色彩、质感等系统表现和艺术刻画，使设计表现具有真实体现景观布局和结构以及景观元素的色彩和材料质地等特点。能够真实完整地传达出设计者的创意和景观意向，从而建立起设计者与观者之间交流与沟通的桥梁。

（2）美观性

美感是人类的基本需求。艺术性是景观设计的基本原则之一，具有美感的表现是设计师说服各种不同意见的人接受、实现自己构想最有效的方法之一。所以，在景观布局、质感、比例、色彩、尺度、光影的综合表现中，设计师应努力使之具备优美、悦目、顺畅等美感特征，利用各种美学法则来表达出设计师的观点和思想。

（3）直观性

设计中有许多难以用语言概括的内容，如景观元素的形态、色彩、体量感、质感及相关的形式美感等，都需要通过图像、图形以及多媒体来直观展示。即使最简单的图形也比单纯的语言文字更富有直观说明性，所以设计表现不但可以是专业人员进行交流的语言，也是非专业人员进行认知和理解的窗口。

（4）独创性

不同的设计师对方案的表现肯定是千差万别的，而景观设计的表现技法是多种多样的，即使是同一个设计师在不同的时候对事物的认识也是在不断地变化着的，所以设计表现的成果具有独创性特点。

（5）启示性

在设计表现的过程中，设计师可能会因为自己表现出来的形象而受到启迪，增强创造思维和想象能力，进而产生更好的设计构想；同时通过设计表现而传达出的新的景观，向人们展示了以前不曾见过的景观形态，能启发观者的想象力，并借助表现图或模型等形式进一步想象将来的真实景观状况，并由此及彼、由表及里地产生更丰富的联想，给人以启迪。

4）种类

景观设计表现的种类按照设计的过程可分以下几种表现形式：记录性草图、文字与图表；构思性草图、研究性草模；效果图、精确模型、平面图、多媒体展示；施工图。其应用阶段及作用见表 12-1。

各种表现形式的应用阶段 **表 12-1**

<table>
<tr><th>应用阶段</th><th>表现形式</th><th>作用</th><th>方案可塑性</th><th>方案成熟性</th></tr>
<tr><td>准备阶段</td><td>记录性草图、文字与图表</td><td>用于记录、归纳、认识、分析资料，确立目标</td><td rowspan="4">高
低</td><td rowspan="4">低
高</td></tr>
<tr><td>构思阶段</td><td>构思性草图、研究性草模</td><td>用于快速评估、选择，综合研究与技法创意方案</td></tr>
<tr><td>定案阶段</td><td>效果图、精确模型、平面图、多媒体展示</td><td>用于直观、准确地确定最终方案</td></tr>
<tr><td>完成阶段</td><td>施工图</td><td>真实、精确地用于景观工程施工</td></tr>
</table>

在景观设计过程中，构思性草图起着重要作用。它不仅可在短时间内将设计师思想中闪现的每一个灵感快速、形象地表现出来，而且通过设计草图可以对现有的构思进行分析而产生新的创意。在这个阶段，设计师的主要精力用在构思上，草图只求量多而不求质高，甚至可能把一些“荒诞”而抽象的形态记录下来，这对今后方案的形成具有重要的基础作用。

随着创意的逐渐深入，在众多的方案草图中通过比选，产生出几个最佳方案。为了进行深层次和技术上的比较，需要将最初概念性的构思按照一定的规范进行展开和深入，这样能比较成熟的反映景观设计理念的效果图便逐渐形成。为了让其他人员更清楚地了解设计方案，效果图的表现应更清晰、严谨，同时具有多样化的特点，以提供选择的余地，如景观形态、结构，各种角度、比例、色彩等。

随着设计方案的不断深入和完善，当确定了景观方案后，就需要进行施工图的绘制，以便于将设计方案实现到客观世界当中。这时施工图的绘制要求将细节进行规范、详细、准确的表达。

12.1.2 主要内容

1）主体

景观表现按专题分包括交通分析、功能划分、绿地系统、景观结构、水体系统设计、成果效果图（平面、鸟瞰、透视）等等。但是任何专题的表现都是由各种景观元素的表现所组成的有机统一体，这些景观元素就是要表现的主体，包括天空和云、人、建筑和构筑物、绿地、水体、道路（广场）、景观小品等。

（1）天空

天空在表现图中通常出现在渲染图上，是整个图面的色彩基调，其他景观元素表现都应统一到天空的色彩基调上，如果天空是阳光灿烂，画面整体为天蓝色。天空通常要与云配合，以增强其生动性。

（2）比例人

在我国，人的高度一般是1.7m左右，在表现图中加入人物的活动可以给人以尺度感，使人有身临其境的感受。要准确地表现人与景观的关系，人物的添加要注意与景观元素的尺度关系。

（3）建筑和构筑物

建筑和构筑物是景观设计的重要元素之一，造型优美、环境宜人的建筑令人向往。不同风格的建筑可以营造出不同的环境氛围，当然建筑的风格要与表现图的整体格调相一致。

（4）植物和绿地

植物和绿地一般在表现图中占据相当大的图幅，也是表现景观自然属性的主要元素。植物的应用可以赋予景观更多的变化。不同的植物种类有不同的表现手法和表现符号，在应用中应灵活掌握其色相和季相的变化。

（5）水体

水体也是表现景观自然属性的重要元素之一。在表现中要注意水体的特征，如湖水和流水就应有不同的感观效果。水体的表现应该尽量地考虑人的亲水性本能，注意动静的选择要符合设计意图。

（6）道路和广场

道路和广场也往往是景观设计的主要内容之一。道路的表现应根据不同的景观主题选择线型和质地，如城市道路应该是顺畅的、通达的，而景区游步道则需要蜿蜒、曲折。广场是人停留和活动的空间，它的表现切忌孤僻，应该与周围的环境有机结合。

（7）景观小品

景观小品是景观节点表现中常常遇到的元素，它们的表现要力求生动形象，往往需要反映一定的文化内涵。

2）空间关系

表现主体空间关系的确定是景观设计表现的重要过程。需要把握好以下四点：

（1）要有明确的立意构图，这是设计表现的关键所在。每一个笔触、每一块颜色，无论是从整体效果上还是在局部描绘上，都不是无的放矢随意出现的，而是有一定的目的性的，都受整体立意构图的控制。

（2）要有准确、严谨的透视，这是表现图成败的关键，不准确的透视会误导人的感受，不利于方案的接受。

（3）要把握好色彩关系，既包括景观元素固有的色彩，也包括整个空间的色调，只有这样才能够把自己所要表现的物体的色彩、质感，准确无误地传达给受众。

（4）要掌握好画面的光影关系，注意光源方向的合理性，只有光影关系处理得当，画面才能有立体感，才能表现出丰富的空间层次。

3）主体的属性

形状和尺度、光影、色彩、质感是表现主体最外在、最直观的属性。它们表现的优劣将直接决定设计表现的效果，影响设计意图的表达。

（1）形状和尺度

形状和尺度是由轮廓线、结构线与透视关系组成的，构成了可被认知的景观元素形态。在现实中，景观元素是一种客观存在，由于观察角度的不同，它的形状和尺寸会按照透视规律变化，产生近大远小、近实远虚的透视现象。形体的透视是人们感知物体空间立体感的重要习惯性视觉因素，因此正确的、符合视觉习惯的形状和尺寸成为一张表现图的构架，其后的任何表现都建立在此基础之上。

（2）光影

光影赋予表现主体丰富的活力与明度变化，可以产生更为丰满的效果和富于变化的空间层次。人在很多时候都是通过物体的光影效果来认知事物的，即使同一物体，在不同的光源和光照角度下，也能产生不同的光影效果。利用光影效果，我们可以使观者更确切地理解所要表达的景观效果。

(3) 色彩

色彩的利用是设计表现中最有效、最具感性和审美趣味的表现手段之一，能使表现主体更趋真实、活泼和生动。在表现图中，通过色彩的归纳与强调，进行有效的视觉刺激，传达必要的信息，这对于设计表现的速度与效率也是很重要的。

(4) 质感

质感是由表现主体的材料质地所产生的视觉感和特征。在景观设计表现中，不同的景观元素所产生的质感是不同的，如混凝土建筑物就会产生坚硬、紧密的质感，而水体就会产生柔软、透明的质感。通过质感的表现，可以反映出表现主体材料的真实性。

此外，在不同的环境中，或者随着环境的变化，表现主体的属性是变化着的。如一个场地，在不同的季节中其表现出来的效果是不同的（图 12-3），每个季节中的建筑物都有最适合环境的色调、光影等属性。所以在设计表现时要找到最适合环境的主体因素来表现，以求达到最佳效果。

图 12-3　不同季节的景观表现[①]

12.1.3　表现基础

1）材料及工具

“工欲善其事，必先利其器”，在进行设计表现之前，必须对可能用到的工具和材料进行熟悉，掌握其使用方法。

① 刘宏 . 建筑室内外设计表现创意与技巧 [M]. 合肥：安徽科学技术出版社 . 2000.

纸张、笔墨、计算机、输出设备，以及模型制作所需要的工具等都是设计表现所不可或缺的工具和材料，每种工具和材料都有自身的特点，其在不同程度上决定了表现手法、步骤和效果的不同。多样的工具和材料大大丰富了设计表现的效果，大大提高了设计表现的质量。常用的工具和材料及其作用见表 12–2。当然，随着工业技术的发展，新的工具和材料也正不断问世。

景观设计表现工具表 **表 12–2**

类型	包含内容	功能和作用
颜料类	照相透明水色、水彩色、水粉色、丙烯色等	着色
纸类	绘图纸、素描纸、水粉纸、水彩纸、新闻纸（白报纸）、描图纸、卡纸、色纸等	承载颜色与图样
笔类	铅笔、钢笔、美工笔、签字笔、圆珠笔、彩色铅笔、马克笔、水彩笔、水粉笔、油画笔、毛笔、喷绘笔等	绘制线条、上色
尺规类	直尺、工字尺、蛇形尺、卷尺、比例尺、三角板、界尺、万能绘图仪、圆规、分规等	测量及辅助绘图

2）基础训练

结构素描、速写、色彩构成、平面构成、立体构成等基础理论的学习是景观设计表现的基础。

（1）结构素描的作用：

通过结构素描，可以培养设计师对形体要素的认识、理解能力。对形体要素的研究是设计素描的根本任务，可以从以下三方面来进行学习：

①对于形体结构的学习，明确形与体的契合关系，变化组合关系，以及形体间的相互影响。

②对于解剖结构的学习，明确形体变化的内在根源，特别注意形体内在与外在的联系。

③对于空间结构的学习，明确形体与空间的构成关系，加强对空间的理解。

通过结构素描的训练，还可以培养设计师对于形式要素的领悟及表现能力，主要体现在对形体表面因素的认识和表现上。包括对光影、体量感、空间感的把握。

结构素描的训练还有利于设计师形体创造力的培养。

（2）速写的作用

①培养快速造型的能力，提高徒手表现能力和快速收集资料的能力。

②提高把握空间尺度的能力，增强设计师对空间的感受能力。

③培养创造性思维的敏捷性，可以使设计师保持活跃的创造性思维及对形式美感的感受能力。

(3) 色彩构成的作用

色彩在很大程度上决定了景观表现效果的好坏。提高色彩感觉修养及色彩表现能力对景观设计师是至关重要的。

3) 常用表现技法

景观设计表现技法可以理解为设计表现的方式，即设计师选择何种表达方式来表现设计意图。如同我们语言表达一样，要表达同一个意思，选择不同的表达方式可能会得到不同的结果。景观设计师就是要选择可以使人更容易接受设计意图的方式来表现。不同的表现技法会带来不同的艺术感受和主观效果。景观设计师要根据实际情况来选择表现技法或综合使用多种技法，做到因地制宜、因人制宜、因时制宜。下面介绍几种常用的表现技法。

(1) 水彩画技法

水彩画技法是通过使用水彩工具来达到造型的一种手段（图 12-4）。其特点是淡雅、透明、轻松明快，色彩淋漓、技法丰富。缺点是厚重感不足，有时画面会略显单薄。尽管现代水彩已发展到五彩缤纷的多元状况，但如果将这一多元现象归纳起来，不管是古典的还是现代的，水彩画的基本表现方法只有两种，即重叠法和一次法（俗称干画法和湿画技）。其他方法尽管不少，但都是为了达到画面各种特殊效果，因而被称之为辅助技法。

重叠法也就是干后重叠画法或逐层加色法。重叠法画得好，能将景物塑造得真实感人。从常识上讲，尽管水彩画的表现力不如油画强，但随着人们对水彩画的认识不断深化，技法的不断演进，其表现力有时完全可与油画媲美。

所谓一次法，即是趁湿时进行重叠或接色一次性地完成绘画。其特点是无生硬笔触，色彩互相渗透，衔接自然，回味无穷，常常在即兴笔触中散发出水彩趣味，适合快速景观表现。

(2) 钢笔画技法

钢笔属于干性媒介，便于携带与使用，表现力丰富，也是经常应用的表现技法之一，特别适合表现光影感和机械感（图 12-5）。在使用钢笔工具时，对

图 12-4 水彩画示例[①]（左）
图 12-5 钢笔画示例[②]（右）

① 刘宏 . 建筑室内外设计表现创意与技巧 [M]. 合肥：安徽科学技术出版社 . 2000.
② 季富政 . 中国羌族建筑 [M]. 成都：西南交通大学出版社，2000.

图 12-6　马克笔示例[①]

于线的把握，一方面我们可以使用不同型号的钢笔来绘制不同宽度的线条，另一方面，在绘制线条时我们还要注意更加明确地发挥钢笔线条的精确理性、肯定有力、舒展流畅和富于变化的特性。

（3）马克笔技法

马克笔是我们经常应用的比较理想的表现工具，它经常被单独地用于设计的表现。马克笔干净、透明、简洁、明快，其色彩种类十分丰富，多达上百种，各种明度、彩度、色相都很齐全，方便省时，且干燥速度极快，附着力极强，可以在各种纸面或其他材料上使用，其效果如图 12-6 所示。但缺点是细部微妙表现与过渡自然表现等方面需要长期训练方可掌握。

4）计算机应用

计算机正以惊人的渗透力进入各行各业，对于景观设计表现来讲也不例外。计算机表现以其准确、真实、现场感强、可复制性等优点获得设计师与业主的青睐。因此，景观建筑师们需要积极地去尝试这一日益成熟的技术，尤其是年轻的景观建筑师们及景观专业的学生们。

对于景观设计表现来讲，常用的软件有三类：平面处理；建模、渲染软件；动画生成、多媒体制作。计算机技术在景观设计表现的应用在本章第 4 节中进行介绍。

不管怎样，计算机只是一种工具，表现效果的好坏，关键还是人本身，因而作者必须在景观设计方面及美术方面有扎实的基础，学会使用一种软件并不难，难的是如何提高自己的专业基本功。

12.2　手工图面表现[②]

12.2.1 手工表现

20 世纪 90 年代中期之前，建筑、规划和景观设计专业的表现方式大都采取手工方式，而在 90 年代后期以来，随着电脑渲染表现软件、设计辅助软件

① 夏麦梁 . 建筑画——马克笔表现 [M]. 南京：东南大学出版社，2004.

② 本节主要在以下书籍内容基础上进行编写：奇普 · 沙利文 . 景观绘画 [M]. 马宝昌，译 . 大连：大连理工大学出版社，2001；格兰 .W. 雷德 . 景观设计绘图技巧 [M]. 王俊，等，译 . 合肥：安徽科技出版社，1998；麦克 .W. 林 . 建筑绘图与设计进阶教程 [M]. 魏新，译 . 北京：机械工业出版社，2004；吉姆 . 雷吉特 . 绘画捷径：运用现代技术发展快速绘画技巧 [M]. 田宏，译 . 北京：机械工业出版社，2004.

的日益强大和普及，传统的手工表现受到巨大的冲击：电脑表现以其真实、细致和易于修改性，几乎完全取代了手工表现的效果图。不过，近年来，人们对手工表现的热情再度高涨，特别是在景观设计领域该情况特别突出。这主要是有这样几方面的原因：

其一，是人们对设计本身的认识更加深入。因为对设计者而言，无论采取什么方式，设计的内容才是灵魂所在，作为一个设计过程中难以避免的方法，设计草图、设计者的视觉笔记、手绘的设计过程，以及手绘所带来的与思想的同步性却是电脑无法取代的。

其二，是由于当前电脑渲染对植物、树木的自然形态的表现还有一定的难度，需要必备的电脑渲染的专业技巧，以及较多的时间和精力，不仅难以达到较快速的手随心动的整体效果，而且，景观设计中往往会出现众多异质的自然或人工的景物，不做较为专业性和统筹性的梳理和统一，一般电脑渲染后的拼贴易流于生硬，难以形成整体性的，具有较好主次关系的美学画面效果；而设计者在手绘的心手合一过程中，通过留白、抽象、笔触、轻重取舍等艺术手法，往往可以将这些繁杂的对象有序有重点地表达出来，呈现出作者原创的设计构思与意境（图 12-7）。

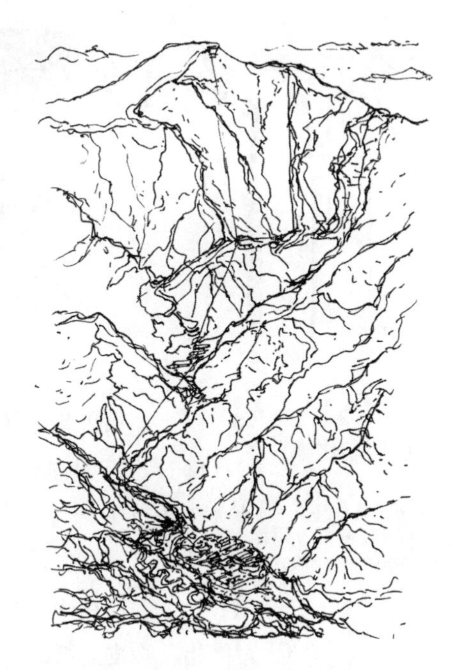

图 12-7 运用手工表达北京冬奥会延庆赛区原创构思与整体设计意境（李兴刚 绘制并提供）

在此，希望同学们通过学习有用的手工表现技巧和方法，在不断练习、熟悉技法的同时，尝试将更多美学思考与设计融入表现中，形成自己的特色。

1）常用工具

所有的手工表现图都可以用下面三种不同的介质进行表现：即干介质、半湿介质、湿介质。在景观的手工表现过程中，最常用采用前面两种介质进行工作，是专业人士，特别是初学者理想的工具；而湿介质由于其要求更为熟练的技巧以及其较为缓慢的完成过程，更偏向于专业的精工细作。

（1）干介质

a）黑铅笔

是设计者必用的基本绘图工具，使用不同的硬度，可以达到不同的效果，初学者在使用较软笔芯的时候，要注意避免图面被蹭脏；由于其成果一般不适于长期保存，可以通过复印、翻拍、扫描等方式进行转换。

b）彩色铅笔

可以形成细腻柔和的色彩和彩色笔触，使设计者能准确细致地为黑白画稿注入出对应的表现色彩，由于其强有力的可操控性和简易性，成为景观设计中极为重要极为常用的表现介质，不过对于大面积的色彩涂抹使用它就较为吃力。

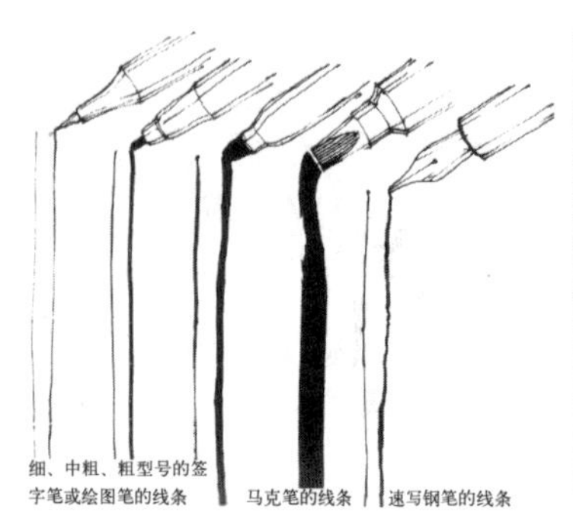

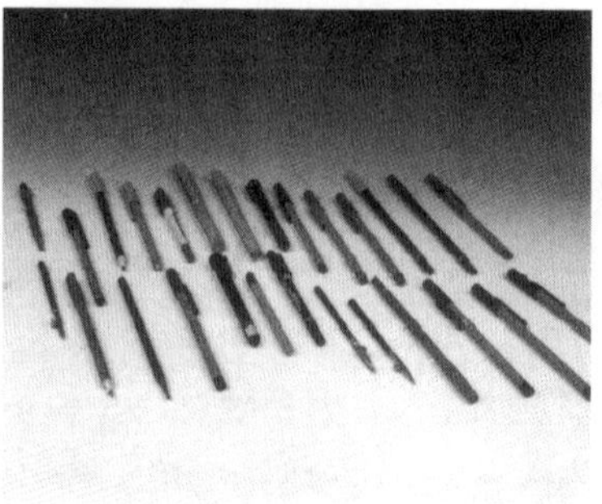

图 12-8 签字笔、马克笔和钢笔的线条示意[①]（左）
图 12-9 设计者必用的多种细、中粗、粗型号的签字笔或绘图笔[②]（中）
图 12-10 多种水彩毛笔、水粉笔[③]（右）

如果采用水溶性彩色铅笔，还可以在上色之后，用润湿毛笔对彩铅涂抹部分进行退晕处理，可以快速达到通常湿画法才能形成的精细柔和的色彩渐变效果。

c）炭笔：

多用在快速绘画和一些呈现技法的图面上，对于风景绘画表现，可通过手指、橡皮或纸进行擦抹，形成或浑厚或细腻的效果。

（2）半湿介质

主要有签字笔或绘图笔、马克笔和钢笔（图 12-8、图 12-9）。

（3）湿介质

湿介质主要包括水彩毛笔、水粉笔和喷笔（图 12-10）。

2）表现方式

（1）点触式

用笔在图纸上点出密度、大小、深浅不一的点阵或点线（图 12-11），以表现疏、密、明、暗等效果，此法对设计者来说较为简单，表达细腻，易于控制整体，只是速度相对较慢。一般采用钢笔、绘图笔、铅笔、毡尖笔等工具。

（2）间隔式

由间断绘出的线条形成，既可以是长度接近的线条（如在画长线时，为保持连续平直或圆滑而留下小间隙），或者是绘制点划线的线条。

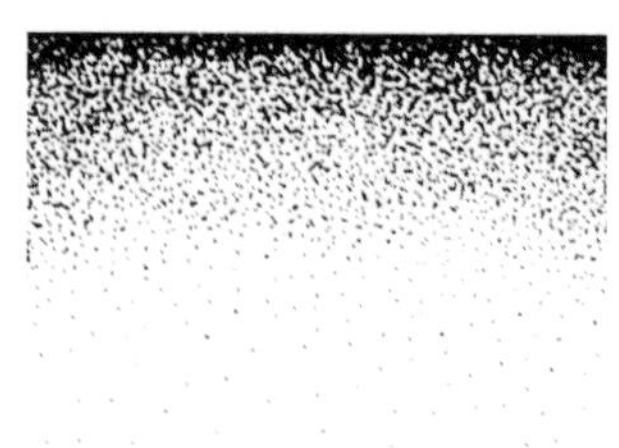

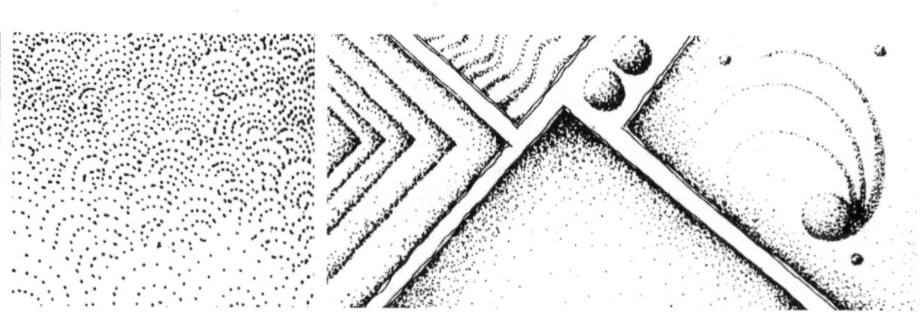

图 12-11 点触式表现[④]

①~④ 奇普·沙利文．景观绘画 [M]. 马宝昌，译．大连：大连理工大学出版社，2001.

（3）自由曲线式

在绘制起伏变化的曲线时，一般最好悬起前臂，手腕、手指保持固定，用手肘与肩部运动（图 12–12）。

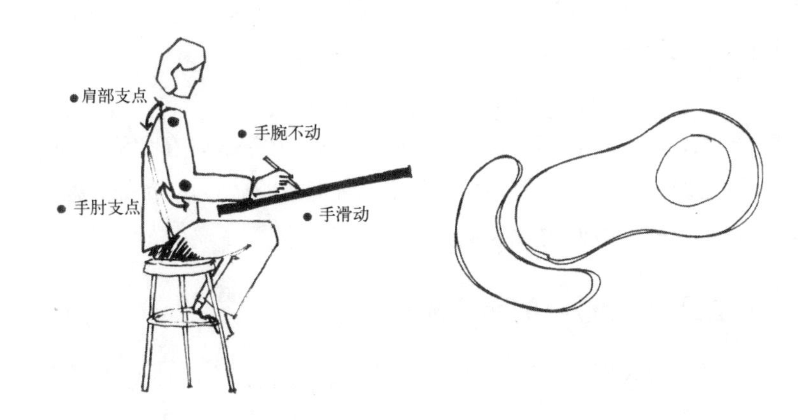

图 12–12　曲线画法和效果示意①

（4）排线式

在图纸上作平行或向心方向运笔，使宽度不同的线排列成所需要的面效果。不同的宽度、不同的运笔力量、不同的工具、不同的线型，都会表现出不同的质感（图 12–13）。

（5）交叉重叠式

将线条进行排列绘制后用不同方向进行叠加，可以形成渐变、层次区分等效果（图 12–14）。

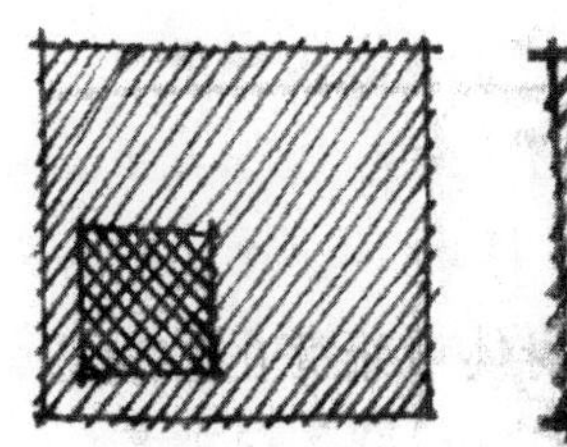

图 12–13　排线式表现（左、中）②
图 12–14　交叉重叠式表现（右）③

（6）尺规线

利用直尺、曲线尺、圆规的辅助，可以画出平滑的线条，其衔接和组合可以采用上面（2）、（4）、（5）的方式，从而达到精致严整的手工绘制效果（图 12–15）。

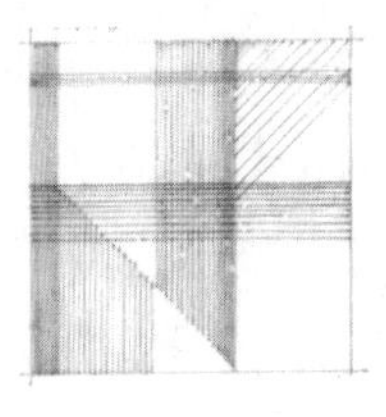
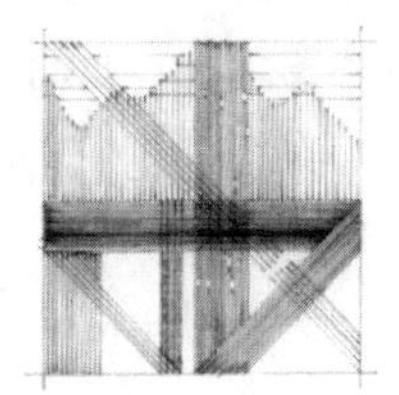

图 12–15　尺规辅助表现示意

①、②　格兰.W. 雷德 . 景观设计绘图技巧 [M]. 王俊，等，译 . 合肥：安徽科技出版社，1998.
③　奇普 · 沙利文 . 景观绘画 [M]. 马宝昌，译 . 大连：大连理工大学出版社，2001.

3）色彩组合

（1）色环

红、黄、蓝是三原色，而绿、橙、紫则是三个合成色，后者是前者的某种混合结果；三原色与三合成色组成的色环旋转时，就会让人看到白色，而将三原色与三合成色混合在一起，则得到黑色或棕色。

（2）互补色

对一种颜色的产生没有贡献的颜色为该色的互补色，在色环呈现为 180°相对的两种色彩。某对互补色的并置会使二者形成明显的互衬，而彼此混合就互相消灭，变成一种中性灰黑色或灰色。

12.2.2 主要设计过程的手工表现

设计的过程因人而异，不过绝大部分的切入过程都有一种大致的思考行为模式，如果将其进行总结的话，即为一个由粗到细、由表及里的工作步骤，这个步骤的逻辑顺序如下：1. 设计计划；2. 基地现状分析；3. 设计概念及分析；4. 方案设计过程及成果；5. 定案及细部实施设计；6. 实施过程及反馈调整。

第 1 步的设计计划，第 5、6 步涉及的业主的要求、材料与植物配置、构造实施等较为复杂等环节，因此在本章节不作详叙。

1）基地现状分析

记录和表述基地的特性资料，包括基地及建筑物尺度、种植状况、土壤状况、气候、排水、视野及其他相关因素。

当然，影响景观设计的现状要素多种多样，在实际的操作中，要整理上述资料信息实际上得花很大力气。不过，不管是对初学者和熟练者，尽量多地列出所能收集到的资料，一方面是一个具备好的工作习惯的问题，另一方面这些信息很有可能在过程中会对设计产生影响，提供帮助。因此，设计者虽然可以图示表达景观概貌，利用提供的既有现状图纸，但应该进行现状踏勘，做出较为细致的标识，并尽量进行一些分类（图 12–16~ 图 12–18）[①]。

2）设计概念分析

此阶段主要探讨初步的设计构想和组织布局关系，一般呈现为抽象的示意图效果，这样的图通常可以帮助判断、发展构思和突出一些需解决的问题，可以用泡泡、箭头及其他抽象符号来快速明确地表达所需概念（图 12–19~ 图 12–21）[②]。

此阶段常常采用马克笔、粗铅笔、毡头笔等效果粗放显著的绘图工具，在提供的基地图复制件上直接进行快速构思。

---

①、② 格兰 .W. 雷德 . 景观设计绘图技巧 [M]. 王俊，等，译 . 合肥：安徽科技出版社，1998.

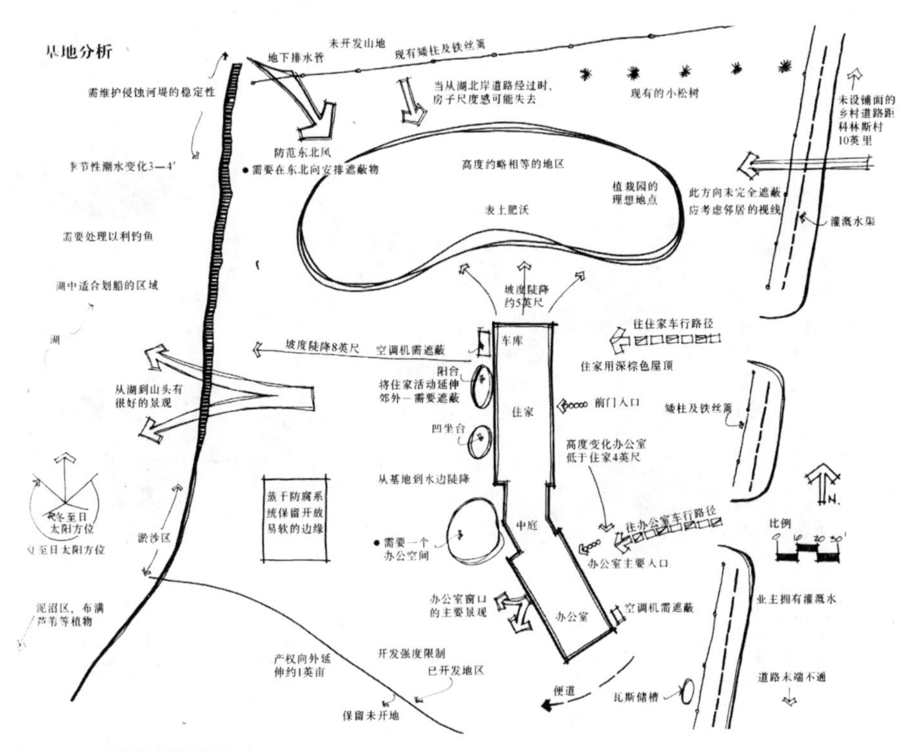

图 12-16　基地现状分析

现况陈述图(植栽现况)

图 12-17　植物栽种现状

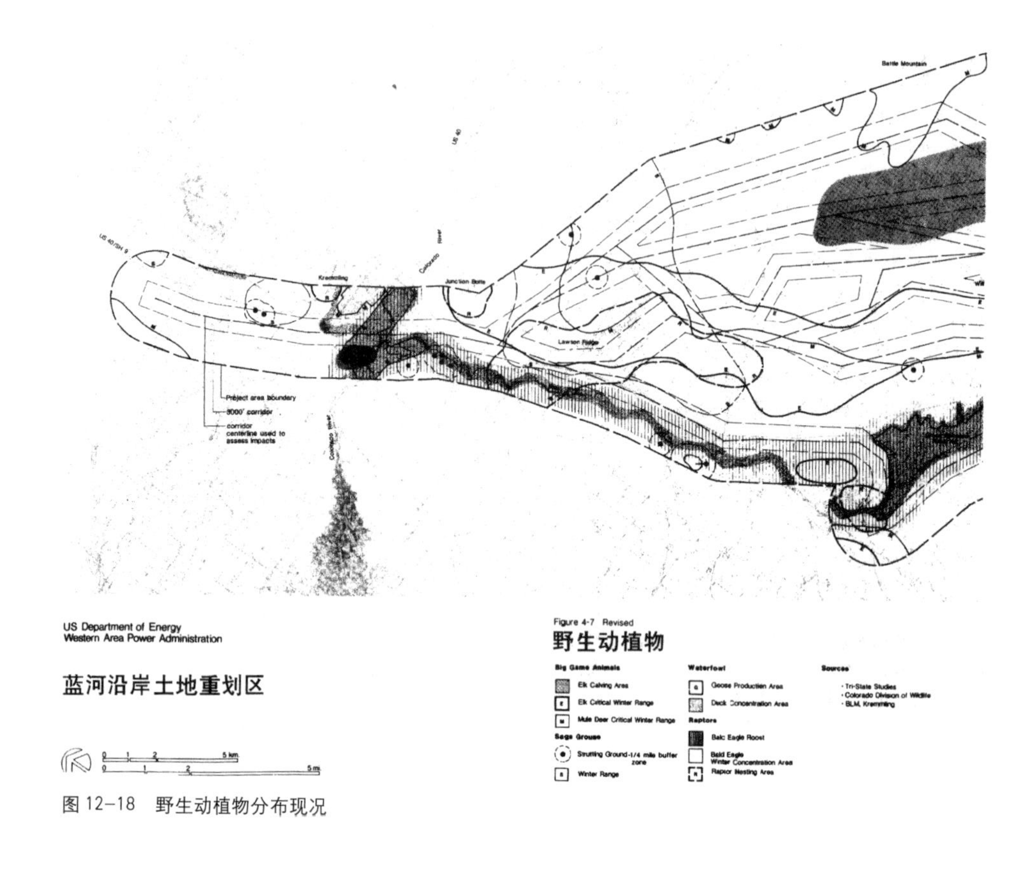

图 12-18 野生动植物分布现况

配置概念图

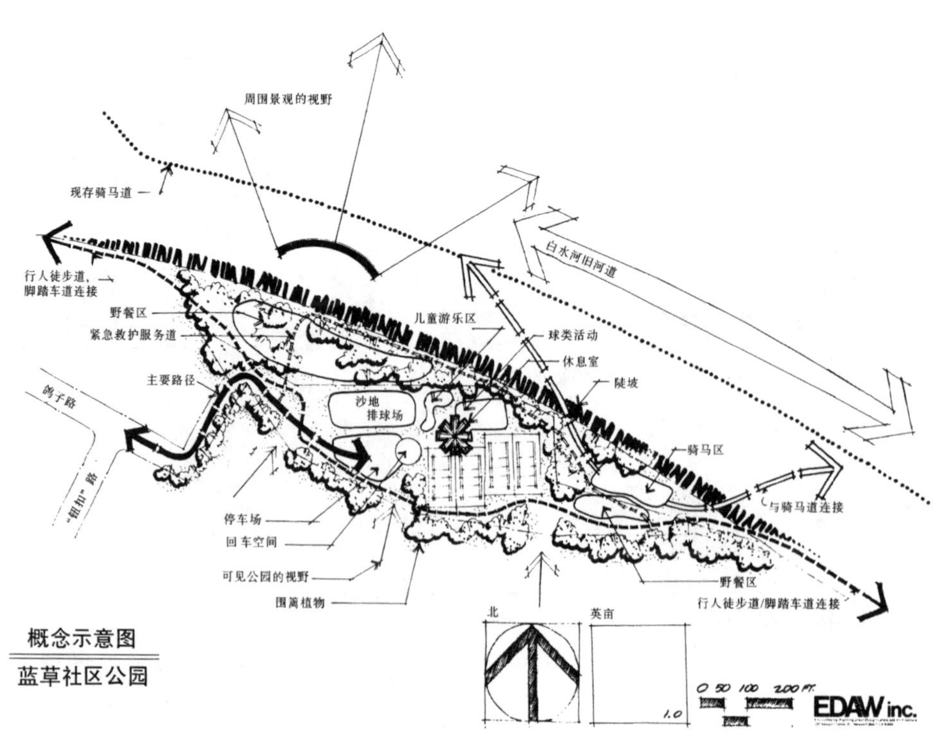

图 12-19 配置概念图

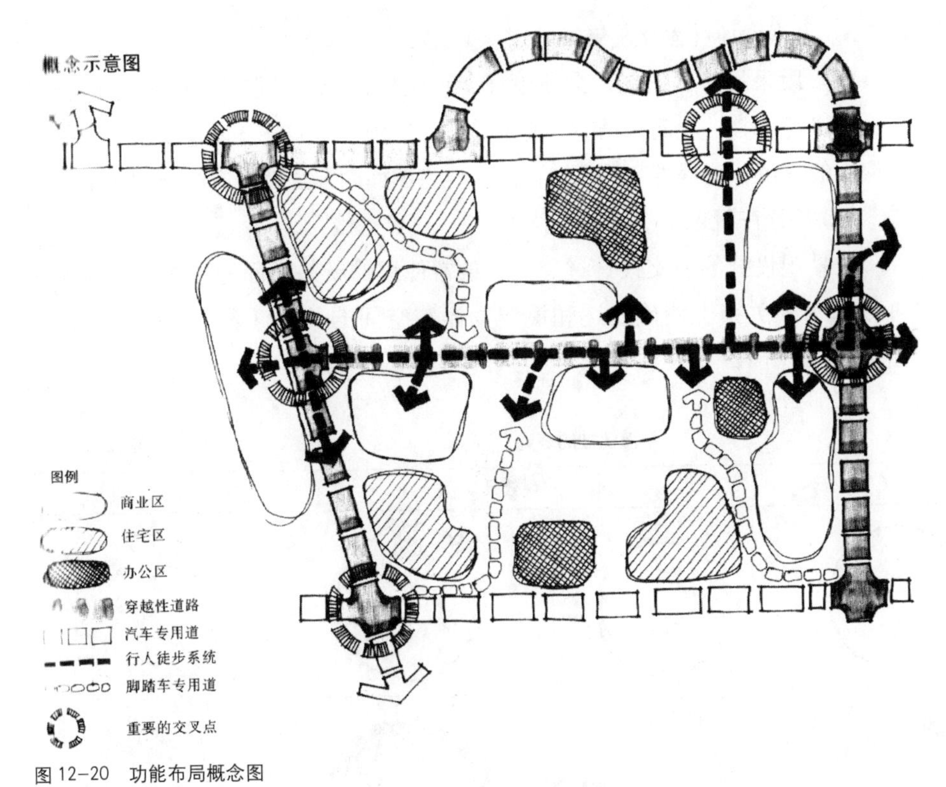

图 12-20 功能布局概念图

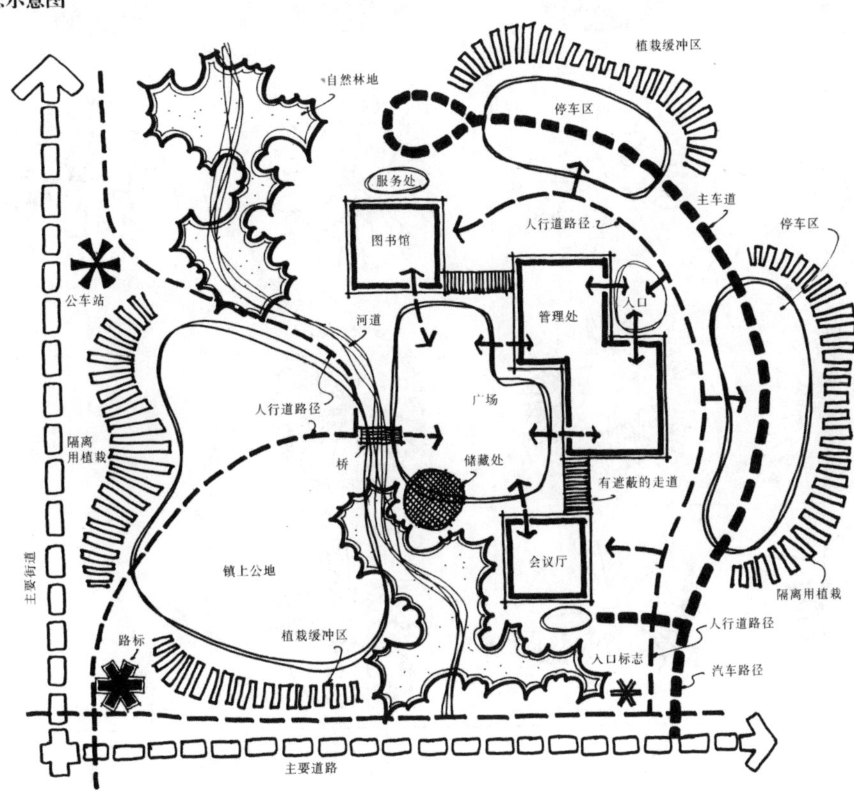

图 12-21 路径及视线设计概念图

3）方案设计过程及成果

此阶段采用手工绘图，会使设计者可以快速地对自己的成形形态进行评价，并进行调整，从而在功能、美学等方面达到一定的整合度，更便于进行更为深入的交流，获得更多的反馈信息。现将图面内容及表现方法介绍如下。

(1) 平面配置图

在景观设计的方案设计过程中，最常使用的就是平面配置图了。因为它可以从水平关系上明确表达和说明物体与空间的关系（表 12-3、表 12-4，图 12-22~ 图 12-27）①。

平面植被的表现　　表 12-3

类型	表现效果			
快速型	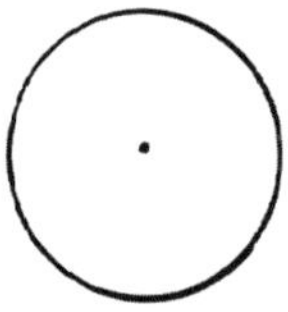	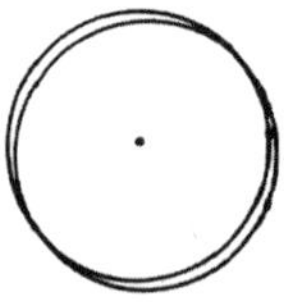		
树叶质感型		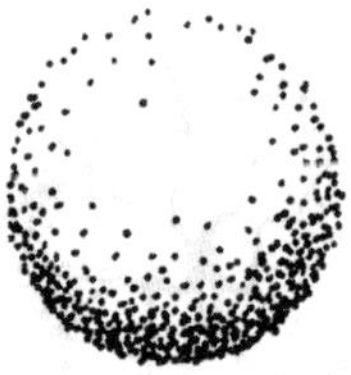		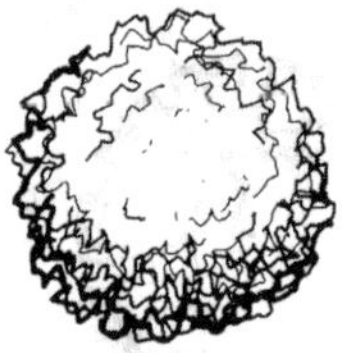
树枝型	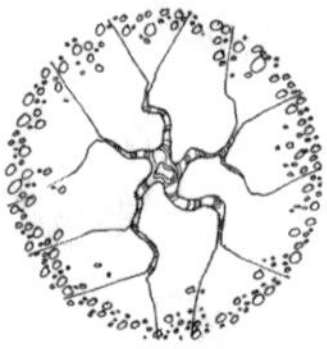	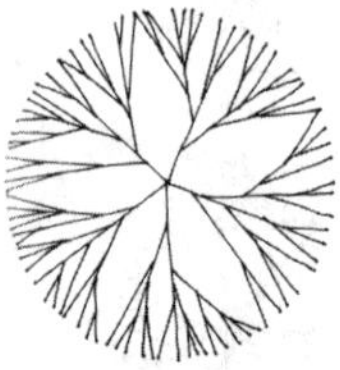	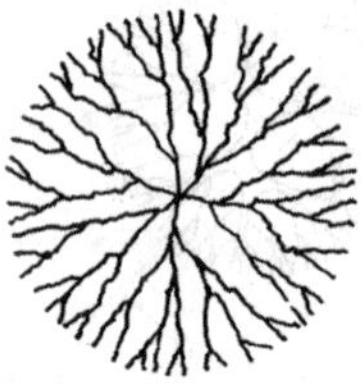	
针叶型植物	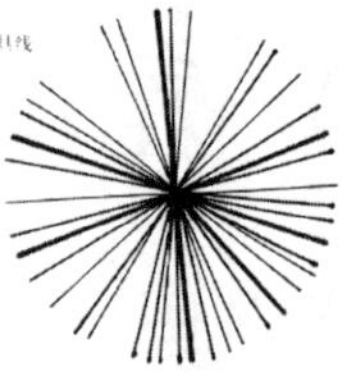	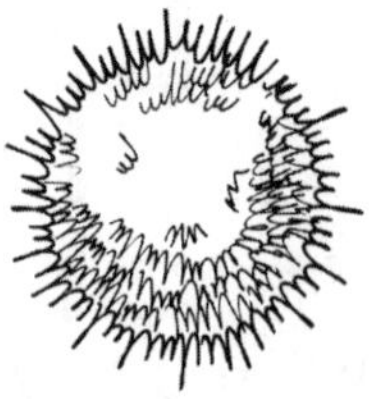	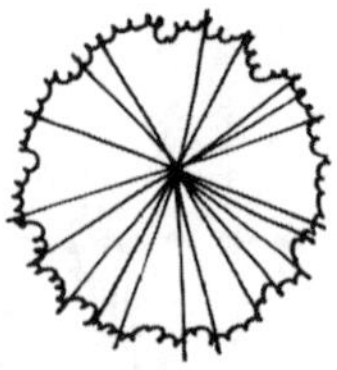	
热带植物				

① 格兰·W. 雷德 . 景观设计绘图技巧 [M]. 王俊，等，译 . 合肥：安徽科技出版社，1998.

续表

类型	表现效果			
树丛、树篱				

平面树木阴影的表现 表 12-4

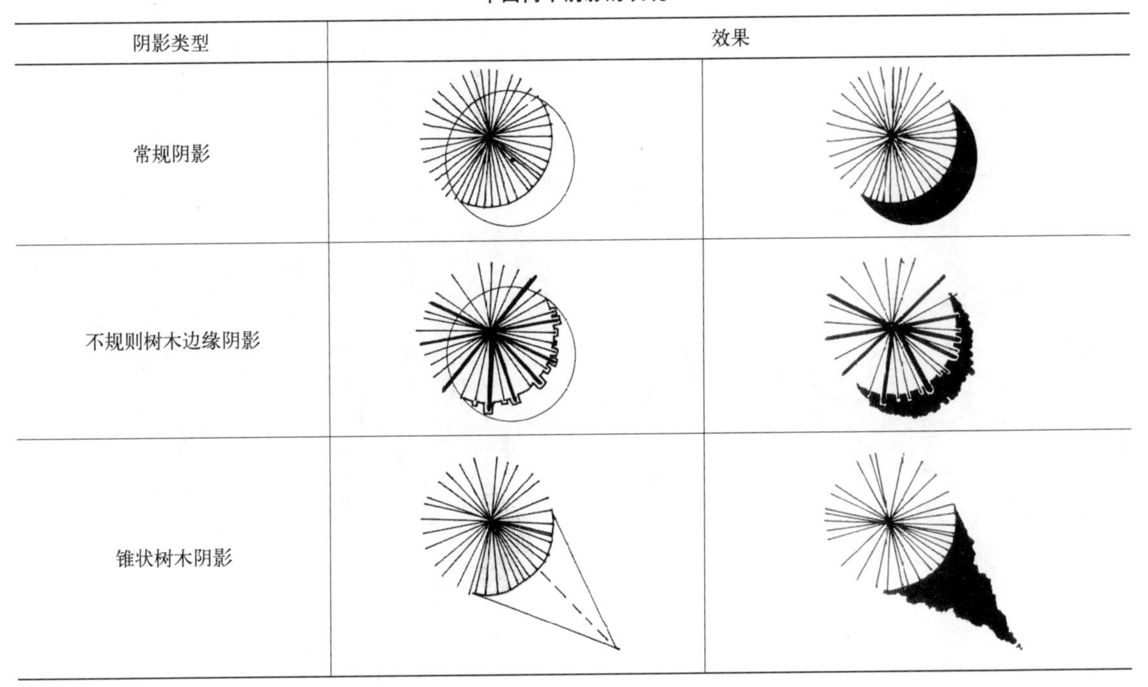

阴影类型	效果	
常规阴影		
不规则树木边缘阴影		
锥状树木阴影		

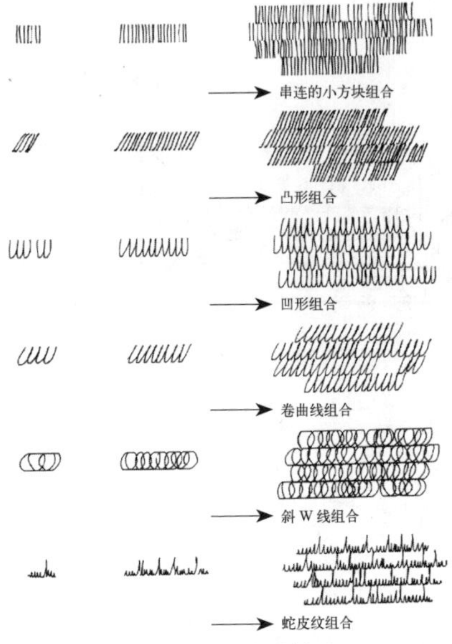

图 12–22 地表植被覆盖表现效果

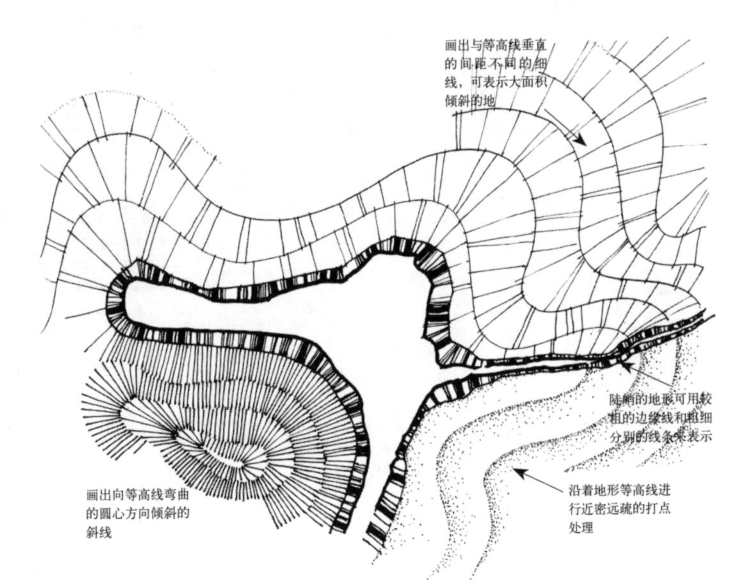

图 12–23 地形的表现

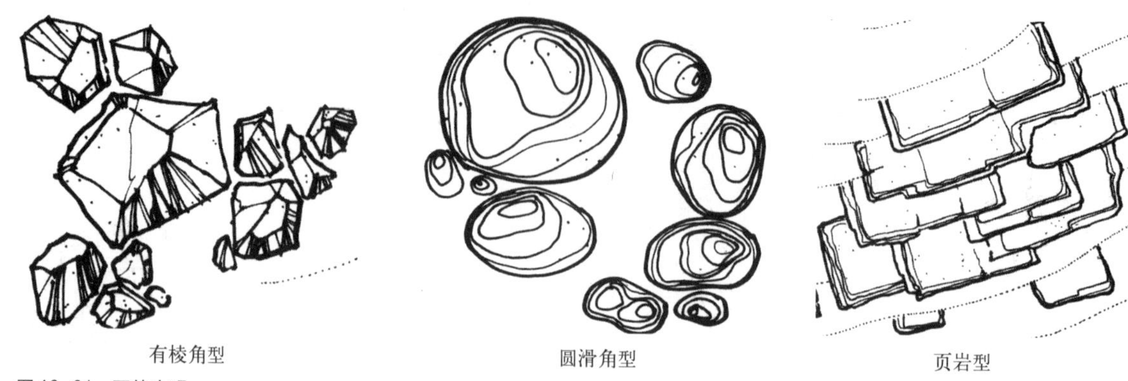

图 12-24　石的表现

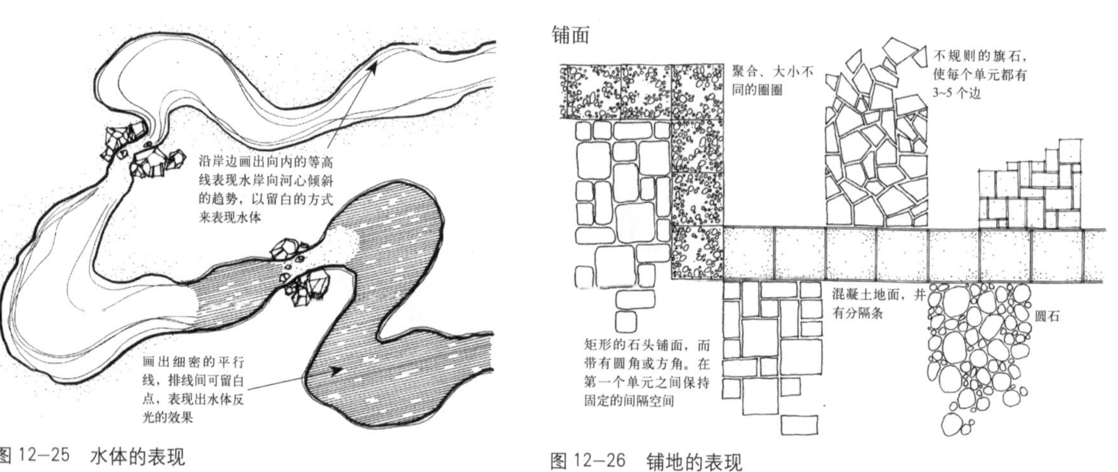

图 12-25　水体的表现

图 12-26　铺地的表现

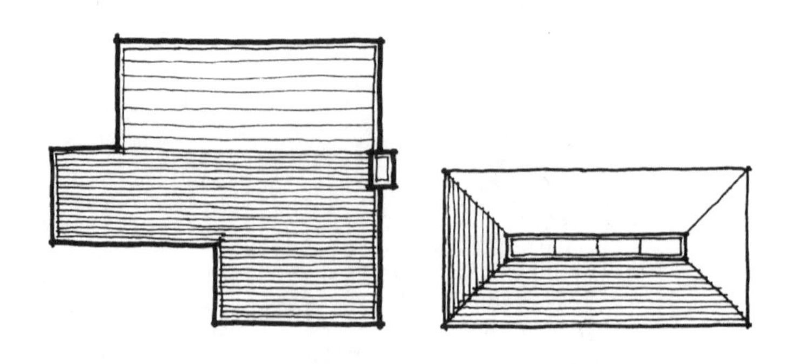

图 12-27　建筑物的平面表现

平面配置图可以通过色彩使其更加形象、生动，以彩铅为例，快速着色过程如图 12-28~ 图 12-30 所示①。

① 麦克 · W. 林 . 建筑绘图与设计进阶教程 [M]. 魏新，译 . 北京：机械工业出版社，2004.

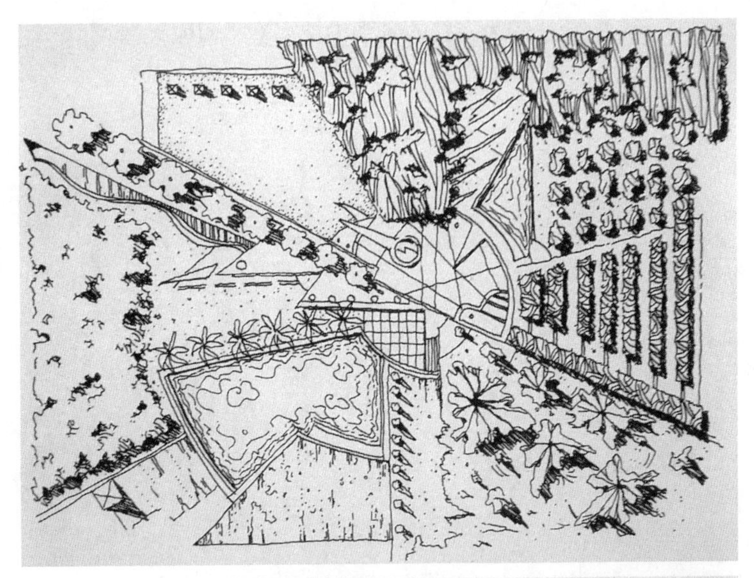

图 12–28 先做好黑白底稿并绘出树木、建筑物阴影

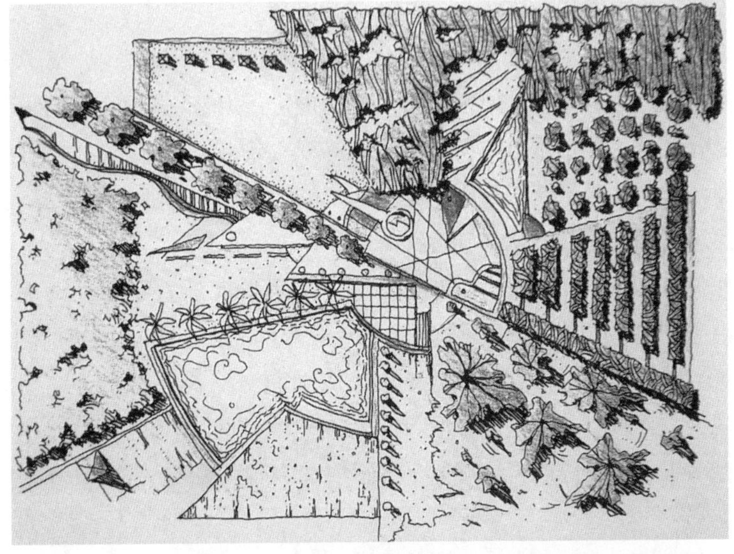

图 12–29 粗略加色，可根据光线方向确定受光体颜色的浓淡

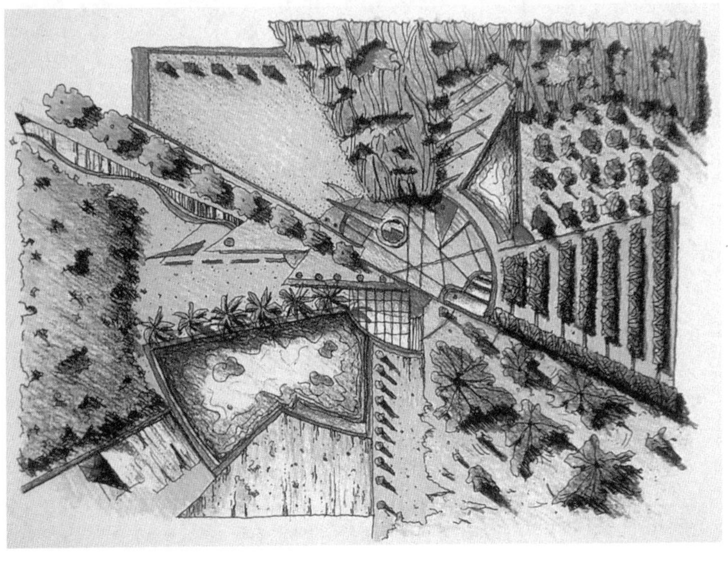

图 12–30 大面积涂色，确定主色调和相邻色调，这样可确保在多种颜色的组合下的统一感和整体性，另外，为凸出背景面的物体加上和强化阴影可以增添图面的立体感和层次感

如图 12-31 所示是较为完整的景观设计方案平面配置图。

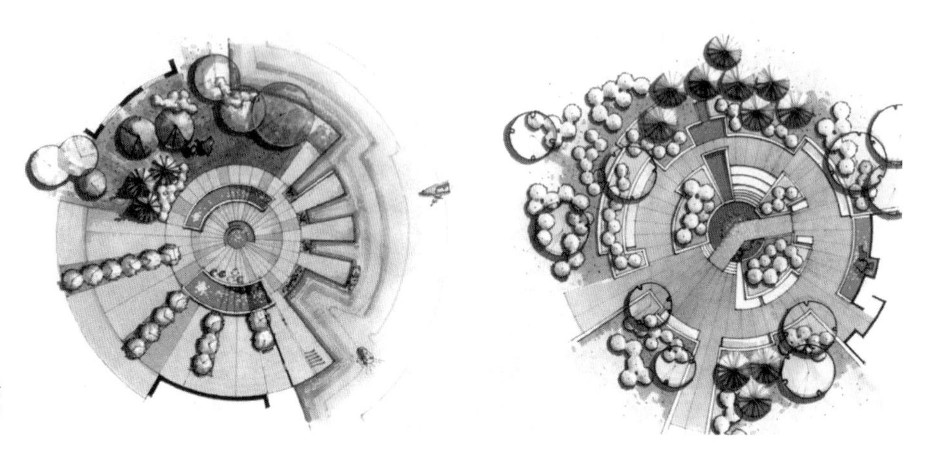

图 12-31 较为完整的景观设计方案平面配置图[①]

（2）剖立面图

一个真正的景观设计师，必须从空间角度出发来理解景观，解决问题；平面配置图虽然在方案设计中占有很重要的地位，但是它除了可以使用阴影和层次变化外，没法显示垂直方向水平视点的观看效果。所以只有结合剖立面图进行整体考虑，才会给制图带来三维空间上的识别性，否则极易陷入二维图案化的平面思维误区中。

如何在景观平面图的基础上理解、绘制景观剖立面图？设想将地形切开，沿着切开的方向观看，就形成一个地形剖面图，将剖切线前的建筑、配景立面绘制出来，将地形剖面图与建筑立面、配景立面整合在一起，就成为景观剖立面图（图 12-32、图 12-33）[②]。剖立面图作用见表 12-5[③]。剖立面图配景及部分建筑物、构筑物墙面细部表现方法见表 12-6[④]，图 12-34、图 12-35[⑤]。

① 麦克 · W. 林 . 建筑绘图与设计进阶教程 [M]. 魏新，译 . 北京：机械工业出版社，2004.
②、③ 格兰 · W. 雷德 . 景观设计绘图技巧 [M]. 王俊，等，译 . 合肥：安徽科技出版社，1998.
④ 麦克 · W. 林 . 建筑绘图与设计进阶教程 [M]. 魏新，译 . 北京：机械工业出版社，2004.
⑤ 奇普 · 沙利文 . 景观绘画 [M]. 马宝昌，译 . 大连：大连理工大学出版社，2001.8；麦克 · W. 林 . 建筑绘图与设计进阶教程 [M]. 魏新，译 . 北京：机械工业出版社，2004；格兰 · W. 雷德 . 景观设计绘图技巧 [M]. 王俊，等，译 . 合肥：安徽科技出版社，1998.

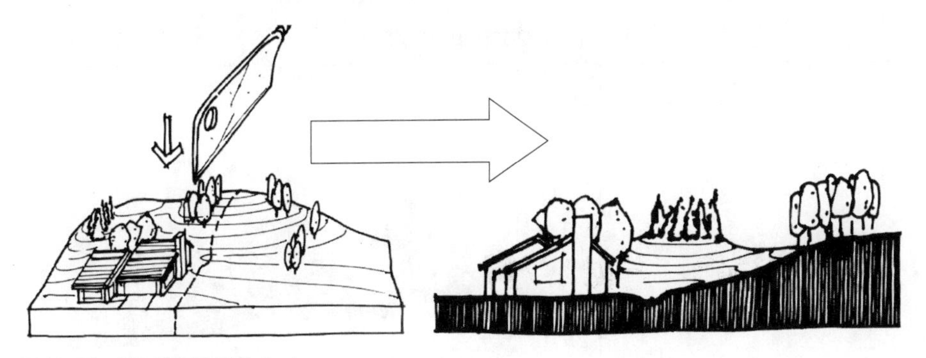

图 12-32 剖立面图的绘制（一）

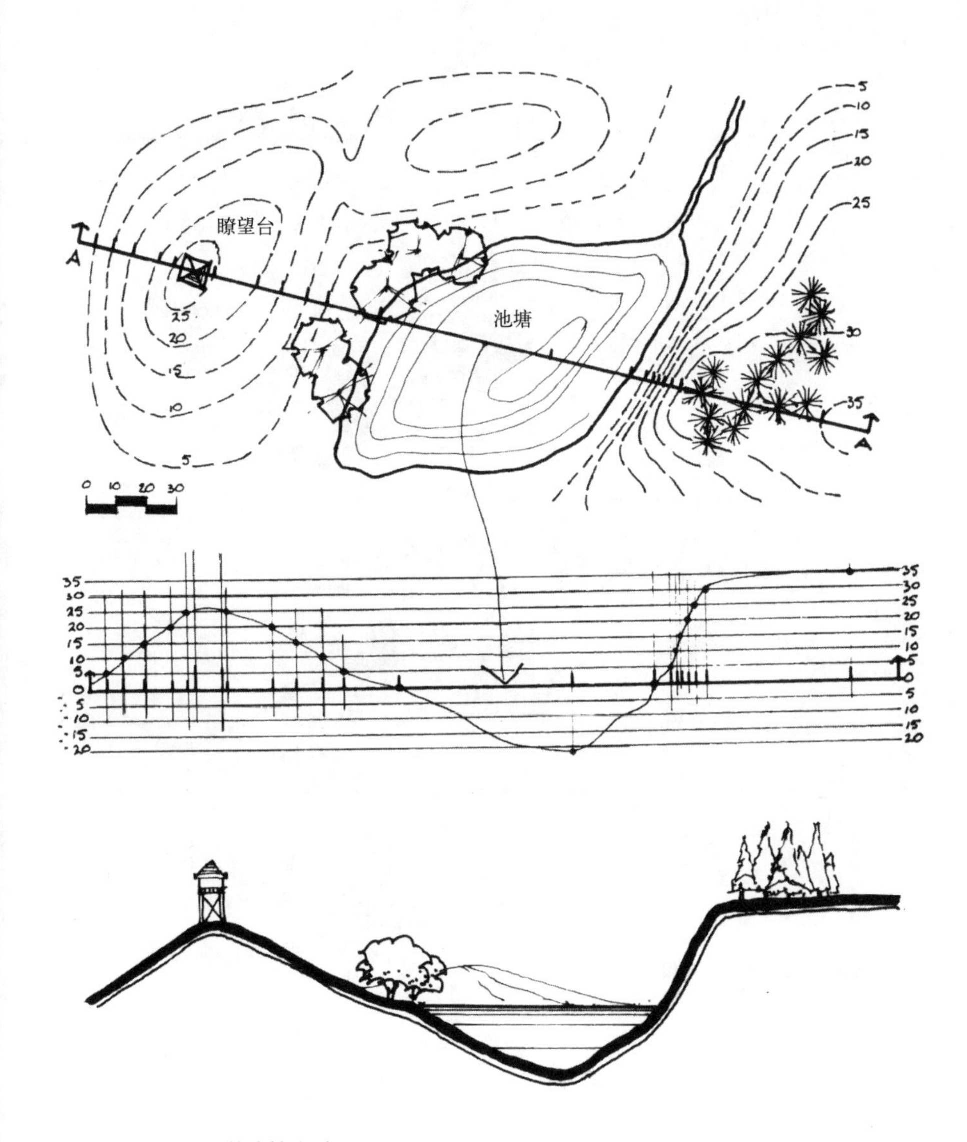

图 12-33 剖立面图的绘制（二）

剖立面图的作用 **表 12-5**

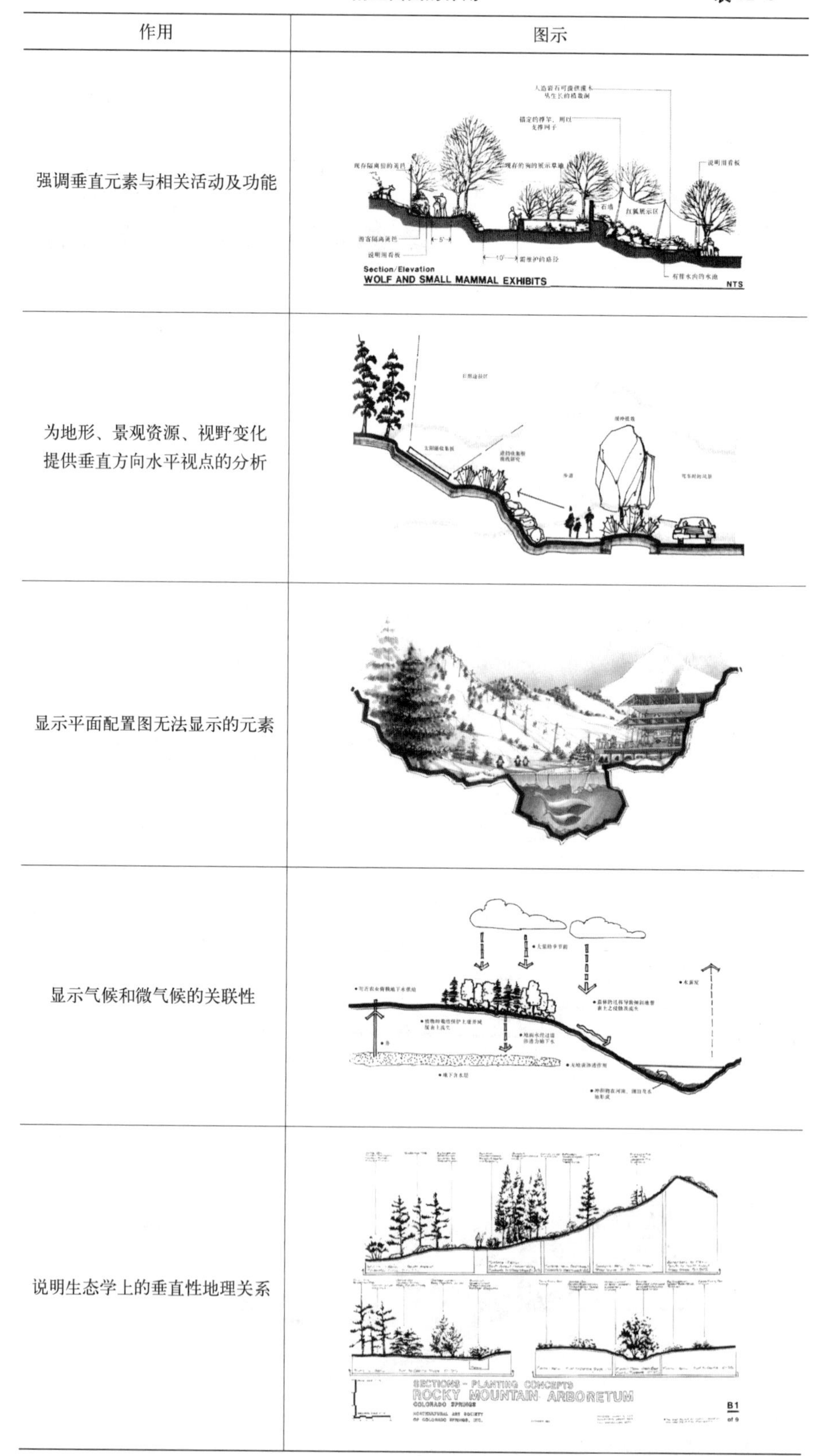

作用	图示
强调垂直元素与相关活动及功能	
为地形、景观资源、视野变化提供垂直方向水平视点的分析	
显示平面配置图无法显示的元素	
显示气候和微气候的关联性	
说明生态学上的垂直性地理关系	

续表

作用	图示
提供构造剖面	

树木的剖面表现 表 12-6

类型	效果		
轮廓型			
分枝型	先勾画出分枝的轮廓边界	再按由主干到枝干，由疏到密的顺序和变化，来完成整体的表现	
树叶质感型			
针叶型			

续表

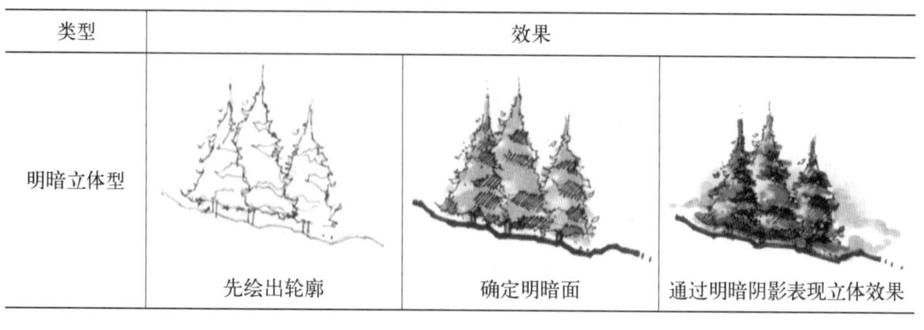

类型	效果		
明暗立体型	先绘出轮廓	确定明暗面	通过明暗阴影表现立体效果

图 12-34　人物的表现

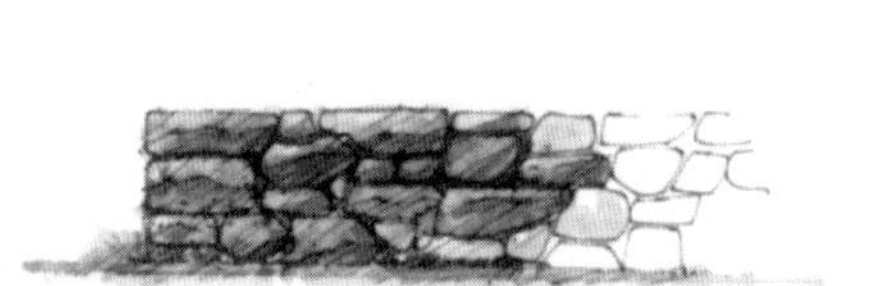

图 12-35　建筑物、构筑物墙面细部表现

乱石墙可采用较有立体感的效果，也可采用轮廓白描的画法

砌体墙画法

（3）透视表现图的绘制

景观透视图的手工绘制与手工绘画是有很大不同的，后者更多呈现作者对景观的一种心理感受，强调画面的主观艺术气氛，而前者更多的是表现设计，要求尽量减少一些主观感情色彩，力求反映景物的结构、材料种类、质感分别、空间层次、对比变化、色彩搭配、比例关系等较为严谨真实准确的设计关系，而且画面的景物一般相对抽象概括，不需过多渲染主观感受。

因此，景观透视图的绘制学习，与建筑设计的透视图学习有着极大的共同性，更倾向与一种技术性图面的表现，建议初学者首先应该把握透视图的方法和步骤，在此这方面的知识就不再详叙，只用下列图示呈现最基本的几种透视基本原理关系。

- 一点和两点透视的原理如图 12-36 所示。
- 透视表现图的绘制捷径——电脑、相机等工具的辅助：

虽然电脑软硬件和新技术设备的快速发展手工绘制带来较大的冲击，但是如果利用其长处，可以充分地与手绘进行结合，使设计者，特别是会使初学者在较为头痛的透视表现图方面的工作更为迅速，更加有效率，同学们可以积极探索行之有效的表现方式。下面以两种绘制方法为例，说明初学者如何较为快速地学习并掌握到利用电脑和相机辅助自己透视图绘制的过程。

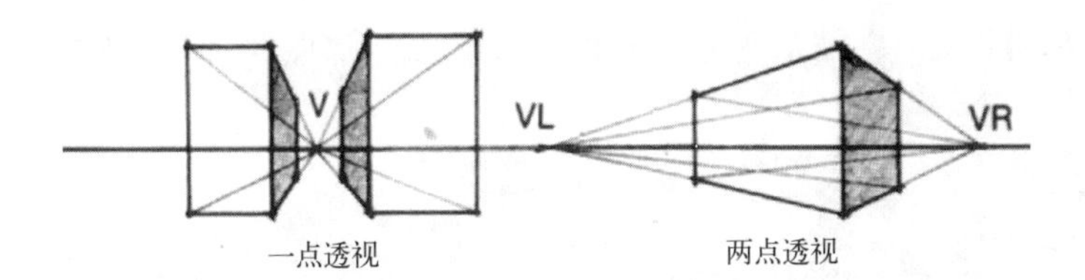

图 12-36 透视原理[①]

①利用电脑软件 CAD 辅助平视点的透视图手工绘制（图 12-37）：

图 12-37 利用 CAD 手工绘制透视图[②]

A. 用三维电脑软件，如 CAD 画出一个相对概略的透视场景，注意应将需主要表现的关键透视参考线，如轮廓线、大面积窗线、地面道路线等表现出来，然后打印出来。

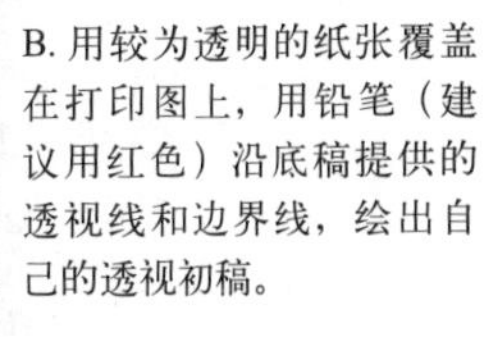

B. 用较为透明的纸张覆盖在打印图上，用铅笔（建议用红色）沿底稿提供的透视线和边界线，绘出自己的透视初稿。

C. 最后用签字笔或绘图笔绘制出确定的效果，并用马克笔或彩铅上色，注意应该绘制上阴影。

---

① 麦克 · W. 林 . 建筑绘图与设计进阶教程 [M]. 魏新，译 . 北京：机械工业出版社，2004.

② 吉姆 . 雷吉特 . 绘画捷径：运用现代技术发展快速绘画技巧 [M]. 田宏，译 . 北京：机械工业出版社，2004.

②利用相机对二维总平面进行加工，绘制成鸟瞰图（图 12-38）：

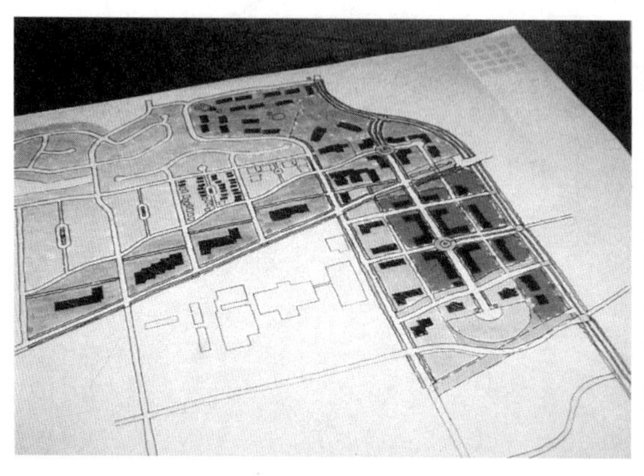

A. 拍摄总平面图，挑选出自己最需要的一个角度，打印出来。

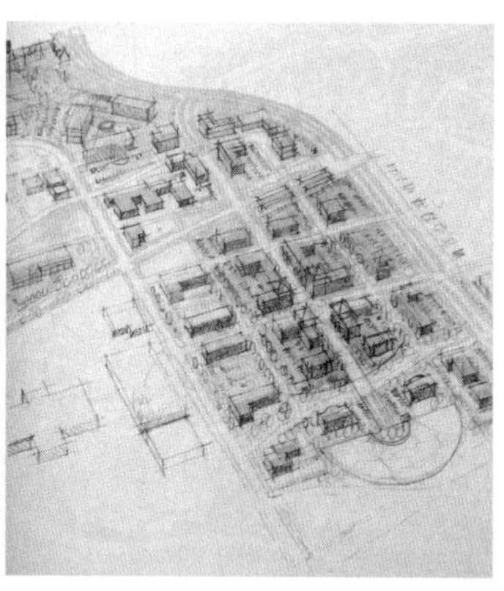

B. 用较为透明的纸张覆盖在打印图上，用铅笔（建议用红色）给建筑物绘制出三维上的高度、屋顶形式和阴影，并大致勾勒出树木的位置。

C. 用签字笔或绘图笔绘制出确定的效果，出现的错误可以用白色修正液覆盖，注意应该绘制上阴影，然后可以进行扫描后打印或者复印。

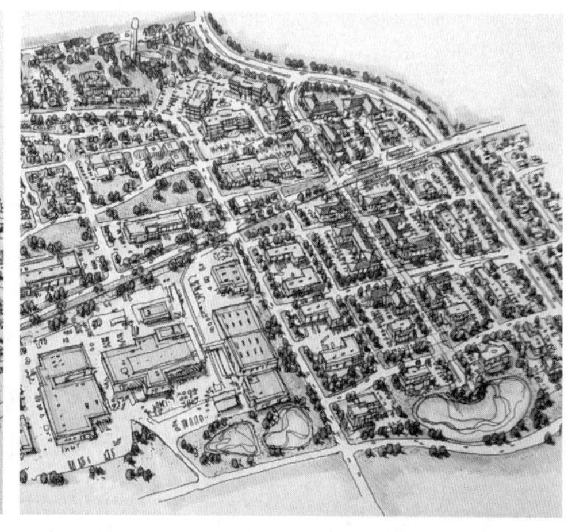

D. 将打印或者复印的图纸进行上色，按照突出重点，层次分明的原则进行色彩搭配，就可以得到一个透视准确而迅速的表现图。

图 12-38 利用相机手工绘制透视图[1]

12.3 手工模型制作[2]

本节主要介绍在景观设计过程中，怎样通过模型的制作来表现自己的设计理念和完整的造型效果。在国内，手工模型制作在建筑设计的学习训练，以及工程设计过程中应用较广，但在景观设计中还相对较少，不过随着国内景观行

① 吉姆．雷吉特．绘画捷径：运用现代技术发展快速绘画技巧 [M]. 田宏，译．北京：机械工业出版社，2004.

② 本节内容主要编自以下书籍：科诺等．建筑模型制作：模型思路的激发 [M]. 2 版．王婧，译．大连：大连理工大学出版社，2007；郎世奇．建筑模型设计与制作 [M]. 3 版．北京：中国建筑工业出版社，2013；严翠珍．建筑模型：设计·制作·分析 [M]. 哈尔滨：黑龙江科学技术出版社，1996.

业发展的日益成熟，与国外专业教育和工程设计交流的大量增加，手工模型已经成为教学与实践方案设计中日渐重要的辅助表现手段。

模型制作有两大种类，即实体模型和虚拟模型，前者是可触摸的三维物质形态，后者是出现在电脑网络空间中的空间形态效果，不仅可以形成三维状态，还可以通过设定漫游路径，产生四维状态时间维，该部分内容将在下一节讲述，此处不再赘述。

手工模型更接近我们常常说的工作模型，它是初学设计者用模型来思考设计的必备手段。用手工方式来制作模型，会使设计者更真实地形成对空间造型的把握和体验，特别是所知材料有限、购买力有限的初学设计的学生而言，利用有限的相对廉价的材料，进行场地、建筑、景观模型的创作，可以促使其在尺度、材质、形态等空间要素的组织上快速而直观地进行整合，进入设计状态。

另外，还要明确的是，手工模型制作方式与现在许多模型公司的制作和生产模型产品的方式对设计者的效果来说是不同的，因为前者主体常常是设计者本人，在制作过程中会形成手与心之间的互动交流，同时也是一种设计的体验创造过程，而后者的主体多是商业化的公司，更流于程序化和标准化，往往缺乏一种原创性的趣味。

12.3.1 景观设计中手工模型的特点

与建筑模型不同的是，景观模型是对其研究对象的整体关系进行表达，是对地形、地貌、地质、植被、场地空间状况，水体、构筑物，以及景观基地上的建筑等要素的综合表现，而建筑模型则重点关注建筑本身的形态组合关系；当然，景观设计也会涉及对建筑的设计，所以它的模型制作有时也要做到常规建筑模型那样的深度和效果。

12.3.2 模型分类①

1）地形模型

展现地形的状态，描绘出基地的形式和被规划改变的状态，在模型中描绘出地形的起伏、地形的断面、简化抽象的建筑、交通、绿化、水体、树木、树林等。

2）景观模型

由地形模型衍生而来，比例一般为 1∶500、1∶1000、1∶2500，有时达到 1∶5000。一般表现交通、绿化、水体、树木、树丛、森林、边缘绿化等等，重点是阐明景观空间和与之相关的地表形态，及其特点的描述，如地面断层、特定的构筑物、建筑、堤坝等等。

---

① 科诺等 . 建筑模型制作：模型思路的激发 [M]. 2 版 . 王婧，译 . 大连：大连理工大学出版社，2007.

3）庭园景观模型

实际上是比例较大的景观模型，比例一般为 1∶500、1∶200、1∶100 和较少见的 1∶50。这类模型常常表现较小的住宅区、单体建筑及环境、小型公园，或者是城市内部空间等。其重点是表现基地地表的形态、布局，道路、绿化、广场、水景等等更多细节要素的搭配与协调。

4）建筑物模型

它包括建筑及环境模型、结构模型、细节模型等。

12.3.3 模型材料和工具

1）材料

用于制作景观模型的材料有纸、卡纸板、KT 板、厚纸板、小波纹瓦楞纸、航模木板、ABS 板、有机玻璃板等（表 12–7）。

制作景观模型的材料①　　表 12–7

材料类型	小波纹瓦楞纸板、马粪纸板、软木板、纤维纸板、KT 板、各色卡纸板	部分需机具加工的木板、木块材料	部分硬泡沫、保温泡沫等材料
图示			

此外，还有塑性制模材料，如石膏、橡皮泥、黏土和陶土；金属材料，如铁丝、金属薄板、金属网和型材；以及天然材料、废弃物等。

2）工具

用于制作景观模型的一般工具包括钢尺、刀具、切割垫、粘结剂、机械工具和电脑程控机等（图 12–39、图 12–40）②。

12.3.4 手工模型的常规制造工序和方法

1）计划

首先要明确自己要采取什么样的比例来制作景观模型，确定比例后才能确定模型的边界尺寸，从而为所需材料的数量，划定工作空间范围提供有效的依据。

①、② 科诺等．建筑模型制作：模型思路的激发 [M]. 2 版．王婧，译．大连：大连理工大学出版社，2007.

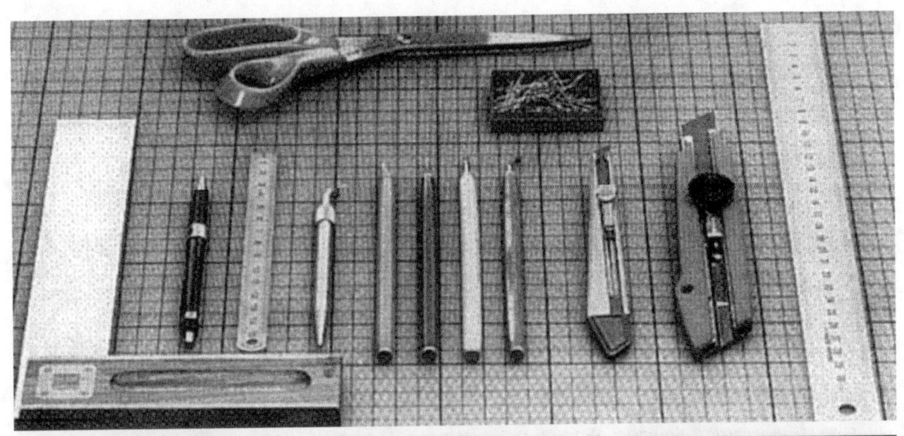

图 12-39　模型制作的钢尺、刀具、切割垫

图 12-40　模型制作的机械工具

其次，头脑里要有一定的立意，对工序过程、耗费时间，特别是成果形态有一定的设想，特别是如果模型的某一部分，根据设计需要可以拆卸分解，就更需要考虑一个有效的方法。

2）底座

一般的习惯是先做底座与基地。制作的首要原则是牢固，其次是根据自己的情况来确定是选用轻质还是较重而牢固的材料，并且得事先确定是否放置灯光以及放置的位置（图 12-41）。

如果采用如 KT 板等较轻软的材料，首先要增加底板厚度，厚度则依据将来可能插入树木等物件的所需保持固定的深度，另外，需在底板后部多增

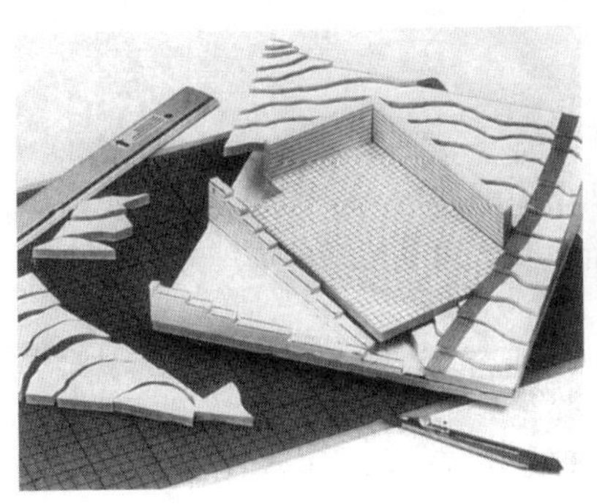
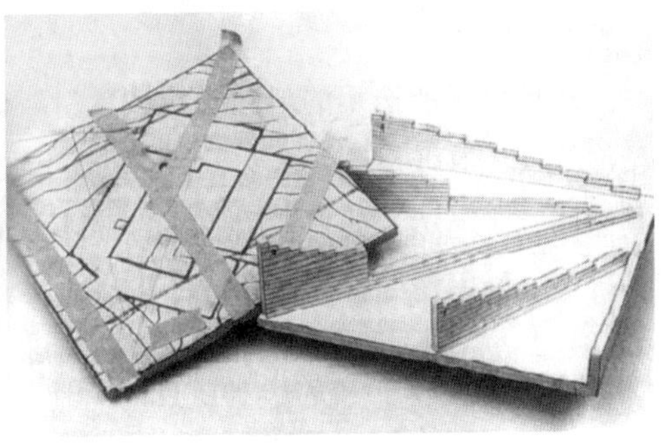

图 12-41　模型的底座[①]

① 科诺等．建筑模型制作：模型思路的激发 [M]. 2 版．王婧，译．大连：大连理工大学出版社，2007.

加一些相互垂直卡接的网格龙骨结构，强化对底盘的支撑，以免扭曲变形，或者放置地形、树木等成果时造成塌陷；另外，为了美观，应该将支撑肋骨的边缘用材料封上，既可以起加固作用，又可以形成一个简洁而整体的厚实效果的底座。

3）地形、地势[①]

表现高低不平地形的时候，一般有以下几种方法：

- 层叠粘贴

这是初学设计者最常用、地形表达最准确、最容易掌握的方法。先计算好所用材料的截面厚度与等高线高差的比例关系，考虑材料的截面与表面色彩质感的整体性问题，然后将编号的等高线刻画或粘贴在板材上，沿等高线曲线进行切割，根据编号，将裁剪下的片块对位粘贴成梯田形式的地形。多层粘贴的组合方式有四种（图 12-42）。

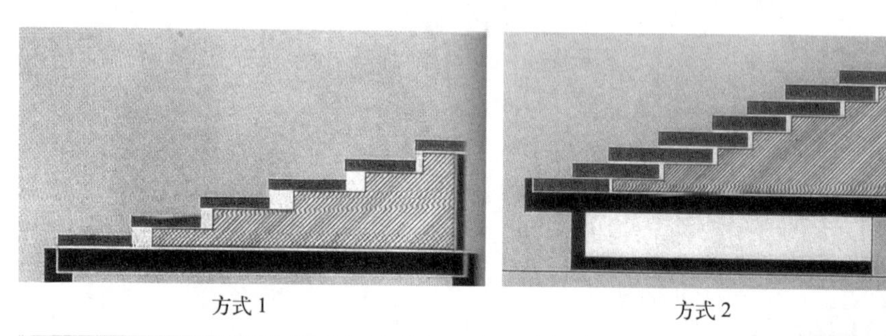

方式 1　　方式 2

方式 1　　方式 2

图 12-42　多层粘贴法制作地形的四种方式[②]

此种情况所选用的材料宜用较软材料，如软木板、KT 板、吹塑纸板、薄型泡沫板、厚纸板等，这些材料有的可用电热切割机切割，有的可用手工用工具刀切割。当然，如果采用较硬的材料，如木板、较厚的卡纸板、有机玻璃板等，则最好用曲线锯等机具进行切割。

①、② 科诺等 . 建筑模型制作：模型思路的激发 [M]. 2 版 . 王婧，译 . 大连：大连理工大学出版社，2007.

- 厚型泡沫板切挖加工

将泡沫板粘合成近似地形状态，然后用刀具或手工将与地形不符的多余部分切挖剥离下来，将过于凹凸不平之处进行填挖处理后，将表面刷上白乳胶，用纸巾覆盖上去。参见图12–43。

图12–43 厚型泡沫板切挖加工成地形①

- 折切拼接

采用此法进行制作，首先心中得有地形起伏的明确意象，再将原始资料中的地形“翻译”成多个转折交接的面片的折坡效果，这样制作出来的模型颇具抽象表现之风，但易产生较大的尺度误差。常用材料为KT板、卡纸板、纸箱板等，内部应有卡纸龙骨、泡沫等支撑填充材料，避免变形和塌陷（图12–44）。

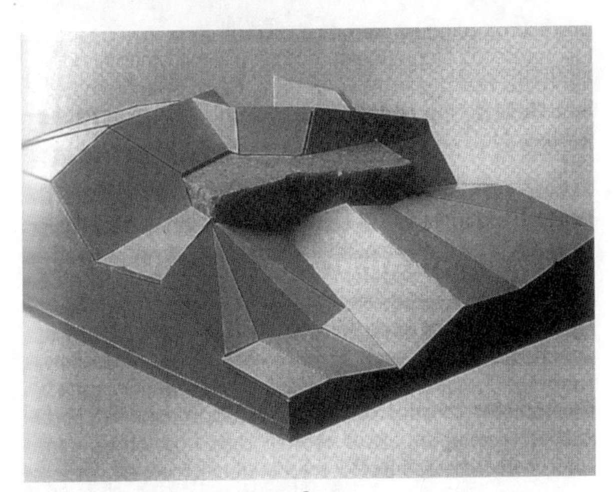

图12–44 折切拼接法制作地形②

- 橡皮泥铸型

橡皮泥也称油泥。虽然其具有油性，但其制作还是属于干操作，而且塑型能力很好，虽然较为昂贵，但还是有不少人用它来塑造地形环境。采用此法应先制作地形骨架，甚至用层叠粘贴的方式将基本地形形态先制作出来，然后用橡皮泥填充或覆盖，产生地形的效果；如果要直接用橡皮泥制作地形也可以，但一般只用于平缓的地形，当遇到起伏较大的地形时，厚重的橡皮泥块易造成自身缓慢的下塌，从而产生误差，影响效果（图12–45）。

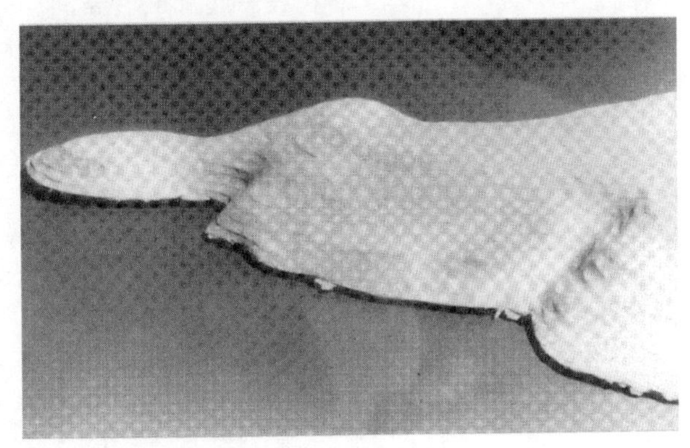

图12–45 橡皮泥法制作地形③

- 石膏铸型

因其湿操作、耗时、易弄脏场地等原因，此法在国内还未被广泛采用，但由于其润湿时塑型能力较强，成为制作地形模型的一种

①~③ 科诺等. 建筑模型制作：模型思路的激发[M]. 2版. 王婧，译. 大连：大连理工大学出版社，2007.

选择。它可以用模具灌制，对制作对象进行多次制作，另外，还可以与其他材料混合，通过喷涂着色，具有与其他材质相似的效果[①]。

4）道路广场、绿地、树木、水体、路灯和小品

- 道路广场

平坦的公路交通系统可直接用喷色漆作底色处理（或者用自己选用的材料整体粘裱），然后将坡地、绿地、人行道、建筑覆盖上去后自然围合成；如表现高低起伏地形中的公路交通系统，一般就得先做好地形，再将其形状剪裁出来粘贴上去。

人行道、广场可采用具有一定质感的材料，如卡纸、水彩纸、皮纹纸等，如能用电脑在上面打印出一些暗纹效果会更好。

- 绿地

一般采用的材料有植绒纸、色纸、仿真草皮纸、绿地粉等，如采用锯木屑，需事先在绿地位置刷上白乳胶，再均匀撒上锯木屑，遮挡后喷色漆对其进行色彩加工[②]。

- 树木

分为抽象树和具象树两种。

首先要确定树在模型比例中的高度，然后根据自己模型的风格来选择采用抽象还是具象的树模型。

抽象树可利用小圆球、牙签、扎筋金属丝、扫帚条、干树枝等材料进行加工处理。

具象树可以购买成品树模型，还可以用碎海绵、袋装海藻等与扎筋金属丝、小树枝一起加工组合。

- 水体

如果水面不大，则可用简单着色法处理；若面积较大，则多用有机玻璃片或有机玻璃板，在其下面可贴色纸，也可直接着色，表示出可泛倒影的水面感觉。若希望水面有动感，则可利用一些反光纹理的透明材料，下面同样着色，给人一种具有流动感的水体效果[③]（图 12–46）。

- 路灯和建筑小品

路灯制作较简易的方法，可直接使用珠端大头针，或者将大头针、铁丝头部折弯，底部套入等齐的电线套管作基座即可。

建筑小品如雕塑、假山、花坛等，做法多种多样，如雕塑、假山可以用碎有机玻璃、切挖的橡皮、橡皮泥、碎石块、粉碎的泡沫颗粒等粘贴组合，再喷色而成。

---

① 郎世奇 . 建筑模型设计与制作 [M]. 3 版 . 北京：中国建筑工业出版社，2013.

② 严翠珍 . 建筑模型：设计 · 制作 · 分析 [M]. 哈尔滨：黑龙江科学技术出版社，1996.

③ ABBS 论坛 .

图 12-46 水体的制作[1]

- 建筑及构筑物

由于本书针对的是景观专业的初学者，所以不对建筑模型的制作进行详细描述，在此仅对景观设计专业中经常使用的方式方法作大致的说明：

在景观设计中出现的建筑物模型一般分为两类：体块模型和标准建筑模型。

A. 建筑体块模型

这是制作工作模型、概念模型、小比例尺度模型或者可忽略细节的模型时常用的建筑物表达形式，按材料分为以下几种[2]：

a. 泡沫切块

材料易得，费用便宜，可利用泡沫板、废弃填箱泡沫等，并用喷色漆的办法上色，或用成品轻质建筑屋面、轻质隔墙夹层中的泡沫保温材料，其色彩有粉红、浅蓝、浅黄等颜色，且质地紧密，切割后的体块效果较好。

由于上述材料相对厚度较大，一般采用电热切割机切割，加工时力道和速度应均匀，太快会使截面粗糙，较慢会熔化材料表面，完成后可用砂纸打磨截面以消除切痕。

b. 木质切块

可用锯、刨等手工制作，也可用电动机具，取材时多选用质软、纹理细密的木材，加工时应尽量沿顺纹方向切割，可减少缺损情况发生。

---

① 郎世奇 . 建筑模型设计与制作 [M]. 3 版 . 北京：中国建筑工业出版社，2013.

② 严翠珍 . 建筑模型：设计 · 制作 · 分析 [M]. 哈尔滨：黑龙江科学技术出版社，1996.

c. 有机玻璃切块

此法复杂而昂贵，需电动机具加工才能完成，一般出现在最终成果模型阶段，但在光线下，特别是人工底光下剔透简洁，通过磨砂处理可形成透光率不一的全透明、半透明等效果。

d. 其他切块

还有橡皮泥、石膏、黏土等形式，由于应用较少，在此不再详叙。

B. 建筑标准模型：

制作步骤以常用的卡纸板模型为例①：

a. 选材：确定卡纸板的质感、厚度和色彩，确定立柱、玻璃等构件材料及其与卡纸板整体的搭配。

b. 分解：将设计图纸分解成若干个平、立面，将其粘裱或刻画到卡纸板上（建议：粘裱使用喷胶最为快捷，刻画最好使用 H、2H 等硬质铅笔）。

c. 切割：先垫上切割垫，切割顺序一般由上至下，由左到右，避免影响已割完的物件；如果材料较厚不能一刀切透，重复切割时要保持与原入刀角度一致，防止出现梯斜面；处理几何形窗角处时应切过头一些，形成交叉切线，从而保证洞口内角的齐整；切割立面连续开窗时，应先将一个方向平行切完后，再完成其垂直方向切割，使开洞效果整齐划一。

另外，如模型要做成可拆解的形式，应事先切割一些相互卡接、支柱嵌入的位置，避免拆解时散架。

d. 粘结：一般为面对面、边对面、边对边三种形式，原则是确保粘结缝隙的严密：面与面间粘合较为简单，可用双面胶带、喷胶、UHU 强力胶快速粘合；边对面的接触面较少，使用 UHU 胶粘结比较紧密；边对边粘结剂用 UHU 强力胶最佳，其胶接有下列几种方式（图 12-47），其中切斜边和预留空边的方式效果最好，直接硬性交接易造成截面与表面质感色彩不一致。

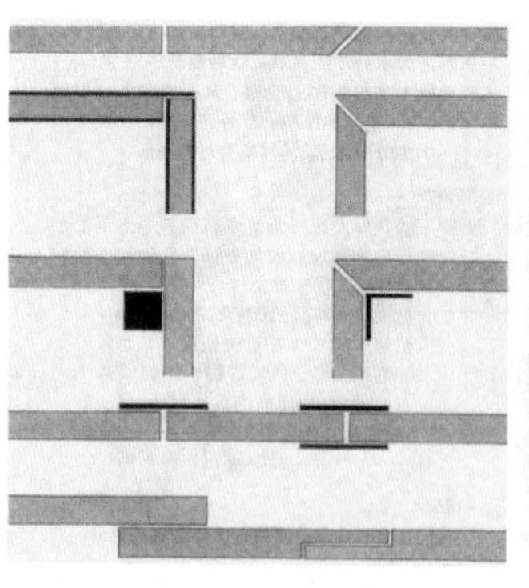

图 12-47　模型构件的粘结方式②

此阶段应先完成建筑主体的工序，其余踏步、阳台、围栏、雨篷、廊柱等应最后组装。

① 郎世奇 . 建筑模型设计与制作 [M]. 3 版 . 北京：中国建筑工业出版社，2013.

② 科诺等 . 建筑模型制作：模型思路的激发 [M]. 2 版 . 王婧，译 . 大连：大连理工大学出版社，2007.

12.3.5 模型摄影方法

模型照片是很重要的，许多人无法见到模型，他们只能通过照片来进行感知和理解作品。与一般摄影有所不同的是，模型摄影在器材的配置，构图选择，拍摄角度，光的使用以及背景处理都有自身的一些特点[①]。

1）常用摄影器材

胶片式单反相机：较为传统的摄影工具，一般使用标准镜头相机即可，有时如果为了追求特殊拍摄效果，可使用微距、变焦和广角镜头。

数码相机（DC）：现在正迅猛普及的摄影器材，如果为常规需要，比如多媒体展示、电脑浏览等，使用300万像素左右分辨率的相机即可，但如果有刊登、印刷等精度较高的专业需要，建议要采用500万像素以上分辨率的相机，并且还应具有可调光圈和快门的功能。

其他设备：三脚架、快门线、照明灯具、背景布、反光板等。

2）拍摄视角和距离

一般来说，设计者应该根据具体情况来选择拍摄视角。在需要看到设计布局和整体全貌时，应该选择高视点，以鸟瞰为主；如需模拟人在景观中的视野，则应采取低视点；如要更详细地表现细部、空间内景等效果，就得采取特殊的角度与距离，甚至还可能需要增加微距、变焦等镜头来增强效果。

3）拍摄光源处理与布置

模型拍摄所利用的光源有两种：一种是自然光下的拍摄，一种是人工光下的拍摄。

在自然光下的拍摄，应选择较好的天气和合理的时间，一般选择在有晴天的上午八点至下午四点之间，这样的太阳照射角度比较理想，不过，正午时间不宜拍摄，因为此时太阳照射角过高。

在人工光下的拍摄，可采用泛光灯、聚光灯等专业器材，如果没有，使用台灯也可以达到效果。如果采用下面的三个布光步骤（简称为“布光三步曲”），不论采用上述哪种光源，几乎可以确保每次布光正确：

第一步：放置主灯

把一盏功率较强的灯作为主光源，一般将其放置在与被摄物成45°角一侧，而且其水平位置通常要比相机高0.6~1m。

第二步：添加辅灯

主灯是为了投下较深的阴影，辅灯是为阴影补充一些光线。将辅灯放在离相机较近，且高于相机的地方，并位于相机一侧与主灯相对，另外，可以根据自己所要的效果，慢慢向后移动辅灯，观察效果，选择最满意的位置。要注意

---

① 美国纽约摄影学院．美国纽约摄影学院摄影教材 [M]. 北京：中国摄影出版社，2010.

的是，辅灯的功率应低于主灯，一般为主灯的 1/3 到 1/2。

第三步：添加背景灯

最后还可以另外增加一盏灯，用于照亮主体身后的背景，使主体从背景中分离出来。在布置背景灯时，可以四处移动，寻找一下效果，并且尝试使用泛光灯和聚光灯两种灯，同时仔细察看不同背景灯产生的不同影调和效果，最终确定最佳效果的布光方案。

12.3.6 本科学生模型作品

本小结选录部分西南交通大学建筑学院风景园林（景观）专业学生模型作品供同学们参考（图 12-48、图 12-49）。

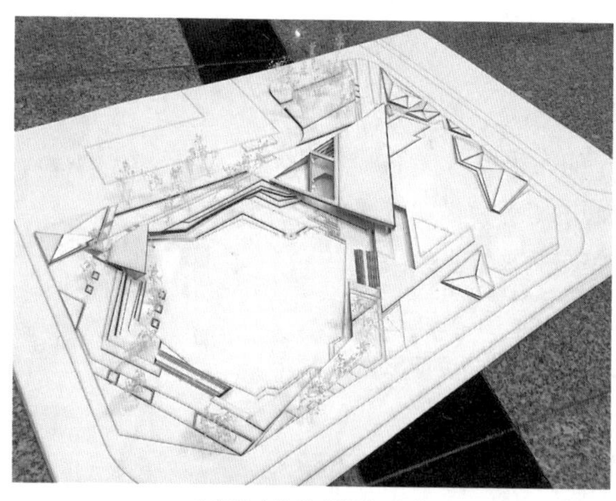

3 年级广场景观设计（A）

3 年级广场景观设计（B）

3 年级广场景观设计（C）

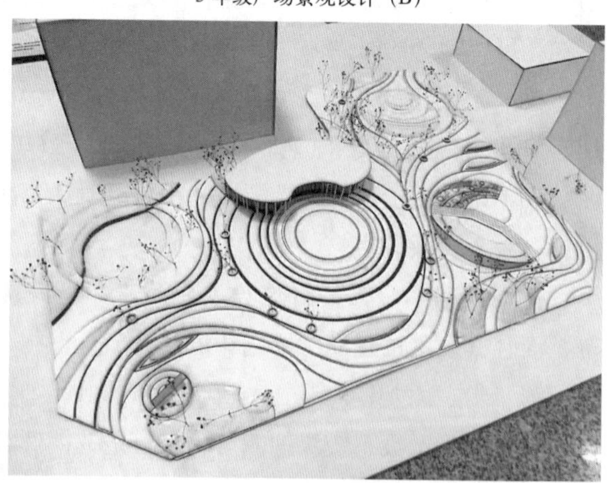

3 年级广场景观设计（D）

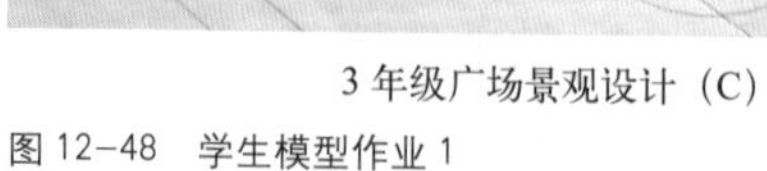

图 12-48 学生模型作业 1

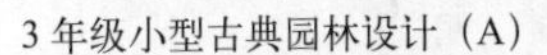

3 年级小型古典园林设计（A）

3 年级小型古典园林设计（B）

3 年级小型古典园林设计（C）

3 年级小型古典园林设计（D）

图 12-49 学生作业模式 2

12.4 计算机技术的应用

12.4.1 应用现状及主要特点

20 世纪 70 年代后，随着计算机技术突飞猛进的发展，其应用范围也迅速扩展到各个专业。当今的景观设计领域中，计算机凭借其强大的表现能力和海量的信息储存能力，已经成为一种不可或缺的设计辅助工具。首先，计算机技术可以应用到景观设计各个阶段的成果表达上：从最初的方案推敲、平面制图，到三维建模渲染、后期效果图的表现，再到动画场景的建立以及互动式多媒体展示，计算机可以帮助设计者精确表达设计成果，提高工作效率。在计算机技术不断发展完善的今天，计算机表达方式正在逐渐趋于生动和充满个性。此外，随着计算机技术的快速发展，计算机在整个设计过程中已经从一个简单的绘图工具演变为一种设计思考的重要依托，例如利用全球定位系统（GPS）对设计范围和道路等的精确定位，利用遥感技术（RS）对场地进行直观分析，利用地理信息系统（GIS）对场地信息进行收集整理和分析，对设计方案正确性的判断等。

作为一种高效率的设计辅助工具，在景观设计实践应用中具有以下优点：

（1）准确性。计算机的景观表现是以客观数据和精确计算为基础的，可以避免在设计过程中主观臆想对客观实际的影响。

（2）可变性。计算机可以对表达内容进行加工修改，具有强大的编辑功能，例如复制、拉伸、改变比例、色彩、形状等，也可使设计者在设计的不同阶段对原有成果加以利用，从而大大提高设计效率。

（3）真实性。计算机可以凭借其在三维表达方面的独特优势，在虚拟空间中真实表现设计方案和成果。可以通过数字三维模型表现设计中的空间形式，所采用的材料等要素。景观主体的光影感受亦能达到准确客观的效果，也可以在不同的角度对同一个场所进行观察，全方位考察设计成果。

（4）生动性。计算机所表达的色彩效果比基于纸面表达的颜料颜色丰富鲜亮得多。同时，计算机对设计方案的表现可以通过动画或互动的方式进行，实现虚拟场景，加强对观众的感观感受。

（5）通用性。设计方案和素材可以在不同软件之间相互转换，具有通用性，这就使不同的设计成果可以综合在一起加以利用，综合表现，特别是对于方案设计和最终设计成果的表现，不同软件的配合使用就更具优势。

12.4.2 硬件配置

计算机系统由硬件和软件两部分组成，硬件是基础，软件是核心。硬件配备应能够满足设计中必要的资料存储、数据计算和检索、图形处理、输入输出功能和人机交互功能（图 12-50）。

12.4.3 常用软件

针对景观设计表现中的常用软件，可以根据其主要的应用方向，将其分为制图软件（如 AutoCAD、MicroStation 等）、三维建模及渲染软件（如 3DS Max、AutodeskVIZ、SketchUP、Maya、Lightscape、Lumion 等）、图像处理软件（如 Photoshop、Coreldraw 等）、文本和多媒体制作软件（如 PowerPoint、Authorware 等）以及虚拟现实制作软件（如 Softimage、Javascript、Turntool 等）。此外，还有一些专门针对园艺设计开发的小型软件如 Landscape、3D Landscape 等。下面对以上一些常用软件进行简要的介绍：

1) AutoCAD

AutoCAD 是由美国 Autodesk 公司于 1982 年开始推出的计算机辅助设计软件，至今已经推出十多个版本，并且仍在不断更新。AutoCAD 主要具有应用广泛、图形功能齐全、用户易学易用、数据安全可靠、软件结构开放、便于

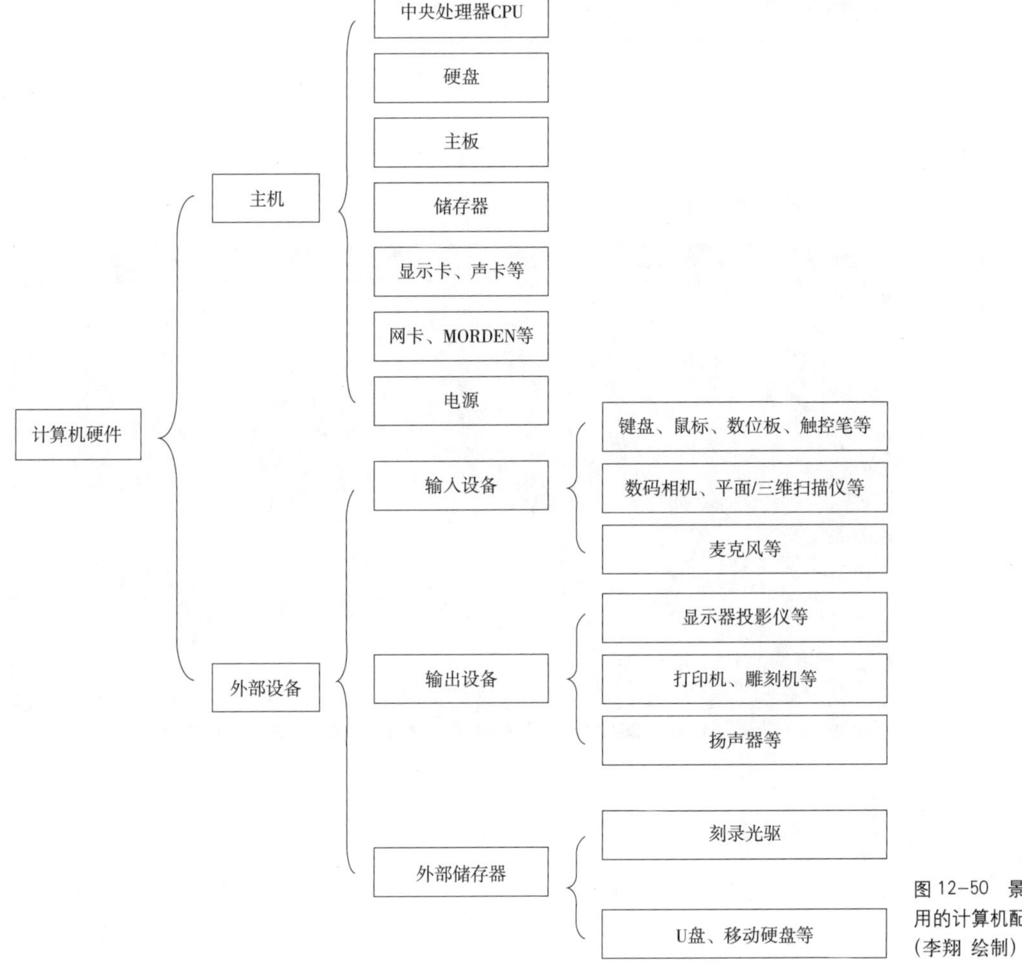

图 12-50 景观设计中常用的计算机配置（李翔 绘制）

数据交换等特点。由于其使用面非常广，今天甚至已经几乎成为计算机辅助设计（CAD）的代名词。

AutoCAD 拥有强大的功能，如绘图功能、编辑功能、三维功能、文件管理功能、数据库的管理与链接、开放式的体系结构等。

绘图功能和编辑功能直接与作图相关。可以利用绘图功能画出基本的直线、圆、圆弧、多边形等，再利用编辑功能中的拷贝、偏移、拉伸、旋转、镜像、阵列等命令对基本图形进行编辑，组成更复杂的形状，加快绘图效率。

设置功能和辅助功能都是为了在绘图时有良好的绘图环境、参数设定和明确的绘图信息，以提高绘图效率。如设置功能可以设定右键功能、图形属性、绘图界限、图纸单位和比例等；辅助功能可以控制显示状态、坐标状态、点位捕捉状态、绘图视区管理、信息查询等。

通过文件管理功能，可以实现文件的新建、保存、打印、输入输出等。

AutoCAD 还具有开放式的体系结构，用户可以在 AutoCAD 的基础上自主开发新的绘图命令或绘图软件，如可自行编制坐标标注插件，在进行景观道路规划中提高效率。并且其数据可在 3DS Max、Lightscape 间转换。

AutoCAD 最初是作为一种二维绘图工具开发的，其较全面的三维绘图功能直到 r14 版本以后才逐步完善，因此，与其他三维建模工具相比较，AutoCAD 在二维绘图方面的优势更为明显（图 12-51）。

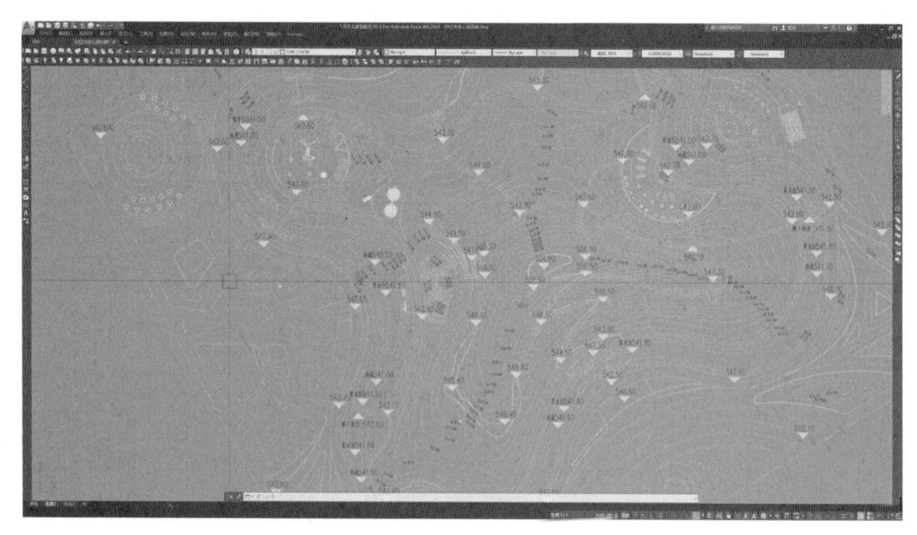

图 12-51　景观设计中 AutoCAD 的应用（李翔 提供）

2）Micro Station

Micro Station 是奔特力（Bentley）公司开发的一款杰出的大型通用软件，Micro Station 在全球范围内都有较为广泛的用户，其影响力甚至不亚于 AutoCAD。然而由于其进入国内市场较晚，在国内设计界其影响力与 AutoCAD 相比较弱。Micro Station 有其自身的特点，如用户界面友好、易学易用、控制灵活；并且在图像兼容、三维造型、着色渲染等方面有更多的优势。

Micro Station 以 DGN 格式文件保存图形信息，并可兼容 AutoCAD 的 CAD 格式文件。

Micro Station 还拥有各种功能强大的工具，可协助设计者完成各种特殊任务，提供较系统的工程数据（图 12-52）。

3）3DS Max

3D Studio Max 简称 3DS MAX，也是由 Autodesk 公司推出的，在 3DS Studio 4.0 基础上发展而来的优秀的三维建模和动画软件，在景观设计领域得到广泛应用。它采用交互式的用户界面形式，使用户只要通过鼠标，适当键入数据，就能制作出精确的三维图形。

在静态的三维模型制作过程中，3D Studio Max 的使用往往分为三个阶段：建立模型、赋予对象材质和贴图、选择相机及机位，设置灯光进行渲染。

在建立模型阶段，3DS Max 提供了多种建立模型的方式，如创建二维形

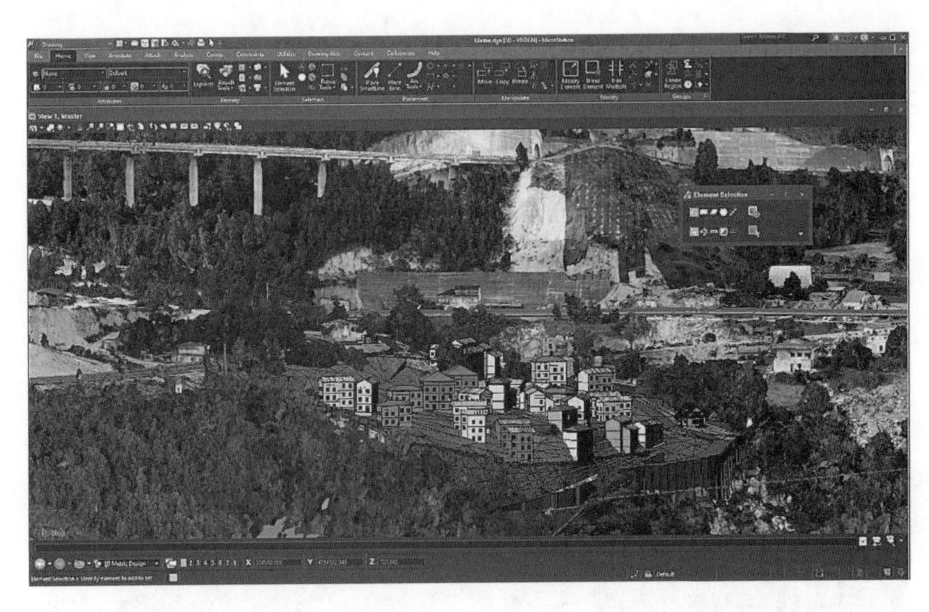

图 12—52 利用 Micro Station 建立的设计方案模型
(来源：Virtuosity.)

体、利用放样造型、三维形体造型，同时也提供了较强大的模型编辑功能，可以对模型的每一个节点进行随意编辑，也可增加或减少编辑节点。3DS Max 也可以将已经建好的模型变成组合对象，或是对模型进行变形和布尔运算，与 CAD 一样，具有镜像、阵列等编辑功能，提高绘图效率（图 12—53）。

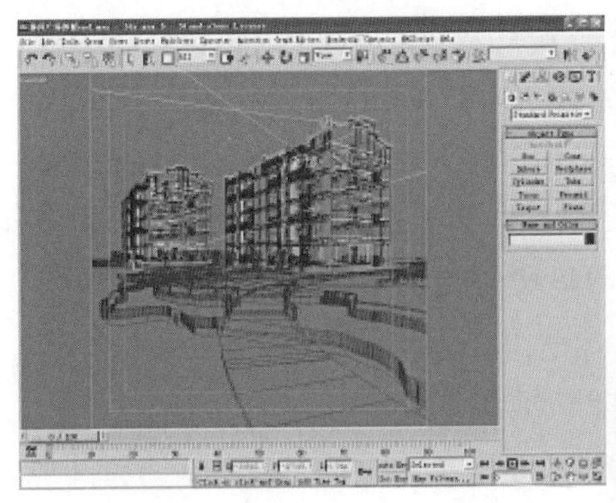

图 12—53 景观设计中 3DS Max 的应用
(时代风云数码图像 提供)

在赋予对象材质和贴图阶段，3DS Max 提供了丰富的基本贴图类型，如凹凸贴图、透明贴图、反射贴图等，也可以将这些贴图方式综合运用和编辑，并可以方便地进行设置材质的大小、坐标定义，材质替换等操作，贴图格式也包含了常用的图片格式，因此 3DS Max 具有较强大的材质和贴图功能。

在选择相机及机位，设置灯光进行渲染的阶段，3DS Max 允许使用多个、多种光源来最大限度地模拟出自然条件下地光环境，创造最逼真地光照效果。并提供各种不同焦距和镜头的备选相机。

3DS MAX 还可以制作较复杂的动画，并将其制作成视频文件输出。但由于其制作过程的复杂性和硬件设施的限制，其应用普及性尚有待提高。

4）SketchUp

SketchUp 是一款专门的三维模型制作和渲染软件，由 Trimble 公司开发。由于采用了特殊的几何体引擎，主要以改变几何体的线和面的空间位置和形态为建模方式（图 12-54）。

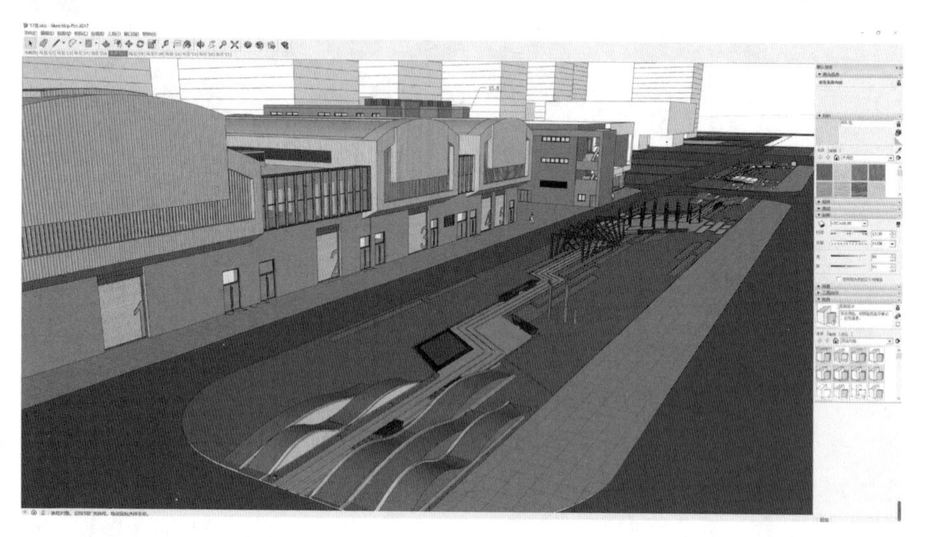

图 12-54 用 SketchUp 建立的三维模型效果（李翔 提供）

SketchUp 的建模方式更为直观，易于掌握和操作，可以适时地观察到模型在制作过程中任意角度的状态，对景观设计方案在三维空间的效果推敲更为直接。同时，SketchUp 可以方便地表现光影和材质效果，所塑造的几何模型可以是粗糙的、甚至带手绘效果的草图，也可以是精密的详图。就渲染的精细度和建模的复杂性来说，SketchUp 不及 3DS MAX，但 SketchUp 更适宜于初期概念方案论证到设计细节的确定，更易于快速表达设计理念。SketchUp 也可以接受 AutoCAD 的 dwg 文件格式和 3DS MAX 的 3ds 文件格式。

5）Rhino

Rhino3D NURBS（Non-Uniform Rational B-Spline 非均匀有理 B 样条曲线），是一个功能强大的高级建模软件；也是三维专家们所说的——犀牛软件。Rhino 是由美国 Robert McNeel 公司于 1998 年推出的一款基于 NURBS 为主三维建模软件。其开发人员 基本上是原 Alias（开发 MAYA 的 A/W 公司）的核心代码编制成员。从设计稿、手绘到实际产品，或只是一个简单的构思，Rhino 所提供的曲面工具可以精确地制作所有用来作为渲染表现、动画、工程图、分析评估以及生产用的模型（图 12-55）。

6）Autodesk VIZ

Autodesk VIZ 是 AutoDesk 特有的渲染工具插件，Autodesk VIZ 提供了适合建筑模型生成的智能化的墙体、门和窗户以及参数化的楼梯、栏杆等，其树木和地形等专用设计工具，更适合景观设计专业的三维场景建立和小尺度精细景观的表现。

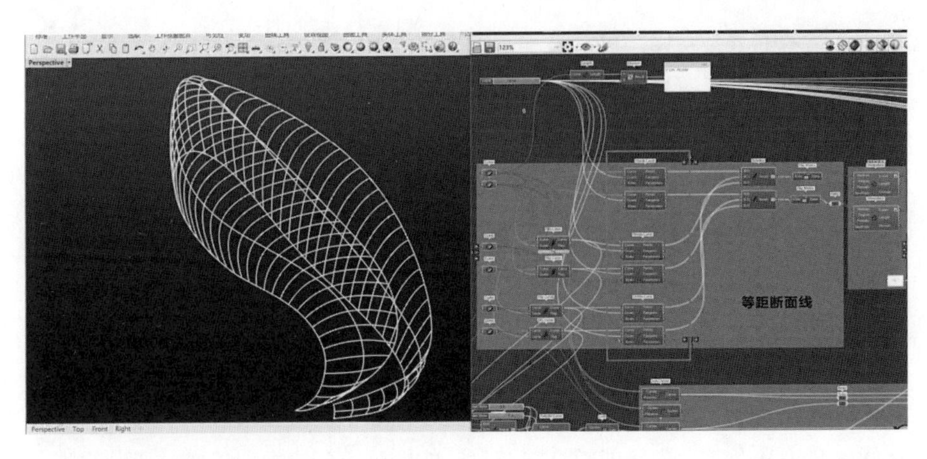

图 12-55　用 Rhino 建立的三维模型效果（李翔 提供）

7）Maya

Maya 拥有先进的动画及数字效果技术，其优势更多体现在对布料、皮肤的模拟、毛发渲染、运动匹配等技术上，还可以进行逼真的动态模拟。在景观模型制作中，可以较轻松地制作复杂、细致、真实的场景，创建具有不规则特点的景观元素，实现逼真的视觉效果（图 12-56）。

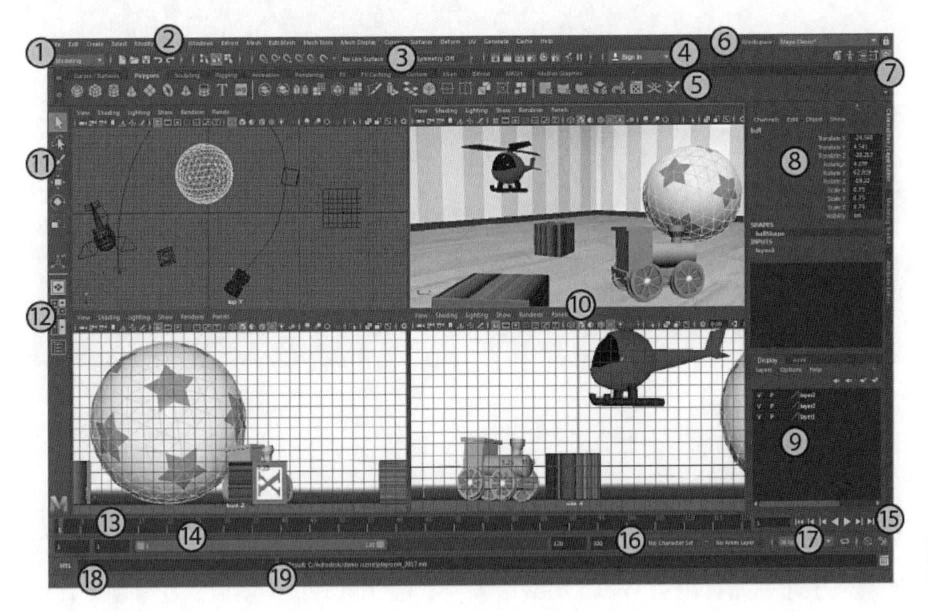

图 12-56　利用 Maya 制作的效果图[①]

8）Lightscap

Lightscape 本身并不具备完善的建模功能，是一款专门的渲染软件，中文名称译为渲染巨匠。该软件用于对三维模型进行精确的光照模拟和灵活方便的可视化设计。Lightscape 是世界上唯一同时拥有光影跟踪技术，光能传递技术

① 图片来源：Autodesk.

和全息技术的渲染软件。可以自动精确模拟漫反射光线在环境中的传递，获得直接和间接的漫反射光线，柔和的阴影及表面的颜色混合效果，简化了在普通渲染器中对场景灯光设定的经验要求。在建筑、景观等设计领域，Lightscape往往和3DS MAX等建模软件配合使用，较广泛地应用于光效要求较高的环境表达中。

9）Lumion

Lumion是一个实时的3D可视化工具，用来制作电影和静帧作品，涉及的领域包括建筑、规划和景观设计。它也可以传递现场演示。Lumion的强大就在于它能够提供优秀的图像，并将快速和高效工作流程结合在了一起，节省时间、精力和金钱。人们能够直接在自己的电脑上创建虚拟现实。通过渲染高清电影比以前更快，Lumion大幅降低了制作时间（图12-57），目前广泛应用于景观设计的静态和动态渲染。

图12-57 利用Lumion制作的景观效果图（李翔 提供）

10）Photoshop

Adobe Photoshop是Adobe公司开发的专业级通用平面图像编辑软件，它为专业设计和图像编辑制作营造了一个功能广泛的工作环境，使人们可以创作出既适于印刷亦可用于Web、无线装置或其他介质的精美图像。在景观设计表现领域，Photoshop凭借其强大的图像处理功能和易学易用性，在图像制作领域占据了主导地位，可以为设计者制作出照片级逼真程度和丰富多样的表现风格的设计效果表现图，同时其矢量绘图功能也在不断地完善中（图12-58）。

Photoshop可以兼容二十多种图像文件，提供了多种形式的图形编辑区域选择模式，如套索选择工具、魔棒选择工具、色彩范围选择工具等；在色彩方面，提供了色彩饱和度、色彩平衡、色彩曲线、色阶、亮度/对比度等等多种调整功能；图层的设定，可以方便使用者在不同的绘图层面对图像内容进行修

图 12-58 景观设计中 Photoshop 的应用
（李翔 提供）

改，最后叠加形成最后效果；蒙版为使用者提供了类似暗房中的蒙版功能，可以对蒙版内的内容进行编辑；强大的滤镜功能使图面能够呈现出不同的艺术效果和阴影、高光等特效。

以上功能使得 Photoshop 在后期渲染中占据了主流地位，往往与 3DS MAX 配合使用。

11）PowerPoint

PowerPoint 是 Microsoft 公司推出的一款多媒体制作软件，主要是针对多媒体动画演示，以幻灯片的方式进行播放，是 Microsoft Office 软件的一个组成部分。由于 Microsoft Office 的广泛应用，加上 PowerPoint 本身的易学易用性，因此，PowerPoint 几乎成为国内进行多媒体幻灯演示的标准版本。PowerPoint 可以轻松地对幻灯片内容、背景、声音、演示方式等进行编辑制作，亦可链接网上资源、本地多媒体资源（图 12-59）。

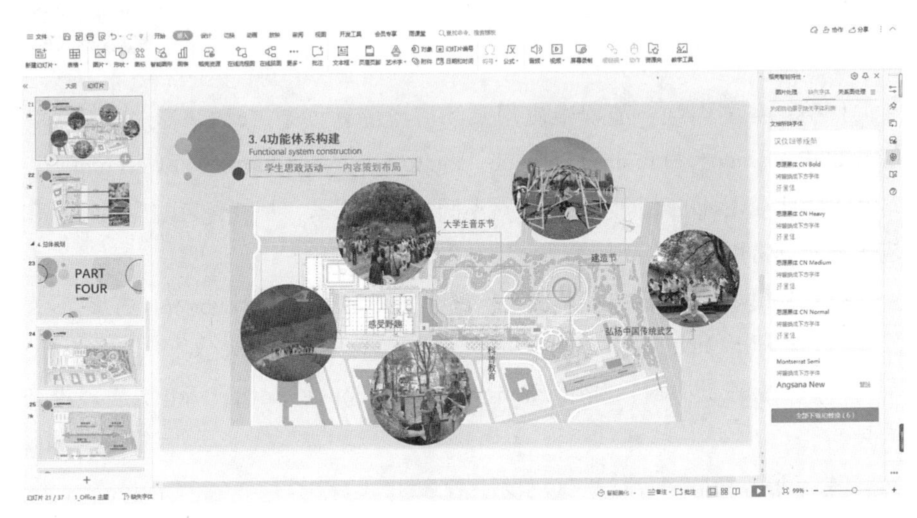

图 12-59 PowerPoint 在景观设计作品演示中的应用
（李翔 提供）

12）Authorware

Authorware 是美国 Marcromedia 公司推出的优秀多媒体制作工具，在专业的多媒体开发商家中应用广泛。该软件可以使用多种信息，如图像、文本、动画、数字电影和声音等来创作一个交互式演示程序，可以在演示过程中较充分地实现人机互动，其成果也可以制作为独立地可执行文件，并在网上发布。

12.4.4 综合应用

在一项完整的景观设计工作过程中，不可能仅靠一种软件就出色完成从方案到施工图的整个设计过程的表达工作，而需要综合运用多种设计辅助软件；在每个不同的阶段，又往往会倾向于利用某一种软件自身的表现特点，作为主要的辅助手段。计算机技术在景观设计表达过程中的应用如图 12-60 所示。

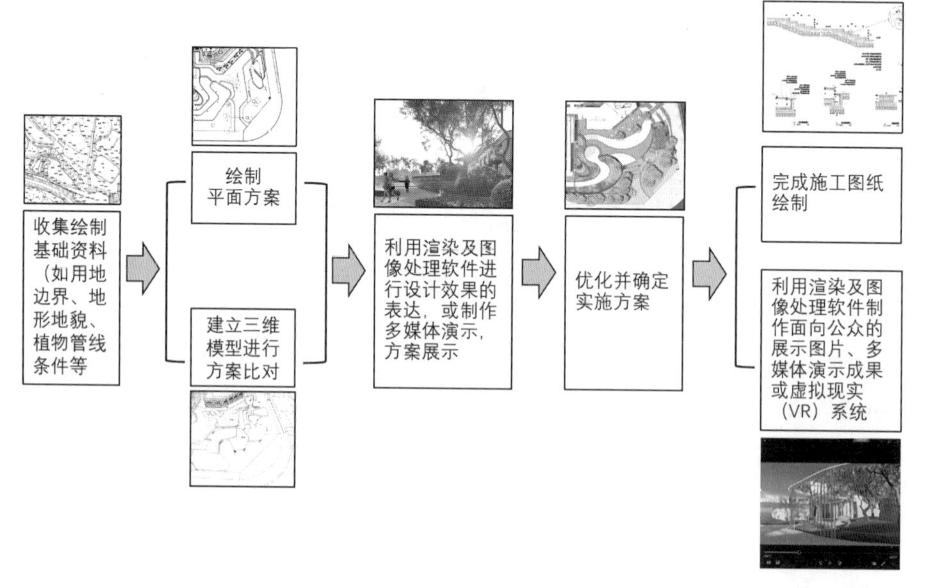

图 12-60 计算机技术在景观设计表达过程中的应用
（李翔 绘制）

目前，在国内这一流程中应用最为广泛的软件是 AutoCAD、3D MAX、SketchUP、Rhino、Lumion、Enscape、Photoshop、Coreldraw、PowerPoint 等，这几种软件在设计的不同阶段，针对不同的表达需求，都有各自的应用特点和应用方式。常用的软件及其景观设计过程中的应用如下：

（1）利用 AutoCAD 绘制基础条件图，并在此基础上绘制出设计方案。

（2）利用 SketchUP，Rhino 等建立三维草模、进行方案比对。

（3）确定设计方案，利用 Lumion、Photoshop 和 PowerPoint 等表现设计效果。

（4）利用 AutoCAD 绘制景观设计施工图。

12.5 初步设计及施工图表达

在全程化的景观设计周期中，景观的初步设计和施工图设计都属于设计实施阶段的技术图纸（见图 12-61），只是表达的设计深度和侧重点有所区别，都遵从相同的设计制图表达标准。

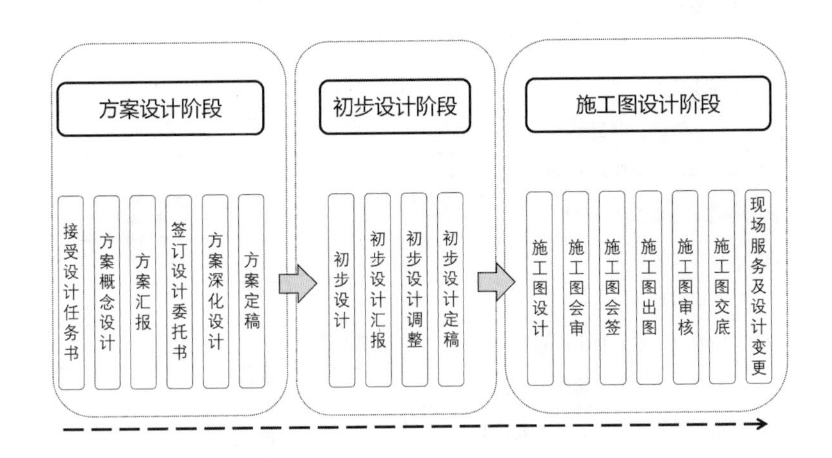

图 12-61 设计流程示意（李翔 绘制）

12.5.1 施工图设计的目标与成果

景观施工图设计，是在方案设计确定后，根据设计方案内容和要求，设计人员遵循设计流程和制图标准，绘制设计技术图纸，把设计意图准确完整表达出来，作为工程施工建设的指导和依据的过程。它是设计和施工工作开展的桥梁。景观施工图阶段的工作主要包括前期准备、中期绘图、后期现场服务。作为该阶段成果的施工图的表现非常重要，施工图绘制要准确明了、通俗易懂，设计越是复杂，施工图的逻辑越是需要清晰严密。一套线型粗细合理、颜色浓淡协调、标注清晰、排版整洁、没有错字和缺图的施工图，本身就是一件艺术品。学习景观施工图的设计流程、表达内容和制图标准，能为我们完成高水平的施工图设计成果奠定基础。设计图纸内容表达包括三大版块：设计目录和说明、总平面图、节点大样图和通用标准图。具体内容成果体系见表 12-8。

施工图内容（李翔自绘）　　表 12-8

专业	图纸内容	分项图纸
土建	设计说明	
	图纸目录	
	总平面图	1）总平面索引图；2）总平面尺寸图；3）总平面放线图；4）总平面竖向图；5）总平面铺装索引图；6）总平面小品布置图
	标准通用图	1）节点标准作法；2）铺装标准作法

续表

专业	图纸内容	分项图纸
土建	铺装详图平面	
	节点详图	1）平面图；2）立面图；3）剖面图；4）大样图（构造节点详图）
植物	设计说明	
	图纸目录	
	植物种植详图	
	乔木配置总平面图	
	乔木放线总平面图	
	灌木地被配置总平面图	
	灌木地被放线总平面图	
给水排水	设计说明	
	图纸目录	
	给水（排水）总平面图	含灌溉总平面图
	给水（排水）系统图	
	给排水设备及管井节点大样图	
电气	设计说明	
	图纸目录	
	强电设计总平面图	动力用电及照明用电等
	弱电设计总平面图	背景音乐、安防、通信等
	相应的系统图	
	设备及管井节点大样图	
其他		

景观施工图设计应该完整表达从总平面到细部构造措施、从土建硬质景观、软景植物到设备管线工程的所有内容，尽量做到图纸对设计内容覆盖完整，简明清晰，表达规范，无错漏碰缺。

12.5.2 施工图设计的制图标准

设计图纸要按照统一的制图标准来表达，这种统一的标准有利于设计者准确传达设计意图，也便于识图者准确理解设计意图。为了在景观制图中获得最佳秩序，在结合景观设计特点和遵守技术制图统一规则的前提下，针对景观制图中共同遵循的要求和重复使用的事务，目前我国制定了《风景园林制图标准》CJJ/T 67—2015 作为景观设计制图的主要执行标准。景观专业在进行施工图设计表达时，应当遵循《标准》要求。

《风景园林制图标准》中，包括与景观相关的“基础标准”与“通用标准”，是技术制图通用的基本规定。其中图幅规格、图线、比例、字体等，属于“基础标准”范畴，与国家标准制图规范和建筑制图规范相匹配；指北针、风向玫瑰、地形线、用地红线等建筑、规划领域内通用的制图基本规定则属于“通用标准”范畴。此外，“风景园林规划”与“风景园林设计”则是属“专用标准”层面。在《风景园林制图标准》这2部分针对景观规划类与设计类图纸特征，结合方案、扩初、施工图3个阶段的深度要求，分别规定有其表达方式、图例图示等。作为初学者，应该建立规范制图的观念，掌握制图规范要求，熟练应用一些基础的制图标准。

以下就制图中最基础常用的一些规定和标准作列举说明。（规范内容摘引自《风景园林制图标准》CJJ/T 67—2015以及《房屋建筑制图统一标准》GB/T 50001—2017）。

1）图幅图框

施工图图幅标准以A0最大，以对折规格逐次减小至A4图幅。在图纸内容偏长时，可采用加长图幅，一般以加长1/4，1/2，3/4长边的比例加长。制定标准图幅规格，是便于图纸折叠装订和展开使用，非标图幅不便收纳归档。图幅内图框边缘有一侧距离图幅边缘更宽，以图纸便于装订（图12-62）。

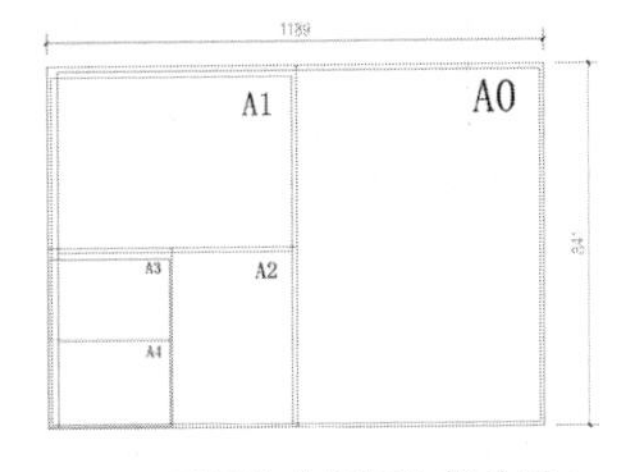

不同大小图幅比例关系

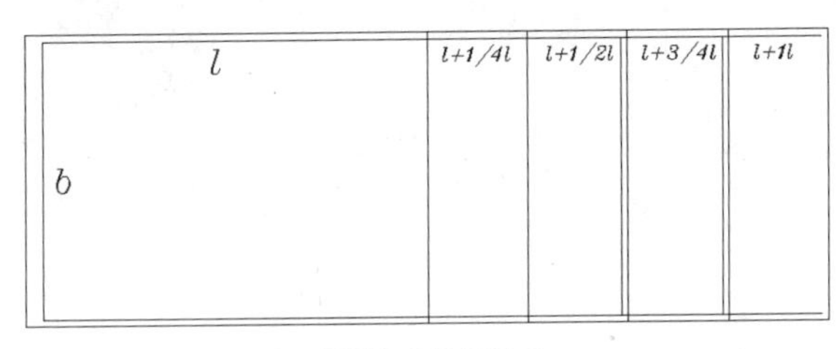

图幅加长比例关系

图12-62 图幅规格示意（李翔 整理）

2）图纸布局和内容

3）不管采用横式或立式布局，施工图图纸一般都包括以下4个内容分区：①制图区：设计内容表达；②索引图区：图纸内容索引示意；③标题栏区：包括项目名称、设计单位人员、图名图号等内容；④图章区：设计单位印章签盖（图12-63）。

4）绘图比例

绘图所用的比例，应根据图样的用途与被绘对象的复杂程度，按常用比例选用，尽量避免非标准比例。表12-9是一些图纸内容的常用比例。一个图幅内也可以并存多个不同的绘图比例。

施工图常用比例（李翔整理） 表12-9

	常用比例	可用比例
总图	1 : 300　1 : 400　1 : 500　1 : 600	1 : 750　1 : 1000　1 : 2000
园林详图	1 : 100　1 : 200　1 : 300	1 : 150　1 : 250

续表

	常用比例	可用比例
铺装大样图	1 : 50　1 : 100	1 : 75
小品平立面图	1 : 30　1 : 50　1 : 20　1 : 10	1 : 15　1 : 25　1 : 40　1 : 60　1 : 100
小品详图	1 : 20　1 : 10　1 : 5	1 : 15　1 : 6　1 : 4　1 : 3　1 : 2

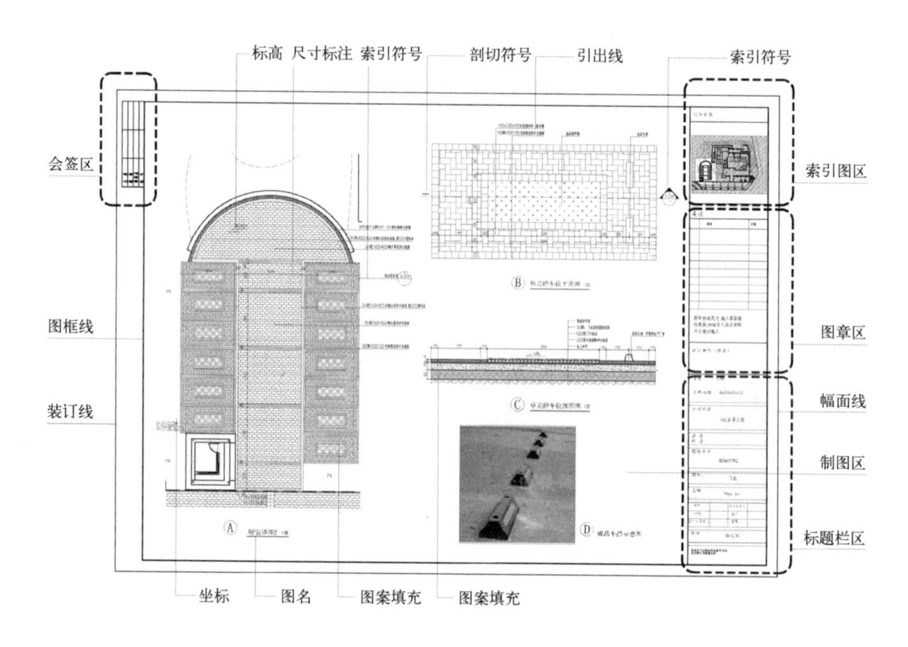

图 12-63　图纸布局及内容示意
（李翔 提供）

5）字体和文字

施工图中的图样和说明等内容的字体一般宜采用长仿宋体，也就是字高与字宽之比为$\sqrt{2}$，常用字体高度也以$\sqrt{2}$为倍数按模数增长，从 3.5mm、5mm、7mm……到 20mm。图纸中的大标题、封面文字等字体可以采用其他字体，但也要求清晰端正易于辨认。以下是常用文字高宽尺寸（表 12-10）。

施工图常用文字高宽尺寸（李翔整理）（mm）　　表 12-10

字高	3.5	5	7	10	14	20
字宽	2.5	3.5	5	7	10	14

6）线宽线型

施工图标准对图样的线宽线型都有一定要求，以保证图面层次清楚，内容准确。线宽也是以$\sqrt{2}$为倍数在基础宽度上按模数递增。以 1mm 作基础线宽为例，所对应的细线、中线、中粗线、粗线宽度分别为 0.25、0.5、0.7 和 1.0mm。实线、虚线、点划线等线型也对应一定的图样内容。以下是常用线宽和实、虚线线型对应表（表 12-11）。

施工图常用线型及用途示意（李翔整理） 表 12-11

名称		线型	线宽	用途
实线	粗线	————————	b	主要可见轮廓线
	中粗线	————————	0.7b	可见轮廓线、变更云线
	中线	————————	0.5b	可见轮廓线、尺寸线、引注线等
	细线	————————	0.25b	图例填充线、家具线等
虚线	粗线	…………………………	b	见各专业制图标准
	中粗线	…………………………	0.7b	不可见轮廓线
	中线	…………………………	0.5b	不可见轮廓线、图例线
	细线	…………………………	0.25b	图例填充线、家具线等
点划细线		-·-·-·-·-·-·-	0.25b	中心线、对称线、轴线等

7）尺寸标注

景观施工图的尺寸标注规定参考《房屋建筑制图统一标准》，对于尺寸线、尺寸界线、尺寸起止符号和尺寸数字等的形式、大小、样式都有相应规定的，如图 12-64 所示。

8）符号标注

除尺寸标注外，施工图中还有标高、坡度、剖切、索引、详图等等符号，同样在《房屋建筑制图统一标准》中对它们的形式、大小、样式、表述意义等，都有明确的规定，在施工图绘制中也应当按规范表达（图 12-65）。

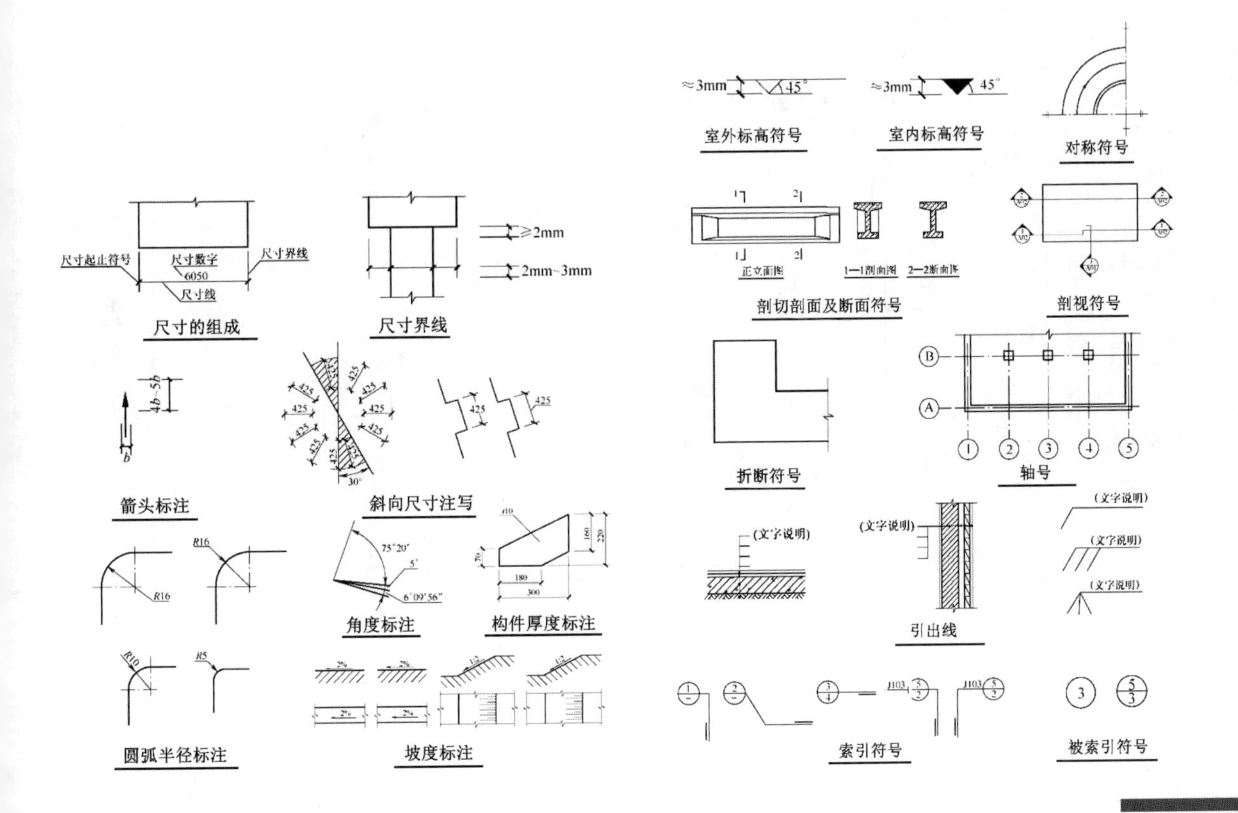

图 12-64 尺寸标注规定示意（左）（李翔 整理）

图 12-65 符号标注规定示意（右）（李翔 整理）

9）图例与图案

施工图中出现的各种图例与图案也应该遵循制图标准的规定，以准确清晰传达设计意图。在土建、小品设施、设备管线、材料植物等内容方面，统一规范的图例与图案应用可以减少设计说明需要并提高图纸表达准确性。图 12-66 是部分图例图案示意。

序号	名称	图例	备注
1	自然土壤		包括各种自然土壤
2	夯实土壤		—
3	砂、灰土		—
4	砂砾石、碎砖三合土		—
5	石材		—
6	毛石		—
7	实心砖、多孔砖		包括普通砖、多孔砖、混凝土砖等砌体

常用建筑材料图例

材质名称	图示图例		
	平面	立面	剖面
毛石			
砖			

材质填充图案图例

设施名称	图示图例
喷泉	
雕塑	
饮水台	
园灯	一般园灯 壁灯
指示牌	
垃圾桶	
围墙	
栅栏	

景观小品设施图例

设施名称	图示图例
护坡/堤	
挡土墙	挡土的一边 墙面
排水明沟	用于较大比例的图 用于较小比例的图
有盖排水沟	用于较大比例的图 用于较小比例的图
雨水井	
消火栓井	
喷灌点	
台阶	
斜坡	

工程设施图例

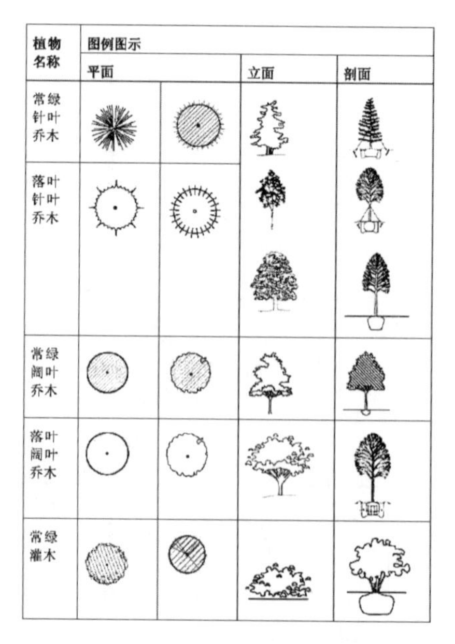

植物图例

图 12-66 图例与图案规定示意
（李翔 整理）

景观设计施工图中内容图样的构图布局也会影响施工图的表现品质和识图质量。好的施工图图面表达应当内容布局饱满、均衡，比例恰当，文字和图样大小适宜，层次清晰；反之，施工图内容布局随意、杂乱、字体图样不规范，则识图难度增大，易影响施工质量。由此，设计人员需要具备较高的专业能力和责任意识，也要掌握其他专业知识，融入创新型设计理念，切实提升景观施工图设计规范性和合理性。

以下是成都市城市森林公园一景观项目设计部分施工图纸示例（图 12-67）。

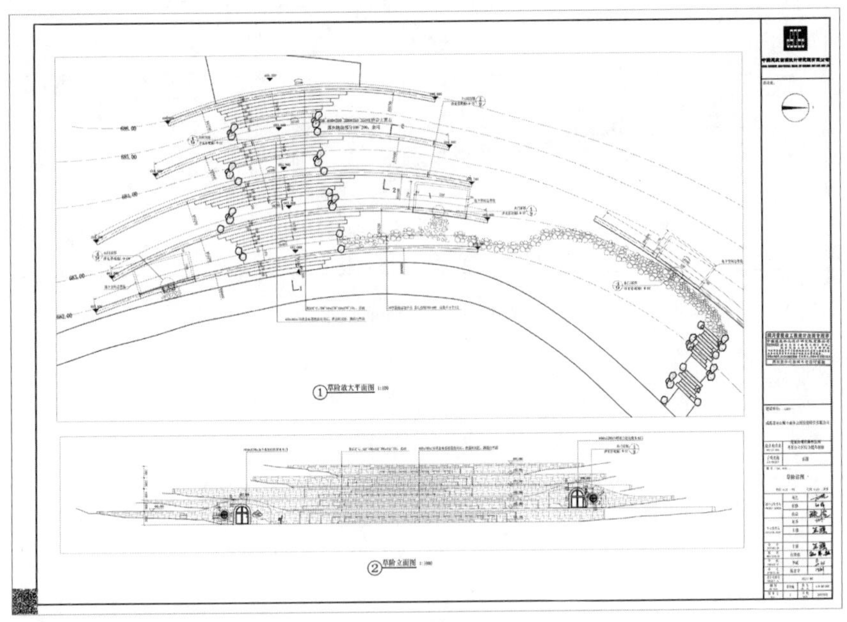

施工图总平面图实例

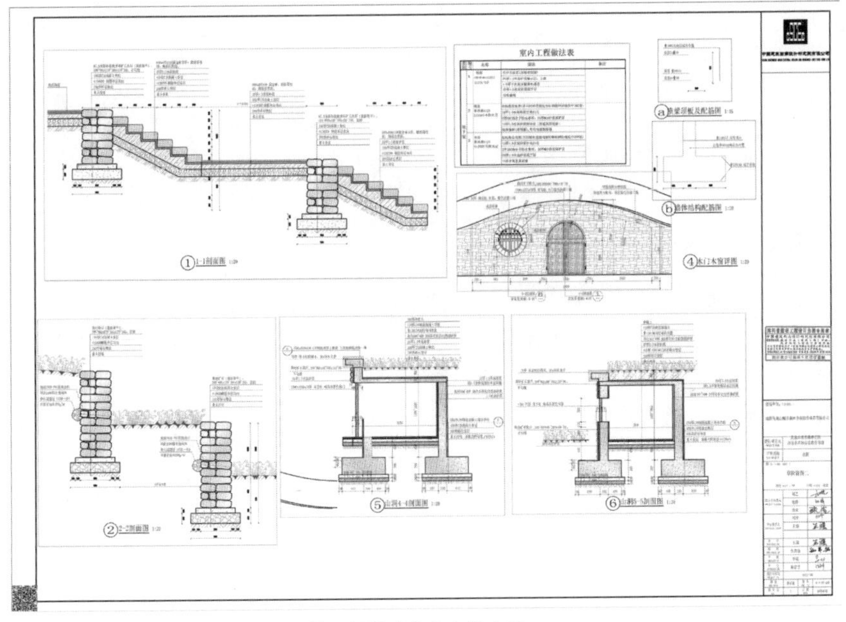

施工图构造节点大样实例一

图 12-67 成都市城市森林公园丹景台片区综合提升景观项目设计部分施工图示例

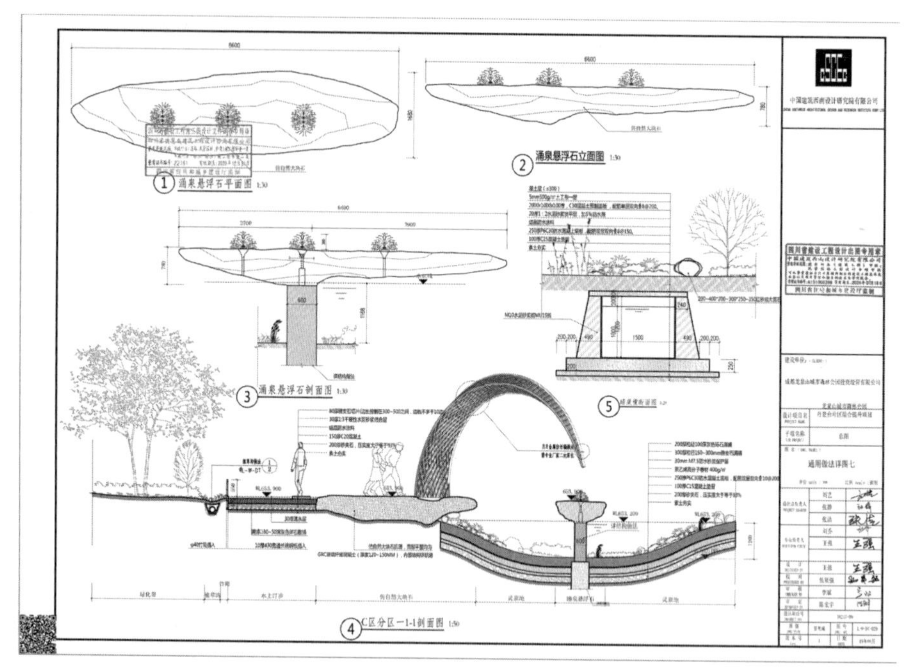

施工图构造节点大样实例二

图 12-67　成都市城市森林公园丹景台片区综合提升景观项目设计部分施工图示例（续）（中国建筑西南设计院有限公司 提供）

参考文献

一、学术著作

[1] Naveh Z，Liberman. Landscape Ecology：Theory and Application（second edition）[M]. New York：Springer-Verlag. 1993.

[2] 俞孔坚 . 景观：文化生态与感知 [M]. 科学出版社，2011.

[3] 俞孔坚，李迪华主编 . 景观设计 专业学科与教育 [M]. 北京：中国建筑工业出版社，2003.

[4] 弗雷德里克 · 斯坦纳 . 生命的景观：景观规划的生态学途径 [M]. 周兴年，李小凌，俞孔坚，等，译 .2 版 . 北京：中国建筑工业出版社，2004.

[5] 上海市高校《马克思主义哲学基本原理》编写组 . 马克思主义哲学基本原理 [M]. 10 版 . 上海：上海人民出版社，2018.

[6] 爱德华 . 泰勒 . 原始文化 [M]. 连树声，译 . 南宁：广西师范大学出版社 . 2005.

[7] 徐鸣 . 企业思想工程学 [M]. 成都：巴蜀书社，1989.

[8] Hunt，J.D.Greater Perfection：the practice of garden theory [M]. London：Thames & Hudson，2004.

[9] Buchwald，K. Engelhart，W.（Eds）. 1968，Hundback fur Lands-chaftpflege und Naturschutz.Bd. 1.Grundlagen.BlV Verlagsgesellschaft，Munich Bern，Wien.

[10]（东汉）许慎 . 说文解字 . 北京：中华书局出版社，2013.

[11]（西周）周公旦 . 邓启铜，诸华注释 . 周礼 [M]. 北京：北京师范大学出版社，2019.

[12]（西汉）司马迁 . 史记 [M]. 北京：中华书局出版社，2006.

[13]（战国）孟子，万丽华，蓝旭注释 . 孟子 [M]. 北京：中华书局出版社，2006.

[14]（东汉）赵岐等撰，（清）张澍辑，陈晓捷注 . 三辅决录 · 三辅故事 · 三辅旧事 [M]. 西安：三秦出版社，2006.

[15] 安怀起 . 中国园林史 [M]. 上海：同济大学出版社，1991.

[16] 潘谷西 . 中国建筑史 [M]. 5 版 . 北京：中国建筑工业出版社 . 2004.

[17]（北齐）魏收 . 魏书 · 释老志 .

[18] 张家骥 . 中国造园史 [M]. 哈尔滨：黑龙江人民出版社 . 1987.

[19]（唐）魏征 . 隋书 .

[20]（唐）杜宝 . 大业杂记 .

[21] 周维权 . 中国古典园林史 [M]. 3 版 . 北京：清华大学出版社 . 2008.

[22] 赵长庚 . 西蜀历史文化名人纪念园林 [M]. 成都：四川科学技术出版社 . 1989.

[23] 封云，林磊 . 公园绿地规划设计 [M]. 2 版 . 北京：中国林业出版社 . 2004.
[24] 梁明，赵小平，王亚娟 . 园林规划设计 [M]. 北京：化学工业出版社，2006.
[25] 郦芷若，朱建宁 . 西方园林 [M]. 郑州：河南科学技术出版社，2001.
[26] 衣学慧 . 园林艺术 [M]. 北京：中国农业出版社 . 2006.
[27] 刘滨谊 . 现代景观规划设计 [M]. 南京：东南大学出版社 . 1999.
[28] Loudon，J.C.，Repton，H. The Landscape Gardening and Landscape architecture of the Late Humphry Repton [M]. London：Edinburgh ，Longman，1840.
[29] Downing，AJ. A Treatise on the Theory and Practice of Landscape Gardening，Adapted to North America；with a View to the Improvement of Country Residences [M]. New York，1841.
[30] Laurie，M. An Introduction to Landscape Architecture[M]. New York ：American Elsevier Pub. Co. 1975.
[31] 麦克哈格 . 设计结合自然 [M]. 芮经纬，译 . 北京：中国建筑工业出版社，1992.
[32] Koos Bosma and Helma Hellinga.Mastering the City，North-European City Planning 1900-2000[M]. NAI Publishers，1997.
[33] 王向荣，林菁 . 西方现代景观设计的理论与实践 [M]. 北京：中国建筑工业出版社，2002.
[34] 柳尚华 . 中国风景园林当代五十年 1949-1999[M]. 北京：中国建筑工业出版社，1999.
[35] 刘滨谊 . 自然原始景观与旅游规划设计——新疆喀纳斯湖 [M]. 南京：东南大学出版社，2002.
[36] 邱建等 . 震后城乡重建规划理论与实践 [M]. 北京：中国建筑工业出版社，2018.
[37] 邱建，曾九利，等 . 天府新区规划——生态理性规划理论与实践探索 [M]. 北京：中国建筑工业出版社，2021.
[38] 朱均珍 . 香港园林史稿 [M]. 香港：三联书店（香港）有限公司，2019.
[39] 约翰 · O · 西蒙兹 . 景观设计学——场地规划与设计手册 [M]. 俞孔坚，王志芳，孙鹏，等，译 . 北京：中国建筑工业出版社，2000.
[40] 格奥尔格 · 威廉 · 弗里德利希 · 黑格尔 . 美学（第一卷）[M]. 朱光潜，译 . 北京：商务印书馆，1979.
[41] 陈从周 . 说园 [M]. 上海：同济大学出版社 . 2007.
[42] 刘先觉 . 现代建筑理论 [M]. 2 版 . 北京：中国建筑工业出版社 . 2008.
[43] 张祖刚 . 世界园林发展概论——走向自然的世界园林史图说 [M]. 北京：中国建筑工业出版社，2003.
[44] 周武忠 . 寻求伊甸园——中西古典园林比较 [M]. 南京；东南大学出版社 . 2001.
[45] 汤懋苍等 . 理论气候学概论 [M]. 北京：气象出版社 . 1989.
[46] 彭少麟等 . 恢复生态学 [M]. 北京：科学出版社，2020.
[47] 老子 . 道德经 [M]. 北京：光明日报出版社，2012.
[48] 孔子 . 论语 [M]. 刘胜利，译 . 北京：中华书局出版社，2006.
[49] 王淑莹，高春娣 . 环境导论 [M]. 北京：中国建筑工业出版社 . 2004.
[50] 卢圣：植物造景 [M]. 北京：气象出版社，2004.
[51] 胡长龙 . 园林规划设计 [M]. 北京：中国农业出版社，2003.
[52] 王晓俊 . 风景园林设计 [M]. 江苏：江苏科学技术出版社 . 2000.
[53] 苏雪痕 . 植物造景 [M]. 北京：中国林业出版社，1994.
[54] 宋永昌 . 植被生态学 [M]. 上海：华东师范大学出版社，2004.

[55] 刘建斌 . 园林生态学 [M]. 北京：气象出版社，2005.
[56] 陈玮 . 园林构成要素实例解析 . 植物 [M]. 沈阳：辽宁科学技术出版社，2002.
[57] 王庆菊，孙新政 . 园林苗木繁育技术 [M]. 北京：中国农业大学出版社，2007.
[58] 郭学望，包满珠 . 园林树木栽植养护学 [M]. 中国林业出版社，2004.
[59] 王玉晶，杨绍福，王洪力，陶延江，城市公园植物造景 [M]，沈阳：辽宁科学技术出版社；2003.
[60] 凯文 · 林奇 . 城市意象 [M]. 方益萍，何晓军，译 . 北京：华夏出版社 . 2017.
[61] 芦原义信 . 外部空间设计 [M]. 尹培桐，译 . 北京：中国建筑工业出版社，1985.
[62] 贺业钜 . 中国古代城市规划史 [M]. 北京：中国建筑工业出版社，1996.
[63] 刘滨谊 . 城市道路景观规划设计 [M]. 南京：东南大学出版社，2002.
[64] 刘永德等 . 建筑外环境设计 [M]. 北京：中国建筑工业出版社，1996.
[65] 陈祺，陈忠明 . 景观小品图解与施工 [M]. 北京：化学工业出版社，2008.
[66] 周武忠，瞿辉等 . 园林植物配置 [M]. 北京：中国农业出版社，1999.
[67] 陈有民 . 园林树木学 [M]. 北京：中国林业出版社，1992.
[68] 毛龙生 . 观赏树木学 [M]. 南京：东南大学出版社，2003.
[69] 张吉祥 . 园林植物种植设计 [M]. 北京：中国建筑工业出版社，2001.
[70] 康亮 . 园林花卉学 [M]. 北京：中国建筑工业出版社，2008.
[71] 刘师汉，胡中华 . 园林植物种植设计及施工 [M]. 北京：中国林业出版社，1988.
[72] 李振基 . 生态学 [M]. 科学出版社，2014.
[73] 金煜 . 园林植物景观设计 [M]. 2 版 . 沈阳：辽宁科学技术出版社，2015.
[74] 伍光和，王乃昂，胡双熙，田连恕，张建明 . 自然地理学 [M]. 4 版 . 北京：高等教育出版社，2008.
[75] 张志全，王艳红，杨立新，李刚 . 园林构成要素实例解析 水体 [M]. 沈阳：辽宁科学技术出版社，2002.
[76] (明) 计成、陈植注释 . 园冶注释 [M]. 2 版 . 北京：中国建筑工业出版社，1988.
[77] 刘庭风 . 中国古典园林平面图集 [M]. 北京：中国建筑工业出版社，2008.
[78] 丹尼斯等 . 景观设计师便携手册 [M]. 俞孔坚，等，译 . 北京：中国建筑工业出版社，2002.
[79] 宋希强 . 风景园林绿化规划设计与施工新技术实用手册 [M]. 北京：中国环境科学出版社，2002.
[80] 哈维 · M · 鲁本斯坦 . 建筑场地规划与景观建设指南 [M]. 李家坤，译 . 大连：大连理工大学出版社，2001.
[81] 丰田幸夫 . 风景建筑小品设计图集 [M]. 黎雪梅，译 . 北京：中国建筑工业出版社，1999.
[82] 刑日瀚 . 景观黑皮书 [M]. 香港：香港科文出版公司，2006.
[83] 陈祺，周永学 . 植物景观工程图解与施工 [M]. 北京：化学工业出版社，2008.
[84] 奇普 · 沙利文 . 景观绘画 [M]. 2 版 . 马宝昌，译 . 大连：大连理工大学出版社，2001.
[85] 刘宏 . 建筑室内外设计表现创意与技巧 [M]. 合肥：安徽科学技术出版社 . 2000.
[86] 季富政 . 中国羌族建筑 [M]. 成都：西南交通大学出版社，2000.
[87] 夏麦梁 . 建筑画——马克笔表现 [M]. 南京：东南大学出版社，2004.
[88] 格兰 .W. 雷德 . 景观设计绘图技巧 [M]. 王俊，等，译 . 合肥：安徽科技出版社，1998.
[89] 麦克 .W. 林 . 建筑绘图与设计进阶教程 [M]. 魏新，译 . 北京：机械工业出版社，2004.

[90] 吉姆．雷吉特．绘画捷径：运用现代技术发展快速绘画技巧 [M]. 田宏，译．北京：机械工业出版社，2004.
[91] 科诺等．建筑模型制作：模型思路的激发 [M]. 2 版．王婧，译．大连：大连理工大学出版社，2007.
[92] 郎世奇．建筑模型设计与制作 [M]. 3 版．北京：中国建筑工业出版社，2013.
[93] 严翠珍．建筑模型：设计 · 制作 · 分析 [M]. 哈尔滨：黑龙江科学技术出版社，1996.
[94] 美国纽约摄影学院．美国纽约摄影学院摄影教材（上册）[M]. 北京：中国摄影出版社，2010.

二、学术论文

[95] 严国泰，陶凯．景观资源学的学科特点及其课程结构 [C]. //2005 国际景观教育大会论文集．2005.
[96] 许浩．空间信息科学的发展对景观规划设计的影响．2005 国际景观教育大会论文集 [C]. 上海：2005. 10.
[97] 周向频．欧洲现代景观规划设计的发展历程与当代特征 [J]. 城市规划汇刊，2003（04）.
[98] 贾刘强，邱建．浅析景观建筑学之专业内涵 [J]. 世界建筑，2008（1）.
[99] 孙筱祥．风景园林（Landscape Architecture）[J]. 中国园林．2002（4）.
[100] 邱建，江俊浩，贾刘强．汶川地震对我国公园防灾减灾系统建设的启示 [J]. 城市规划，2008（11）：72-77.
[101] Davorin Gazvoda Characteristics of modern landscape and its education Landscape and city planning[J]. 2002（60）.
[102] 谭瑛．三位一体和而相生—景观学体系的构成创新研究 //2005 国际景观教育大会论文集 [C]. 上海：2005. 10.
[103] 赵迪，杜安．俄罗斯现代风景园林发展概述 [J]. 建筑与文化，2016（5）.
[104] 王向荣．生态与艺术的结合——德国景观设计师彼得 · 拉茨的景观设计理论与实践 [J]. 中国园林，2001（2）.
[105] 张健健，曹余露．美国现代景观设计百年回顾（上）[J]. 苏州工艺美术职业技术学院学报，2007（2）.
[106] 张健健，曹余露．美国现代景观设计百年回顾（下）[J]. 苏州工艺美术职业技术学院学报，2007（3）.
[107] 蒋淑君．美国近现代景观园林风格的创造者——唐宁 [J]. 中国园林，2003（4）.
[108] 俞孔坚，刘东云．美国的景观设计专业 [J]. 国外城市规划，1999（2）.
[109] 马仲坤．20 世纪美国现代景观的形成背景研究 [J]. 黑龙江科技信息，2008，（35）.
[110] 侯晓蕾．生态思想在美国景观规划发展中的演进历程 [J]. 风景园林．2008（2）.
[111] 刘滨谊，李开然．美国当代景观设计大师皮特 · 沃克的艺术与作品 [J]. 新建筑．2003（3）.
[112] 余敏，谢煜林．美国现代主义风景园林大师丹 · 凯利及其米勒花园 [J]. 江西农业大学学报．2003（2）.
[113] 余思奇，朱喜钢，周洋岑，操小晋．美国“帽子公园”实践及其启示 [J]. 规划师，2020，36（20）.
[114] 赵杨，李雄，赵铁铮．城市公园引领社区复兴：以美国达拉斯市克莱德 · 沃伦公

园为例 [J]. 建筑与文化 . 2016（9）.
[115] 刘滨谊 . 景观规划设计三元论——寻求中国景观规划设计发展创新的基点 [J]. 新建筑，2001（5）.
[116] 邱建，唐由海，贾刘强，曾帆，韩效，张毅 . 人本空间规划设计——基于四川人居环境建设的思考与实践 [J]. 城市环境设计，2022，140（12）.
[117] 邱建 . 四川天府新区规划的主要理念 [J]. 城市规划，2014，38（12）.
[118] 陈跃中 . 运河帆影 千载不息——京杭大运河北京通州城市段景观规划设计 [J]. 建筑学报，2007（9）.
[119] 邱建 . 西南交通大学创立景观专业教育之回顾 [J]. 中外景观，2006（3）.
[120] 邱建，崔珩 . 关于中国景观建筑专业教育的思考 [J]. 新建筑，2005（3）.
[121] [126] 邱建，周斯翔 . 关于中国景观专业本科教育评估体系的建构 [J]. 四川建筑，2009，29（5）.
[122] 刘月琴，林选泉 . 中国 2010 年上海世博会场地公共空间设计策略 [J]. 中国园林，2010，26（5）.
[123] 李兴钢 . 文化维度下的冬奥会场馆设计——以北京 2022 冬奥会延庆赛区为例 [J]. 建筑学报 . 2019（1）.
[124] 石崧 . 香港的城市规划与发展 [J]. 上海城市规划 . 2012（4）.
[125] 刘泽宇 . 基于台湾地区城市景观构建的特点与发展研究 [J]. 美与时代（城市版）. 2016（4）.
[126] 王小璘 . 台湾景观专业的教育与实务 [J]. 风景园林 . 2006（5）.
[127] 姜涛，姜梅 . 台北市城市设计制度构建经验与启示 [J]. 国际城市规划，2019，34（3）.
[128] 陆志成 . 自然实用的韩国园林 [J]. 广东园林，2009，31（06）.
[129] 刘红滨 . 从世界杯公园看韩国景观设计——2003 中韩园林设计交流会纪行 [A]，2003；北京园林学会规划设计专业赴韩作品参展与考察专辑 - 北京园林论文集 [C]，2003.
[130] 黄焱，金锋 . 中东园林景观研究——以阿联酋为例 [J]. 园林 . 2015（4）.
[131] 盛俐，刘媛 . 以色列风景园林设计先驱——施罗墨 · 阿龙森 [J]. 中国园林 . 2006（3）.
[132] 洪琳燕 . 印度传统伊斯兰造园艺术赏析及启示 [J]. 北京林业大学学报（社会科学版）. 2007（3）.
[133] 迈克 · 巴塞尔梅，吴沁甜，晁文秀，常晓菲 . 新西兰风景园林行业概况 [J]. 中国园林 . 2013，29（1）.
[134] 王向荣 . 拉丁美洲的风景园林 [J]. 风景园林，2019，26（2）.
[135] 宁可 . 什么是历史——历史科学理论学科建设探讨之二 [J]. 河北学刊 2004（6）.
[136] 俞孔坚 . 从世界园林专业发展的三个阶段看中国园林专业所面临的挑战和机遇 [J]. 中国园林 . 1998（1）.
[137] 四川省文物管理委员会 . 成都羊子山土台遗址清理报告 [J]. 考古学报 . 1957（4）.
[138] 黎少平 . 西安市大雁塔北广场及周边区域改造规划与设计 [J]. 建筑创作 . 2007（12）.
[139] 刘聪 . 大地艺术在现代景观设计中的实践 [J]. 规划师 . 2005（2）.
[140] 周斌 . 国会山—华盛顿纪念碑—林肯纪念堂 华盛顿中轴线上的“美国梦”[J]. 国家人文历史，2013（18）.

[141] 苏群，钱新强 . 城市避难场所规划的空间配置原则探讨 [J]. 苏州大学学报：工科版，2007，27（2）.
[142] 杨培峰，尹贵 . 城市应急避难场所总体规划方法研究——以攀枝花市为例 [J]. 城市规划，2008，（9）.
[143] 付培健，王世红，陈长和 . 探讨气候变化的新热点：大气气溶胶的气候效应 [J]. 地球科学进展 . 1998（4）.
[144] 何贤芬，邱建 . 城市高架道路景观尺度的层级控制探讨 [J]. 规划师，2008，24（7）.
[145] 邱建，江俊浩，贾刘强 . 汶川地震对我国公园防灾减灾系统建设的启示 [J]. 城市规划 . 2008（11）.
[146] 王如松 . 城市生态位势探讨 [J]. 城市环境与城市生态 . 1988（1）.
[147] 陈克林 .《拉姆萨尔公约》——《湿地公约》介绍 [J]. 生物多样性 . 1995（2）.

三、学位论文

[148] Jian Qiu. Old and New Buildings in Chinese Cultural National Parks：Values and Perceptions with Particular Reference to the Mount Emei Buildings [D]. The University of Sheffield，PhD Thesis，1997. 10.
[149] 江俊浩 . 城市公园系统研究—以成都市为例 [D]. 西南交通大学 . 2008.
[150] 张晓佳 . 城市规划区绿地系统规划研究 [D]. 北京林业大学 . 2006.
[151] 秦华茂 . 美国当代园林的发展历程研究 [D]. 南京林业大学 . 2003.
[152] 王星航 . 日本现代景观设计思潮及作品分析 [D]. 天津大学 . 2004.
[153] 贾玲利 . 四川园林发展研究 [D]. 西南交通大学 . 2009.
[154] 吕元 . 城市防灾空间系统规划策略研究 [D]. 北京工业大学 . 2004.

四、词典辞海

[155] 辞海编辑委员会 . 辞海 [M]. 上海：上海辞书出版社，1995. 12.
[156] 中国社会科学院语言研究所词典编辑室 . 现代汉语词典 [M]. 北京：商务印书馆，1994.5.
[157] 夏征农，陈至立 . 辞海 [M]. 6 版 . 上海：上海辞书出版社 . 2009.9.
[158] 郑大本，赵英才 . 现代管理辞典 [M]. 沈阳：辽宁人民出版社，1987.6.
[159] 中国百科大辞典编委会编 . 中国百科大辞典 [M]. 华夏出版社，1990.9.

五、网络资料

[160] 中国名画赏析，网址：https://mp.weixin.qq.com/s?__biz=MzI3OTEyMzEwOQ==&mid=2649679101&idx=2&sn=ded9622836e703bb9b123a0942781feb&chksm=f356c137c4214821288fe00b2383926db481da3ac37740d440327bd83f4fc235e2aa5ceeb986&scene=27
[161] 名画赏析，网址：https://mp.weixin.qq.com/s?__biz=MzI3OTEyMzEwOQ==&mid=2649665018&idx=3&sn=b93fb2f1693da56531c464155dca1759&chksm=f3568830c4210126f02bd19703ce15775c2785ef47c99ed138dbfeabfc53b1c91bb667be6196&scene=27
[162] 百度空间相册，网址：http://hiphotos.baidu.com/angilegirl/pic/item/cb158cc2f8f6310f0ff4771a.jpg
[163] 澎湃号 . 忆说上海资格最老的四座公园 [Z/OL]，网址：https://m.thepaper.cn/

newsDetail_forward_10487592
[164] 中文百科在线 . 网址：http：//www.zwbk.org/WEB/viewRules.html?id=ff808081222ae3bc012230258594016b
[165] 中国风景园林学会 . 纪念现代风景园林行业奠基人奥姆斯特德诞辰 200 周年 [Z/OL]. https：//mp.weixin.qq.com/s?__biz=MzA4MjQ0MDcyNA==&mid=2651290880&idx=2&sn=470a9269240586a4ef113bff6f4451b1&chksm=84767a7bb301f36d5110f6af1a57a5431af639329063eb137640d1ca85fc3c9a86fc3e2370ac&scene=27#wechat_redirect
[166] ASLA（American Society of Landscape Architects）. 网址：http：//www.asla.org/nonmembers/ publicrelations/factshtpr.htm
[167] IFLA (International Federation of Landscape Architects）. 网址：http：//www. ifla.net/Main.aspx?Page=21
[168] Britannica. 网址：http：//www.britannica.com/eb/article-9047061/landscape-architecture
[169] UK Landscape Institute. 网址：http：//www.l-i.org.uk/liprof.htm
[170] 景观中国 . 全国高校景观学专业教学研讨会会议纪要 [C/OL]. 2004. 12，网址：http：//www.sxylw.net/edu/show.php?itemid=448
[171] ASLA (American Society of Landscape Architects)，网址：http：/www.asla.org
[172] 百度百科，景观设计 [C/OL]，网址：http：//baike.baidu.com/view/78115.htm
[173] 搜狐，网址：https：//www.sohu.com/a/473063953_121088816
[174] 周鑫 . 芝加哥的生态桥计划 [EB/OL]. 网址：http：//life.aol.tw/post/45438
[175] Hamed Khosravi. THE GARDEN OF EARTHLY DELIGHTS[EB/OL]. Drawing Matter，网址：https：//drawingmatter.org/garden-earthly-delights/
[176] 生生景观，网址：https：//www.sohu.com/a/321206408_176064
[177] Landschaftspark，网址：https：//www.landschaftspark.de/
[178] WEST8 景观规划设计，网址：https：//www.west8.com/projects/landscape_design_eastern_scheldt_storm_surge_barrier/
[179] Landezine，网址：https：//landezine.com/kokkedal-climate-adaption-by-schonherr/
[180] Pinterest，网址：https：//www.pinterest.com/pin/520165825717144183/
[181] Eden project，网址：https：//www.edenproject.com/mission/our-origins
[182] Eden project，网址：https：//www.edenproject.com/visit
[183] Eden project，网址：https：//www.edenproject.com/visit/planning-your-visit/arts-and-culture-at-eden
[184] Civitatis，网址：https：//www.introducingnewyork.com/map/central-park
[185] Emerald Necklace，网址：https：//www.emeraldnecklace.org/park-overview/emerald-necklace-map/
[186] PCAD，网址：http：//pcad.lib.washington.edu/firm/548/
[187] 中国风景园林网，网址：chla.com.cn/htm/2014/0422/206890_8.html
[188] PositivelyPittsburgh，网址：https：//popularpittsburgh.com/wp-content/uploads/2019/06/point-500.jpg
[189] HargreavesJones，网址：http：//www.hargreaves.com/work/sydney-2000-olympics/
[190] UED，网址：https：//www.sohu.com/a/150564587_167180
[191] 埃克博和阿尔卡花园 . 中国花卉报，网址：https：//news.china-flower.com/paper/papernewsinfor.asp?n_id=147688

[192] PWP，网址：http：//www.pwpla.com/projects/burnett-park/&details
[193] 园林景观设计小站，网址：https：//www.sohu.com/a/473639270_121124646
[194] 王向荣 . 地域性自然 [EB/OL]. 景观中国网 . http：//www.landscape.cn/interview/1481.html
[195] 朱育帆 . 景观设计的文化通觉 [EB/OL]. 景观中国网 . http：//www.landscape.cn/interview/1781.html
[196] GARLIC 咖林 . 清华大学朱育帆教授的传统文化视野 [EB/OL]. 知乎 .https：//zhuanlan.zhihu.com/p/28035733
[197] 陈跃中 . 大景观建筑先行者 [EB/OL]. 景观中国网 . http：//www.landscape.cn/interview/1070.html
[198] 孙虎 . 新山水——传递本土价值的景观诗学 [EB/OL]. 景观中国网 . http：//www.landscape.cn/article/2884.html
[199] 马晓暐 . 自然主义城市 [EB/OL]. 景观中国网 .http：// www.landscape.cn/article/2891.html
[200] 李建伟 . 景观是城市发展的底蕴 [EB/OL]. 景观中国网 . http：//www.landscape.cn/interview/1792.html
[201] SASAKI，网址：https：//www.sasaki.com/projects/2008-beijing-olympics/
[202] AECOM，网址：http：//www.iarch.cn/thread-35872-1-1.html
[203] 杭州园林设计院股份有限公司，网址：https：//www.hzyly.com/case-show.aspx?id=513
[204] 杭州园林设计院股份有限公司，网址：https：//hzyly.com/case-show.aspx?id=365
[205] GovHK，网址：https：//www.lcsd.gov.hk/tc/parks/kwcp/gallery.html
[206] Yan · LA. 浸没的城市森林 | 解读“品川中央公园”[EB/OL]. https：//zhuanlan.zhihu.com/p/369444890
[207] Arya Akanksha.Haneul Park [EB/OL]. https：//koreabyme.com/haneul-park-in-seoul-korea/
[208] LANDPROCESS，网址：https：//mooool.com/en/thammasat-urban-rooftop-farm-by-landprocess.html#pid=1
[209] Swa，网址：https：//www.swagroup.com/projects/burj-khalifa-uae/
[210] Landscape as Infrastructure，网址：https：//www.taylorfrancis.com/books/mono/10.4324/9781315629155/landscape-infrastructure-pierre-belanger
[211] Paul Thompson. The Australian Garden [EB/OL]. Landezine，网址：https：//www.archdaily.com/393618/the-australian-garden-taylor-cullity-lethlean-paul-thompson
[212] Sarah Brown. A History of Copacabana Beach：Rio's Picturesque Paradise [EB/OL]. culture trip. https：//theculturetrip.com/south-america/brazil/articles/a-history-of-copacabana-beach/
[213] 佚名 . 墨西哥建筑大师路易斯·巴拉干（Luis Barragan）(2) [EB/OL]. 设计之家 . https：//www.sj33.cn/architecture/jzsj/200508/6154_2.html
[214] Tripadvisor LLC，网址：https：//www.tripadvisor.com/Attraction_Review-g312582-d480578-Reviews-Kirstenbosch_National_Botanical_Garden-Newlands_Western_Cape.html#/media-atf/480578/35675292：p/?albumid=-160&type=0&category=-160
[215] 走进泰山，网址：http：//www.intotaishan.com/html/2006/0828/70.html
[216] 百度知道，网址：http：//zhidao.baidu.com/question/27363359.html
[217] 百度百科，网址：http：//baike.baidu.com/view/576.htm

[218] 思公 . 黑色的墙——记美国越战纪念碑 [EB/OL]. 网址：http：//sigong.blog.sohu.com/15170509.html
[219] Robert Mallet-Stevens. 在 Villa Noailles 中赢了柯布西耶和密斯的建筑师 [EB/OL]. 安邸 AD，网址：https：//www.sohu.com/a/456744794_481925
[220] 谷歌地图，网址：www.gditu.net
[221] 科普中国，网址：http：//baike.baidu.com/view/104672.htm
[222] 科普中国，网址：http：//baike.baidu.com/view/42664.htm
[223] 杨朝剑 . 土地利用规划讲义 [EB/OL]. 网址：http：//ycjgtgx.blog.bokee.net/bloggermodule/blog_viewblog.do?id=526937
[224] 维基百科，网址：http：//en.wikipedia.org/wiki/landscape_architecture
[225] 水利工程网，网址：http：//www.shuigong.com/papers/yuanlin/20060810/paper20705.shtml
[226] 北斗卫星地图，网址：https：//bajiu.cn/ditu/?id=20522
[227] 国家级精品课程电子资源改绘，网址：http：//vod2.tongji.edu.cn/2005tjcaup/ssw/housing5/no5-1.htm
[228] 百度百科，网址：http：//baike.baidu.com/view/1223864.htm
[229] 百度百科，网址：http：//baike.baidu.com/view/6129.htm
[230] 街景地图，网址：https：//jiejing.456ss.com/a/sosojiejing/beijing/
[231] 百度百科 - 瀑布 . 网址：https：//baike.baidu.com/item/
[232] 网址：http：//www.lcyl.cn
[233] ABBS 论坛（网址：http：//www.abbs.com.cn/bbs/post/view?bid=8&id=1192211&sty=1&tpg=1&age=-1）
[234] 谷歌地图，网址：www.gditu.net
[235] Maya，网址：https：//knowledge.autodesk.com/support/maya/learn-explore/caas/CloudHelp/cloudhelp/2018/ENU/Maya-Basics/files/GUID-F4FCE554-1FA5-447A-8835-63EB43D2690B-htm.html

六、其他

标准

[236] 中华人民共和国建设部 . 城市园林苗圃育苗技术规程 CJ/T 23—1999[S]. 北京：中国标准出版社，2001.
[237] 四川省城乡规划设计研究院 . 城市建设用地竖向规划规范 CJJ 83—2016[S]. 北京：中国建筑工业出版社，2016.
[238] 住房和城乡建设部 . 城市道路工程设计规范 CJJ 37—2012（2016 年版）[S]. 北京：中国建筑工业出版社，2016.
[239] 住房和城乡建设部 . 城市居住区规划设计标准 GB 50180—2018[S]. 北京：中国建筑工业出版社 . 2018.
[240] 住房和城乡建设部 . 公园设计规范 GB 51192—2016[S]. 北京：中国建筑工业出版社，2016.
[241] 住房和城乡建设部住宅产业化促进中心 . 居住区环境景观设计导则 [S]. 北京：中国建筑工业出版社，2009.

报纸

[242] 潘希 . 欧阳志云：城市化进程突显城市生态安全问题 [N]. 科学时报，2006-5-14.
[243] 东南快报 .A6 版 [N]. 2008-5-13.

规划设计文本

[244] 中国城市规划设计研究院等 . 汶川地震灾后恢复重建城镇体系规划 [E]. 2009.
[245] 中国城市规划设计研究院 . 北川羌族自治县新县城灾后重建规划 [E]. 2009.
[246] 中国建筑西南设计院有限公司 . 成都市城市森林公园丹景台片区综合提升景观项目设计 [E]. 2019.
[247] 中国城市规划设计研究院等 . 成渝城镇群协调发展规划 [E]. 2011.

后 记

《景观设计初步》于2010年出版后，很多高校教师与我见面时都提及他们在使用这本教材，并讲到教材为学生的进一步专业学习奠定了良好基础。我工作中还接触到不少风景园林（景观）专业毕业的年轻同志，基本上都对教材印象深刻，反映从中获益匪浅。例如，中国民族建筑研究会去年10月在山东省青岛市举办技术培训，我应邀为受训者授课，课后赴崂山、八大关调研，为《景观设计初步》（第二版）补拍实地案例照片，陪同我的一位青岛年轻景观设计师得知这一调研目的后，随意在百度上查找出《景观设计初步》教材信息，偶然发现我是作者，显得十分激动，对我讲到："邱老师，我是在山东美术学院学的景观，在大一下学期学的这本教材，就是通过这本教材的学习，我才入了景观专业的门！"我不时将这些对教材的赞誉与写作团队进行分享，大家无不倍感欣慰。

光阴似箭，离最初构思《景观设计初步》教材廿年已过，离教材正式出版也10年有余。在这20多年的时间里，国家经济社会方方面面都取得巨大进步，景观设计行业更是突飞猛进，理论探索成果累累，设计实践成就斐然；同时，我国已进入新时代，在迈向中国式现代化新征程中，需要景观设计从业人员关注时代之需、聚焦时代之变，在建设生态文明、落实总体国家安全观、坚定文化自信等方面有所建树，从而为满足人民群众不断增长的高质量人居环境需求提供更多更好的景观设计作品，在此背景下，为学生更新景观设计基础知识就显得十分必要；另外，我两年前完全退出了行政领导岗位，主要精力放在了教学科研工作上，有较为宽裕的时间琢磨如何结合国家的发展需要以及自身的理论思考和实践感悟来修编《景观设计初步》教材，由此邀请西南交通大学建筑学院和西华大学建筑与土木工程学院相关教师一起组成写作团队。各位老师各司其职、通力配合，经过2年多时间的努力，最终完成《景观设计初步》（第二版）书稿，即将付梓面世。

在写作过程中得到我的学兄、同学、学弟、学生和交大校友，以及业界同仁的鼎力相助：崔愷院士、周恺大师、李兴刚大师、俞孔坚教授、王向荣教授、刘滨谊教授、朱育帆教授、赵炜教授、李为乐教授、刘方磊总建筑师、李宝章首席设计师、薄宏涛总建筑师、汪晓岗总规划师等都慷慨地为我们提供了他们的设计作品或者考察照片；我在英国的同学汪帆老师，指导的江俊浩博士、余惠博士，教授过的陈榕、朱宗亮同学分别在爱丁堡、杭州、苏州、北京等地专门为教材补拍实景照片；我的大学同学陈小四，指导的博士生李婧和陈思裕、硕士生刘晓琦和张樟，交大校友邓雁萍，刘晓琦的同学陈颖、易明珠，以及王玲川、李子阅、李杨、张小溪、李雨、李星、邱星寓等也为教材提供了案例照片；教材选用了中国城市规划设计研究院、中国建筑西南设计研究院、四川省建筑设计研究院、原四川省城乡规划设计研究院北京易兰规划设计事务所、致澜景观公司、佳联设计公司以及峨眉山风景名胜区、九寨沟景名胜区、黄龙景名胜区等单位的设计图纸或照片。中国建筑工业出版社陈桦主任等与我们频繁沟通，帮助将《景观设计初步》（第二版）纳入住房和城乡建设部“十四五”规划教材；国家自然科学基金面上项目（批准号：52078423）、四川省科技计划重点研发项目（批准号：2020YFS0054）和四川省科技创新基地（平台）和人才计划（批准号：2022JDR0356）为写作工作提供了资助。此外，姜辉东、贾玲利、邓敬、贾刘强同志是第一版的撰写成员，尽管没有参加第二版的工作，但其成果大都得到沿用。尤为感动的是，我的天大师兄段进院士还专门为教材作序，让我们备受鼓舞。在此，我代表写作团队向大家一并致谢！

邱建

2023 年 7 月于西南交大